全球低碳城市联合研究中心绿皮书

GREEN BOOKS OF GLOBAL JOINT RESEARCH CENTER FOR LOW-CARBON CITIES

中国城市智慧低碳发展报告

Smart Low-Carbon Development of Cities in China

主 编

潘家华　王汉青
梁本凡　周跃云

Edited by

PAN Jiahua　WANG Hanqing
LIANG Benfan　ZHOU Yueyun

中国社会科学出版社
CHINA SOCIAL SCIENCES PRESS

图书在版编目（CIP）数据

中国城市智慧低碳发展报告／潘家华等主编 . —北京：中国社会科学出版社，

2013. 3

ISBN 978 - 7 - 5161 - 2118 - 4

Ⅰ.①中… Ⅱ.①潘… Ⅲ.①城市—节能—研究报告—中国 Ⅳ.①TK01

中国版本图书馆 CIP 数据核字（2013）第 035083 号

出 版 人	赵剑英	
责任编辑	喻　苗	
责任校对	林福国	
责任印制	王炳图	

出　　　版	中国社会科学出版社	
社　　　址	北京鼓楼西大街甲 158 号（邮编100720）	
网　　　址	http://www.csspw.cn	
	中文域名:中国社科网　　　010 - 64070619	
发 行 部	010 - 84083685	
门 市 部	010 - 84029450	
经　　　销	新华书店及其他书店	

印　　　装	北京君升印刷有限公司	
版　　　次	2013 年 3 月第 1 版	
印　　　次	2013 年 3 月第 1 次印刷	

开　　　本	880 × 1230　1/16	
印　　　张	30	
插　　　页	2	
字　　　数	470 千字	
定　　　价	398.00 元	

目　录

案例篇

数据集

大事记

CONTENTS

Preface

Key Report

Synthetic Analysis

Special Subject

Case Studies

Data Set

Chronicle of Events

序

智慧低碳城市:人类文明发展的新希望

社会进步及城市发展给人类带来无限的知识创新、生产活力、物质财富与新的希望,也给人类带来巨大难题、困惑和挑战。环境污染、生态失衡加上自然和人为的各种灾害与问题,使人们认识到现代社会城市发展需要更高、更大、更强的智慧。

智慧低碳是人类城市发展的未来。低碳是全球实现可持续发展的约束条件,是人类城市发展必须完成的任务与使命。没有城市的低碳发展就没有地球与人类的可持续发展。智慧是城市面对一切问题,解决一切问题,实现低碳和可持续发展的最佳手段。没有智慧,就没有效率,也无法破除错综复杂的城市发展矛盾与问题。

建设智慧低碳城市,是 2008 年金融危机以来世界城市发展的最新动向,是智慧地球的核心工程。卫星导航、无线上网、语音手机的广泛应用,使人们感到,智能在城市生活中,时时处处在跳跃。物联网和云计算的发展,很快将我们的城市带到智慧低碳发展阶段。

建设智慧低碳城市,成为 2011 年以来我国城市发展一场自下而上的运动。中国科协启动了智慧城市论坛,很多城市发布了建设智慧城市的宣言,国家与省市物联网和云计算发展"十二五"规划正式公布。

如何规划与设计智慧低碳城市,已经成为摆在我们面前亟待解决的课题,也成为科研、产业、教学,以及城市管理部门关注的热点。作为党中央与国务院思想库与智囊团的中国社会科学院，更要抓住千载难逢的城市发展历史机遇。

本报告是中国社会科学院城市发展研究所联合湖南工业大学全球低碳城市联合研究中心等机构，对智慧低碳城市的理论、模式进行介绍、研究、探讨的初步尝试。该报告的突出亮点是从城市政治经济文化综合体的角度对智慧城市提出自己的定义，并编制了一套比较完善的能为各城市推进节能减排提供参考的中国城市低碳发展评价指标体系和数据。

报告的编写者付出了辛勤的劳动，收集了大量的数据，对一些问题进行了深入而有见地的分析。智慧城市及低碳发展是当今世界一个关键而重要的课题，涉及发达国家与发展中国家对人类及地球应承担的责任与义务；发达国家又掌握大量先进技术，应为发展中国家提供更大的帮助；要实现智慧低碳城市，只有加大对信息技术的投入，依靠云计算的云服务方式，大量运用物联网技术提高效率，降低能耗，才能低碳运行，使人类与自然和谐相处；信息通信技术的飞速发展为构建智慧城市提供了一个高效而不污染，一个宜居而不繁杂的技术与物质基础。智慧城市给人类带来了福音，是人类文明发展的新希望。

希望社会各界都来关注智慧城市的建设，运用信息技术来实现智慧低碳城市的目标，让我们的国家沿着科学发展的道路，创造美好的未来。

中华人民共和国信息产业部部长

2012 年 9 月 4 日

主题篇

中国智慧城市发展现状问题与路径

潘家华　王汉青　梁本凡　周跃云

摘　要：智慧城市是城市发展的方向。目前，发达国家纷纷开始建设智慧城市。我国智慧城市建设已经起步，取得了一定成绩，但仍然存在不少问题。本文从城市发展的实际出发，概括总结了中国智慧城市发展的特点、方式和问题，指明了中国智慧城市健康发展的路径。

关键词：遥作　智慧城市　融合

"遥作"，就是远距离施动与做功。这是人类久远的渴求。依托"遥作"技术进行生产与服务，进行城市管理与运营，是智慧城市的基本特征。智慧城市是城市信息化、数字化、智能化发展的高级阶段。物联网与云计算是"智慧城市"的技术支撑。智慧城市建设不仅会像因特网出世一样，将迅速地改变人们的日常生活方式，更重要的是它将带来新的产业革命，引起世界政治经济格局发生重大变化。所以，全世界主流国家的政治枭雄与经济精英密切关注智慧城市发展进程。美国2009年4月公布了72亿美元的宽带网络发展计划。9月，迪比克市与IBM共同宣布，将迪比克市建设成为美国第一个"智慧城市"。2010年3月，美国联邦通信委员会（FCC）正式对外公布了未来10年的高速宽带发展计划，将宽带网速度提高 25 倍，计划到 2020 年以前，让 1 亿户美国家庭互联网传输的平均速度从现在的每秒 4 兆提高到每秒 100 兆。欧盟 2009 年 6 月提出了"欧盟物联网行动计划"，2010 年又启动了"欧洲网络基础设施项目"。2009 年 7 月，日本政府推出智慧日本战略。追随世界物联网发展趋势，2010 年我国对物联网与云计算进行了宣传与推介，2011 年，智慧城市成为物联网与云计算技术应用的亮点。国家科技部、工业与信息化部、中国科学院、中国社会科学院、部分省政府与地市，通过"十二五"规划、主办研讨会、制定行业标准和产业发展战略等方式，提出了各自的智慧城市建设战略构想。智慧城市建设是我国经济由粗放向集约、由低端向高端、由跟踪向赶超发展的必然选择，是我国经济发展方式转变、产业发展升级、城市发展转型的重要途径。在世界经济深陷债务危机、国内房地产经济疲软、轿车经济上升乏力、传统出口经济处于调整之际，智慧城市建设将不失为我国未来重要的新经济增长点。更为重要的是，利用智慧化的手段建设低碳城市，可以将节能减排效率提高 30%—40%，低碳城市建设与智慧城市建设相结合，以信息的手段提升低碳的发展质量，能够让节能减排、新能源利用取得更好的成果。为了推动中国智慧城市的快速健康发展，引领世界智慧城市发展潮流，构建中国城市国际竞争力高地，满足社会各界对智慧城市发展数据与动向的渴求，本文试就中国智慧城市发展的现状、问题、前景与路径进行研讨。

一 中国智慧城市发展成就

中国智慧城市具有 6 大基本要素：智慧市民、智慧人居、智慧产业、智慧设施与技术、智慧的城市设计、智慧的城市管理。与"四化"相结合的我国智慧城市具有八大特点：低碳风貌突出，智慧功能突出，生态一流、设施一流、设计一流，集约、节约、高效，产业独特、就业方便、商贸繁荣，舒适、宜居、幸福，超现代化，花园式。全智慧城市需要有良好的智慧设施与技术系统。如智慧无线网络系统，清洁能源供应与智慧节能管理系统，低碳出行与智能交通管理系统，垃圾处理与生物质能源利用智能系统，水资源收集处理回用智能管理系统，智能安防与自动报警系统，远程教育与学习智能系统。智慧城市土地利用特征表现为"三高三少"，即绿化用地比重高，全容积率高，土地集约利用程度高，工业用地少，道路用地少，基础设施用地少。2011 年，是中国智慧城市建设探索年，也是中国智慧城市建设起步并取得实质性成就的一年。据不完全统计，已有 70 多个城市单元，包括城市、城市片区或产业园区，提出了具体的智慧城市建设目标和行动方案。智慧低碳城市将成为未来我国城市发展的主旋律。无论是智慧城市的技术运营商如电信企业，还是智慧城市的建设主体如地方政府，抑或与智慧城市密切相关的设备制造商、科研机构与设计单位，都对智慧城市建设表现出了十分浓厚的兴趣。

（一）作为智慧城市基础设施之一的中国北斗卫星导航系统向城市开放

北斗卫星导航系统是中国自行研制开发的空间基础设施，具有全天候、全天时为各类用户提供高精度、高可靠的定位、导航、授时服务，并兼具短报文字通信能力。它能在城市测绘、电信、水利、交通运输、渔业、勘探、森林防火和安全等领域发布遥感、遥知数据与信息。例如，在城市车辆上安装卫星导航接收机和数据发射机，车辆的位置信息就能在几秒钟内自动转发到中心站。这些信息可用于城市交通与道路的智能化管理，有利于减缓城市交通阻塞，提升道路通行流量。卫星导航终端设备安装在铁路运输领域，可极大缩短列车在城市间行驶的间隔与时间，降低运输成本，提高运输效率。利用卫星导航精确定位与测速的优势，可实时确定飞机的瞬时位置，有效减小飞机之间的安全距离，甚至在大雾天气情况下，可以实现自动盲降，极大提高飞行安全和机场运营效率，有效解决大都市飞机延误与晚点问题。

2011 年 10 月，我国交通运输行业率先启动了"重点运输过程监控管理服务示范系统工程"。该工程由交通部和天津、河北、江苏、安徽、山东、湖南、宁夏、陕西、贵州 9 省区市的交通厅实施，总投资 1.2 亿元，主要任务是以现有全国重点营运车辆联网联控系统为基础，集中开发相关应用系统和组织安装兼容北斗的车载终端。计划2年的示范期间达到8万套的应用规模，示范项目成功后两年内将达到50万套的应用规模。可以预计，该示范工程将我国城市与城市群交通运输的智慧化发展水平推进到一个新的高度。总之，中国北斗卫星导航系统，是我国城市智慧化发展不可缺少的基础设施之一。中国北斗卫星导航系统向城市开放，将大大提高城市运行的智能化程度。

（二）推进智慧城市内生发展的三网融合试点进入实质性推进阶段

所谓三网融合，是指电信网、广播电视网、互联网在向宽带通信网、数字电视网、下一代互联网演进过程中，通过技术改造、网路互通、资源共享、管理融合、业务融合等等，为用户提供语音、数据、广播、电视等多种高级智慧服务。三网是我国城市智慧资源与设施累积最多的部门。由于条块分割，其能力远未发挥。三网融合是我国智慧城市内生发展的重要途径，也是投入小、见效大、快速便捷的途径。2011年12月，国务院公布了三网融合第二批42个试点城市名单。这42个试点城市是天津、重庆、石家庄、太原、呼和浩特、沈阳、长春、合肥、福州、南昌、济南、郑州、广州、南宁、海口、成都、贵阳、昆明、拉萨、西安、兰州、西宁、银川、乌鲁木齐、宁波、扬州、泰州、南通、镇江、常州、无锡、苏州、孝感、黄冈、鄂州、黄石、咸宁、仙桃、天门、潜江、佛山、云浮。通过三网融合，上述城市的电信运营商和广电运营商即可打破垄断与条块分割，相互重组形成合力，共同拓展IPTV、CMMB等新媒体业，快速推进"无线城市"方案。目前，上海光网用户平均带宽已经免费升级到10兆，光网用户也超过150万户。

（三）支撑智慧城市发展的国家和地方《物联网"十二五"规划》发布并实施

2011年12月，工业和信息化部发布《物联网"十二五"发展规划》，提出到 2015 年初步形成较为完善的物联网产业链，培育和发展 10 个产业聚集区、100 家以上骨干企业、一批"专、精、特、新"的中小企业，建设一批覆盖面广、支撑力强的公共服务平台。物联网是智慧城市构建的基础性平台之一。此前，我国重点省市区、重点城市及相关企业的物联网"十二五"发展规划早已公布，同时，一系列物联网发展项目与相关政策正在实施之中。例如，2011 年 4 月，财政部、工业和信息化部联合印发《物联网发展专项资金管理暂行办法》，对物联网发展专项资金的目的、资金来源及性质、宏观管理要求、资金管理原则、支持范围与方式、专项资金的申请与审核以及监督检查等，都做出了明确规定。2011 年 8 月，中国移动已经向工信部申请物联网专用号段"10648"一亿个。这一亿个"10648"号段将用于物联网建设。国家与省市区及城市《物联网"十二五"规划》发布并实施，是智慧城市发展的支撑点。

（四）确保智慧城市进入规范发展轨道的部分物联网行业应用标准出炉

2011 年 12 月，国家传感器网络标准工作组发布了首批物联网传感器网 6 项标准征求意见稿，内容包括《低速无线传感器网络网络层和应用支持子层技术规范》、《信号接口规范》、《信息安全通用技术规范》、《标识传感节点编码规范》，等等。在物联网发展过程中，基于感知层的传感器网络是物联网发展的基础，也是当前的薄弱环节。传感器网络的发展在物联网发展中起着至关重要的作用。物联网发展必须要标准先行。传感器网络 6 项标准的出台，不仅表明我国有了自己的传感器网络标准，也标志着我国传感器网络产业的科研开发已经进入了一个新的发展阶段。首批物联网传感器网 6 项标准面世，在我国物联网发展史上具有里程碑的意义。

目前，国际云计算标准与我国云计算标准正在制定中。我国云计算标准将涉及基础设施、关键技术与产品、测评、运营、安全评价等部分，基本涵盖了从硬件、软件到商业化应用模式的各个环节。其中，"分布式关系数据库服务接口规范"和"新型网络操作系统总体技术要求"两项标准研究课题已正式立项。

（五）地方城市在规划、政策、土地、资金等方面积极创造条件构建智慧城市

为了推进智慧武汉建设，武汉市政府实施光城计划，引进和运用物联网、云计算等信息技术，实施智能交通、智能电网、智能安防设施、智能环境监测、数字化医疗等物联网示范工程。《中共宁波市委宁波市人民政府关于建设智慧城市的决定》提出，到 2020 年建设成为智慧应用水平领先、智慧产业集群发展、智慧基础设施比较完善、具有国际港口城市特色的智慧城市。青岛《物联网应用和产业发展行动方案》提出，在"十二五"期间，围绕培育物联网战略性新兴产业的目标，实施物联网推进计划。无锡市制订了智慧旅游示范方案。南京市《"智慧旅游"总体设计方案》通过评审。扬州市提出《"智慧扬州"行动计划》。《首届中国智慧城市发展水平评估报告》披露，南京、苏州、无锡、扬州、镇江等市计划 2014 年前初步建成智慧旅游城市。北京、上海、广州、深圳、佛山、浦东新区等地已制订出较详细的智慧城市规划方案。这些城市或城市区成立了智慧城市建设领导机构，使用财政预算支持智慧城市项目，有的城市成立智慧园区，有的城市信息基础设施开始换代建设，光纤或无线宽带覆盖较广。

（六）创立了智慧城市论坛，出炉了中国智慧城市发展水平评估报告

2011 年，国家工业与信息化部、中国科学院、中国科学技术协会、中国通信学会、中国社会科学院城市发展与环境研究所等机构为推动中国"智慧城市"发展，创立了智慧城市论坛。4 月宁波市人民政府主办"智慧宁波与物联网发展"院士论坛，6 月武汉市与德国外交部联合主办了"绿色发展与智能武

汉"国际会议。8月青岛提出建设"云社区战略"并主办"与智慧屋"博览会。9月天津在 APEC 部长级会议上报告了建设"于家堡智慧金融区"的设想。通过智慧城市论坛，智慧城市的顶层设计、规划建设、技术配置与管理运营等理念越来越清晰。

2011 年 9 月，北京国脉互联信息顾问有限公司在北京正式发布了《首届中国智慧城市发展水平评估报告》，公布了首届中国智慧城市发展水平评估结果。报告选取了规划方案、组织体系、资金投入、示范项目、信息基础设施、用户能力基础、政府服务能力、产业基础、软环境、能源利用与环保 10 个数据或评测指标，对智慧城市起步阶段的发展水平进行 A（领先者）、B（追赶者）、C（准备者）三级划分，得出首届中国智慧城市在起步阶段中的领跑先后评估结果。被评估的城市样本单元有 28 个。北京、上海、广州、深圳、宁波、南京、佛山、扬州、浦东新区、宁波杭州湾新区十大城市单元成为创建智慧城市的领跑者。中国智慧城市发展水平评估报告出炉，填补了国内在智慧城市评价指标体系研究方面的空白，对推动中国智慧城市建设与发展具有重大战略意义。

表1—1 　　　　　　　　中国智慧城市起步阶段发展先后评价

领先者	北京、上海、广州、深圳、宁波、南京、佛山、扬州、浦东新区、宁波杭州湾新区
追赶者	天津、武汉、无锡、大连、福州、杭州、成都、青岛、昆明、嘉定、莆田、江门、东莞
准备者	重庆、沈阳、株洲、伊犁、江阴

资料来源：《首届中国智慧城市发展水平评估报告》，http：//www.im2m.com.cn/zt/29/。

二　中国智慧城市建设方式与特点

中国不同于发达国家，也不同于经济落后的发展中国家。智慧城市建设，与工业化、城市化和老龄化同步推进，人口多、人均收入水平不高、资源存量不多，党和政府在政治经济生活中起着重要的作用，发展经济与改善民生成为各级政府的中心任务。所以，中国智慧城市建设方式具有其他国家难以模仿的以下特点。

（一）上下互动、横向联合、产学研合作

所谓上下互动，主要是指中央、省市区、地方城市与企业和用户之间的互动。例如，服务于全国智慧旅游的中国智慧旅游云计算平台，是国家智慧旅游服务中心建设的重要内容。这一重要工程，在江苏镇江市进行。镇江市围绕建设国家智慧旅游服务中心目标，投资 1.5 亿元，搭建了建筑面积 1 万多平方米的中国智慧旅游云计算平台。这个项目，充分体现了我国智慧城市建设过程中，中央、省市与企业和用户之间合作共建精神。当然，在这一过程中，热情最高的部门，当属技术运营商和设备制造商。因为，智慧城市建设为这些技术运营商和设备制造商，提供了巨大的商业机会。横向联合，目前突出表现在南京、苏州、常州、无锡、镇江、扬州和南通 7 市已建立"智慧旅游联盟"。"智慧旅游联盟"有望联合其他城市形成点、线、面、网的连接和结合，推进单个城市智慧旅游逐步向城市群智慧旅游与区域性智慧旅游方向发展。

（二）与"十二五"重要约束性指标相结合

低碳节能减排是"十二五"重要约束性发展指标。2011 年，我国低碳城市建设取得较大进展。去年 8 月公布的低碳试点省市，今年大部分都拿出了具体的发展规划，启动了很多低碳发展与建设项目。这些建设项目不仅涉及新能源利用，还涉及结合先进的产业理念进行节能减排，通过产业整合实现低投入高收入的发展模式。

智慧城市建设是低碳城市建设和重振经济的重要手段，低碳城市建设是智慧城市建设的重要目标。低碳节能减排与智能智慧结合，具有重要的战略意义。

国家电网公司继 2010 年在上海世博园国家电网馆完成了第一个低碳节能

减排智能建筑示范工程后，开始在上海、北京、重庆等地开展低碳智能楼宇试点。

浙江省首个低碳智能楼宇试点工程（温州电力局营销大楼），采用先进的供用能监测系统，采集大楼内供配电、光伏电源、空调、风机、电梯、照明、水泵等各种重要供用能设备的能效及运行状态信息，并通过能效综合管理平台分析设备的负荷特性和运行规律，合理制定用能策略和运行模式，采用最优化的控制手段并结合现代计算机技术对各系统设备进行全面有效的监控和管理，使各子系统设备运行始终处于协同有序的状态，确保大楼始终在安全、节能的状态下运行。

这座大厦楼顶安装了152块光伏电板，阳光充足时，每块电板可提供近50瓦的电能，这些电板又将电能储存进蓄电池，为大厦提供清洁的电力支援与保障。2011年11月底，该试点工程完成调试并开始使用太阳能发电。

（三）与工业化、城市化、老龄化发展相结合

佛山提出"四化融合，智慧佛山"发展目标，通过信息化、工业化、城市化、国际化的相互融合、互相促进、共同发展，把佛山打造成为新兴产业发达、社会管理睿智、大众生活智能、环境优美和谐、宜商宜居的智慧城市。合肥提出"全面整合，全面智慧"的理念，充分挖掘合肥的历史人文底蕴，梳理现实资源，把生态产业和低碳产业发展、软件产业发展、群众性工作等整合起来，从而实现人与城市的和谐相处，让城市、行业、企业和社会更加智慧，让人们的生活变得更加美好。中国人口的快速老龄化，对智慧城市的发展提出了特别的要求。与工业化、城市化和老龄化发展相结合，是未来中国智慧城市建设的一个重要特点。

（四）重点行业、重点工程与示范工程先行

自2010年起，地方政府和大型企业开始积极布局和建设云计算基地。如

北京有"祥云工程"、上海有"云海计划"、广州有"天云计划"、镇江有"云神工程",等等。2011 年我国智慧城市建设突出表现为交通、旅游和安全等领域重点工程与示范工程先行。在交通领域,国家民航总局正式发文要求全国民用机场都要采用国产传感网防入侵系统。上海浦东国际机场防入侵系统铺设了 3 万多个传感节点,覆盖了地面、栅栏和低空。在城市交通管理智能化领域,合肥启动摄像头联网工程,通过整合 6 万多个公共摄像头的视频监控,在实现日常监控管理的同时,公安系统监控指挥中心可以随时调阅所有已整合的视频监控资源,并可进行集中录像。遇到社会突发事件、应急事件,能够实时监控、快速响应。在智慧旅游领域,江苏省积极构建由数据中心、服务端、使用端三部分构成的智慧旅游系统,通过互联网、物联网和传感网与国家智慧旅游服务中心及中国智慧旅游云计算平台相结合,逐步形成以手机等便携式智能移动终端应用为核心,以身份认证和信息主动传送为特色的旅游信息服务体系,为全国游客提供一站式、全方位、个性化的旅游信息服务,为旅游电子商务、一体化旅游和体验互动旅游等业态的发展,提供了有益的经验。

(五) 各城市发展快慢不一,区域发展不平衡

根据《首届中国智慧城市发展水平评估报告》,我国长三角和珠三角地区的智慧城市建设比其他地区起步早,速度快。智慧城市建设快慢与城市大小还是有明显的关联性。这一点我们与《首届中国智慧城市发展水平评估报告》中的看法不同。由于智慧城市建设需要嗅觉灵敏和富有远见的领导者,需要雄厚的资金实力和产业基础,所以,省会城市中提出建设智慧城市的比重较大,地级城市居中,县级城市比重较小,尤其是县级智慧城市占县级城市的比重更小。同时,我们还看到,无论是领跑者、追赶者还是准备者,东部沿海地区城市占绝大多数,中西部城市比例较少。

三 中国智慧城市发展面临的问题

（一）国家住建部还没有明确的智慧城市试点计划，相关指南仍是空白

应该说，我国数字城市与智能城市建设的起步较早。2003 年，我国出台了《居住小区智能化系统建设要点与技术导则》，2004 年出台了《建筑及住宅社区运营服务数字化技术应用》和《居住区智能化系统与产品技术要求》。2005 年出台了《中国住区智能化技术评估手册》，2006 年出台了《智能建筑设计标准》。2010 年，我国数字城市与智能城市的发展进入到智慧城市发展阶段，有关部门开始编制了《数字社区物联网应用导则》和《居住区数字系统测评标准》。我国智慧城市建设与美国、韩国几乎同时起步。

鉴于智慧城市，尤其是全智慧城市建设的目标、要求与数字城市不同，所需要的设计理念与技术支撑体系与智能城市有别，因此，智慧城市建设需要全新的顶层设计与规划指引，需要明确列入国家试点建设范围。

相对于低碳城市建设，欧美等发达国家对智能城市建设更感兴趣。与发达国家略有区别，我国更重视低碳城市建设。2010 年，国家发展改革委员会发出了关于开展低碳省区和低碳城市试点工作的通知。低碳城市试点工作由国家发展改革委员会来管，而不是由建设部来抓，可见国家对低碳城市建设的重视程度不同一般。相比之下，智慧城市建设没有受到国家相关部门应有的重视，目前还没有明确列入国家住建部试点范围，顶层设计与规划指南仍是空白。这十分不利于我国城市智慧化发展进程的快速推进，也不利于物联网等新兴产业的发展。

（二）通用技术标准各行业不统一，智慧城市的群设计与群发展遇到难题

　　智慧城市存在群设计与群发展问题，物联网与云计算存在群应用问题，这是智慧城市建设不同于数字城市与智能城市建设的最大特点。发展智慧城市需要国家级的顶层设计和统筹规划。如果缺乏统一规划、缺乏相应统一的通用技术标准和法律规范，一哄而起，各自为政，必然会造成巨大的云资源与云设备的浪费。2009 年，工信部成立了中国传感网标准工作组，希望统一通用技术标准，开展传感器与网络相关标准的研究工作。2011 年 12 月，工作组发布了 6 项标准。但是物联网通用技术标准是一个巨大的体系，这 6 项标准还只是刚刚起步，还只是标准森林中的一株小苗。智慧城市的群设计与群发展，还需要在通用技术标准方面做大量的工作。云标准对于云计算的发展至关重要。没有云标准，云计算产业就难以得到规范健康发展，难以形成规模化和产业化。我国云标准和云安全以及相关法律法规的完善是迫切需要解决的问题。

（三）核心技术缺乏，自主创新能力不足，国产设备成本高，市场占有率低

　　物联网看上去技术门槛不高，但在核心器件和软件方面，我国还做不到自主可控。我国带宽使用成本相对较高，带宽较窄。北斗导航产业是我国具有自主知识产权的行业，但其设备成本，是美国设备的十倍左右。受限于设备成本过高，行业规模目前占全国整体导航市场比例较小。北斗今后市场推广应用过程中最大的问题是成本。网络视听企业发展成本比较高，节目的购买成本已占互联网视听网站运营成本的30%。这些问题将制约我国智慧城市的发展进程。

（四）智慧城市发展项目选择与切入点有待进一步科学化与实用化

目前，我国一些智慧城市发展的试点项目选择不科学。例如，独栋政府办公楼宇智能化，就是一个成本高、效果差的项目。试点项目选择不科学，会带来试点效果的衰减。智能楼宇以智能用电新技术为支撑，以能效综合管理为核心，通过建设通信网络、能耗数据采集、配电监控、电动汽车充电设施、分布式电源等，将所有与用能相关的系统进行集成，实现与楼宇建筑设备管理、公共安全管理等系统的互联互通，打造安全可靠、节能环保、舒适便捷、经济高效的现代智能建筑。所以，智能楼宇要取得较好的节能效果与服务效果，必须是业态混合、人流集中、公共职能突出的城市综合体，而不是职能单一、业态单一和人群单一的政府办公大楼。通过对综合体选择和制定用能控制管理方案，在保证楼宇舒适便捷、安全可靠的前提下，为楼宇用户提供全方位的能源智能化管理和双向互动服务，用户可以基于智能楼宇系统提供的实时信息及用电建议，自行制定用电策略，实时控制空调系统的运行状态，从而有效改变终端用户用能方式，引导用户优化用能结构，提高能源利用效率。

（五）私营项目商业模式不明晰，公益项目投入来源与渠道缺乏地方政府预算支持

我国交通运输行业率先启动了"重点运输过程监控管理服务示范系统工程"。该工程的融资模式是由国家交通运输部、地方交通主管部门、参与示范工程的运输企业共同出资。但这并不意味我国智慧城市发展的商业模式问题已经解决。物联网与云计算在很大程度上属于国家与城市公共基础设施范畴。公共基础设施项目投入来源与渠道缺乏地方政府预算支持，而仅期望私营项目的经营性收入来支撑智慧城市的发展是不现实的。

四　中国智慧城市的发展路径

根据中国互联网信息中心公布的数据，截至 2011 年 6 月底，我国内地网民数量达到了 4.85 亿人，网络视频的用户量为 3.01 亿，也就是说，我国内地还有 8.56 亿人口有待于发展成为网民，其中城市人口占 1.5 亿。互联网产业发展空间巨大，物联网与卫星导航和云计算产业自不待言。据来自有关行业协会与证券机构提供的研究数据，2009 年我国卫星导航产业的产值达到 390 亿元，2010 年达到 505.9 亿元，同比增长 30%。预计到 2015 年产值将达到 1500 亿元，2020 年的规模将达到 4000 亿元。2015 年，全国云计算产业产值有望占战略性新兴产业 15% 以上，规模可达 7500 亿元至 1 万亿元人民币。在世界经济深陷债务危机，国内房地产经济、汽车经济与传统出口经济处于调整之际，智慧城市建设将成为我国乃至世界未来重要的新型经济增长点，发展前景十分广阔。为了促进中国智慧城市快速发展，我们有如下建议：

（一）将智慧城市建设明确列入国家战略，加快出台共性与基础性国家标准

根据《物联网"十二五"规划》，"十二五"期间我国将重点支持 9 大领域的物联网应用示范工程，推动建设 10 个物联网产业聚集区，培育 100 家骨干企业，形成 200 项以上的国家、行业标准和 500 项以上的重要研究成果。

以物联网和云计算技术为基础的智慧城市建设，要实现资源的共享，避免区域重复建设、重复投资、资源浪费，需要从国家层面上整体规划，统筹布局，从关键技术突破、产业链培养、重点行业应用、投融资支持等方面，有效整合各地"产学研用"资源，推动智慧城市基础设施的建设和有效利用。北京市云计算关键技术与应用重点实验室、中关村软件园、成都高新区、浦东软件园、南昌高新区、哈尔滨高新区、沈阳国际软件园、镇江科技新城等智慧产

业园区之间，要有适度的分工与合作。在引进外资方面，政府要在自主、可控、高效的原则指导下，制定云计算和物联网服务提供商的准入制度，对提供商的基础资源情况、运维能力、安全资质、信用水平等各方面提出严格要求。

表2   推进智慧城市发展的共性与基础性国家标准体系

编号	技术标准分类	技术标准所涉及的产品与服务范围
1	RFID 技术标准	RFID 芯片、天线、读写器芯片、模块、手持终端、PDA、车载读写器、有源 RFID 产品与系统、RFID 中间件提供商、NFC 技术与产品、手机移动支付产品与网络。
2	传感器技术标准	传感网络节点、新型传感器、传感器网节点、二维码标签和识读器、多媒体信息采集、实时定位和地理识别系统及产品。
3	EPC 网络技术标准	EPC 贴标、EPC 中间件、EPC 服务器、EPC 公共服务平台，传感网络、移动通信网、全球定位网络等相关应用网络、商业智能分析软件系统。
4	通信技术与产品标准	WLAN（无线局域网）、WiFi（无线保真）、UWB（超宽带）、Zigbee、NFC（近场通信）、Blue Tooth（蓝牙）、WiMax（无线宽带接入）、MESH、全球定位系统（GPS）、WSN（无线传感网络）、高频 RFID 等短距离数据传输及自组织组网的核心产品与设备、异构网融合、传感网相关接口、接入网关等产品和设备。
5	核心控制芯片及嵌入式芯片标准	MCU、DSP、ADC、GUI、MEMS 器件、协议芯片、微电源管理芯片、接口控制芯片、一体化芯片在内的系列物联网各环节的控制芯片。
6	网络架构和数据处理标准	面向服务的体系架构（SOA）、网络与信息安全、海量数据存储与处理、物联网地址编码等设备和产品。
7	系统集成和软件标准	网络集成、多功能集成、软硬件操作界面基础软件、操作系统、应用软件、中间件软件等产品及方案和服务。
8	云计算及其平台标准	公共云、私用云、各种数据库、云计算地方平台配置与布局规范。
9	全球定位设备技术标准	元器件、导航终端设备、导航地图信息服务、运营服务。
10	电源设备技术标准	锂电池、新能源、其他电池、电源设备、分布式能源接口设备等。
11	智慧城市与工程建设规范	规划导则、评价指标体系、考核与验收标准。
12	外资外企进入标准	技术资源、运维能力、安全资质、信用水平。

关于共性与基础性国家标准的研究，要将发展重点放在新一代移动通信、下一代互联网、三网融合、物联网、云计算、集成电路、新型显示、高端软件、高端服务器和信息服务等领域。同时所出台的标准，要尽快形成一个有机体系。

（二）建立示范智慧城市和智慧城市试点项目

我国各地城市化与工业化发展阶段不同，产业结构、经济实力、科技水平和发展需求有别，加上智慧城市建设是一项需要探索的新生事物，具有一定的成本风险，所以，选择示范项目，建设示范智慧城市是十分必要的。目前，我国智慧城市建设试点条件基本成熟的城市有三类：第一类为以服务产业为主，工业化已经完成的特大都市，如北京、上海、广州等，需要通过城市智慧化发展来推动城市的进一步现代化。这类城市是智慧产业重点发展城市，也是示范智慧城市的主体。第二类为工业化水平较高，智慧科技十分发达的城市，如青岛、武汉等，需要通过城市智慧化发展来培育城市智慧产业，拓展城市智慧市场。这类城市是智慧产业与智慧科技领先发展城市，是示范智慧城市的重点。第三类为工业化与城市化快速发展，经济实力较强，具有特殊职能的城市，如南宁、厦门、珠海等，需要进行城市智慧化来拓展城市服务能力并承担其国际化的城市职能。

上海要发挥世博园和上海网络视听产业基地等已经形成的资源、资产和基础设施优势，进行智慧城市建设试点，重点建设世博智慧城。世博智慧城的发展定位为：新兴物联网与云计算技术应用基地，世界智能低碳技术会聚与博览中心，国际智慧设备与部件制造基地，智慧人居与现代云社区的示范基地。世博智慧城内的开发项目可以是拥有 U-home、云社区和低碳屋的智慧生活体验区；拥有智能楼宇、数据中心和智慧广场等的智慧商务中心区；拥有智慧馆、零碳馆和低碳智慧产品展览馆、无人服务的自选购物街等智能低碳技术博览区；拥有智慧厂房、太阳能厂房等的智慧产品与设备制造区；拥有智能市民自主管理馆等的基地综合服务与管理区；拥有水与生物物质再生馆等的资源再生与循环利用区。

智慧城市是南宁发展的重大战略方向。智慧南宁建设，不仅大大提升南宁自身的科技水平、产业层次、经济结构、竞争效率，还将大大凸显与强化南宁的引领国际、凝聚东盟、带动我国西南部经济再上一台阶的龙头地位。智慧南宁建设的重点工程将极大地促进南宁市低碳科技的引进，推进城市产业竞争力的提升，促进城市经济实现跨越性的"转型发展"、"绿色发展"、"低碳发展"、"生态发展"和"智慧发展"。智慧南宁建设的重点工程是打造靓美南宁东盟智慧城。靓美南宁东盟智慧城，应建设跨国云计算中心，覆盖东盟与东南亚的物联网，提供高科技、可共享的智慧平台与产业基地，迅速推进东盟与南宁一体化发展，通过"创新驱动"培育发展战略性新兴产业，提供高品质的人居环境与就业岗位。

武汉市拥有"光纤通信技术和网络国家重点实验室"、"下一代互联网接入系统国家工程实验室"、"光纤传感技术国家工程实验室"和"光纤通信技术国家工程研究中心"，在射频识别（RFID）、光纤传感、二维条码传感、智能传感核心芯片、器件与模块等领域的核心技术处于国内领先水平，同时还是国内最大的光纤通信研发和制造中心，拥有研发物联网的相对优势。作为两型社会建设的综合实验区，武汉应当启动智慧两型社会示范区建设工程。智慧两型社会示范区建设目标有：高智能技术示范，高效率节能减排示范，高效能的能源利用示范，幸福人居生活示范，低排放高就业和谐产业示范，立体布局混合业态新型城市园区示范。智慧两型社会示范区的创新设计要求有：通过物联网与云计算，实现智能化、智慧化与低碳化发展，通过立体化与混合化布局，解决土地集约节约利用和绿色生态环保问题，通过快城化与慢城化，解决交通拥挤和尾气污染问题，实现地面公园化与花园化，通过建立城市标志景点系统，突出标志性构筑物，建设基地特色文化。武汉智慧两型社会示范区建设工程的功能与发展方向应定为：以低碳智慧人居产业为龙头，带动低碳智慧服务产业、低碳智慧制造产业的协同发展，引领世界发展潮流；通过广泛的招商，吸引国内与国际企业入园共建共享，实现基地产业技术、资本、人才、产品销售市场的龙头化与国际化。

（三）从问题与短板或优势出发寻找智慧城市发展切入点

各国的国情不同，各城市的市情不同，智慧城市建设的切入点不同。早在1998年，新加坡陆路交通管理局就开始着手建造电子道路收费系统，通过对道路交通数据的收集和测算来界定拥堵路段，汽车在交通拥堵路段通行时要进行收费。无独有偶，瑞典首都斯德哥尔摩以智慧低碳交通建设作为其智慧城市建设的切入点，取得了很大的成效。原来，斯德哥尔摩平均每天有45万辆汽车驶过城市中央商务区，严重交通拥堵时有发生，二氧化碳等温室气体排放比较严重。为此，德哥尔摩市政府与瑞典公路管理局经过认真研究，决定以建设智慧的道路管理与车辆通行方式来解决现实问题。办法是瑞典当局在2006年初宣布征收"道路堵塞税"，"道路堵塞税"可用于建设智能跟踪与收费系统。瑞典公路局依据智能跟踪与收费系统准确动态地测量并且跟踪道路使用情况，据此收取使用费。IBM对此智能系统进行了设计，包括摄像头、传感器和中央服务器。斯德哥尔摩在通往市中心的道路上设置了18个路边控制站，通过使用RFID技术以及利用激光、照相机和先进的自由车流路边系统，自动识别进入市中心的车辆，自动向在周一至周五（节假日除外）6：30到18：30之间进出市中心的注册车辆收税。通过收取"道路堵塞税"减少了车流，交通拥堵降低了25%，交通量降低20%，交通排队所需的时间下降50%，道路交通废气排放量减少了8%—14%，二氧化碳等温室气体排放量下降了40%。2010年2月，斯德哥尔摩被欧盟委员会评为首个"欧洲绿色首都"。

北京、上海、天津、重庆和交通严重拥挤的省会城市，可以学习新加坡与斯德哥尔摩建设智能跟踪与收费系统来解决城市中心地区的拥挤问题，也可以借助北斗卫星导航系统对交通安全和私人小汽车加强管理。

由于电网效率低下而造成的电能损失高达总电能的67%，美国、丹麦、澳大利亚和意大利的公共事业公司正在建设新型数字式电网，以便对能源系统进行实时监测。我国电网效率不会比西方国家高，智能电网与能源管理智慧化是智慧城市发展的重要方向。

现代物流企业和旅游企业是物联网技术应用的重要试点领域。通过 RFID、视频识别和传感技术在企业生产、配送、仓储、供应链管理等物流主要作业环节的示范应用，实现物流信息的自动采集、标识与识别，实现货物可靠配送、安全保管和可视化跟踪。通过建设物流信息平台和公共信息交换机制，实现货物、运输、仓储、堆场等物流资源的统一协调和优化配置。

采用物联网技术，建设污染源智能监控系统、环境质量智能监测系统、水资源监测系统、山洪灾害防治及防汛预警系统、中心城区排水管网监测管理系统，构建环境智能监控（测）体系，实现对各类环境要素信息的自动获取和智能处理，是各地城市最欢迎的重点智慧化发展领域。

对正在开采的煤矿、城市燃气管网、垃圾填埋场等危险环境建立自动监测体系，实现对危险源的自动识别、定位、追踪和状态监控，将大大改善我国安全生产的形势。

（四）从人口老化与市民养老等发展需要建设智慧城市

人口老化是发达国家遇到的最大难题，也是中国未来发展遇到的重要问题之一。同时，中国城市只生一胎的政策，必然导致市民养老模式发生巨大变化。建设智慧家居、智慧楼宇和智慧社区，对解决人口老化问题，解决老人自养问题具有划时代的意义。所以，发达国家都把智能屋、云社区作为智慧城市建设的重点。

日本在 1989 年设计并建造了第一代智能屋。300 多平方米的范围内，装了 1000 多个小电脑；窗户上布置了电脑传感器，可根据风向、风量、室内外温湿度自动开合；屋顶瓦片可以吸收太阳能贮热，节省电耗；电灯可以感应房间中是否有人，自动开关；在任何一处，户主只要在屏幕上输入想找的物品，就能知道它的具体位置；厨房的电脑可自动根据冰箱里的菜谱进行操作，做出各种美味佳肴；如厕的同时，智能马桶可以对屎、尿进行检验，同时将数据加密后传送给远处的医生。整个建筑就像一个巨大的计算机在运作，住宅内所有事务均由电脑指挥操作。但成本太高，耗资上亿。

日本 2004 年建造的第二代智能屋比其第一代智能屋更聪明，可以给油电混合动力汽车充电，可以在停电的时候，让汽车成为房子的发电机；窗上的光触媒材质能净化空气，分解垃圾，通过雨水自动冲刷干净。同时成本降低了不少。但耗资约高达 7000 万人民币。

2009 年，台湾设计建成的第三代 u-home 住宅，更关注能源问题，成本更低。大致为一辆汽车的价格，相当于 20 万元人民币左右。其中，传感器及电脑系统的费用在 1 万元左右。100 建筑平方米的智能屋的附加建造成本每平方米只有 100 元左右。也就是说，简单实用一点的城市普通智能居宅的附加建造成本还可以更低，智能屋、云社区作为智慧城市建设的重点项目完全可以在我国大面积推广。

青岛已拥有 3 个省级 RFID 工程技术中心，拥有数字家庭网络国家工程实验室。2011 年海尔集团"智能家居"等 4 个物联网项目已获得 600 万元国家资金扶持。青岛以"智能家居"、"云社区"建设为突破口，建设智慧青岛，既发挥了自己的优势，又迎合了时代发展的要求。

总之，随着中国人口老年化过程的快速推进，我国智能家居、云社区必然具有巨大的市场发展前景。在不远的将来，智能楼宇、智能小区将陆续进入人们的视野。

（五）着力培养本土企业的技术开发能力，集中突破中国芯的成本与质量

进入云计算时代，信息安全上升到国家安全的高度。所以，建设智慧城市，要着力培养本土企业，有条件地引进外资企业。各地政府要充分利用市场准入、业务发包等手中的筹码，迫使外资企业技术向内资企业转移，有意扶持与培养一批本土企业。深圳提出到 2015 年，培育 10 家左右在国内有影响的年营业收入超亿元的云计算企业，上海也提出类似目标。这很好。中央政府也要

综合运用政策、规划、标准、资金、项目和行业管理等手段措施，全方位、多角度支持各地的龙头企业，打造云计算国家队。

本土企业培养的重点，是要集中突破中国芯等元器件制造的成本与质量问题。在北斗应用之前，我国虽然有一定的终端生产能力和系统集成能力，但是核心芯片和板卡100%进口。原因在于，本土企业生产的核心芯片和板卡质量不稳，成本过高。因此，要奠定北斗产业化和市场竞争力的基础，必须掌握以卫星导航芯片为代表的产业链高端自主知识产权，必须帮助本土企业集中突破中国芯的成本与质量。物联网芯片、视频芯片也是一样。中星微开发的可能替代 TI 等国外公司的物联网芯片、视频芯片，应明确为国家重点支持的对象。

（六）结合发展战略多目标与多模式推进智慧城市建设

物联网和云计算应用面有多广，智慧城市的发展目标与发展模式就有多广。将智慧发展与我国区域发展战略、转型发展战略、绿色发展战略、低碳发展战略、生态发展战略结合起来，是多目标与多模式推进智慧城市建设的重要方向。

《国务院关于推进海南国际旅游岛建设发展的若干意见》不仅对海南旅游业本身提出了发展要求，还对海南生态、环保、林业、农业等领域都提出了发展建议。旅游产业本身就有巨大的带动作用，而与旅游产业有关的生态、农业、林业、环保等产业，都属于绿色产业的范畴，这样不仅有利于加速海南岛旅游的建设步伐，更可以创建我国区域低碳发展的新模式。相比夏威夷、普吉岛等国际旅游休闲名岛来说，海南并不是世界上最能吸引游客的旅游目的地。如何建设特色突出、亮点缤纷、游客趋之若鹜的著名国际旅游岛，一直是海南省政府与海南国际旅游岛规划设计者思考的问题。

国际旅游岛的建设、岛屿观光项目的开发，需要增加很多的基础设施以及配套的服务设施，会对原始的景观和生态产生影响，建设期间，如果处理不当，会对原有的环境造成破坏，建成后，必然会吸引更多的游客前来，而这又不免会对环境产生新的冲击。将"智慧发展"与"绿色发展"、"低碳发展"、"生态发展"、"旅游发展"、"区域发展"、"转型发展"相结合，推动海南国际旅游岛建设，是一个最优的选择。具体来说，就是将智慧低碳发展、智慧绿色发展、智慧生态发展、智慧旅游发展、智慧岛屿发展等构想融入到规划中，引进最先进的低碳智能技术，实现节能减排和节能改造。因为南海海域的珊瑚礁、海洋动植物具有很强的碳吸收转化和固定能力，要将南海小岛屿的开发，如南沙群岛、西沙群岛等，作为一个重点。所以，打好智慧岛屿这张牌，是发展海南的重要措施。海岛潮汐能、太阳能、风能的开发利用，具有低成本、效益高、实用性强的特点，所以要借鉴台湾相关岛屿的开发经验，使用租赁的办法，鼓励国内、国际的旅游公司到岛屿上开发旅游线路、开辟观光点，也可以借此进行海南岛屿低碳知识的教育，推进海南低碳智慧设施的建设。智慧岛屿应作为海南国际旅游岛未来发展的新方向。

（七）提高认识，改革制度，从各方面为智慧城市发展创造良好的支撑环境

在智慧城市建设过程中，要确立更加开放、更加高远的指导思想，要始终坚持体现城市特色的创新发展思路，注重形成完善的政策体系，加强组织保障，提高认同度，扎实有序推进。智慧城市建设需要舆论支持。要提高政府、企业、市民对智慧城市建设理念的认同度和参与智慧城市建设的协同度，充分发挥集体智慧和力量。

推动我国云计算战略与政策的研究，探索我国云计算产业在法规建设、标准体系、监管制度等方面的合理发展路径，促进云计算规划、标准和法律法规的逐步完善，为我国云计算发展创造良好的支撑环境。

在国家重大科技专项中，要重点支持物联网领域的技术攻关。鼓励企业联合高校、科研机构申报国家（省）级重大项目、组建联合实验室，鼓励企业建立国家级工程（技术）研究中心、企业技术中心、重点实验室。加强高新技术企业和技术先进型企业的认定服务工作，激励成果转化，鼓励和支持高层

次技术经纪公司和专业化技术转移机构进入产业园区。加快创新服务平台实验资源和信息数据共享系统建设，推动大型科学仪器设备等科技资源向园区集聚并对企业全面开放。

支持符合条件的物联网企业进行债券融资和上市融资，对成功融资和再融资的企业给予一次性资金奖励。支持金融机构开展物联网企业股权质押、知识产权质押、合同质押、资质抵押、信用保险、科技保险等试点。对在产业园区投资建设物联网等重大项目的，可由政府性投资公司出资、跟进投资或提供融资担保。

各地城市政府要制订出台并组织实施物联网示范应用工作方案，细化工作任务，强化督察考核，确保本规划确定的目标任务顺利完成。落实各项扶持政策，采取"一企一策"的措施，积极引进和培育龙头企业，支持物联网产业链关键环节企业做大做强。

建立由分管市领导牵头的物联网产业发展推进工作机制，定期研究、协调、督促检查产业推进和应用示范工作。

要整合现有相关专项资金，设立物联网产业发展专项资金，对物联网重大产业化项目、重点应用示范项目、关键基础设施建设等，给予资金支持。

地方物联网企业研究开发新技术、新产品，如果申请并获得国家和省级物联网项目支持，或被列入国家级、省级物联网技术中心、工程中心等，城市政府要按一定比例给予资金补贴和资助。物联网企业从事技术开发、技术转让和与之相关的技术咨询、技术服务等取得的收入，经技术合同登记机构认定并报主管税务机关审核同意的，免征营业税。

Development Strategies for Smart City in China

Pan Jiahua　Wang Hanqing　Liang Benfan　Zhou Yueyun

Abstract：Smart City is the future of urban development. At present, the developed countries have started the construction of the smart city. The smart city construction in China has been started and has made some achievements, but there still are many problems. This article first summarizes the characteristics of the Chinese smart city development and ways from the reality of China's urban development, points out its remaining problems, and the path for China's smart city toward healthy development.

Key Words：remote operation；complete smart city；fusion

综合篇

第一章

智慧城市发展理论与实践

张陶新* 杨 英 喻 礼

摘　要：对智慧城市的理论与实践进行了系统的梳理，分析了智慧城市的内涵和基本特征；归纳总结了国内外建设智慧城市的成功经验。

关键词：智慧城市　低碳　城市发展

随着信息科学技术的迅猛发展，作为一种新的城市发展理念和实践，智慧城市越来越为世人所重视，智慧城市建设被认为是推动城市向低碳经济模式与低碳生活方式转变、提高城市管理能力的重要途径。国内外一些城市的智慧城市实践不仅具有清晰的目标，而且不同的城市所提出的智慧城市建设重点也不一样，其行动理念创新与城市政策创新都具有样本意义。本文在论述智慧城市理论及其特征的基础上，对国内外智慧城市建设实践进行介绍，并尝试总结代表性的成功经验。

＊ 作者简介：张陶新（1964—），男，湖南华容人，全球低碳城市联合研究中心研究员，主要研究方向为可持续发展，低碳经济等，E-mail：taoxinzhang108 @ sina. com。

一　智慧城市的概念

（一）智慧城市的发展背景

随着经济社会的不断发展，城市正面临着前所未有的可持续发展挑战：低效的城市管理方式、拥堵的交通系统、难以发挥实效的城市应急系统、过度的资源消耗、严重的环境污染、碳排放的不断增加导致全球气温变化，等等。面临这些实质性的挑战，城市必须应用新的措施和技术，探索新的发展路径和模式。城市的智慧增长、新都市主义等不同的理论研究表明，城市的发展不仅依赖于物质性资源，还日益依赖于信息与知识资源所产生的"智慧"，实际上后者真正决定着城市的竞争力。

1990 年美国加州旧金山的一次国际会议上，以"智慧城市（smart cities），快速系统（fast systems），全球网络（global networks）"主题，探寻了城市通过信息技术聚合"智慧"以形成可持续的城市竞争力的成功经验[1]，会后正式出版了文集"The Technopolis phenomenon：smart cities，fast systems，global networks"，成为关于智慧城市研究的早期代表性文献。

2007 年，欧盟提出了建立智慧城市的设想。2008 年全球性金融危机发生，美国 IBM 公司提出了"智慧的地球"理念。2009 年，欧盟委员会提出了建设智慧城市的具体计划，并且决定投入 100 亿—120 亿欧元用于智慧城市建设；同年，IBM 在中国提出"智慧地球赢在中国"，并建议优先建设智慧的电力、智慧的医疗、智慧的城市、智慧的交通、智慧的供应链、智慧的银行六大行业[2]；IBM 发布的《智慧的城市在中国》报告认为，有效利用信息技术提升城市管理水平，推动中国社会的城市化进程，成为城市管理者的当务之急，建立智慧的城市将是城市信息化的终极目标和战略方向。2010 年，由科技部等单位在武汉举办召开了"2010 中国智慧城市论坛"。显然，"智慧化"是继工业化、电气化、信息化之后全球科技革命又一次新的突破，世界许多国家将智慧城市当做应对国际金融危机、扩大就业、振兴经济、提升城市竞争力的重要战略。国际智慧城市组织 ICF（Intelligent Community Forum）等相关机构也相继成立，并开展"全球智慧城市奖"评选活动。

（二）智慧城市的内涵

1. 智慧城市的概念

2007 年欧盟委员会在《Smart cities Ranking of European medium-sized cities》中，从智慧经济、智慧公众、智慧管理、智慧流动、智慧环境、智慧生活六大维度来对智慧城市进行了界定。当一座城市既重视信息通信技术的重要作用，又重视知识服务、社会基础的应用和质量，既重视自然资源的智能管理，又将参与式管理等融入其中，并将以上要素作为共同推动着可持续的经济发展并追求更高品质的市民生活时，这样的城市就可以被定义为"智慧城市"。智慧经济主要是基于知识要素的创新型经济；智慧公众不仅考察公众受教育程度，还考虑其社会交往与联系方式的广泛性与质量；智慧流动是指现代技术在城市运行的各领域的应用，不仅涉及信息通信技术，还以现代交通运输技术如物流业和新的运输系统作为技术性基础设施，增强城市中各类资源的流动性。智慧环境包括能源节约、绿色环保、城市各类资源管理等方面。智慧管理主要是政府管理模式的调整和改善，智慧生活重点在于提高城市生活品质和凝聚力[3]。

智慧城市，就是通过植入城市客体的智能化传感器形成物联网，实现对物理城市的全面感知；利用云计算，对感知技术进行智能处理和分析，实现对政务、城管、生产、环境、交通、教育、医疗、安全、家居等各种城市需求的智能化支撑；通过人与物的智慧连接，实现城市"智商"、"情商"的同步提高，从而使城市成为有技术、有文化、有灵魂、有生命、有头脑的物理与人文空间[4]。

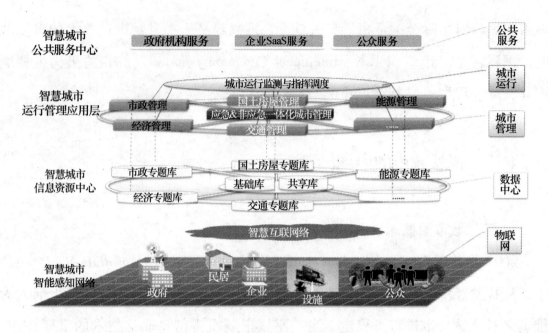

图1—1 智慧城市基本结构

2. 智慧城市的基本特征

IBM 公司认为智慧城市建设的核心是以一种更为智慧的方法，通过新一代的信息技术来改变政府、社区或公司和人们相互交互的方式，以提高交互的明确性、效率、灵活性和响应速度[2]。其基本特征是感知化、互联互通化和智能化。

智慧城市信息畅通。互联网、物联网与云计算系统互联互通，信息在城市各系统中实时地、直接地流动，基本无须人为干预，对现实城市直接地产生响应和调控。

智慧城市知识立市。充分利用知识，与知识相关的产业得到更好的发展，城市经济的发展摆脱了对传统资源的过度依赖，是智慧城市的重要特征。

智慧城市聚集智慧。基于智慧基础设施，政府、企业和个人可以进行更多元、更便捷的交互协作，使智慧城市聚合各方智慧，为城市发展提供源源不断的动力。

3. 智慧城市与数字城市

数字城市是智慧城市的初级形态，需要数据处理单位将有关城市的原始数据处理为城市属性数据，然后再制作成数字城市交付应用部门，或者发布到互联网上供应用部门使用。智慧城市直接通过物联网从现实城市中获取即时数据信息，然后由云计算实时处理信息获得智慧，进而通过物联网直接响应和调控现实城市。数字城市侧重于推进城市信息化建设，而智慧城市更多地聚焦于城市管理和服务，能够深入推动城市产业体系转型升级，切实带动城市人文环境与自然环境的改造提升，有效降低碳排放。

4. 智慧城市与信息化城市

智慧城市是信息化城市的高级阶段，是在数字化、物联网、云计算等基础上集成与融合而成的一个大系统，信息化城市仅仅局限于某一行业或者某一领域系统，缺少横向关联。智慧城市的建设可以打破因区域间发展水平差异和部门间条块利益分割而导致的信息化孤岛，使各行业、各地区资源共享、协同运作。

二　智慧城市的技术

随着遥感技术、勘探技术、车载摄影技术、射频技术、无线传感与监测技术、摄影测量测绘技术、统计登记上报技术迅速发展，城市信息化发展到了新阶段，使智慧城市的实现有了强力的技术支撑。智慧城市的核心技术包括智能识别、移动计算、云计算和信息融合[5]。

（一）智能识别

智慧城市运行的基础是信息，信息的快速准确获取离不开智能识别技术手段。智能识别通过面向物联网的实际应用，综合采用多机制识别和感知技术，实现被监测对象准确的数据采集、检测、识别、控制和定位。

射频识别（RFID）技术。RFID 是一种由一个询问器（阅读器）和多个应答器（标签）组成的无线系统，用于控制、检测和跟踪物体，通过射频信号自动识别目标对象并获取相关数据。

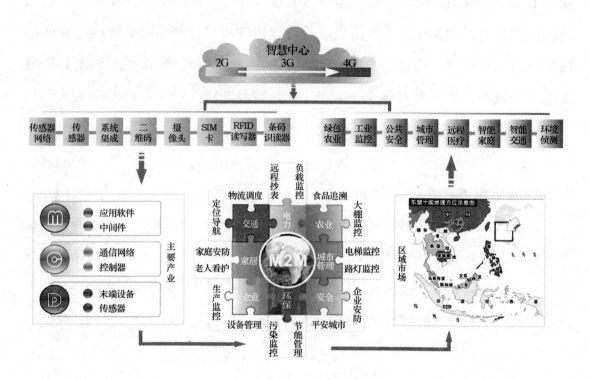

图1—2 智慧城市的技术体系

条码识别技术。条码识别技术的核心是由条、空以及相应的数字字符组成的可供机器阅读的条码符号。

传感识别技术。利用各种传感器从自然信息中获取信息，并进行相应的处理和识别。

视频识别技术。利用摄像头等视频捕获设备获取信息，采用先进图像识别技术对信息进行处理和识别。

无线定位测量技术。对来自移动终端的无线电波的有关参数进行定位测量，同时测量某些固定接收器或固定发射器发送到移动接收器的无线电波参数，然后对其进行采集加以利用。

（二）移动计算

移动计算技术通过计算机网络和移动通信网络相互结合，使计算机或其他信息智能终端设备在无线环境下实现数据传输和资源共享，以将有用、准确和及时的信息提供给任何时间、任何地点的任何客户。

（三）云计算

云计算是一种新的计算模式。通过虚拟化、分布式处理和宽带网络等技术，将软件、数据、应用和 IT 资源通过互联网以服务的形式提供给用户使用。云计算也是一种新的商业运营模式。使用者通过互联网络，以按需分配的服务形式，获得动态可扩展信息处理能力和应用服务。

云计算的主要技术包括虚拟化、分布式处理、云管理、云终端、绿色 IT、云安全等。

三 智慧城市建设

（一）智慧城市建设领域

发达国家在进入后工业社会之后，基于信息相关产业的技术创新，开展了多元化的智慧城市相关建设，例如韩国 2004 年提出的"泛在城市"计划、欧盟城市在进入 21 世纪后的智慧化实践、日本 2009 年在延续以往的"泛在日本"战略基础上提出了智慧城市计划等，努力使城市变得更加"智慧"。中国许多城市如北京、上海、南京、武汉、株洲等也提出了智慧城市建设的行动计划。据世界银行测算，一个百万人口以上的智慧城市的建成，在投入不变的条件下，实施全方位的信息管理将能增加城市的发展红利 2.5 到 3 倍，这意味着建设智慧城市可促进可持续发展目标的实现。

国内外关于智慧城市建设的典型实践领域包括以下几点：

1. 城市交通

智慧交通是对传统交通系统的变革，是信息技术、数据传输技术、传感技术与云计算技术等集成运用于交通管理系统而建立的一种网络化、智能化的大系统，能够保障人、车、路与环境之间的相互交流，从而提高交通系统的效率、便捷、安全、环保与经济性的新型交通运输系统。智慧交通能够大幅降低能源消耗和碳排放。据科学家和工程师预测，智慧交通可以使交通拥堵降低20%—80%，能源消耗减少30%，废气排放减少26%。目前，美国、欧洲和日本的智慧交通处于世界领先地位，其他各国也正纷纷跟进。

智慧交通的标杆城市——斯德哥尔摩。斯德哥尔摩使用智能交通系统来收集并分析车辆、交通流量传感器、运输系统、污染检测和天气信息等数据信息，寻找降低二氧化碳排放量的可靠途径，以便改善整体交通和通勤状况。此外，斯德哥尔摩的道路收费系统举世闻名，其工作原理是：在路边控制站，机动车辆经过第一道激光束，触动下一步操作中的收发器天线；收发器向车辆的车载应答器发出信号，并记录时间、日期和缴税额度等；在收发器工作的同时，摄像机会拍摄车辆的车头牌照；接着，车辆将通过第二道激光束，并随之启动第二台摄像机，这台摄像机将拍摄车尾牌照。这些步骤都是在车辆不减速的情况下完成的（图1—3）。统计数据显示，斯德哥尔摩2006年开始试用智能交通系统，到2009年实现交通堵塞降低25%，交通排队所需时间降低50%，出租车的收入增长10%，城市污染也下降了15%，并且平均每天新增4万名公交乘客[6]；市中心的零售商店也实现了6%的业务增长[7]。

2. 智慧电网

智慧电网是传统电网的改造和升级，是利用先进的能源、信息等技术，以互动的、智能化的电力组织和运行方式来管理城市电力的新型电网系统，能够兼容各种新能源的接入，使城市电网更加高效、清洁、安全、便利和可靠。智慧电网使消费者也能参与对电力消耗的掌控，每个家庭将因此节省25%的电费[8]。有数据显示，美国国家电网的使用效率每提高5%，就相当于减少5300万辆汽车的燃油消耗和碳排放[9]。智慧电网可以促进智慧与低碳同步发展，对抢占未来低碳经济制高点、增强未来城市的核心竞争力意义重大。

图1—3 斯德哥尔摩的道路收费系统

图片来源：Driving Change in Stockholm. http：//www－05. ibm. com/uk/pov/stockholm/resources. pdf. 2012－03－05. 图片标注：①激光束，②收发器天线，③摄像机，④激光束，⑤摄像机，⑥网络

美国首个智慧电网城市——波尔得市（Boulder）将现有的变电站升级，使之能够远程监控，并进行实时的信息收集和发布，使消费者能够对家庭能源进行自动化操作；对电网接入升级以支持家用太阳能电池板、电池、风力涡轮机和混合动力车等独立的发电和储能设备，使电网电力能便利地传输到这些设备上；同时建立新的测量系统，这个系统不仅可以测量用电，还可以将信息实时、高速、双向地与电网互联。波尔得市的家庭可以和电网互动，每户家庭都安装了智能电表，居民可以了解实时电价，合理安排用电；电网也可以帮助居民优先使用风电和太阳能等可再生能源。

图1—4　美国首个智慧电网城市——波尔得市

图片来源：http：//jjckb. xinhuanet. com/2009－06/03/content_ 161589. htm.

3. 智慧政府

韩国首尔市政府将市政新闻、文化旅游信息等制作成视频资料，并以VOD方式提供给民众，还在IPTV播放招聘信息、各类招标公告以及地铁和交通情况等生活信息；通过IPTV处理电子民政、缴纳税款等各类行政业务，市民在自己的家里即可轻松地解决各类政务[10]（图1—5）。

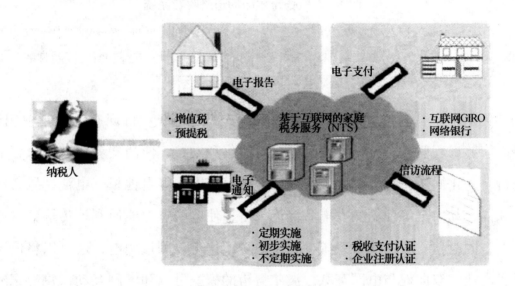

图1—5　家庭税务服务系统的概念框架

图片来源：姚国章：《韩国电子政务发展规划与电子政务发展最佳实践》，《电子政务》2009年第12期，第53—71页。

4. 智慧建筑

为了最大限度地实施低碳原则，台北建筑在智慧化设计上就事先考虑了如何在细节上体现节能减排。例如某房地产项目的"第2代绿色建筑"，通过结合无线感知网路、建材元件的设计，运用感测器与控制主机，采取了"智慧调节采光"、"智慧送风"等方式，保留了通风舒适度的同时，与同规模建筑相比一年节省下20%的电费与碳排放量[11]。

为了降低能源消耗、减少碳排放，日本于2008年6月开始执行"绿色东京大学计划"，以智慧方式利用信息技术打造低碳环境。该计划利用传感器等先进的元器件及IPv6下一代互联网协议平台，将建筑内的空调、照明、电源、监控、安全设施等子系统联网，形成兼容性系统综合数据并进行智能分析，对电能控制和消耗进行动态、有效的配置和管理[12]。

5. 智慧医疗

东京电子病历系统整合了各种临床信息系统和知识库，能提供病人的基本信息、住院信息和护理信息，为护士提供自动提醒，为医生提供检查、治疗、注射等诊疗活动。此外，医院采用笔记本电脑和 PDA 实现医生移动查房和护士床旁操作，实现无线网络化和移动化。目前日本的医疗信息化建设基本实现了诊疗过程的数字化、无纸化和无胶片化[13]。

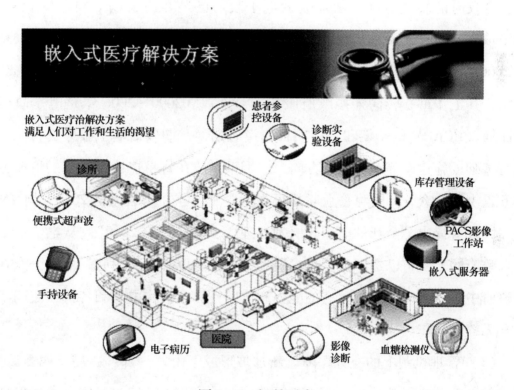

图1—6　智慧医疗

图片来源：http://image.baidu.com/。

（二）国外智慧城市建设经验

1. 新加坡经验

（1）分阶段梯次推进。1980—1985 年实现办公自动化；1986—1991 年实现部门之间的数据共享和政府与企业之间的电子数据交换；1992—1999 年建成公民不论何时何地都可以获得 IT 服务的"智慧岛"，1998 年开始全面运行覆盖全国的高速宽带多媒体网络，对企业和社会公众提供全天候不间断的网络接入服务；2000—2003 年实施"21 世纪信息通信技术计划"，主要内容包括促进电信市场自由化，构建宽带和无线通信基础设施，创建值得信赖的电子商务中心等；2003—2006 年实施"互联新加坡计划"，通过信息通信技术和计算机技术使公民个人、组织和企业变得更富效率和更具效能；2006 年启动智慧国 2015，实施一个为期 10 年的信息通信产业和社会发展计划。

（2）发挥政府引领作用。新加坡政府的引领作用突出体现在从电子政府到整合政府的转型方面。新加坡的电子政府已经经历了以下四个发展阶段：①1980—1990 年，最先启动了公共服务电脑化项目，该项目实施 8 年后共精简了 5000 个岗位，占当时公务员总数的 7.2%。②20 世纪 90 年代初期到 20 世纪末，其工作重心转向连接政府服务与企业。③2000—2006 年是电子政府行动计划（EGAP）的一期和二期项目建设时期，一期包括电子服务交付、信息通信基础设施建设等 6 大战略方向，二期重点放在将易连接、整合的增值公共服务提供给公众，同时将公众联系得更为紧密。④在"智慧国 2015"计划中，新加坡政府提出了全新的电子政府发展理念"整合政府 2010"。从电子政府到整合政府的转变，已经超出了技术层面，更强调以公众为中心，增进公众在电子政府中的参与度，强化政府的能力和协同性，在机构内部和各机构之间实现安全无缝的协作。

（3）管理机制上的充分保障。新加坡形成了由"一部、一局、四委员会"组成的电子政府体系，"一部"即财政部，"一局"即新加坡信息通信发展管理局，"四委员会"指公共服务 21 系统委员会、ICT 委员会、公共领域 ICT 指导委员会和公共领域 ICT 审查委员会。各机构既有明确的分工，又能够相互协调，建立了良好的信息化管理机制。自实施整合政府计划以来，新加坡还成立了整合政府理事会。其中新加坡信息通信发展管理局是在 1999 年由新加坡原来的国家电脑局和新加坡电信局合并创立的，其上级主管单位是新闻通信与艺术部。新加坡信息通信发展管理局的管理职责清晰明确，包括四个职能：①发展信息通信产业；②担任政府的"首席信息官"；③利用信息通信改造产业部门乃至整个社会；④造福国民。由于管理机制上有充分保障，新加坡的信息化取得了全面的显著成效。

2. 欧盟城市经验

欧盟的智慧城市建设是在区域发展战略支持下展开的多样性行动，重点领域包括智慧电网、节能建筑、无纸化办公、最优物流与运输、制造业的效率改进、远程办公与会议系统六个领域应用信息通信技术，启动向低碳经济转变的重大项目。

（1）重视公众信息素质的养成。智慧城市离不开公众的参与，欧盟各成员国通过政府、非政府组织、社区和志愿者等多方面的协作，广泛开展了对公众、特别是社会弱势群体的信息素养教育，以提高公众的信息素养。在此基础上，欧盟城市还进一步通过各种相关的培训，提升公众对信息技术所带来的环境变化的认识，提高公众使用信息技术工具的意愿。同时，对已经形成的一些智慧城市的最佳实践进行推广。

（2）深入推进电子政务，改善公共服务。欧盟城市不断整合服务资源，实现越来越多的政府部门、社会事务、医疗服务、学习、商务等的在线化。教育、环保、报税、社保、医疗、交通、就业、工商等领域中的60%以上服务能够在线填表办理，剩余的40%可以在线下载表格办理。城市普遍推行市民一卡通服务，涉及政府对市民从出生、教育、婚姻登记、就业、医疗保障直到死亡等全方位的在线服务。通过市民卡在网上就能完成相关事项的办理和审批。

（3）重视公共参与。欧盟城市的市民、各个利益相关方通过参与决策、倾听决策等多种多样的形式参与智慧城市的建设。鼓励对日常可能发生的突发事件所涉及的跨政府部门、跨欧盟区域的政府在线合作，以满足各行业、各类组织和公众的需求，提高城市政府的管理能力。社区居民也能够自主发起一些社区智能化项目，在项目实施过程中居民的参与成为一种社会发展趋势。

（三）国内智慧城市建设经验

1. 顶层推动

顶层推动需要政府立意高远，既要充分激活市场的积极性，也要考虑到市场功能的缺陷之处。通过顶层设计，规划好智慧城市建设的途径、创新的方向和发展的战略，明确发展的路径。如北京市"十二五"期间，围绕城市智能运转、企业智能运营、生活智能便捷、政府智能服务等方面，全面启动智慧城市建设工程。上海市"十二五"规划中，智慧城市是重点着墨的部分，形成宽带城市、无线城市、云计算、物联网等多个重点工程及产业专项。

2. 智慧产业

调整城市产业结构、转变城市发展方式，将转型跨越作为智慧城市建设的根本目标。如天津市智慧天津战略部署中着力培育若干个产值超千亿的战略性新兴产业，强化产业核心竞争力、提升生态环境承载力，快速摆脱旧有发展方式。株洲市因地制宜提出了建设智慧株洲，着力发展信息、环保和新材料等为主导的智慧产业。沈阳市借助智慧城市建设，从老工业城市向可持续发展的生态城市转型，运用绿色科技和智慧技术打造生态沈阳。

3. 智慧管理

将创新社会管理作为建设的主要任务，通过信息化技术手段改造提升城市管理和服务的智能化水平，促进城市和谐可持续发展。如南京市通过构建智慧南京，推进信息基础设施建设和先进智能技术的广泛应用，优化提升城市综合管理和服务水平。西安市将智慧城市建设作为改善民生、产业转型升级的战略选择，将信息化建设成果落实到民生领域，切实推动公众生活方式的转变和改善。

4. 智慧服务

将智慧城市建设的重点放在与城市居民生活息息相关、社会高度关注的领域，实现率先突破，提高民众幸福指数。如深圳市从科技、人文、生态三个方面打造智慧城市，并以此作为建设国家创新型城市的突破口。重庆提出要以生态环境、卫生服务、医疗保健、社会保障等为重点建设智慧城市，提高市民的健康水平和生活质量，打造"健康重庆"。

参考文献

［1］David V. Gibson, George Kozmetsky, Raymond W. Smilor. The Technopolis Phenomenon: Smart Cities, Fast Systems, Global Networks ［R］. ［2011 - 09 - 27］. Lanham, Md.: Rowman & Littlefield Publishers: 1992.

［2］IBM 商业价值研究院：《智慧地球》，东方出版社 2009 年版。

［3］The Centre of Regional Science (SRF), Vienna University of Technology. Smart Cities Ranking of European Medium-sized Cities ［R］. ［2010 - 11 - 29］. http://www. smart-cities. eu.

［4］王震国：《智慧城市建设的全球共识与我国的提振策略》，《上海城市管理》2011 年第 5 期，第 26—31 页。

［5］王辉、吴越、章建强等：《智慧城市》，清华大学出版社 2010 年版。

［6］李正豪：《斯德哥尔摩：智能交通试验田》，《通信世界》2010 年第 17 期，第 53 页。

［7］吕鹏飞：《斯德哥尔摩智能交通案例》，《道路交通与安全》2009 年第 4 期，第 29 页。

［8］变压器编辑部：《智能电网更绿色》，《变压器》2011 年第 4 期，第 74 页。

［9］刘倩倩：《美国的智能电网建设》，《山西能源与节能》2010 年第 2 期，第 74—75 页。

［10］陈桂香：《国外智慧城市建设概览》，《中国安防》2011 年第 10 期，

第 100—104 页。

[11] 鲁义轩：《台北：WiMAX 行业应用获成功》，《通信世界》2010 年第 17 期，第 52 页。

[12] 赵经纬：《东京：树立物联网、低碳信息化样板》，《通信世界》2010 年第 17 期，第 55 页。

[13] 陈桂香：《国外智慧城市建设概览》，《中国安防》2011 年第 10 期，第 100—104 页。

[14] 陈劲：《智慧花园城市——新加坡》，《信息化建设》2010 年第 3 期，第 12—13 页。

The Theory and Practice on Smart City

Zhang Taoxin   Yang Ying   Yu Li

Abstract：This article focuses on the theory and practice on smart city, analyses the connotation and basic characteristics of smart sity, and summarizes the domestic and foreign successful experience of smart city.

Key Words：smart city；low carbon；urban development

第二章

我国低碳智能建筑发展政策与趋势

袁　路　梁本凡

摘　要：智能建筑与低碳建筑的发展都体现了人类对更高质量生活水平的追求，同时也是时下建筑行业发展的主要方向。本文重点讨论低碳智能建筑发展方式。首先回顾了我国低碳建筑和智能建筑已发布的相关政策，进而总结了我国低碳智能建筑的发展模式，其后根据企业在低碳智能建筑发展的成果，进一步展望了低碳智能建筑的发展趋势。

关键词：低碳建筑　智能建筑

我国城市化的高速发展对低碳智能建筑的发展提出了紧迫的要求，但目前国内还没有总结出一套成熟的低碳智能建筑发展模式。在这样的背景下，急需对低碳智能建筑的发展趋势和国内相关政策进行梳理，以促进低碳智能建筑的推广。

一　我国低碳智能建筑发展相关政策

（一）我国低碳建筑发展相关政策

就建筑本身实现绿色化和降低建筑碳排放，主要通过两个途径实现：一是提高能源在建筑中的效率，减少能源消耗；二是推广可再生能源使用，改善能源结构。现有有关推进建筑节能与绿色化的国家政策充分考虑了这两个方面。

1. 建筑节能

我国城市化进程在 90 年代中期开始加快，国家对建筑节能也开始重视起来，发布了一系列建筑节能相关政策，主要涵盖了国家节能标准和推进节能改造两个方面。

1986 年，国家颁布《北方采暖地区住宅节能设计标准 JGJ26 – 86》并进行了二次修编。在 2001 年和 2003 年，分别出台了夏热冬冷地区和夏热冬暖地区的住宅节能设计标准 JGJ134 – 2001 和 JGJ75 – 2003。2005 年出台了公共建筑节能设计标准 GB50189 – 2005。这三个住宅节能标准和一个公建节能标准都以节能 50% 作为目标来确定建筑物的外围护结构的性能标准和相关的采暖空调设备的能效，俗称"50% 节能标准"。在 2010 年 8 月，住建部正式颁布并实施了新的 65% 的住宅节能国家标准，包括北方寒冷和严寒地区与夏热冬冷地区。目前一些地方如北京、重庆已经开始编写 75% 的节能标准。由于受限于空调采暖设备效率改进，公建节能率提升的幅度小于住宅，目前全国仍然实行 50% 的节能标准。但一些地方，如江苏、安徽、重庆等省市，已经颁布或准备实施地方的 65% 公建节能标准。

2007 年 10 月 24 日，财政部发布《国家机关办公建筑和大型公共建筑节能专项资金管理暂行办法》（财建［2007］558 号），针对公共建筑的节能改造和节能监管体系建设进行资金支持。2011 年又发布《关于进一步推进公共建筑节能工作的通知》（财建［2011］207 号）提出了具体补助标准，并明确了"十二五"期间公共建筑节能工作目标：争取在"十二五"期间，实现公共建筑单位面积能耗下降 10%，其中大型公共建筑能耗降低 15%。国务院在 2008 年也连续发布中华人民共和国国务院令第 530 号《民用建筑节能条例》和国务院令第 531 号《公共机构节能条例》，用以推动建筑节能，提高能源利用效率。

国家推进建筑节能步伐逐渐加快，在 2011 年《关于进一步深入开展北方采暖区既有居住建筑供热计量及节能改造工作的通知》（财建〔2011〕12 号）中，财政部、住房和城乡建设部提出进一步扩大建筑节能改造规模，到 2020 年前基本完成对北方具备改造价值的老旧住宅的供热计量及节能改造。到"十二五"期末，各省（区、市）要至少完成 35% 以上老旧住宅的供热计量改造，鼓励有条件的省（区、市）提高任务完成比例，完成供热计量改造的项目必须同步实行按用热量分户计价收费。

2. 可再生能源利用

推广可再生能源在建筑中利用的补贴政策主要由财政部和建设部发布。2006 年，财政部和建设部联合发布《可再生能源建筑应用专项资金管理暂行办法》（财建〔2006〕460 号），由中央财政安排专项用于支持可再生能源建筑应用的资金。2009 年，《关于印发可再生能源建筑应用城市示范实施方案的通知》（财建〔2009〕305 号）与《关于印发加快推进农村地区可再生能源建筑应用的实施方案的通知》（财建〔2009〕306 号）相继发布，明确提出了对示范城市可再生能源利用和测算要求。2010 年又发布《关于加强可再生能源建筑应用城市示范和农村地区县级示范管理的通知》（财建〔2010〕455 号）和《关于加强可再生能源建筑应用示范后续工作及预算执行管理的通知》（财建〔2010〕484 号）对以前已有政策做了修订和补充。而"十二五"可再生能源建筑应用推广目标在最新的《关于进一步推进可再生能源建筑应用的通知》（财建〔2011〕61 号）得到了明确。通知提出切实提高太阳能、浅层地能、生物质能等可再生能源在建筑用能中的比重，到 2020 年，实现可再生能源在建筑领域消费比例占建筑能耗的 15% 以上。"十二五"期间，两部门将开展可再生能源建筑应用集中连片推广，进一步丰富可再生能源建筑应用形式，积极拓展应用领域，力争到 2015 年底，新增可再生能源建筑应用面积 25 亿平方米以上，形成常规能源替代能力 3000 万吨标准煤。

提高可再生能源在建筑能耗中的比例对减少污染和碳排放有直接作用和重

要意义。其中太阳能的开发利用由于适用地域广阔、现有建筑改造方便、技术的相对成熟等优势尤其得到国家重视。2009 年以来，《关于加快推进太阳能光电建筑应用的实施意见》（财建［2009］128 号）、《太阳能光电建筑应用财政补助资金管理暂行办法》（财建［2009］129 号）、《关于实施金太阳示范工程的通知》（财建［2009］397 号）、《关于加强金太阳示范工程和太阳能光电建筑应用示范工程建设管理的通知》（财建［2010］662 号）等相继发布。对太阳能光电在建筑中的应用提供了强有力的政策和资金支持。

3. 绿色建筑及综合性政策

我国的《绿色建筑评价标准》发布较晚，是在充分分析研究了国外各种先进的绿色建筑评价体系的基础上，根据我国具体国情提出的绿色建筑评价体系，因此该评价体系的内容比较全面。所谓绿色建筑是指在建筑的全生命周期内，最大限度节约资源（能源、水、建材、土地），并保护环境和减少污染，为人们提供健康、舒适和高效的使用空间，与自然和谐共生。中国的第一座绿色建筑于 2004 年落成于北京，是中美合作建成的绿色建筑示范办公楼。住建部于 2006 年颁布了中国绿色建筑评价标准；俗称"三星标准"，并于 2008 年开始认证。目前三星标准已经认证 30 多座建筑。

2011 年 8 月 31 日，《国务院关于印发"十二五"节能减排综合性工作方案的通知》（国发〔2011〕26 号）发布，号召充分认识做好"十二五"节能减排工作的重要性、紧迫性和艰巨性。其中，对建筑节能提出"制定并实施绿色建筑行动方案，从规划、法规、技术、标准、设计等方面全面推进建筑节能"。同年发布的《关于绿色重点小城镇试点示范的实施意见》（财建［2011］341 号）中提出突出绿色生态，保证重点工程，试点示范镇要切实增强节能减排能力，重点开展绿色生态设施建设。

可以看出，随着城市化进程的加速和建筑节能及绿色化工作的深化，国家对建筑节能减排的推进力度近年来呈现逐渐加强的趋势。有关国家政策的发布在近两年也达到了一个高峰。

（二）智能建筑发展相关政策

与低碳建筑相比，我国开始发布关于智能建筑政策的时间较早，也没有明显的政策发布高峰时间段。

1. 《建筑智能化系统集成设计图集》（03X801—1）

于 2003 年 5 月 1 日起开始实施的《建筑智能化系统集成设计图集》包括编制说明、智能化系统集成设计说明、图形符号、文字符号、各种控制系统体系结构图及建筑智能化各个子系统集成方式图集。适用于新建、扩建和改建工程的智能化系统集成。

2. 《居住区智能化系统配置与技术要求》（CJ/T 174—2003）

该标准提出了居住区智能化系统建设的基本配置与可选配置，是开发商选用智能化系统的依据。该标准规定了居住区智能化系统配置与技术要求等内容，主要包括定义、技术分类、建设要求、技术要求、安全防范子系统、管理与监控子系统和通信网络子系统等。本标准适用于新建居住区智能化系统的建设，可作为房地产开发商建设智能化居住区选择系统与子系统的技术依据。

3. 《居住小区智能化系统建设要点与技术导则》（2003）

建设部住宅产业化促进中心受建设部工程质量安全监督与行业管理司委托编制的《居住小区智能化系统建设要点与技术导则》颁布以来，对我国居住小区智能化系统的建设发挥了重要作用，成为我国房地产开发商、设计院、系统集成商及智能化产品生产企业建设管理小区智能化系统的重要依据。《导则》设计目的在于适应 21 世纪信息社会的生活方式，提高住宅功能质量。居住小区智能化系统总体目标是：通过采用现代信息传输技术、网络技术和信息集成技术，进行精密设计、优化集成、精心建设，提高住宅高新技术的含量和居住环境水平，以满足居民现代居住生活的需求。

4.《智能建筑设计标准》（GB/T 50314—2006）

《智能建筑设计标准》早在 2000 年就已发布（GB/T 50314—2000）。在 2006 年又对其进行了修改。智能建筑是一个大概念，它包括信息设施系统、信息化应用系统、建筑设备管理系统、公共安全系统和机房工程。原来的安防、消防、楼宇自控、电话/电视/计算机、网络统统收入囊中，包括信息通信、计算机、自动化控制、建筑电气等技术领域，涵盖新建、扩建和改建的办公、商业、文化、媒体、体育、医院、学校、交通和住宅等民用与工业建筑等智能化系统的工程设计。本标准为推荐性国标，非强制性国标。

5.《智能建筑工程质量验收规范》（GB 50339—2003）

由建设部和国家质量监督检验检疫总局联合发布的《智能建筑工程质量验收规范》主要适用于建筑工程的新建、扩建、改建工程中的智能建筑工程质量验收。自 2003 年 10 月 1 日起实施。其中部分条文（第 5.5.2、5.5.3、7.2.6、7.2.9、7.2.11、11.1.7 条）为强制性条文。

《智能建筑工程质量验收规范》以《智能建筑设计标准》（GB/T 50314 – 2000）为依据，遵照《建筑工程施工质量验收统一标准》GB 50300 – 2001 的编写原则。主要对通信网络系统、信息网络系统、建筑设备监控系统、火灾自动报警及消防联动系统、安全防范系统、综合布线系统、智能化系统集成、电源与接地、环境和住宅（小区）智能化等智能建筑工程的质量控制、系统检测和竣工验收做出规定。

6.《物联网产业"十二五"发展规划》

根据国家"十二五"规划纲要，智能电网、智能交通、智能物流、智能家居、环境与安全检测、工业与自动化控制、医疗健康、精细农牧业、金融与服务业、国防军事是物联网产业重点发展的十大领域。《物联网产业"十二五"发展规划》对这些领域给出针对性的专项规划。

"十二五"期间我国物联网仍处于示范应用阶段，产业发展思路在于从部分领域寻求突破，进而带动上下游产业链，然后逐渐扩大到更多领域。交通、环保、农牧业三大领域市场需求巨大，相关应用有比较好的市场前景，取得实质性发展的机会较大；而且这三大领域涉及产业链上下游众多企业和技术，能产生很好的带动效应，因此会成为物联网产业优先发展方向。

7.《居住区数字系统评价标准》（CJ/T376—2011）

《居住区数字系统评价标准》由建设部标准定额研究所组织中国标准出版社出版发行，为城镇建设行业产品标准，自2012年2月1日起实施。

《居住区数字系统评价标准》的亮点在于：对居住区各数字系统功能要求、各产品的测评等级划分规则做出规定。可作为设备生产企业进行产品开发，房地产开发企业和系统工程单位建设居住区数字系统，以及选择居住区数字系统功能的参考依据。在内容方面，《居住区数字系统评价标准》还体现出绿色、节能、低碳的思路。本着"以人为本"的原则，以住户安全、舒适、方便、经济为目的，考虑生态、节能、环保和可持续发展方面的应用是今后智能化建设的重点。

二　我国低碳智能建筑发展模式

（一）物联网发展模式：闪联

闪联以积极参与广东省的数字家庭计划开始，在数字家庭消费和3C融合的推进方面成果颇多。闪联提出了先局部互联，再全场景互联，最后与整个3C网络互联的数字家庭实现路线图。

闪联标准已经作为《建筑及居住区数字化技术应用》系统通用要求的国家标准被写进白皮书，并于2006年12月开始正式实施。该白皮书由建设部及信息产业部共同推出，由国家质检总局、国家标准化管理委员会发布。在这一国家标准文本上，闪联标准已作为系统通用要求定义了家用电子系统应用层功能的实现规范。而闪联也成为该领域唯一标准。闪联在全国各地正积极参与"国家数字化示范社区工程"，2008 年开始青岛、济南采用闪联标准进行 5 个智能小区和多个数字社区的建设。

（二）家电产品集成模式：海尔

智能化让生活品质快速提升，海尔推出的 U-home 系统则是让智能家居有望进入大众生活，成为未来潮流的引领者。

U-home 是全新的网络家庭平台，向人们展示了一种崭新的网络化时代的生活方式。它实现了人与家电之间、家电与家电之间、家电与外部网络之间、家电与售后体系之间的信息共享。在实现 U-home 的家里，可以用高清电视收看从网络获得的各类节目，用电视监测房间内外所有的情况，更可以自由地在网上购物。在身处室外的时候，用手机在全世界任何地方控制家电，了解家里每一角落的情况变化。

U-home 给人们带来了全新的生活体验。譬如，发短信开关热水器、空调、洗衣机、微波炉等，早已得到成熟应用；通过网络接收家庭视频监控系统的图像，即时了解家里的情况也已开始广泛使用；家电的具体情况通过网络自动诊断并传送到海尔服务中心、家电的软件通过网络来自动升级，也已经可以通畅进行；通过超宽带无线高清芯片可以无线传输高清信号，用户在电视上可以随意收看来自网络、PC 等各种资源的节目，并可以随时通过电视控制其他家电。

（三）品牌房地产开发模式：万科

万科认为衡量社区智能化的真正标准，在于它贴近消费者需求的人性化功能。利用各种现代化技术实现社区内信息的采集、处理、传输、显示和高度集成，通过安防系统和物业管理系统将安全、便捷、舒适融于一体。

为了让业主拥有安全放心的生活环境，万科采用封闭式的管理模式，通过设置居家防盗报警系统、周界防范报警系统、闭路电视监控系统、电子巡更系统等形成一个全方位、立体的综合保安防范系统。使用包括由停车场自动管理系统、门禁管理系统、会所消费系统等所组成的智能卡系统，给社区物业管理和居住者生活带来极大的方便。

为规范集团住宅项目智能化系统设计、施工、运营，万科编制了"万科集团智能化系统标准"系列。包括"配置标准"、"设计标准"、"部品标准"、"施工验收标准"、"运营标准"等。适用范围主要在新建居住区智能化系统区总体规划、智能化系统方案制订、智能化系统初步设计、智能化系统施工图设计等领域。

（四）绿色节能技术的集合——中关村展示中心

中关村展示中心从节地、节能、节水、节材、室内环境和运营管理等方面严格按照住建部颁发的《绿色建筑评价标准 GB50378－06》的最高等级三星标准来设计，满足其 50 余项指标。展示中心采用了高性能透水地面、虹吸屋面雨水排放收集系统、水源热泵系统、光导照明系统等多项绿色节能技术。实现生活用水 100% 回收再利用。太阳能发电系统能够并网发电，通过展示中心屋顶安装的 720 块非晶薄膜组件一年可发电近 5 万度。其采用的复合真空隔热玻璃冬季晚上的耗热比单片白玻减少 83%，比普通中空玻璃减少70%。采用的热回收系统每年可节省电能近 57 万度，折合节约标准煤 122吨。展示中心集成了目前国内最新的绿色建筑技术，有望成为最高级的三星绿色建筑，但是其带有一定的示范和试验性质，能否成功得到大规模推广仍是未知数。

三 我国低碳与智能建筑的发展趋势

（一）我国低碳建筑发展趋势

1. "十一五"期间，我国建筑节能取得可喜成绩

新建建筑执行节能强制性标准成效显著。到 2010 年底，全国城镇新建建筑设计阶段执行节能强制性标准的比例为 99.5%，施工阶段执行节能强制性标准的比例为 95.4%，分别比 2005 年提高了 42 个百分点和 71 个百分点，完成了国务院提出的"新建建筑施工阶段执行节能强制性标准的比例达到 95% 以上"的工作目标。2010 年新增节能建筑面积 12.2 亿平方米，可形成 1150 万吨标准煤的节能能力。"十一五"期间累计建成节能建筑面积 48.57 亿平方米，共形成 4600 万吨标准煤的节能能力。全国城镇节能建筑占既有建筑面积的比例为 23.1%，比例超过 30% 的有北京、天津、上海、重庆、河北、吉林、辽宁、江苏、宁夏、青海、新疆等省（区、市）。

国家机关办公建筑和大型公共建筑节能监管体系建设继续深入。截至 2010 年底，全国共完成国家机关办公建筑和大型公共建筑能耗统计 33000 栋，完成能源审计 4850 栋，公示了近 6000 栋建筑的能耗状况，已对 1500 余栋建筑的能耗进行了动态监测。在北京、天津、深圳、江苏、重庆、内蒙古、上海、浙江、贵州 9 省（区、市）开展能耗动态监测平台建设试点工作。共启动了 72 所节约型校园建设试点。通过节能监管体系建设，全面掌握了公共建筑的能耗水平及耗能特点，带动了节能运行与改造的积极性，有力地促进了节能潜力向节能实绩的转化。

可再生能源建筑应用呈现快速发展的良好态势。截至 2010 年底，财政部会同住房城乡建设部共实施了 371 个可再生能源建筑应用示范项目、210 个太阳能光电建筑应用示范项目，建成 47 个可再生能源建筑应用城市、98 个示范县。山东、江苏、海南、湖北等省已经开始强制推广太阳能热水系统。全国太

阳能光热应用面积 14.8 亿平方米，浅层地能应用面积 2.27 亿平方米，分别比 2009 年增长 25.5%、63.3%，光电建筑应用已建成及正在建设的装机容量达 850.6 兆瓦，实现突破性增长，形成年替代传统能源 2000 万吨标准煤的能力。

绿色建筑与绿色生态城区建设稳步推进。截至 2010 年底，全国有 112 个项目获得了绿色建筑评价标识，建筑面积超过 1300 万平方米，上海、苏州、深圳、杭州、北京、天津等市获得标志项目较多。全国实施了 217 个绿色建筑示范工程，建筑面积超过 4000 万平方米。天津市滨海新区、深圳市光明新区、河北省唐山市曹妃甸新区、江苏省苏州市工业园区、湖南长株潭和湖北武汉资源节约环境友好配套改革试验区等正在进行绿色生态城区建设实践。

农村建筑节能工作有所突破。部分省市对农村地区建筑节能工作进行了探索，北京市在"十一五"期间组织农民新建抗震节能住宅 13829 户，实施既有住宅节能改造 39900 户，建成 400 余座农村太阳能集中浴室，实现节能 10 万吨以上标准煤，显著改善农村居住和生活条件。哈尔滨市结合农村泥草房改造，引导农民采用新型墙体材料建造节能房。陕西、甘肃等省以新型墙体材料推广、秸秆等生物质能应用为突破口，对农村地区节能住宅建设及农村地区新能源应用进行了有益探索。

墙体材料革新工作取得积极成效。据不完全统计，2010 年全国新型墙体材料产量超过 4000 亿块标砖，占墙体材料总产量的 60% 左右，新型墙体材料应用量 3500 亿块标砖，占墙体材料总应用量的 70% 左右，全面完成国务院确定的墙材革新发展目标。各地根据自身气候条件及资源特点，不断推动新型墙体材料技术与产业升级转型，丰富产品形式，提高产品质量安全性能。保温结构一体化新型建筑节能体系、轻型结构建筑体系等一批建筑节能新材料、新产品得到推广。

2. 针对建筑低碳和绿色化发展，各地纷纷提出了自己的"十二五"目标和计划

"十二五"期间，天津市将围绕生态城市建设目标，在全国率先实施四步节能试点，五年规划新建节能建筑 1.2 亿平方米，30% 达到绿色建筑标准，对

1500 万平方米既有建筑实施节能改造。

山东省在 2009 年末提出，大力推行太阳能与建筑一体化，在科学推广太阳能光伏应用的同时，把重点放在太阳能光热系统推广应用上来，用三年左右的时间，使城市太阳能热水器推广应用普及率由目前的 20% 提高到 40% 以上，农村由不到 5% 提高到 10% 以上，力争每年增长 25% 左右。全省县城以上城市规划区内，新建、改建、扩建的 12 层及以下住宅建筑和集中供应热水的公共建筑，必须应用太阳能光热系统，将太阳能光热系统作为建筑设计的组成部分，与建筑工程同步设计、施工、验收。没有同步设计的，规划部门不予审批。

无锡市政府从 2011 年起实施绿色建筑"4610"计划，以推动低碳城市建设。"4610"计划指，实施 4 项扶持政策——可再生能源开发利用的政策奖励、获国家绿色建筑星级标准的政策支持、既有建筑节能改造的政策支持、绿色节能公共建筑的政策支持；推广 6 大节能技术——地源热泵应用、太阳能利用、雨水收集与水资源利用、新型墙体材料应用、节能门窗应用、地下空间利用；做好 10 大亮点工程——选择并培育公共建筑、住宅项目、既有建筑改造工程等 10 个项目作为市级建筑节能亮点工程。

（二）我国智能建筑发展趋势

企业是推动智能建筑发展的主要力量，各地企业在智能建筑领域都提出了自己的新概念，力图成为引领未来智能建筑发展方向的主力军。

1. 海尔集团的 U-home

U 即 Ubiquitous，"无处不在"之意。作为"闪联"组织的最大竞争对手，由海尔集团主导，海尔、清华同方、中国网通、上海广电集团、春兰集团、长城集团、上海贝岭七家公司共同发起海尔"E 佳家"，以推广家庭网络系统标准和平台产业化。海尔智能家居已在 2011 年全面推出智慧家居 U-home 系统，已经在全国开始大建智能家居体验间。海尔智能家居系统，主要偏重于家电的智能化控制，例如智能空调、智能冰箱、智能电视等，相信几年之内，很多家电都会带上智能家居通信模块功能，实现有线或无线的连接方式，通过特定的智能家居遥控器等实现对整个家居所有家电的智慧控制功能。

2. 闪联的智能建筑技术

"闪联"是由信息产业部牵头，由联想、TCL、康佳、海信、长城等厂商联合发起组建的"闪联"标准工作组（IGRS）。

2010 年 3 月，国际标准化组织/国际电工委员会（以下简称 ISO/IEC）通过其官方网站向全球发布了闪联两项国际标准的正式文本。2011 年"闪联"携长城智能家居产品、电力载波宽带通信产品及闪联灵犀无线连接器等闪联数码产品，相继参加中国湖北产学研合作项目洽谈会、上海"100% 设计展"、深圳高交会等各大展会。

3. 大网络技术模式

我国的智能建筑发展已经从自发实践阶段发展到政府推动阶段。受国家政策大力扶持的"三网合一"及"物联网"行业，将成为智能家居行业飞跃发展的两大引擎。2010 年国家明确提出大力发展"三网合一"以及"物联网"产业，并开始全面实施"三网合一"城市试点方案。"三网合一"的加快发展，将有利于建设更快更宽的"信息高速公路"，有利于更多信息增值服务行业的发展。智能家居行业作为家庭智能信息中心，必然需要跟社区智能化、城市智能化、国家智能化甚至国与国之间的智能化网络最终融合与信息互通，形成真正的"智慧地球网"。智能家居是"智慧地球"的基础与最小组成单元，是"智慧地球"的最终服务源头。我们相信，随着"三网合一"以及"物联网"的大力发展，必将推动智能家居行业步入更快、更实质性的行业发展轨道，加速智能家居行业的规模化、产业化、规范化、标准化发展，真正让智能家居生活走入千家万户不再是一句空谈。

参考文献

[1] 住房和城乡建设部办公厅：《关于 2010 年全国住房城乡建设领域节

能减排专项监督检查建筑节能检查情况通报》（建办科〔2011〕25 号），2010 年 12 月 6 日。

[2] 中华人民共和国住房和城乡建设部：《闪联已成智能建筑国家标准》，《中国质量报》2007 年 3 月 5 日。

China's Policies and Trends of Low-carbon & Intelligent Building Development

Yuan Lu　Liang Benfan

Abstract：The development of intelligent & Low-carbon building embodies the human's pursuit of higher standard of living. And it is also the main direction of the development of the world's construction industry. This paper focuses on the way of Low-carbon & intelligent building development. The review of China's already issued policies relating to low carbon & intelligent building is made in the first place. And then China's Low-carbon & intelligent building development models have been summed up, after which further prospects of Low-carbon & intelligent building development trend is made based on the achievements enterprises have gained in the field of Low-carbon & intelligent building.

Key Words：Low-carbon building；intelligent building

第三章

城市低碳发展的研究进展与理论框架

张　旺　周跃云　潘雪华

　　摘　要： 低碳城市作为一个整体系统，其研究框架可从空间、时间和功能三个维度来展开。涵盖经济和社会两个方面的城市系统，下含生产和生活两个子系统。自然资源、能源是城市系统的输入，环境、排放是城市系统的输出。今后城市低碳发展理论体系的研究应该在以下方面丰富和深入：系统的结构和功能特征，系统的空间性、地方性和全球性，城市综合碳循环模型体系，自然与人为双重影响的碳代谢过程，不同空间尺度的城市碳排放和控制，城市过去、现在和未来的碳排放清单与减排路径分析，切实可行的碳管理措施，城市低碳发展的方法论和技术支撑体系。

　　关键词： 城市低碳发展　系统论　研究框架　理论体系

　　城市是集聚人口、产业、建筑和交通物流等经济社会发展的空间载体。建设低碳城市是实现城市可持续发展的必由之路。低碳城市规划与建设的实践迫切需要城市低碳发展理论的系统指导。由于城市低碳发展涉及人口、资源、环境、经济、社会和技术等诸多要素，因此该领域的研究已成为城乡规划、地理科学、城市生态、环境科学与工程、城市经济学和社会学等多学科共同关注的焦点。

一 城市低碳发展的研究进展

国内外文献检索分析表明：低碳城市研究兴起不久，有关城市低碳发展的理论研究都还处在探索阶段，尚未形成一套系统的理论体系。

（一）国外城市低碳发展的研究

国外城市低碳发展的研究内容集中在以下四个方面。

1. 城市碳排放的综合构成

一般而论从生产和消费两个侧面来进行城市的碳盘查。生产侧的碳排放构成包括工业[1]、建筑[2]、交通[3]、商业[4]及宾馆服务业[5]等方面，消费侧的碳排放构成则包括人类衣、食、住、行、娱乐等各项活动。诸多学者分析了工业[6]、家庭[7]、交通（私家车[8]和货车[9]）等不同城市部门的碳排放。从全球视角研究发现由建筑排放的 CO_2 约占 39%，交通排放的 CO_2 约占 33%，工业排放的 CO_2 约占 28%[10]。英国 80% 的化学燃料是由建筑和交通消耗的，城市是最大的 CO_2 排放者[11]。交通对城市能源及 CO_2 排放量所起的关键作用，已经被大量城市蔓延的定性研究所证实[12]。

2. 低碳导向的城市密度和城市空间

典型的低碳规划理念和模式有 Jabareen 的 7 种设计和 4 种模式[13]，Rickaby 的 6 种中心分部格局[14]，Kenworthy 的 10 个关键交通—规划功能区界定[15]。城市空间布局对能源消费、碳排放的控制主要集中在紧凑型城市设计[16]，最终体现在混合土地利用、倡导公共交通和减少对小汽车的依赖上[17,18]。W. K. Fong 等以马来西亚为例研究了能源消耗、碳减排与城市规划的关系问题，通过研究发现：高度紧凑的城市直接减少了小汽车的使用，降低了交通部门的能源消耗和二氧化碳的排放，同时紧凑的城市也影响了地区供暖和冷却系统，有利于采用热电联产；城市结构和城市功能也能影响能源的使用，因为混合的土地使用可以减少远距离的出行，影响了运输系统[19]。美国芝加哥大都市发展规划利用计量经济、土地利用及交通模型论证了基于低碳发展的城市格局与城市空间结构[20]。Jenny Crawford 和 Will French 探讨了英国空间规划与低碳目标之间的关系，认为实现低碳目标的关键是转变规划管理人员和规划师的观念，在空间规划中重视低碳城市理念和加强低碳技术的运用；另外，英国规划系统对新技术的适应度和准备度是实现低碳未来的关键，实现低碳目标的关键是形成将国家层面的自上而下的领导性优势和地方层面强调权力分散的灵活性优势结合起来的规划系统[21]。英国城乡规划协会（TCPA）在出版的《社区能源：城市规划对低碳未来的应对导引》一书中，针对低碳城市规划提出：在进行地方能源方案规划时，应根据不同的社区规模，采用不同的技术来实现节能减排[22]。

3. 城市低碳社会建设

日本学者青木昌彦认为：低碳城市制度设计和建设必须结合本地区的制度、经济、文化、历史、价值现状[23]。英国应对气候变化规划政策则提出了将碳减排纳入区域空间战略、交通发展战略、规划管理政策中，同时也强调要与生活方式塑造以及公众参与结合起来[24]。不同尺度社区（城市社区、部门社区、兴趣社区、智能手机社区）可以将经济—环境—社会目标整合[25]，为个人提供低碳行为的氛围与规范[26]。

城市低碳管理研究围绕低碳城市环境管制和碳交易两个方面展开。新自由主义者从全球化、权力下放、市场和个人激励等层面来研究碳管制[27]，并侧重于政府管制[28]；生态现代化市场和绿色行为有效结合能够平衡城市碳经济，重点探讨了基于市场工具的清洁生产机制[29]；碳减排—经济发展并非零和博弈，而是创新、选择的结果，绿色技术经济成为城市低碳转型的新范式[30]。

对于碳金融、碳贸易等碳市场而言，均衡有效的投资和投资组合可使 CO_2 有效减排[31]，碳金融风险也为不同气候政策提供了扩大交流的机会[32]。从技术经济的角度来看，产品、服务的单位成本随着经验积累而降低[33]，内生创新[34]、技术学习、政策诱发的技术变革在消减碳排放量的同时也降低了排放成本[35]；而研发和"干中学"两种不同驱动力的技术进步作用，也对应着不同的政策情景和碳税模式[36]。就管治层面而言，政府、企业、个人起着重要的作用，考虑市场环保论、运用新的环境政治工具[37]。

4. 生活用能和能源消费结构

爱德华·格拉什（Edward L. Glaeser）对美国 10 个典型大城市中心与郊区单位家庭采暖、空调、交通及生活能耗进行了实证分析，按照 CO_2/t 排放折合 43 美元的经济成本核算，从碳排放的经济学角度提出了实现城市低碳发展的政策建议[38]。Chris Goodall 通过对英国国民家庭生活中电能、石油、天然气等能耗的统计，把国民生活支出及各种物质消耗定量转化为 CO_2 排放，以数据形式展示了英国家庭碳排放的未来情景及低碳生活方式的迫切需要，并有针对性地提出英国国民生活的低碳标准[39]。

家庭是城市的主要"使用者"，家庭行为、能源消费的空间范围与城市格局密切相关[40,41]，低碳家庭规划主要通过城市基础设施（交通、供暖等）的规划来实现[42]。低碳房屋的发展依赖于低碳建筑技术和设计的出现[43]，节能建筑的推广对减缓全球气候变化起着不可替代的作用[44]，合理的房屋规划与设计措施如增加建筑密度、混合利用土地、利用邻近公交[45]等，能有效地降低 CO_2 排放。

（二）国内城市低碳发展的研究

国内学者对城市低碳发展的研究虽然历时不长，系统性不强，但也正不断深入，主要从以下角度展开了论述：

1. 低碳城市的界定

关于低碳城市的内涵，国内学术界还众说纷纭、莫衷一是，尚未取得共识。夏堃堡认为低碳城市就是在城市实行低碳经济，包括低碳生产和低碳消费，建立资源节约型、环境友好型社会，建设一个良性的可持续能源生态体系[46]。辛章平、张银太等认为低碳城市是指在经济、社会、文化等领域全面进步，市民生活品质不断提升的前提下，减少 CO_2 排放量，实现可持续发展的宜居城市[47]。付允、汪云林等认为低碳城市是"通过在城市发展低碳经济，创新低碳技术，改变生活方式，最大限度减少城市的温室气体排放，彻底摆脱以往大量生产、大量消费和大量废弃的社会经济运行模式"[48]。庄贵阳认为低碳城市发展旨在通过经济发展模式、消费理念和生活方式的转变，在保证生活质量不断提高的前提下，实现有助于减少碳排放的城市建设模式和社会发展方式[49]。刘志林等认为，所谓低碳城市是指通过经济发展模式、消费理念和生活方式的转变，在保证生活质量不断提高的前提下，实现有助于碳排放的城市建设模式和社会发展方式[50]。毕军认为，低碳城市是"低碳经济"和"低碳社会"的融合，既强调低碳生产又强调低碳消费[51]。龙惟定等认为，低碳城市的能源规划目标是要实现3D，即使用低碳能源（降低煤炭比例、加大低碳和无碳能源的比例）、分散产能和减少需求[52]。张泉认为低碳城市是以城市空间为载体发展低碳经济，实施绿色交通和建筑，转变居民消费观念，创新低碳技术，从而达到最大限度地减少温室气体的排放的目的[53]。李克欣、张力认为，低碳城市是指在经济、社会、文化等领域全面进步，市民生活品质不断提升的前提下，减少人为 CO_2 排放量，实现可持续发展的宜居城市[54]。

2. 低碳城市规划

叶祖达尝试把有关现有能源规划研究模型发展为城市空间规划方法。以碳排放模型 Kaya 公式为基础，分别从建筑、交通、工业、能源 4 个部门对模型进行分解[55]。陈群元、喻定权认为，发展低碳城市应重视城市规划、建筑节能和规划环评等领域。因此，通过规划手段降低能源消耗，通过规划手段优化能源结构，通过规划手段增强碳汇能力[56]。潘海啸回顾了世界上城市交通发展存在的环境和资源问题，从与城市交通有关的空间规划策略、降低排放的技术策略、调节使用的政策和经济手段角度，分析在我国建立绿色交通体系的途径和措施[57]。顾朝林、谭纵波、刘宛对低碳城市规划研究内容做了进一步的梳理和概括[58]。中国城市科学研究会对外公布了《中国低碳生态城市发展战略》，其中探讨性地提出了关于低碳城市规划的指标评价体系框架[59]。戴星翼认为，在进行低碳城市规划、建设时，建议工业部门的减碳方式有：产业结构调整、应用节能技术、能源结构调整[60]。单晓刚确立的低碳城市规划基本框架包括：规划理论创新、专项研究、规划方法、指标体系、制度建设、实施机制[61]。连玉明认为在中国实施低碳城市计划，首先要调整产业结构[62]。谭富建议建立低碳产业园区[63]。梁浩等倡导绿色规划，包括绿色产业规划、绿色交通规划、绿色建筑和绿色消费[64]。

3. 城市低碳发展的模式和路径

中国科学院可持续发展战略研究组在其《2009 年中国可持续发展战略报告》中提出通过优化能源结构、调整产业结构、转变生活方式、加强技术创新四个方面实现城市经济社会的低碳发展，最终建立以低能耗、低污染、低排放和高效能、高效率、高效益为特征的低碳城市模式[65]。陈飞、诸大建认为，从城市碳排放构成上强调建筑、交通及生产三大领域内的低碳发展模式，并涉及新能源利用、碳汇及碳捕捉的研究[66]。仇保兴从城市规划建设角度，至少可将低碳城市定义为低碳机动化城市交通模式、绿色建筑、低冲击开发模式与规划建设生态城市的四重奏[67]。王家庭认为低碳城市模式的核心思想在于强调以城市中各主体的行为做主导，以城市生态系统为依托，以科技创新和制度创新为支撑，在保障城市经济发展和社会和谐的前提下最大限度地减少温室气体的排放，以实现城市的可持续发展[68]。陈博认为发展低碳城市有四大支柱，即能源低碳化、建筑低碳化、交通低碳化和消费低碳化[69]。林姚宇、吴佳明则认为，发展低碳城市应包含基底低碳、结构低碳、形态低碳（通过低碳城市空间规划来塑造紧凑的城市形态）、支撑低碳、行为低碳五个方面[70]。相震认为城市低碳发展要调整产业结构、转变发展模式，推广节能减排的低碳技术，合理调整城市能源结构、积极发展可再生能源，管理创新、开展国际低碳领域合作，政府引导、公众参与，倡导低碳生活方式[71]。

4. 城市低碳发展的政策支持

郭万达、刘艺娉认为政府应成为低碳城市建设的主要推动者和政策供给者[72]。戴亦欣认为从治理模式和制度设计的角度看，低碳城市是政府、公民、市场共同协作的新发展模式，需要三方通力合作[73]。刘怡君等提出国家低碳城市发展的战略保障是建立资源开发补偿制度及将旅游开发与生态保护、城市建设、可持续发展相结合的管理方式[74]。戴星翼认为在未来的节能减排中，必须注重市场机制与政府作用的结合，注重充分利用中小企业的活力，注重技术工程措施与服务的平衡推进[75]。袁晓玲、钟云云从低碳经济和低碳社会两个层面出发，构建低碳城市的五个支撑体系框架[76]。罗乐娟认为产业结构调整是低碳城市发展的基础，低碳金融是低碳城市发展的有力支持，提出应建立健全碳排放权交易市场[77]。牛桂敏在介绍了国际上低碳城市的实践途径后，提出了我国低碳城市的发展路径和对策思考[78]。杨国锐首先构建一条从碳源到碳汇的低碳城市发展路径，还介绍了相应的制度建设和政策工具的创新以保障城市发展低碳化的目标[79]。

5. 低碳城市评估标准体系

中国科学院可持续发展战略研究组在 2009 年提出的中国低碳城市发展战略目标中突出了与城市碳排放密切相关的诸多指标[65]。陈飞、诸大建采用年人均 GDP 增长率的能耗及 CO_2 排放增长率比例系数，即弹性系数来评价中国低碳城市的发展[3]。中国城市科学研究会理事长仇保兴等首先提出生态城市指标体系，然后提出基于低碳城市发展要求的规划指标体系，两者共同构成一套低碳生态城市指标体系[66]。龙惟定等认为用人均 CO_2、地均 CO_2、单位 GDP 的 CO_2 排放量及该城市的人类发展指数（HDI）4 个指标来进行评价仍有失公平，提出考虑用人均单位度日数（供冷度日数和供热度日数）碳排放指标来比较[52]。2010 年 3 月 1 日，中国社会科学院公布了评估低碳城市的新标准体系，该标准具体分为低碳生产力、低碳消费、低碳资源和低碳政策 4 大类共 12 个相对指标[80]。李晓燕、邓玲构建了城市低碳经济发展综合评价指标体系，包括经济系统、科技系统、社会系统和环境系统组成的复合系统[81]。熊青青利用层次分析法，选取涉及能源、交通、科技、环境、经济和生活消费六大系统的 24 个具体指标，构建低碳发展水平评价指标体系[82]。马宁、罗婷婷从能源低碳、经济低碳、社会低碳、技术低碳四个方面构建了评价体系[83]。

综上所述，国外对城市低碳发展的研究主要侧重点在城市碳排放驱动因素、低碳城市循环与代谢、低碳城市空间规划、低碳城市环境管治四个方面，但在理论独创、模式构建和体系完善等方面的研究还显得不够充分；国内学者侧重对低碳城市的内涵、战略、规划和途径等宏观方面的研究，但缺少对城市家庭和社区、企业和园区等小尺度层面的碳排放定量研究。总之，国内外已有城市低碳发展的研究均处于探索阶段，还不够系统，具体表现在：以宏观抽象的定性概括为多，而符合 MRV 原则的研究较少；以城市层面的中观尺度居多，而针对城市群、大都市区等宏观层面及家庭、企业等微观层面的研究较少；以区域性、个案性的具体行动计划为多，但真正可推广、能响应全球气候变化的路径和制度较少。因而城市低碳发展的理论还有待进一步地完善和深入。基于此，再根据前人已取得的研究成果，我们从学科交叉和系统科学的角度尝试提出城市低碳发展的研究框架和理论体系。

二　城市低碳发展的研究框架

为适应和减缓全球气候变化，低碳城市作为技术应用、市场交易和政策实施的主要平台，是一个复杂的有机体系。其研究涵盖的内容十分广泛。在低碳城市这一巨系统之下又可细分为空间、时间、功能三个维度，三个维度并不是相互独立的关系，而是耦合互动、互为影响的（见图 3—1）。

（一）时间维度

时间维度是从描述城市低碳发展的物质运动过程角度来展开研究，包括序列、进程、演变和趋势，即以时间序列推演为基础，综合历史轨迹、趋势分析与愿景预测对城市低碳发展水平做出科学评价和估测。一般运用经济社会发展与碳排放之间的"脱钩"等理论，基于情景分析法、碳足迹分析法、系统动力学（SD）模型、城市 CA 模型等研究模型和方法的优缺点，构建综合、发展的模型体系，来探析不同时间尺度的城市低碳发展状况。与时间维相匹配的是基于城市生命周期的低碳发展研究，具体包括低碳城市的界定，碳排放清单的编制和核算体系，低碳导向的规划、建设与管理这一系列过程。

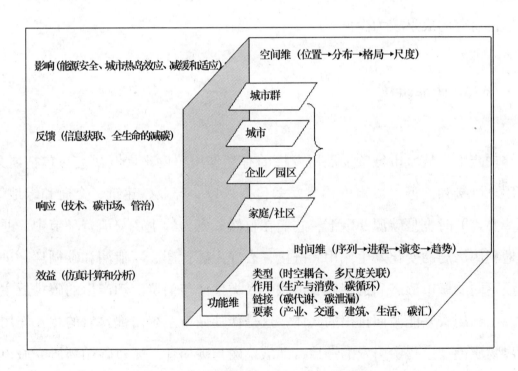

图 3—1　城市低碳发展的研究框架图

（二）空间维度

空间维度是从包容城市低碳发展及其现象的场所角度来展开研究，包括位置、分布、格局和尺度。其中位置除决定着城市所处的气候地带进而直接影响其综合总能耗外，也关系到其能源资源禀赋、能源结构和碳排放的绝对数量。人口、产业、交通和建筑等城市要素的分布、密度和格局等也是影响碳排放空间格局和分异的关键因子。而家庭—社区、企业—园区、城市层面、大都市区/城市群是城市低碳发展研究的主要尺度和空间单元，其中家庭、企业空间能源消费活动是城市低碳排放的基本单位，居民的衣食住行、企业生产活动与城市碳排放密切相关；社区是居民能源利用、日常生活方式改变的背景，有助于居民低碳消费观念的形成；园区是企业的集聚区和碳排放的集中区，可以从生产源头控制城市碳排量；城市个体是全球碳循环的基本单元，也是国家实现减排目标的基本行动者；城市群被视为城市发展过程中的高级空间组织，也是综合控制管理城市碳排放的高级单元[84]。目前研究多集中在城市个体这个中观层面，而从宏观（大都市区/城市群）和微观（家庭/社区、企业/园区）层面进行研究的成果较为少见。

（三）功能维度

功能维度从城市低碳发展所发挥的有利作用角度来展开研究，包括要素、作用、链接和类型。城市的构成要素包括人口、产业、建筑、交通和绿地等，这些要素同时也是碳源和碳汇，它们在自然和人为的生产与消费环节中，通过土地利用格局的变化发生作用和链接，表现为碳代谢、碳泄漏和碳循环，进而形成不同的城市形态和低碳发展类型。人类生产与消费活动产生的碳排放主要来源于利用碳基能源而排出的气体，这是伴随城市系统内部要素的相互作用及跨界物质流动过程中引发的链接，即碳代谢与碳循环。城市碳循环研究城市空间水平和垂直两个方向的碳通量。城市碳代谢研究人类活动直接和间接产生、产品整个生命周期累积的碳排放总量[85]。而碳泄漏则是城市点位的间接碳排放，主要来自跨区域之间交通和贸易产生的 CO_2。各种低碳要素、作用和链接彼此组合成为低碳城市系统的类型，表现为不同的时空耦合和多尺度的关联及效应。

（四）整体系统

整体系统是从城市低碳发展相互关联的个体组成集合的角度来展开研究，主要涵盖效益、响应、反馈和影响四个方面的内容。低碳城市是一个涉及经济社会、资源环境、人工生态和区域腹地等多个领域的复杂巨系统，这一整体系统又由各产业部门或空间单元等子系统构成。低碳城市系统的效益分为经济、社会和环境三个方面，它们可以通过一套综合模型体系来进行仿真计算和分析。系统响应是指人类在促进城市低碳发展过程中所采取的对策和制定的积极政策，如提高资源利用效率、研发低碳技术、开展碳市场交易、实行碳税、发行碳基金和实施低碳环境管治，等等。系统反馈主要表现为人们借助 3S 技术手段获取城市低碳发展的海量数据信息，并考虑基于城市全生命周期过程控制和减少 CO_2 排放。低碳城市系统影响是指其保障能源安全、减少热岛效应，并平衡和稳定自然生态系统、减少温室气体排放，以减缓和适应全球气候变化。总之城市个体作为一个整体系统，是应对全球气候变化的基本空间单元，也是国家实现节能减碳、发展低碳经济的综合空间载体。

三　城市低碳发展的理论体系

从上述研究框架可知城市低碳发展是一个跨学科的巨大、复杂和开放的理论和实践体系。基于可持续发展和低碳经济理念，在此笔者从系统论的角度来整合和提升城市低碳发展理论（见图3—2）。

如图3—2所示，城市低碳发展理论体系涉及的内容非常丰富。从系统的观点来研究是把某一个城市作为一个复杂巨系统，即城市系统（CS），下含生产和生活两个子系统，其中企业和园区是生产碳排放账户的空间单元，而家庭和社区则是生活也即消费碳排放账户的空间单元。城市系统又主要涵盖经济和社会两个方面，人口、建筑、交通、植被、土壤、科教、商贸、金融和管治等

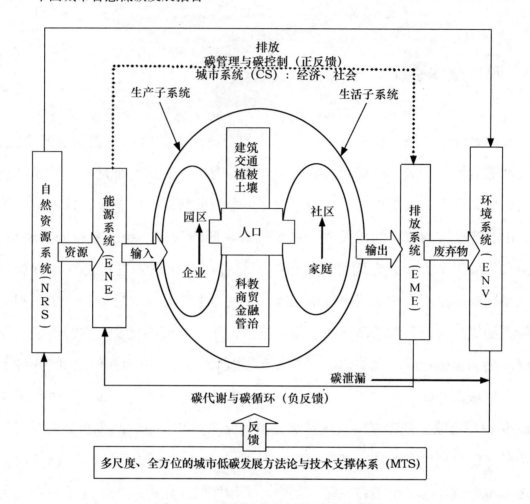

图3—2　城市低碳发展的理论体系图

是其要素体现。城市系统内的子系统和要素之间相互耦合、彼此影响，成为碳排放的驱动因子。自然资源系统（NRS）、能源系统（ENE）是城市系统的输入，环境系统（ENV）、排放系统（EME）是城市系统的输出。碳管理和碳控制即减碳技术和政策措施，对城市系统的输入起到正反馈作用，而人为和自然过程中的碳代谢与碳循环则对城市系统的输出起到负反馈作用。城市之间、区域之间商品和贸易的流动造成的间接碳排放就表现为碳泄漏。多尺度、全方位的城市低碳发展方法论与技术支撑体系可以科学有效地指导城市向低碳化方向发展。总之，通过建立这样一套城市低碳发展的理论体系，旨在为城市朝着低碳的生产、生活与管理方式，经济、社会与自然的和谐可持续发展提供路径指引。

　　基于前文国内外理论研究基础，为进一步丰富和发展城市低碳发展理论体系，今后的研究应该在以下几个方面展开。

（一）城市低碳发展系统的结构和功能特征

从图 3—2 可看出，城市低碳发展系统由一定的结构组成，是许多子系统和要素构成的一个不可分割的有机整体。这些子系统和要素之间相互作用、相互关联与相互制约，它们之间相对稳定的耦合方式、组织秩序以及某些失控关系会通过一定的功能表现出来。城市低碳发展系统是一种非线性的反馈系统，除具备一般系统的整体性、层次性、复杂性等特征外，还具有高度的开放性、异质性、突变性、不确定性、不可逆性和动态扩展性。城市低碳发展系统的演化过程是自然生态系统与包含经济社会、生产生活等在内的人工生态系统两大系统相互耦合的结果，其中任何一个子系统和要素发生变化都可能对其他子系统和要素产生或短或长的影响，与之同时其功能也随之改变。

因而城市低碳发展各子系统和要素之间的定量变化关系、空间格局的变化与过程、碳排放结构与调控措施等相关性理论是需要进一步深入研究的内容。如在分析交通能耗与城市密度的关系方面，在检验城市结构、功能分区以及产业结构分布方面，对于高密度发展何种程度上能够达到综合碳排量平衡，都没给出具体的研究方法及量化指标[86]。小汽车增多与城市空间的紧凑发展之间存在着一定矛盾[87]，但对于高密度状态下的城区，交通拥挤造成的多余能耗及排放相对于远距离小汽车交通的排放哪方面更少[88]？城市空间紧凑与综合能耗水平的降低之间是否存在着一个明显的门槛，怎样达到最优的状态？如何通过定量研究来论证城市环境影响程度与城市发展密度之间的关系[89]？……这些问题都需要进一步探讨。

（二）城市低碳发展系统的空间性、地方性和全球性

城市低碳发展系统的空间性主要表现为水平方向的城市空间扩张与垂直方

向的地表覆盖对碳代谢与碳循环的影响。根据城市的空间影响范围，城市系统可分为城市蔓延区（Urban Sprawl）和城市足迹区（Urban Footprint）[90]，城市蔓延区和足迹区的跨境交通、商贸和产品流动等活动影响城市水平方向的碳代谢。城市开放空间、城市非开放空间以及城市扩张过程会影响城市生态系统中的土壤成分、绿地结构[91]，进一步影响到城市垂直方向的碳循环。城市空间建成区、绿地、贫民区有不同的碳循环[92]。城市扩张导致了自然生态系统转换为城市生态系统[93]，引起植被、土壤碳库和碳通量变化[94]。城市土地利用的变化是碳排放重要的人为因素。所以分析和研究不同土地利用方式的碳储量及碳通量，以及不同地类及其转化的碳排放效应，对于更大尺度的碳过程研究和区域之间的对比研究具有重要的意义[95]。

城市低碳发展系统的地方性表现为城市碳代谢与碳循环具有空间异质性，即不同区域的城市、不同城市的不同功能区碳排放的规模、驱动因子和变化及其潜在趋势都存在差异。因而加强对处于不同经济社会条件的城市、不同城市各功能区的碳排放机制研究，对于研究更大范围内的城市碳循环规律相当重要。

城市低碳发展系统的全球性研究内容主要包括城市碳管理和人类社会的可持续性、城市化碳排放对碳汇功能的影响、空前的城市化率[96]。在全球尺度上，城市化和全球碳循环是如何通过人口、富裕程度、能源及其他生物物理和社会经济机制相互作用的[97]？

（三）城市综合碳循环模型体系

已有的碳循环模型多从经济学、环境学和系统学等学科中移植和衍生过来，目前对城市系统碳循环的评估也以单一计算方法为主，对城市系统碳循环过程进行整体综合评估和模拟的模型还较少。因此要构建城市系统碳循环及其影响的综合评价模型，不仅要考虑生物和物理特性，也要包括城市系统的人文因素，从自然和人文两个角度构建城市碳通量的估算模型，并从城市碳库、城市输入通量和输出通量等方面来整体考虑城市的碳通量[97]。这需要一方面调查研究城市有关能源使用、产业、交通和建筑排放、植被和土壤碳通量等方面的数据，另一方面也需开展对影响城市碳循环的经济社会和生物物理等驱动因子进行跨学科研究。只有如此，才能更好地了解不同区域城市系统碳循环的过程、方向和机理，为制定切实科学的碳管理措施提供定量依据和仿真模拟。

（四）自然与人为双重影响的碳代谢过程

城市物质代谢的主要目的是为了分析和了解与人类有关的物质和能量的流动，重点关注社会经济系统的物质数量与质量的进出及其对生态环境产生的影响[98]。城市碳代谢为理解城市水平的碳流动提供了概念性框架[90]，它研究人类活动直接和间接产生、产品整个生命周期累积的碳排放总量[9]。当前宏观层面的碳代谢研究多从人均水、污水、交通、能源和原料等领域展开，但城市代谢方法中对自然过程的碳代谢研究较为深入，未考虑到城市蔓延区和足迹区的植被及土壤的垂直碳通量[90]；而微观方面的碳代谢研究则主要是从家庭层面研究自然资源的流入与流出通量[98]。这种基于宏、微观各层面展开的碳代谢研究，为分析自然生态、经济社会双重因素对碳循环的空间异质性影响提供了思路，特别有助于解释不同经济社会结构和生活方式对人为因素碳循环的影响，也是精确测度城市碳排放量的科学基础。

（五）不同空间尺度的城市碳排放和控制

空间尺度上，已有碳排放和控制的研究多集中在发达国家城市个体层面，因而未来一方面应向小尺度的家庭和社区、企业和园区延伸，另一方面向更大尺度的都市区、城市群等层面扩展，研究地域也要从少数发达国家拓展至发展中国家。城市的空间扩展和新城市的产生，不断侵占原有地域生态系统的边界，区域城市就发展成为城市区域，即大都市区和城市群。大都市区/城市群被看做城市发展过程中的高级空间组织，也成为综合控制和管理城市碳排放的高级空间单元。因而要对城市和区域进行合理的碳管理,必须要从城市—区域—全球的综合视角,将碳管理和城市发展、城市部门和地方实际结合起来[99]。不同尺度的社区(城市社区、部门社区、兴趣社区、智能手机社区)可以将经济—环境—社会目标整合起来[100],为个人提供低碳行为的氛围与规范[101];低碳社区规划可以合理安排住房密度,有效利用交通设施,弥补综合规划的缺陷,日渐成为规划过程的主题[102]。

(六) 城市过去、现在和未来的碳排放清单与减排路径分析

时间序列上,首先区分不同经济社会发展阶段,再定量估测过去和当前城市的碳源和碳汇,编制碳排放清单,探寻可行的减碳技术和政策等方面路径;运用脱钩等理论从基准、最优和低碳三种假设条件来分析低碳城市的未来发展情景。随着城市演化带来工业化、城镇化进程的推进,碳排放的结构、功能和控制都发生变化,所以在时间尺度上分析碳转换的过程与机理值得深入探讨。

(七) 切实可行的碳管理措施

城市碳管理要解决的主要科学问题有[97]:①在全球尺度上,城市化和全球碳循环是怎样通过人口、富裕程度、能源及其他生物物理和社会经济机制相互作用的;②不同城市不同碳模式的基本驱动因子(如地理条件、社会经济因素、历史遗存/模式等)及其潜在结构是什么?③影响城市碳减排的管理策略有哪些?如:区域高效碳管理中的权衡和协作有哪些?在城市及区域碳管理中,碳管理制度和结构的作用是什么?

碳管理的关键切入点在社会和人文两个角度:调节城市规划、土地和交通基础设施以及城市化及其规划之间的关系,是将碳管理与城市发展相整合的关键过程,未来几十年城市设计和管理方法将对未来碳循环产生巨大影响[103];城市政策是追求可持续发展和实现低碳排放的有效手段[104];城市清洁发展机

制（CDM）[105]、碳排放交易计划（ETS）[106]、城市区域碳管理（URCM）[107]等全球、地方气候政策需要落实到区域、城市层面，碳税[108]、限额交易、碳信用额等是常用的政策工具[109]；对于碳金融、碳贸易等碳市场而言，均衡有效的投资、投资组合可使 CO_2 有效减排[110]，碳金融风险也为不同气候政策提供了扩大交流的机会[111]；而研发和"干中学"两种不同驱动力的技术进步作用，也对应着不同的政策情景和碳税模式[112]；从管治层面说，政府、企业、个人起着重要的作用，考虑市场环保论、运用新环境政治工具[113]；如何计算分析和协调处理城市之间、区域之间的商品和服务流动所引起的间接碳排放即碳泄漏问题。

（八）城市低碳发展的方法论和技术支撑体系

城市低碳发展研究是一个新兴的交叉学科领域，急需建立起自己的一套方法学和技术支撑体系，其主要内容应涵盖：①城市低碳发展理论框架、数据与技术支持系统；②已有城市低碳发展模型的整合、新型适用的综合模型体系构建；③低碳城市规划技术方法和指标体系；④城市碳管理的制度设计与实施机制；⑤基于 3S 技术应用的综合研究体系；⑥城市低碳发展实践模式的提炼与借鉴。

参考文献

［1］Diakoulaki D., Mandaraka M., "Decomposition Analysis for Assessing the Progress in Decoupling Industrial Growth from CO_2 Emissions in the EU Manufacturing Sector", *Energy Economics*, 2007, 29 (4), pp. 636 – 664.

［2］Dimoudi A., Tompa C., "Energy and Environmental Indicators Related to Construction of Office Buildings", *Resources, Conservation and Recycling*, 2008, 53 (1/2), pp. 86 – 95.

［3］Yang C., McCollum D., McCarthy R., et al. "Meeting an 80% Reduction in Greenhouse Gas Emissions from Transportation by 2050: A Case Study in

California", *Transportation Research Part D: Transport and Environment*, 2009, 14 (3), pp. 147 – 156.

[4] Yamaguchi Y. , Shimoda Y. , Mizuno M. , "Proposal of a Modeling Approach Considering Urban Form for Evaluation of City Level Energy Management", *Energy and Buildings*, 2007, 39 (5), pp. 580 – 592.

[5] Wu X. C. , Priyadarsini R. , Eang L. S. , "Benchmarking Energy Use and Green-house Gas Emissions in Singapore's Hotel Industry", *Energy Policy*, 2010, 38 (8), pp. 4520 – 4527.

[6] Ang B. W. , "The LMDI Approach to Decomposition Analysis: A practical Guide", *Energy Policy*, 2005, 33 (7), pp. 867 – 871.

[7] Greening L. A. , Ting M. , Krackler T. J. , "Effects of Changes in Residential End-uses and Behavior on Aggregate Carbon Intensity: Comparison of 10 OECD Countries for the Period 1970 through 1993", *Energy Economics*, 2001, 23 (2), pp. 153 – 178.

[8] Greening L. A. , "Effects of Human Behavior on Aggregate Carbon Intensity of Personal Transportation: Comparison of 10 OECD Countries for the Period 1970 – 1993", *Energy Economics*, 2004, 26 (1), pp. 1 – 30.

[9] Greening L. A. , Ting M. , Davis W. B. , "Decomposition of Aggregate Carbon Intensity for Freight: Trends from 10 OECD Countries for the Period 1971 – 1993", *Energy Economics*, 1999, 21 (4), pp. 331 – 361.

[10] Brookings, "Bluepmat for American Prosperity", 2008.

[11] 普雷斯科特:《低碳经济遏制全球变暖——英国在行动》,《环境保护》2007 年第 11 期, 第 74 页。

[12] Jonthean N. , "Company High and Low Residential Density: Life Cycle Analysis of Energy Use and Green House Emission", *Journey of Urban Planning and Development*, 2006, (3), pp. 10 – 19.

[13] Jabareen Y. R. , "Sustainable Urban Forms: Their Typologies, Models, and Concepts", *Journal of Planning Education and Research*, 2006, 26 (1),

pp. 38 – 52.

［14］Rickaby P. A. ，"Six Settlement Patterns Compared"，*Environment and Planning B*：*Planning and Design*，1987，14（2），pp. 193 – 223.

［15］Kenworthy J. R. ，"The Eco-city：Ten Key Transport and Planning Dimensions for Sustainable City Development［J］"，*Environment and Urbanization*，2006，18（1），pp. 67 – 85.

［16］Die leman F. M. ，Dust M. J. ，Spit T. ，"Planning the Compact City：The Ramstad Holland Experience"，*European Planning Studies*，1999，7（5），pp. 605 – 621.

［17］Masanobu K. ，Kenji D. ，"Multiage Land-use and Transport Model for the Policy Evaluation of a Compact City"，*Environment & Planning B*：*Planning & Design*，2005，32（4），pp. 485 – 504.

［18］Shim G. E. ，Rhee S. M. ，Ahn K. H. ，et al. ，"The Relationship Between the Characteristics of Transportation Energy Consumption and Urban Form"，*The Annals of Regional Science*，2006，40（2），pp. 351 – 357.

［19］Wee-Kean Fong，"Energy Consumption and Carbon Dioxide Emission Considerations in the Urban Planning Process"，*Energy Policy*，2007，（11），pp. 3665 – 3667.

［20］Chicago Metropolises 2020，"The metropolises plan：choice for the Chicago region"［TECHNICAL R］，http：//www. metropolisplan. org/10_ 3. htm.

［21］Jenny Crawford，Will French，"A Low-carbon Future：Spatial Planning's Role in Enhancing Technological Innovation in the Built Environment"，*Energy Policy*，2008，（12），pp. 4575 – 4579.

［22］TCPA & CHPA's Joint Best Practice Guide—Community Energy：Urban Planning For A Low Carbon Future，2008.

［23］［日］青木昌彦：《比较制度分析》，上海远东出版社2001年版。

［24］BERR，"UK energy in Brief 2008，A national statistics publication"［EB/OL］，http：//www. Berr. gov. uk.

［25］Roseland M. ，"Sustainable Community Development: Integrating Environmental, Economic, and Social Objectives", *Progress in Planning*, 2000, 54 (2) , pp. 73 – 132.

［26］Heiskanen E. , Johnson M. , Robinson S. , et al. , "Low-carbon Communities as a Context for Individual Behavioral Change", *Energy Policy*, 2009, 7 (2) , pp. 1 – 10.

［27］Lemos M. C. , Agrawal A. , "Environmental Governance", *Annual Review of Environment and Resources*, 2006, 31, pp. 297 – 325.

［28］Barnett G. , "The Consolations of 'Neoliberalism'", *Geoforum*, 2005, 36 (1) , pp. 7 – 12.

［29］Boyd E. , "Governing the Clean Development Mechanism: Global Rhetoric Versus Local Realities in Carbon Sequestration Projects", *Environment and Planning A*, 2009, 41 (10) , pp. 2380 – 2395.

［30］Hayter R. "Environmental Economic Geography", *Geography Compass*, 2008, 2 (3) , pp. 831 – 850.

［31］Caetanoa M. , Gherardi D. , Ribeiro G. , "Reduction of CO_2 Emission by Optimally Tracking a Pre-defined Target", *Ecological Modeling*, 2009, 220 (19) , pp. 2536 – 2542.

［32］Hultman N. E. , "Geographic Diversification of Carbon Risk: A Methodology for Assessing Carbon Investments Using Eddy Correlation Measurements", *Global Environmental Change*, 2006, 16 (1) , pp. 58 – 72.

［33］Castelnuovo E. , Galeottic M. , Gambarelli G. , et al. , "Learning-by-doing vs. Learning-by-researching in a Model of Climate Change Policy Analysis", *Ecological Economics*, 2005, 54 (2 – 3) , pp. 261 – 276.

［34］Weiss M. , Junginger M. , Patel M. K. , et al. , "A Review of Experience Curve Analyses for Energy Demand Technologies", *Technological Forecasting & Social Change*, 2009, 10 (9) , pp. 1 – 18.

［35］Manne A. , Richels R. , "The Impact of Learning-by-doing on the Timing and Costs of CO_2 Abatement", *Energy Economics*, 2005, 46 (3), pp. 603 –619.

[36] Zwaana B. , Gerlagha R. , Klaassen G. , et al. , "Endogenous Techno-logical Change in Climate Change Modeling", *Energy Economics*, 2002, 24 (1), pp. 1 – 19.

[37] Bailey I. , "Market Environmentalism, New Environmental Policy Instru-ments, and Climate Policy in the United Kingdom and Germany", *Annals of the As-sociation of American Geographers*, 2007, 97 (3), pp. 530 –550.

[38] Edward L. G. , Matthew K. , "The Greenness of City", *Rapp port Insti-tute Taubman Center Policy Briefs.* 2008, (3), pp. 1 –11.

[39] Chris G. , *How to Live a Low-carbon Live: the Individual's Guide to Stop-ping Climate Change*, London Sterling, VA, 2007.

[40] van Diepen A. , Voogd H. , "Sustainability and Planning: Does Urban Form Matter?", *International Journal of Sustainable Development*, 2001, 4 (1), pp. 59 –74.

[41] Van Diepen A. . "Households and Their Spatial-energetic Practices: Searching for Sustainable Urban Forms", *Journal of Housing and the Built Environ-ment*, 2001, 16 (3 –4), pp. 349 –351.

[42] Moll H. C. , Noorman K. J. , Kok R. , et al. , "Pursuing More Sustain-able Consumption by Analyzing Household Metabolism in European Countries and Cities", *Journal of Industrial Ecology*, 2005, 9 (12), pp. 259 –275.

[43] Seyfang G. , "Community Action for Sustainable Housing: Building a Low-carbon Future", *Energy Policy*, 2010, 38 (12), pp. 7624 –7633.

[44] Retzlaff R. C. , "Green Building Assessment Systems: A framework and Comparison for Planners ", *Journal of the American Planning Association*, 2008, 74 (4), pp. 505 –519.

[45] Crabtree L. , "Sustainable Housing Development in Urban Australia: Exploring Obstacles to and Opportunities for Eco-city Efforts", *Australian Geogra-pher*, 2005, 36 (3), pp. 333 –350.

［46］夏堃堡：《发展低碳经济实现城市可持续发展》，《环境保护》2008年第2期，第33—35页。

［47］辛章平、张银太：《低碳经济与低碳城市》，《城市发展研究》2008年第4期，第98—102页。

［48］付允、汪云林、李丁：《低碳城市的发展路径研究》，《科学对社会的影响》2008年第2期，第5—9页。

［49］庄贵阳：《低碳经济引领世界经济发展方向》，《世界环境》2008年第2期，第34—36页。

［50］刘志林、戴亦欣、董长贵、齐晔：《低碳城市理念与国际经验》，《城市发展研究》2009年第6期，第949—954页。

［51］毕军：《后危机时代中国低碳城市的建设路径》，《南京社会科学》2009年第11期，第12—16页。

［52］龙惟定、白玮、梁浩等：《低碳城市的城市形态和能源愿景》，《建筑科学》2010年第3期，第13—18页。

［53］张泉：《低碳城市——一个新的视野》，《江苏城市规划》2010年第1期，第5页。

［54］李克欣、张力：《低碳城市建设及智能城网应用研究》，《城市观察》2010年第2期，第80—86页。

［55］叶祖达：《碳排放量评估方法在低碳城市规划之应用》，《现代城市研究》2009年第11期，第20—26页。

［56］陈群元、喻定权：《我国建设低碳城市的规划构想》，《现代城市研究》2009年第11期，第17—18页。

［57］潘海啸：《中国城市绿色交通——改善交通拥挤的根本性策略》，《现代城市研究》2010年第1期，第7—9页。

［58］顾朝林、谭纵波、刘宛：《低碳城市规划：寻求低碳化发展》2009年第8期，第41页。

［59］中国城市科学研究会：《中国低碳生态城市发展战略》，中国城市出版社2009年版，第1—792页。

［60］戴星翼、陈红敏：《城市功能与低碳化关系的几个层面》，《城市观察》2010 年第 1 期，第 87—93 页。

［61］单晓刚：《从全球气候变化到低碳城市发展模式》，《贵阳学院学报（自然科学版）》2010 年第 1 期，第 6—13 页。

［62］连玉明：《低碳城市的战略选择与模式探索》，《城市观察》2010 年第 2 期，第 5—18 页。

［63］谭富：《发展低碳经济建设低碳城市》，《科技信息》2010 年第 5 期，第 545 页。

［64］梁浩、龙惟定、刘芳：《广西北部湾经济区构建低碳城市的思考与建议》，《中国人口·资源与环境》2010 年第 3 期，第 398—401 页。

［65］中国科学院可持续发展战略研究组：《2009 中国可持续发展战略报告》，科学出版社 2009 年版。

［66］陈飞、褚大建：《低碳城市研究的内涵、模型与目标策略确定》，《城市规划学刊》2009 年第 4 期，第 182 页。

［67］仇保兴：《我国城市发展模式转型趋势——低碳生态城市》，《城市发展研究》2009 年第 8 期，第 1—6 页。

［68］王家庭：《基于低碳经济视角下的我国城市发展模式研究》，《江西社会科学》2010 年第 3 期，第 85—89 页。

［69］陈博：《西方国家的低碳城市建设》，《环境保护》2009 年第 12 期，第 74—75 页。

［70］林姚宇、吴佳明：《低碳城市的国际实践解析》，《国际城市规划》2010 年第 1 期，第 122—123 页。

［71］相震：《建设低碳城市的策略》，《节能与环保》2010 年第 2 期，第 16—17 页。

［72］郭万达、刘艺娉：《政府在低碳城市发展中的作用》，《开放导报》2009 年第 12 期，第 27 页。

［73］戴亦欣：《中国低碳城市发展的必要性和治理模式分析》，《中国人口·资源与环境》2009 年第 3 期，第 12—16 页。

［74］刘怡君、付允、汪云林：《国家低碳城市发展的战略问题》，《建设科技》2009 年第 15 期，第 44—45 页。

［75］戴星翼：《论低碳城市的推进架构》，《探索与争鸣》2009 年第 12 期，第 64—67 页。

［76］袁晓玲、仲云云：《中国低碳城市的实践与体系构建》，《城市发展研究》2010 年第 5 期，第 42—47 页。

［77］罗乐娟：《后危机时代的低碳城市发展之路》，《江西社会科学》2010 年第 5 期，第 98—101 页。

［78］牛桂敏：《低碳城市发展路径思考》，《城市环境与城市生态》2010 年第 4 期，第 9—11 页。

［79］杨国锐：《低碳城市发展路径与制度创新》，《城市问题》2010 年第 7 期，第 44—48 页。

［80］英国查塔姆研究所、中国社会科学院、国家发展和改革委员会能源研究所、吉林大学、第三代环保主义：《吉林市低碳发展计划》，2010 年，第 25—30 页。

［81］李晓燕、邓玲：《城市低碳经济综合评价探索——以直辖市为例》，《现代经济探讨》2010 年第 2 期，第 82—85 页。

［82］熊青青：《珠三角城市低碳发展水平评价指标体系构建研究》，《规划师》2011 年第 6 期，第 92—95 页。

［83］马宁、罗婷婷：《我国城市低碳发展水平综合评价与分析》，《中国市场》2011 年第 26 期，第 121—123 页。

［84］秦耀辰、张丽君、鲁丰先等：《国外低碳城市研究进展》，《地理科学进展》2010 年第 12 期，第 1459—1469 页。

［85］Wiedmann T., Minx J., *A definition of "Carbon Footprint" //Pertsova C C. Ecological Economics Research Trends*，Hauppauge NY：Nova science publishers，2007.

［86］Peter N., Jerry K., *Sustainability and Cities：Overcoming Automobile Dependence*，Washington, D. C.：Island Press，2007，pp. 94 – 111.

［87］Jeff K. , Gang H. , "Transport and Urban Form in Chinese Cities: An International Comparative and Policy Perspective with Implications for Sustainable Urban Transport in China", *DISP 151*. 2002, （4）, pp. 4 – 14.

［88］［美］奥利弗·吉勒姆：《无边的城市：论战城市蔓延》, 叶齐茂、倪晓晖译, 中国建筑工业出版社 2007 年版, 第 115—119 页。

［89］Halyan C. , Beisi J. , et al. , "Sustainable Urban Form for Chinese Compact Cities: Challenges of a Rapid Urbanized Economy", *Habitat International*, 2008, （32）, pp. 28 – 40.

［90］Churkina G. , "Modeling the Carbon Cycle of Urban Systems", *Ecological Modeling*, 2008, 216 （2）, pp. 107 – 113.

［91］Pataki D. E. , Alig R. J. , Fung A S, et al. , "Urban Ecosystems and the North American Carbon Cycle", *Global Change Biology*, 2006, 12 （11）, pp. 1 – 11.

［92］Svirejeva H. A. , Schellnhuber H. J. , "Modeling Carbon Dynamics from Urban Land Conversion: Fundamental Model of City in Relation to a Local Carbon Cycle", *Carbon Balance and Management*, 2006, 1 （8）, pp. 1 – 9.

［93］Svirejeva H. A. , Schellnhuber H. J. . "Urban Expansion and Its Contribution to the Regional Carbon Emissions: Using the Model Based on the Population Density Distribution". *Ecological Modeling*, 2008, 216 （2）, pp. 208 – 216.

［94］Pouyata R. , Groffmanb P. , Yesilonisc I, Hernandezd L. "Soil Carbon Pools and Fluxes in Urban Ecosystems", *Environmental Pollution*, 2002, 116 （s1）, pp. 107 – 118.

［95］赵荣钦、黄贤金、徐慧等：《城市系统碳循环与碳管理研究进展》, 《自然资源学报》2009 年第 10 期, 第 1847—1859 页。

［96］Dhakal S. , The Global Carbon Project and Urban and Regional Carbon Management ［EB/OL］. http://www. gcp-urcm. org.

［97］URCM. URCM Science ［EB/OL］. http://www. gcp-urcm. org/Main/URCM Science.

［98］马其芳、黄贤金、于术桐：《物质代谢研究进展综述》，《自然资源学报》2007 年第 1 期，第 141—152 页。

［99］Canan P. , Crawford S. , "What Can be Learned from Champions of Ozone Layer Protection for Urban and Regional Carbon Management in Japan?", *Global Carbon Project*, 2006, pp. 16 – 17.

［100］Roseland M. , "Sustainable Community Development: Integrating Environmental, Economic, and Social Objectives", *Progress in Planning*, 2000, 54 (2), pp. 73 – 132.

［101］Heiskanen E. , Johnson M. , Robinson S. , et al. , "Low-carbon Communities as a Context for Individual Behavioral Change", *Energy Policy*, 2009, 7 (2), pp. 1 – 10.

［102］Raco M. , "Sustainable Development, Rolled-out Neoliberalism and Sustainable Communities", *Antipode*, 2005, 37 (2), pp. 324 – 347.

［103］Munksgaard J. , Wier M. , Lenzen M. , et al. , "Using Input-output Analysis to Measure the Environmental Pressure of Consumption at Different Spatial Levels", *Journal of Industrial Ecology*, 2005, 9 (1/2), pp. 169 – 185.

［104］McEvoy D. , Gibbs D. C. , Longhurst J. W. S. , "Urban Sustainability: Problems Facing the "Local" Approach to Carbon-reduction Strategies", *Environment and Planning C: Government and Policy*, 1998, 16 (4), pp. 423 – 432.

［105］Streck C. , "New Partnerships in Global Environmental Policy: The Clean Development Mechanism", *Journal of Environment & Development*, 2004, 13 (3), pp. 295 – 322.

［106］Steven S. , Sijm J. , "Carbon Trading in the Policy Mix", *Oxford Review of Economic Policy*, 2003, 19 (3), pp. 420 – 437.

［107］Dhakal S. , Betsill M. M. , "Challenges of Urban and Regional Carbon Management and the Scientific Response", *Local Environment*, 2007, 12 (5), pp. 549 – 555.

［108］Baranzini A. , Goldemberg J. , Speck S. , "A Future for Carbon Taxes", *Ecological Economics*, 2000, 32 (3), pp. 395 – 412.

[109] While A. , Jonas A. E. G. , Gibbs D. "From Sustainable Development to Carbon Control: Eco-state Restructuring and the Politics of Urban and Regional Development", *Transactions of the Institute of British Geographers*, 2009, 35 (1), pp. 76 – 93.

[110] Caetanoa M. , Gherardi D. , Ribeiro G. , "Reduction of CO_2 Emission by Optimally Tracking a Pre-defined Target", *Ecological Modeling*, 2009, 220 (19), pp. 2536 – 2542.

[111] Hultman N. E. , "Geographic Diversification of Carbon Risk: A Methodology for Assessing Carbon Investments Using Eddy Correlation Measurements", *Global Environmental Change*, 2006, 16 (1), pp. 58 – 72.

[112] Zwaana B. , Gerlagha R. , Klaassen G. , et al. , "Endogenous Technological Change in Climate Change Modeling", *Energy Economics*, 2002, 24 (1), pp. 1 – 19.

[113] Bailey I. , "Market Environmentalism, New Environmental Policy Instruments, and Climate Policy in the United Kingdom and Germany", *Annals of the Association of American Geographers*, 2007, 97 (3), pp. 530 – 550.

The Research Framework and Theoretical System of Urban Low-carbon Development

Zhang Wang Zhou Yueyun Pan Xuehua

Abstract: Thinking Low carbon urban as a whole system, we can rstudy it from three dimensions: space, time and function. Covering economic and social aspects of urban systems, it can be divided into production and life two subsystems. Natural resources and energy are input of urban system; Environment and emissions are output of it. In the future the theoretical system research of low carbon urban development should be richen and deepen following some aspects as: the structure and function features of system, the spatial, local and global character of system, the carbon cycle integrated model system for urban, carbon metabolism process with natural and human double effect, carbon emissions and control of urban for different space scale, the past, now, future carbon emissions list and path analysis of reducing emission for urban, practical measures of urban carbon management, the methodology and technology support system for low carbon urban development.

Key Words: urban low carbon development; systems theory; research framework; theoretical system

第四章

中国110城市低碳发展综合水平评价

梁本凡　朱守先　周跃云　庄贵阳

摘　要：本文详细介绍了中国城市低碳发展综合水平评价指标体系的构建方法，采用该评价体系对中国110城市的低碳发展综合水平进行了测算与排位。

关键词：城市低碳发展　评价指标体系　排序

控制温室气体排放是我国积极应对全球气候变化的重要任务，是加快转变经济发展方式、促进经济社会可持续发展的重要手段。根据国家"十二五"规划提出的2015年单位国内生产总值二氧化碳排放比2010年下降17%的目标，2011年12月国务院发布了"十二五"国家控制温室气体排放工作方案，给各省市区单位国内生产总值二氧化碳排放下降指标做了定量安排。城市是经济发展的主体，是国家和省区低碳发展的基础载体。近年来，我国各地城市大力开展节能降耗，优化能源结构，控制温室气体排放，努力增加碳汇，加快形成以低碳为特征的产业体系和生活方式，取得了显著的成绩。本研究选取中国110座城市，进行低碳发展现状水平综合排序研究，旨在敦促、检验各城市低碳发展行动与进程，总结低碳城市相关发展经验，推动城市开展科学减排。

一 城市低碳发展水平评价指标体系

建立城市低碳发展评价与考核指标体系的目的，除了可以对城市低碳发展现状进行评价之外，更重要的是为了指导实践，服务于政策设计和城市低碳发展规划。例如，针对每一项评价指标设置理想值、目标值和当前值 3 个要素，然后按照理想值设定目标值，进而根据目标值改进现有的高碳发展状况。指标和指标值的选取，除了考虑低碳发展阶段及其背景因素之外，核心在于资源禀赋、技术水平及消费方式三个方面。是否具备低碳发展的潜力，城市向低碳经济转型付出了多大的努力，对评价一个城市的低碳发展水平更具有现实意义。

发展低碳经济，必须立足于当前经济发展阶段和资源禀赋，认真审视低碳经济的内涵和发展趋势，将能源结构的清洁化、产业结构的优化与升级、技术水平的提高、消费模式的改变、发挥碳汇潜力等纳入经济和社会发展战略规划。研究表明，更清洁的能源结构能够降低单位能源消费的碳排放强度，产业结构的优化能够从整体上促进社会经济各部门的碳产出效率（碳生产力），倡导绿色消费模式能够从终端遏制对能源的需求。然而，上述途径都离不开制度环境的配套与政策工具的推动。2010 年国家发改委发布《关于开展低碳省区和低碳城市试点工作的通知》（发改气候〔2010〕1587 号），将是否具有低碳经济发展战略规划，是否建立碳排放监测、统计和监管体系，公众的低碳经济意识如何，建筑节能标准的执行情况，以及对于小沼气、太阳能热水器、生物质能等非商品能源是否具有激励措施等，视为反映一个地区或城市向低碳经济转型的努力程度。同时要求低碳城市试点工作的开展必须围绕编制低碳发展规划，制定支持低碳绿色发展的配套政策，加快建立以低碳排放为特征的产业体系，建立温室气体排放数据统计和管理体系，积极倡导低碳绿色生活方式和消费模式五个方面展开。

本文所采用的城市低碳发展评价与考核指标体系包含五个一级指标：经济转型指标、社会转型指标、设施低碳指标、资源低碳指标、环境低碳指标。其中，经济转型指标表征低碳技术水平和发展阶段；社会转型指标表征消费模式和社会发展公平程度；设施低碳指标表征低碳资源禀赋及开发利用情况；环境低碳指标表征城市绿色发展水平。在一级指标层面之下，各遴选两个成分指标并赋予相应的阈值（见表 4—1）。

由于指标体系的出发点是用于国内城市的低碳发展现状评价，更多的着力点在低碳发展现状的相对评价。但考虑到国内城市经济发展水平和阶段的差异，单纯利用相对标准进行评价可能存在局限，所以本文还根据指标的重要程度，设定了绝对值的评价标准和权重。指标的计算方法采取（实际值—最小值）／（最大值—最小值）的方法。其中碳经济强度、人均碳排放指标、低碳建筑、水体环境、大气环境五个指标为逆向指标，消费结构、就业贡献、低碳交通、低碳能源、森林碳汇五个指标为正向指标。

表 4—1　　　　　　　　中国城市低碳发展评价指标体系

一级指标	比重（%）	二级指标	成分指标	比重（%）
1. 经济转型指标	60	（1）碳经济强度指标	单位 GDP 碳排放强度	45
		（2）人均碳排放指标	人均碳排放水平	15
2. 社会转型指标	10	（3）消费结构指标	城市居民低碳消费支出比重	5
		（4）就业贡献指标	单位碳排放提供的就业岗位数	5
3. 设施低碳指标	15	（5）低碳建筑指标	建筑物能耗密度	8
		（6）低碳交通指标	出行公交偏好与公交效率	7
4. 资源低碳指标	10	（7）低碳能源指标	非化石能源比例	6
		（8）森林碳汇指标	森林覆盖率	4
5. 环境低碳指标	5	（9）水体环境指标	COD 的排放强度	3
		（10）大气环境指标	SO_2 的排放强度	2

二　综合指标权重的确定

（一）指标权重确定方法

在多属性决策中，各指标权重的确定是其核心问题。权重的确定方法主要分为主观赋权法和客观赋权法两类。其中主观赋权法是指基于决策者的知识经验或偏好，按照重要性程度对各指标进行比较、赋值和计算得出其权重的方法，主要包括专家调查法（Delphi 法）、层次分析法（AHP 法）、偏好比率法、环比评分法、二项系数法、比较矩阵法和重要性排序法等。本研究指标权重确定主要采用专家调查法（Delphi 法）与层次分析法（AHP 法）相结合的方法。

（二）一级指标权重赋值

对低碳指标体系权重赋值的指导思想是：突出体现低碳发展特征的核心指标的重要性，同时又要全面反映城市各方面低碳发展进程与转型特征，以及国家相关政策的要求。

在操作上采用分层控制的方法。先对五个一级指标赋权。以专家集体讨论的方式权衡与比较五个一级指标在城市低碳发展中的相对重要性、引导力、关联性和达到目标值的难易程度等，给出每一个一级指标的权重。例如，经济转型指标是反映低碳发展水平的基础指标，占整个指标体系的权重为60%。

（三）二级指标权重赋值

1. 碳经济强度指标

指单位 GDP 碳排放强度，是衡量低碳化的核心指标，这一指标将能源消耗导致的碳排放与 GDP 产出直接联系在一起，能够直观地反映城市社会经济整体碳资源利用效率的提高，同时也能够衡量城市在某一特定时期的低碳技术的综合水平。2009 年 11 月，国务院常务会议研究部署应对气候变化工作，决定到 2020 年我国单位国内生产总值二氧化碳排放比 2005 年下降40%—45%，作为约束性指标纳入国民经济和社会发展中长期规划，并制定相应的国内统计、监测、考核办法。所以，该指标在 10 个二级指标中所占的权重最大，为 45%。

经济转型还包括关键产品的单位能耗指标，如吨钢综合能耗、水泥综合能耗、火电供电煤耗等，也可比较重点行业单位工业增加值碳排放指标。虽然处于不同气候带的城市可能对生产的取暖能耗有影响，但考虑到不同气候条件给各地带来不同的产业竞争力，所以这里对气候条件不予考虑。

降低碳强度只是降低单位 GDP 排放二氧化碳的数量，不一定会产生二氧化碳总量减少的结果。这是碳强度指标的弱点。补救的办法是设置碳排放总量指标。碳排放总量指的是一个国家或地区一定时期内二氧化碳排放的总量，总量减排对经济发展有较大的影响。

2. 人均碳排放指标

是反映碳排放总量和人口总量的指标，也是国际上进行低碳发展水平比较的核心指标之一。它的价值如下：第一，内含碳排放总量指标，弥补了碳强度指标的不足；第二，将人口放到了指标之中，体现了人类生存权对碳空间的公平分配要求，反映了不同地区人口的碳足迹差异；第三，这是一个国际通用指标，可以用于国际对比。所以，这个指标的重要性仅次于碳强度指标，给以 15% 的权重。

3. 消费结构指标

指城市居民低碳消费支出比重。目前居民消费总体上正从传统的基本生活消费逐步向发展型消费转变，但内部消费结构不平衡对整体消费的扩大产生了重要影响。由于体制和需求层次提高等原因，其中教育、医疗支出等过快增长，占据大量消费支出比重，因此我们把教育和医疗支出作为低碳消费支出的核心内容。城市居民低碳消费支出结构与偏好的变化，对城市低碳发展方向具有引导与指示功能。该指标权重为 5%。

4. 就业贡献指标

单位碳排放提供的就业岗位数，指碳排放的岗位产出，是对城市社会低碳发展质量的考核。就业是我国社会稳定的基础，也是实现公平与自由的前提条件。提高就业率，是任何一个国家宏观经济调控的重要目标，所以，该指标也给了5%的权重。

5. 低碳建筑指标

指单位建筑面积的运行能耗。建筑能耗有广义和狭义之分：广义建筑能耗是指从建筑材料制造、建筑施工到建筑运行的全过程能耗。狭义的建筑能耗，即建筑的运行能耗，是建筑能耗中的主导部分。我国房地产业十分发达，建筑节能的空间巨大。地方实施起来主动性强，是一个考核地方城市低碳发展业绩的好指标，权重为8%。

6. 低碳交通指标

低碳交通可以从能源利用效率、公交车辆利用效率、人们使用公交出行偏好等指标来考核。考虑到单位碳排放的GDP产出和人均碳排放水平两个指标包含了城市交通能源利用的效率因子，这里只需重点考核公交车辆利用效率和人们使用公交车出行的偏好。和低碳建筑指标一样，交通低碳化地方实施起来主动性强，该指标是一个能考核地方城市低碳发展业绩的好指标，权重为7%。

7. 低碳能源指标

由于资源禀赋的差异，能源消费结构的调整短期内很难完成，因此选择非化石能源比例和发展程度作为低碳能源指标的考核内容。2009年11月，中国政府提出通过大力发展可再生能源、积极推进核电建设等行动，到2020年我国非化石能源占一次能源消费的比重达到15%左右，是城市非化石能源利用的重要参考指标。除了核能与大型水电设施建设以外，在风电、太阳光热能、地能、生物质能等的开发利用方面，地方城市也大有作为。所以，该指标权重较高，为6%。

8. 森林碳汇指标

森林碳汇（Forest Carbon Sinks）是指森林植物吸收大气中的二氧化碳并将其固定在植被或土壤中，从而减少该气体在大气中的浓度。森林是陆地生态系统中最大的碳库，在降低大气中温室气体浓度、减缓全球气候变暖中，具有十分重要的独特作用。扩大森林覆盖面积、增加森林覆盖率是经济可行、成本较低的重要减缓措施。我国政府提出通过植树造林和加强森林管理，2020 年森林面积比 2005 年增加 4000 万公顷，森林蓄积量比 2005 年增加 13 亿立方米，森林覆盖率提高到 21.66%。该指标权重为 4%。

9. 水体环境指标

对我国目前发展状况而言，低碳发展从概念上与环境污染没有必然联系，但考虑到即使碳排放总量和强度很低，但环境遭受严重污染，就不能称为科学的低碳发展。因此引入水体环境和大气环境两个指标。

化学需氧量（Chemical Oxygen Demand），简称 COD，是利用化学氧化剂（如高锰酸钾）将水中可氧化物质（如有机物、亚硝酸盐、亚铁盐、硫化物等）氧化分解，然后根据残留的氧化剂的量计算出氧的消耗量，是表示水质污染程度的重要指标。COD 的单位为 ppm 或毫克/升，其值越大，说明水质污染程度越重。该指标权重为 3%。

10. 大气环境指标

二氧化硫（SO_2）主要由煤及燃料油等含硫物质燃烧产生，是考核大气环境的核心指标。该指标权重为 2%。

三 110 城市低碳发展水平综合排序

根据上述评价方法与指标体系，本研究选取 110 座城市进行低碳发展水平分析，综合得分见表4—2。

表4—2　　　　　　2009 年 110 座城市低碳发展水平综合得分

排名	城市名称	综合指标得分	排名	城市名称	综合指标得分
1	台州	80.53	56	株洲	47.36
2	珠海	74.47	57	开封	47.06
3	深圳	74.29	58	绵阳	47.01
4	厦门	73.82	59	徐州	46.62
5	北京	73.45	60	韶关	46.47
6	温州	71.80	61	泰安	46.31
7	海口	70.62	61	哈尔滨	46.31
8	湛江	70.38	63	南京	46.04
9	延安	69.79	64	芜湖	45.76
10	福州	69.21	65	牡丹江	45.66
11	三亚	67.44	66	泸州	45.50
12	汕头	67.21	67	郑州	45.19
13	杭州	66.05	68	岳阳	45.01
14	上海	65.88	69	秦皇岛	44.82
15	中山	65.54	70	柳州	44.76
16	广州	65.23	71	咸阳	44.46
17	泉州	64.48	72	洛阳	43.45
18	成都	63.54	73	贵阳	43.43
19	长春	61.78	74	遵义	42.97
20	南宁	60.43	75	吉林	42.88
21	西安	60.15	76	荆州	42.70
22	宁波	59.77	77	曲靖	42.41
23	青岛	59.64	78	济宁	42.12
24	南通	59.45	79	齐齐哈尔	41.95
25	长沙	58.56	80	铜川	40.42
26	扬州	57.90	81	湘潭	40.31
27	佛山	57.49	82	大庆	40.14
28	张家界	57.35	83	赤峰	39.50
29	威海	57.34	84	西宁	39.41
30	昆明	57.32	85	石家庄	39.14
31	烟台	56.92	86	日照	39.13
32	天津	56.78	87	兰州	38.87

续表

排名	城市名称	综合指标得分	排名	城市名称	综合指标得分
33	绍兴	56.25	88	枣庄	38.31
34	连云港	56.08	89	呼和浩特	36.61
35	桂林	55.41	90	平顶山	36.53
36	九江	55.06	91	金昌	36.46
37	常德	54.97	92	大同	36.09
38	宜昌	54.66	93	淄博	35.78
39	无锡	53.99	94	攀枝花	34.85
40	湖州	53.91	95	鞍山	34.72
41	嘉兴	53.67	96	银川	34.37
42	南昌	53.29	97	阳泉	33.88
43	大连	52.92	98	太原	33.62
44	武汉	52.27	99	抚顺	33.46
45	合肥	51.42	100	焦作	33.37
46	北海	51.22	101	长治	33.34
47	苏州	50.73	102	邯郸	32.95
48	保定	49.95	103	安阳	31.48
49	宝鸡	49.72	104	临汾	30.52
50	常州	49.70	105	乌鲁木齐	28.35
51	济南	48.63	106	唐山	26.95
52	宜宾	47.71	107	马鞍山	26.12
53	重庆	47.67	108	包头	24.51
54	沈阳	47.56	109	克拉玛依	24.22
55	潍坊	47.54	110	石嘴山	14.37

　　通过对城市低碳发展水平综合得分结果分析，2009 年综合排名前五名城市分别为台州、珠海、深圳、厦门和北京，综合排名后五名城市分别为石嘴山、克拉玛依、包头、马鞍山和唐山。其中台州、珠海、深圳、厦门和北京均为东部地区城市，石嘴山（煤炭）、克拉玛依（石油）、包头（钢铁）、马鞍山（钢铁）和唐山（煤炭、钢铁）均为资源型城市，其中石嘴山为国家第一批资源枯竭城市。

四 案例城市低碳发展水平排位解读

通过对 10 座城市低碳发展水平核心指标的案例分析，探讨低碳发展指标体系各要素的内涵与变化规律，可以为城市低碳发展实践提供决策依据。

对 10 座城市的经济发展水平进行分析，无论是经济总量、产业结构，还是人均经济发展水平，均存在显著差异。以 2005 年不变价分析，2009 年 10 座城市经济总量均增加 30% 以上，其中包头市经济增长幅度超过 1 倍。北京市经济总量超过 1 万亿元，是经济总量最低城市石嘴山的 57 倍。

从产业结构分析，仅北京市第二产业比重在 30% 以下，为 23.2%，其余 9 个城市第二产业比重均在 45% 以上，其中克拉玛依第二产业比重高达 86.7%，是典型的二产主导型城市。

从单位 GDP 能耗和单位 GDP 碳排放强度分析，台州、深圳、厦门、珠海、北京 5 个城市单位 GDP 能耗在 0.51—0.61 之间，远低于全国 1.03 的平均水平，而克拉玛依、包头、马鞍山、唐山、石嘴山 5 个城市单位 GDP 能耗在 1.6—6.8 之间，其中，石嘴山单位 GDP 能耗为全国平均水平的 6.5 倍。降低单位 GDP 能耗，提高能源利用效率，促进产业结构升级成为石嘴山等高能耗城市"十二五"时期乃至今后的主要任务（图 4—1—图 4—5）。

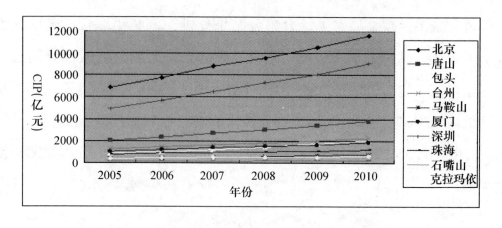

图 4—1　案例城市经济总量（2005—2010 年）

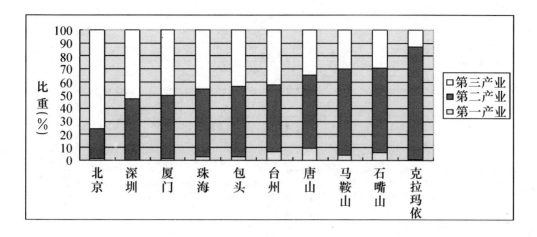

图 4—2 案例城市产业结构（2005—2010 年）

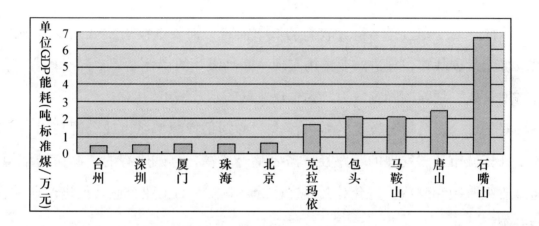

图 4—3 案例城市单位 GDP 能耗（2009 年）

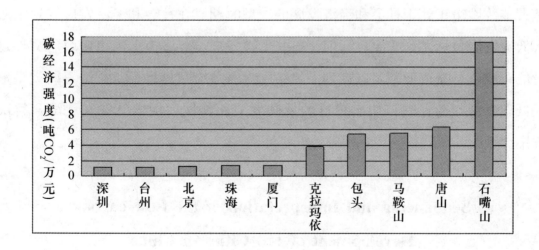

图 4—4 案例城市碳经济强度（2009 年）

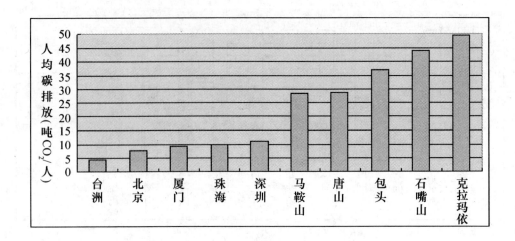

图4—5 案例城市人均碳排放水平（2009年）

因此，对于综合排名得分较高的城市而言，需要继续引领低碳发展潮流，采取多元发展战略，促进产业结构实现不断高级化的良性循环。同时培育新的经济增长点，增强国际竞争力，率先建成低碳示范城市。

对于综合排名得分较低的城市而言，特别是资源型城市或资源枯竭城市，需要开拓城市低碳发展的新路径。需要整合资源，打破原有的资源布局结构，通过改组改制和改造，整合对碳排放总量影响较大的工业企业，促进产业结构的升级。

总之，城市低碳发展，需要在现状评价的基础上开展低碳发展规划。特别是大多数城市正处于社会和经济发展的转型时期，在社会和经济发展规划中融入低碳发展目标尤为必要。目前，一些低碳发展试点城市已经出台政府文件建设低碳城市。城市低碳发展规划需要结合自身节能减排目标，总结不同类型地区低碳发展经验，制订切实可行的低碳发展路线图，探索低碳发展综合解决方案。

Sequencing and Interpretation of the Low-carbon Development of 110 Cities in China

Liang Benfan   Zhu Shouxian   Zhuang Guiyang   Zhou Yueyun

Abstract：This paper describes the evaluation index system of urban low-carbon development, including the indicators and their weights. This article also uses this index system to calculate the low-carbon development of 110 selected Chinese cities and do some interpretation of this result.

Key Words: urban low-carbon development; evaluation index system; sort

第五章

中国城市低碳发展情势与"十二五"工作要点

梁本凡　　周跃云

摘　要：2011 年是我国城市低碳发展迅速推进的一年，也是"十二五"低碳发展开局之年。各级政府和部门都提出了自己的能耗和二氧化碳排放削减指标，并对"十二五"期间的节能减排工作进行了战略布局。本文概括总结了 2011 年我国城市低碳发展的主要成就，并在此基础上对"十二五"期间我国城市低碳发展形势进行了展望，提出"十二五"期间我国城市低碳发展的几个注意要点。

关键词：城市　低碳发展　工作要点

2011 年，我国城市低碳发展快速推进，具体表现在：从地方城市到国家部门都提出了单位 GDP 能耗和二氧化碳排放量的削减指标，对"十二五"期间的节能减排与温控工作进行了战略性的部署，对能耗与碳排放实行总量控制，水电、风能、光能、地热与生物质等清洁与可再生能源的开发利用得到进一步拓展，有利于资源与能源节约和储碳的废旧物资回收体系建设得到巩固与强化，城市建筑光电一体化试点工程、新能源城市工程和低碳城市试点工程等继续得到财政补贴机制的扶持，碳金融与碳排放权交易试点等面向市场的节能减排机制创新取得重大进展。从 2012 年开始，对化石能源消费和碳排放全面实行总量与强度双控制，已成为我国应对气候变化，推进我国经济转型与进一步改革开放的重要国策。"十二五"期间，各地城市要认清国家强力驱动节能减排与进行温控的决心，把握发展低耗低排高效新型产业发展的机遇，做好以下几个方面的工作：第一，站在长远与全域发展的战略高度，对本城市的低碳节能减排温控发展进行全面规划；第二，围绕碳排放总量与强度双控制目标，全面调整产业发展方向与目标，推进产业结构的升级与能源利用的转型；第三，要利用碳金融机制、碳排放权交易市场与高新科学技术，推进能源节约与新能源产业的快速发展；第四，要全面建立能源与碳排放量统计清单与内部考核体系，在减排与考核过程中争取主动；第五，要用好用足中央出台的各项政策，包括试点示范基地建设政策和财政补贴政策，促进本地区本城市的低碳发展。

一　2011年以来我国城市低碳发展的主要成就

2011年，我国能耗强度比2010年只下降了2.01%，低于"十二五"期间年平均下降3.2%的规划目标，但仍然取得了可喜成绩，为今后四年的低碳节能减排与温控工作的顺利开展奠定了良好的基础。

1. 完成了对节能减排与温控工作的全面战略性布局

2011年是"十二五"开局之年，对"十二五"节能减排与温控工作进行战略性的安排，关系到国家、各地区、各城市低碳发展工作的连续性、联动性和最终成败。为此，继3月全国人大十一届四次会议通过《我国国民经济和社会发展十二五规划纲要》之后，9月，国务院下发了《"十二五"节能减排综合性工作方案》，将全国节能减排目标分解到各省区市，要求到2015年，全国万元国内生产总值能耗下降到0.869吨标准煤（按2005年价格计算），比2010年的1.034吨标准煤下降16%，比2005年的1.276吨标准煤下降32%；五年累计实现节约能源6.7亿吨标准煤。11月，国务院常务会议讨论通过了

《"十二五"控制温室气体排放工作方案》，明确了中国控制温室气体排放的总体要求和重点任务，提出到 2015 年我国单位国内生产总值二氧化碳排放比 2010 年下降 17%。上述指标也被分解到各省区市，各省区市已将相应指标分解到各自的地方市县。这种战略性的安排是 2011 年我国城市低碳发展的最大亮点。

2. 部分省市试行对能耗与碳排放实行总量与强度双控制

过去，我国对节能减排，只采取能耗强度控制。即只考核单位国内生产总值所消耗的能源数量。能源强度控制的缺点是，一些地区热衷于发展高碳高能耗产业，致使我国能源使用总量和二氧化碳排放量随着经济的扩张而继续大幅增长。虽然单位 GDP 能耗考核过关了，但能源消耗总量和二氧化碳排放量大幅上升，造成了全国能源市场供应的持续紧张，透支了碳空间容量。所以，对能源消耗和二氧化碳排放实行总量与强度"双闸控制"，以此推进经济转型与产业结构的调整，减轻中国经济对世界能源市场的压力与依赖，是今后我国节能减排与碳排放管理的新方向。2011 年，国家正在研究与制订能源消费与碳排放总量控制方案，虽尚未要求各地开展能源消费与碳排放总量控制试点，但广东等部分省市根据国家分配的"十二五"碳强度下降指标和"十二五"GDP 增长目标，计算能源消费总量和碳排放量总量，进而实现"双闸控制"。2010 年广东省碳排放总量为 5.1 亿吨。根据碳强度下降 19.5% 的要求测算，2015 年能源消费总量应控制在 3.5 亿吨标准煤，二氧化碳排放总量应控制在 6.6 亿吨。能源消耗与碳排放总量控制的优点是：它会启动能源结构优化与产业结构升级机制，在促进单位国内生产总值能耗下降的同时，也推进单位 GDP 化石能源使用量和二氧化碳排放量产生更大幅度的下降，更好地确保我国经济在总体上实现持续均衡发展。

3. 推出了一系列节能减排与温控新举措

《"十二五"控制温室气体排放工作方案》推出的节能减排与温控新举措多达 26 项，《"十二五"节能减排综合性工作方案》提出的节能减排与温控新举措共有 48 项。主要内容有：加快调整产业结构，大力推进节能降耗，积极发展低碳能源，努力增加碳汇，控制非能源活动温室气体排放，加强高排放产品节约与替代，推进低碳省区和城市试点，开展低碳产业试验园区试点，开展低碳社区试点，开展低碳商业、低碳产品试点，建立温室气体排放基础统计制度，加强温室气体排放核算工作，建立自愿减排交易机制，开展碳排放权交易试点等等。《中国逐步淘汰白炽灯路线图》、《万家企业节能低碳行动实施方案》和《节能技术改造财政奖励基金管理办法》等是国家与各省市节能减排与温控新举措的亮点。前者为国家发改委、商务部、海关总署、工商总局、质检总局等七个部委联合发布，次者为国家发改委、教育部、工信部、财政部、住建部、交通部等十二个部委联合发布，后者为财政部和国家发改委联合发布。其中，淘汰白炽灯路线图要求自 2012 年 10 月 1 日起，分五个阶段逐步禁止进口和销售普通照明白炽灯。为了淘汰白炽灯，获取节能技术改造财政奖励，各省市大多制定了自己的企业节能低碳行动实施办法与淘汰白炽灯工作方案。

4. 清洁和可再生能源的开发利用得到进一步拓展

2007 年至 2010 年 3 月之间，我国水电、核电等非火电发电比重由 19.7%上升到 23%。2009 年风电累计装机容量为 2580 万千瓦，同年光伏太阳能安装容量为 16 万千瓦。2010 年，我国水电装机规模达到 2.11 亿千瓦，新增核准水电规模 1322 万千瓦，在建规模 7700 万千瓦。核电装机容量达 1082 万千瓦，在建规模达 26 台 2914 万千瓦。全年新增风电并网容量 1399 万千瓦，总并网容量达 3107 万千瓦。清洁和可再生能源发电装机比重上升至 26.53%。2011 年，我国常规水电装机达 2.3 亿千瓦，核电装机达 1257 万千瓦，风电并网装机 4505 万千瓦，占电力总装机的比重分别为 21.8%、1.19%和 4.27%。太阳能光伏发电并网装机达 214 万千瓦，生物质发电装机 436 万千瓦，地热能发电装机 2.42 万千瓦，海洋能发电装机 0.6 万千瓦。截至 2011 年底，包括水电、核电、风电、太阳能及生物质等主要清洁与再生能源发电装机占电力总装机的比重达 27.5%，比 2010 年提高了 0.9 个百分点。煤炭、燃油、天然气等常规化石能源不仅有污染物排放，而且有碳排放。核能虽没有碳排放，但终究不是很安全。可再生能源是清洁无碳排能源，是未来城市能源发展的总方向。探索和开发清洁能源和可再生能源，是各城市的历史责任。

5. 废旧物资回收体系建设与"城市矿山"开发日渐受到重视

据《中国建设报》披露，2011 年中国产生电子垃圾 350 万吨。中国城市垃圾的年产量接近 1.8 亿吨，历年堆存的城市垃圾量已达 100 亿吨。垃圾是放错地方的资源，利用与回收垃圾，就是开发"城市矿山"。自 2009 年 1 月 1 日起，《循环经济促进法》生效，国家鼓励和推进废品回收体系建设。2011 年 11 月，《国务院办公厅关于建立完整的先进的废旧商品回收体系的意见》提出，到 2015 年，要初步建立起网络完善、技术先进、分拣处理良好、管理规范的现代废旧商品回收体系，各主要品种废旧商品回收率达到 70%。很多城市对"城市矿山"开发表现出了浓厚的兴趣。2011 年，湖北荆门 75 家新型墙体建材企业不仅将每年新增的 120 万吨粉煤灰全部消化，同时还消化了 100 多万吨的往年堆存量，全市水泥企业利用固体废弃物 242.66 万吨，建材企业利用固体废弃物 163.7 万吨，森工企业利用锯末、树皮、枝丫材等 48.9 万吨，节约木材 42 万立方米。荆门格林美新材料有限公司是国家循环经济试点单位，2008 年以来共处理了 12 万吨含镍、钴、锌等金属的危险废弃物，回收和处理金属 6000 多吨，节能 58 万吨标准煤，减排二氧化碳 10 万多吨。

6. 试点示范工程得到了财政税收与金融政策的进一步扶持

自 2010 年以来，为推进节能减排工作，我国启动了一系列试点示范工程。具体有：新能源城市工程、新能源示范区工程、新能源示范县工程、新能源示范镇工程、太阳能光电建筑应用示范项目工程、低碳省区和城市试点工程、低碳产业试验园区试点工程、低碳社区试点工程、废旧商品回收体系示范城市工程、"城市矿产"示范基地工程、再制造产业集聚区工程、资源综合利用示范基地工程、城市餐厨废弃物资源化利用和无害化处理示范工程，等等。规划到 2015 年，我国要建成 80 座废旧商品回收体系示范城市、100 座新能源城市、200 个新能源示范县、1000 个新能源示范区、10000 个新能源示范镇、5 个再制造产业集聚区、50 个"城市矿产"示范基地、100 个资源综合利用示范基地和 100 个城市餐厨废弃物资源化利用和无害化处理示范工程。利用财政税收与金融政策进一步扶持这些试点示范工程，是国家调动地方城市的积极性，实现节能减排与温控目标的重要抓手。例如，财政部对与建材和建筑物高度紧密结合的光电一体化项目，补助标准由 2011 年的 6 元／瓦提高到 2012 年的 9 元／瓦，对每年实施节能改造及新建的绿色节能建筑，每平方米给予 20 元的政策性补贴。"十二五"期间，国家对新能源示范县、区和镇的建设，预计将投入财政补贴 46 亿元。

7. 碳金融与碳排放权交易试点工作取得重大进展

2011 年 10 月，国家发改委批准湖北、广东、北京、天津、上海、重庆、深圳 7 个省市开展碳排放权交易试点工作，要求各试点地区抓紧编制碳排放权交易试点实施方案，明确总体思路、工作目标、主要任务、保障措施及进度安排，争取用 5 年时间，探索建立符合我国国情的碳排放交易市场。《广东省低碳试点工作实施方案》计划在全省和部分行业、企业试行年度二氧化碳排放总量控制，确定合理分配碳排放权的方案，研究碳排放权价格机制及管理办法，争取 2013 年上半年开始实行碳排放权交易。碳排放权交易需要碳金融支撑。2011 年 4 月，北京银行成为全球首家低碳投资银行。它启动了"节能贷"金融服务方案，并现场为四家企业提供了总额 3.5 亿元人民币的贷款。截至 2011 年底，北京银行"节能贷"产品已发放贷款 70 余笔，金额超过 10 亿元，支持企业在建筑、工业等领域的节能项目年节能能力达 56 万吨标准煤，实现年减排二氧化碳 140 万吨。北京银行发放"节能贷"比英国首家低碳投资银行发放针对低碳能源项目的贷款早一年。碳金融与碳排放权交易市场建设，是我国实现节能减排方式由依靠单一的行政指令，向行政手段与市场引导相结合的方式转变的重要举措。

二　"十二五"我国城市低碳工作的几个要点

2012 年我国以节能减排与温控为突破口，对化石能源消费和碳排放全面实行总量与强度双控制，已成为我国应对气候变化、推进经济转型与进一步改革开放的重要国策。各地城市要认清国家强力驱动节能减排与进行温控的决心，把握发展低耗低排高效新型产业发展的机遇，按照《"十二五"节能减排综合性工作方案》和《"十二五"控制温室气体排放工作方案》的要求，结合本地区本城市的实际，重点做好以下几个方面的工作：

1. 站在长远与全域发展的战略高度，对本城市的低碳发展进行全面规划

为了实现社会经济与环境的可持续发展，近年来我国提出了许多与低碳、节能、减排、温控发展相关的概念、政策、法规、方案、行动与措施。常见的概念有环保、节能、减排、温控、绿色经济、低碳经济、循环经济、生态经济，等等。环保、节能、减排、温控与低碳之间是什么关系？绿色经济、循环经济、生态经济与低碳经济之间是什么关系？《"十二五"节能减排综合性工作方案》和《"十二五"控制温室气体排放工作方案》之间又是什么关系？各地有很多党政干部并不是十分清楚，导致城市低碳发展没规划，政府工作缺乏一盘棋，一揽子公务被分割，官员忙忙碌碌、无效率的不良局面长期得不到改善。站在长远与全域发展的战略高度，对本城市的低碳发展进行全面规划，就是要厘清上述各种概念、政策、法规、方案、行动与措施之间的关系，整合城市资源，发挥具体方案、行动与工程的综合效益。四川省新津县通过研究与编制低碳发展规划，将大力发展绿色经济、低碳经济、循环经济、生态经济作为全县实现环保、节能、减排、温控等重要目标的抓手，在建设幸福山水宜居城市的过程中，取得了事半功倍的显著成效。

2. 要以碳排放总量与强度控制为最高目标，全面调整产业发展方向，推进产业结构的升级与能源利用的转型

为什么要以碳排放总量与强度控制为最高目标，而不是以环保、节能和生态为最高目标？这是因为碳排放控制具有较高的综合性与涵盖力。同时，碳排放已经成为社会经济发展中的核心制约因素。节能减排存在边际效用递减现象，不能无限地节下去。节能减排并不包括可再生能源发展与利用的内容，而低碳发展要求的是节碳，不一定硬要节能，同时要求开发新能源。此外，人类社会发展的水平高低，与能源利用水平高低成正向关系，无条件地节能，会限制社会的进一步发展。由于清洁与可再生能源本身就是生态的、绿色的、环保的，对其大力开发与应用是未来社会发展的重要方向。所以，以碳排放总量与强度控制为最高目标，来全面调整产业发展方向，推进产业结构的升级与能源利用的转型，比以能源总量和强度控制为目标更科学，更有利于地方经济的发展。从某种意义上说，《"十二五"控制温室气体排放工作方案》的出台，是我国节能减排工作走向科学化的重要里程碑。

按照以碳排放总量与强度控制为最高目标来全面调整产业发展方向，推进产业结构的升级与能源利用的转型，具体要抓三个方面的工作：第一，大力开发新能源和发展新能源产业；第二，限制和淘汰化石能源消耗密集产业，大力发展低能耗高附加值制造业；第三，实现"中国制造"向"中国服务"转移。四川省新津县实施大物流、大旅游、大服务、大宜居四大经济转型升级战略，正是实现"中国制造"向"中国服务"转移的典型案例。鉴于2012年我国组织实施"十二五"第二批规模为1500万—1800万千瓦的风电项目建设，组织实施"十二五"第一批规模为300万千瓦太阳能开发计划，沿海城市和太阳能资源丰富的城市，可以借机开发风能与太阳能。

3. 利用碳金融机制、碳排放权交易市场与高新科学技术，推进温控、能源节约与新能源产业的快速发展

长期以来，我国节能减排所使用的手段是关停并转、技术改造和财政补贴。它存在这样一些负面问题：第一，公平竞争问题。企业是否应该被淘汰，应该是市场竞争说了算。我国一些企业关停并转的实施，不是市场说了算，而是政府说了算。官员利用这一机会与相关企业进行跨红线运作，企业给官员以好处与红利，乘机挤垮竞争对手，低成本兼并被关停并转企业的闲置资产，实际上严重破坏了公平竞争法则。第二，财政补贴无效率。首先是财政补贴不到位，这是真正想技改的企业常常碰到的问题。其次是能申请到财政补贴的项目，多为关系人项目。由于关系成本的存在，财政资金的使用效率远不如市场

资金使用效率高。第三，造成市场价格、市场主体结构和市场监管的全面扭曲。所谓关停并转，一般是关小的停弱的；所谓财政补贴，一般是补大的和强的。由此导致中小民营企业经营环境的恶化。有选择的财政补贴与技术改造方式，使市场价格发生扭曲。关系人项目与关系成本的存在，使市场监管形同虚设。

碳排放权交易市场与碳金融机制是利用企业的节能减排成果去换取资金，获取收入与投资的行为。它能有效地克服上述三个问题，是未来各地推进温控、能源节约与新能源产业快速发展的有效机制。同时国家的财政补贴资金，很可能会改革为碳基金，视企业节能减排成果换取资金多少给予奖励。在这种情势下，各城市要尽早研究碳金融机制、碳排放权交易市场的游戏规则。核证减排量，是经过专业评估与计量，通过管理部门核实，市场认可并可交易的减排量。每一个核证减排量对应一定量的化石能节约量。核证减排量是国家对减排项目考核与提供补助的重要标准，同时还是通过市场进行交易和换取资金的重要标的。用好核证减排量，无疑为当地节能减排和产业升级转型，提供了资金来源与经济动力。

4. 要全面建立能源与碳排放量统计清单与内部考核体系，在减排与考核过程中争取主动

《"十二五"控制温室气体排放工作方案》提出要加快建立温室气体排放统计核算体系，建立基础统计制度，制定能源与碳排放量核算指南，同时还要制定对各级地方政府与企业的温控考核指标体系。可以说，在追求 GDP 高速增长，以经济增长速度考核地方政府干部政绩的时代，不说是温室气体排放统计核算体系，就是国民经济核算体系，都受到行政考核目标的严重干预而失真。现在，政府官员政绩进入多目标考核时代，尤其是将温室气体排放总量的增长纳入政绩考核目标以后，地方各级政府不能再像过去一样，对能源与碳排放量视而不见。当前，除省、直辖市和自治区以外，市县及其以下地方政府对本地区的能源消耗与温室气体排放基本上是家底不清，原因是地方能源消费统计体系缺失，温室气体排放统计核算体系更是鲜有。所以，要到地方去搞低碳

发展规划很难，关键数据缺失。在这样一个家底不清的社会环境中，要实现能源消耗与温室气体排放总量的全盘考核和控制，必然会大打折扣。中央发现了这一点，决心要加快温室气体排放统计核算体系建设。所以，各级城市政府，不能不重视这一点。否则，在减排与考核过程中必然处于被动。目前，国家发改委已要求有关部门结合编制温室气体排放清单，加速培养专业人员，提高编制地方和行业排放清单的技术能力。同时加强与温室气体排放相关的能源、工业、农业、林业等方面的统计、调查工作，及时提供准确的信息，逐步建立控制温室气体排放的目标责任制和评价考核指标体系。各城市也要尽快按照国家发改委的部署，推进这一工作。

5. 要用好用足中央出台的各项政策，包括试点示范基地建设政策和财政补贴政策，促进本地区本城市的低碳发展

与发达资本主义国家不同，党的领导、政府主导、政策引导、企业跟导、上级督导的"五导"发展模式，是中国特色社会主义经济发展的重要特点之一。为了推进可再生能源的开发利用、节能减排、循环经济与低碳经济的发展，中央出台了一系列产业政策、投资政策、价格与收费政策、财政政策、税收政策和金融信贷政策。例如，《全国循环经济发展"十二五"规划》提出，要加大各级政府，特别是中央预算内资金对循环经济的支持力度，设立循环经济产业投资基金和创业投资基金，支持进入"十百千示范工程"项目。如果一个财力不是很充裕的城市政府不能认清这个发展模式与特点，不能用好用足中央出台的各项政策，包括试点示范基地建设政策和财政补贴政策，促进本地区本城市的低碳发展，必然要走弯路。

The Situation of China's Urban Low-carbon Development and Its Main tasks During the "12th Five-Year" Period

Liang Benfan　Zhou Yueyun

Abstract：2011 is a year in which China's urban low-carbon development advanced rapidly. Governments at all levels and departments have put forward their own energy consumption and carbon dioxide emission reduction targets as well as the strategic layout of the energy saving work during the "12th Five-Year" period. This article has summarized the main achievements of the urban low-carbon development in China since the year 2011, and forms urban low-carbon development prospects for the "12th Five-Year" on this basis. This article also proposes a few key tasks for China's urban low-carbon development in the "12th Five-Year" at last.

Key Words: low-carbon development   key tasks

专题篇

第六章

低碳城市综合能源规划的技术方法与应用

张　旺　赵　衍　潘雪华

摘　要：低碳城市综合能源规划主要的技术路线包括分析预测、规划设计和实施反馈三个环节，具体又可分为五个阶段：第一是综合能源规划前期分析，主要内容有城市背景与能量环境平衡、节能减排战略的目标设定、能源规划基本原则的确定和可利用能源的资源分析；第二为动态能源负荷需求分析与预测，涵盖情景分析和能源需求预测两大方面；第三是城市能源系统综合评价，主要内容有能源系统要素与基础设施承载力评价、城市综合能源系统评价；第四为城市能源系统配置与优化，包括城市综合能源系统的配置技术和城市综合能源系统的优化与设计；第五是综合能源规划的实施与反馈，包含内容有能源系统的工程问题、运行管理以及综合能源规划实施的监督反馈。最后本研究就综合能源规划技术的应用方面评析了三个具体的案例。

关键词：城市综合能源规划　分析预测　规划设计　实施反馈

城市消耗的能源占世界能源消耗总量的 3/4，同时生成了 3/4 的世界污染[1]；又据世界能源组织（IEA）的估计，到 2030 年由能耗产生的 CO_2 排放中将有 76% 来自城市。为缓解能源危机、应对气候变化、实现城市的可持续发展，对城市的能源系统进行科学合理的综合规划就显得至关重要。当前我国的城市能源规划研究主要从两个方面展开，但都存在较为明显的缺陷，给规划的实际操作带来较大难度：一是强调能源供需总量平衡的宏观规划，缺乏动态发展性、空间分布性和具体技术支持，与城市规划存在某些脱节现象，因而难以形成具体的实施方案，缺乏可操作性；二是在微观层面的城市基础设施工程系统规划中，供水、供热、燃气、电力这四个专项规划之间缺乏协调，水、热、电、气各自为政，规划方案存在专业局限性，导致基础设施重复建设、效率不高。为了克服上述问题，研究一套基于具体技术层面的能源规划与优化方法，并能体现能源负荷时空变化的综合能源规划技术就成为一个现实而紧迫的课题。

参照能源规划的定义和低碳经济、低碳城市的内涵，我们认为低碳城市综合能源规划主要的技术路线是（图6—1）：①分析预测环节——在对城市背景与能源系统的历史和现状充分调研和数据分析的基础上，运用情景分析方法分析与预测能源的负荷需求；②规划设计环节——以节能减碳为目标，以能量平衡为导向，以可再生能源应用为措施对城市能源系统进行综合评价，再采用适用的规划模型实现优化，达到"减少温室气体排放，节约能源、提高能效，促进可再生能源应用"的总体目标；③实施反馈环节——制定相应的保障措施并实施规划与反馈。

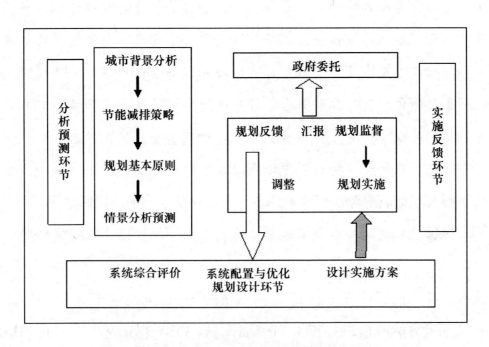

图6—1 城市综合能源规划技术路线图

一　综合能源规划前期分析

前期分析阶段的工作是通过对城市基本情况进行调研，分析城市未来发展可利用的能源资源和所依靠的能量环境平衡体系，评估其现有的发展模式。设计人员再根据该分析报告，为城市制定切实可行的节能减排目标、确定能源规划的基本原则。

（一）城市背景与能量环境平衡

城市背景分析是通过对城市现状能源、经济和环境系统主要数据和信息的收集整理，综合评价城市经济社会发展所依赖的各类能源资源及其分布空间。城市背景分析的主要内容有：对城市概况、城市基本数据统计资料的获取，对政府能源、经济和环境部门的走访等。

能量环境平衡分析首先是从合理利用能源的角度来分析区域能源系统，具体包括：①量的平衡，即是否按真实需求决定其供应规模；②质的平衡，即"能"尽其用，按能级对口利用能源，实现能源的梯级利用；③能量存储平衡，特别是以土壤或地下水作为蓄热蓄冷载体时；④价值的平衡，即投资回报和规划方案下的清洁发展机制（PCDM）的利用。然后用碳足迹评价方法，计算特定区域内和特定活动行为的能源生产和消费、废弃物排放所造成的碳排放负荷，即对指定区域或活动因能源消耗所产生的包括 CO_2 在内的温室气体排放量进行计算。能量与环境平衡主要对城市的能源消耗及所带来的环境影响进行评价。由于不同的城市活动类型产生不同的温室气体排放，因此将城市按 CO_2 等量排放指标划分成不同的能量区域有助于对城市能量消耗进行全面、精确的评估[2]。

（二）节能减排战略的目标设定

设立节能减碳战略目标是一个专业化和民主化的方案设计和政策制定过程。一般首先采用情景分析方法，设定城市发展的若干情景以及在某一情景下的能源需求和应用常规能源的碳排放量；然后对各种情景下的能耗和排放作比较分析，设定能耗和碳排放的基准线，推动城市系统在能源需求满足程度、城市环境改善程度、资源优化利用程度、就业影响和微观经济层面影响等多个方面达到定性或定量化指标；再确定节能减排目标值，即提出能源规划的目标建议值（包括城市能耗总量、燃料供应结构、CO、NOx、SO_2 及 CO_2 等的排放总量或密度等）；最后总结并汇集城市各利益相关者提出的可行方案，制定完成包含一系列减排目标、优先措施及首选行动方案的"行动规划方案"。

（三）能源规划基本原则的确定

城市能源规划应坚持"层次化、人本化、减量化、市场化、可再生能源最大化、功能最大化、节能效益最大化、经济效益最大化"共 8 个基本原则。首先是层次化原则，其基本层次是把节能和降低需求作为低碳城市最主要的减碳原则，第二个层次是特别在工业园区中利用余热和废热，第三个层次是利用可再生和低品位热源，第四个层次是利用可再生电力，即光伏发电、风力发电和小规模的太阳能热发电；其次是人本化原则，即能源规划目的是满足使用者和居住者的合理需求；再次是减量化原则，即低碳城市的单位碳排放量必定要低于某一基准线；最后是市场化原则，应不同的市场机制会产生不同的规划和不同的系统配置。最后四个原则依次是：第一，能源的选择要因地制宜地遵循低碳能源、可再生能源最大化原则；第二，能源规划要与市政设施规划相结合，实现基础设施功能最大化原则；第三，能源梯级利用，品质对口，实现节能效益最大化原则；第四，能源系统规划和供电、供热和供暖系统的匹配优化，实现经济效益最大化原则[3]。

（四）可利用能源的资源分析法

可利用能源的资源分析方法主要包括：可再生能源和未利用能源的资源分析法、需求侧能源资源潜力分析、可利用能源的能值分析。

1. 可再生能源的可利用资源分析方法

可再生能源的特点首先是可利用的总量不存在上限，而且定期再生。其次，在能源供应中可再生能源的实际利用数量，取决于其转换成终端能源的工艺技术水平。表6—1列出几种可再生能源量的评估方法[4]。

表6—1　　　　　　　　　　可再生能源资源量评估方法

能源名称	资源量参数	单位	估计资源量方法
太阳能：光热、光电	太阳辐射强度	$MJ（m^2 \cdot a）$	根据太阳能光伏电池、太阳能热水器等技术性能估计年所获得电量和热量。
	全年日照时数	h/a	
风能	风能密度	W/m^2	根据风力技术性能估计年可能发电量。
	年可利用小时	h/a	
生物质能：秸秆、柴薪、能源作物、工业和农业及城市废料	收集到的物质量	t	根据不同生物质能成型、气化和厌氧消化、发电、液化等技术性能估计年可能的生物开发量或电量。

2. 未利用能源的可利用资源分析方法

未利用能源主要包括浅层土壤蓄热能、地表水源热能、污水源热能等，它们的具体资源分析方法因篇幅所限在此不赘述，有兴趣的读者可详见参考文献[4]。

3. 需求侧能源资源潜力分析方法

需求方资源的类型很多，情况也较为复杂，既包括完善供配电及照明系统而降低的能耗、用户改变消费行为所节约的能源，也包含因负荷错峰和考虑负荷参差率而减少的能耗。进行具体分析，通常选择那些在规划期内可能实施的主要部分。依靠提高能效、改善能源利用行为的需求侧资源有几种不同的计算方法，常用的方法有：最大技术资源潜力分析法、成本效益潜力分析法、零效率潜力分析法和行为节能分析法。

4. 可利用能源资源的能值分析

能值表示在一定的时间和空间内进入产品的所有能量。能值分析是以能值为基准，把系统中不同种类、不可比较的能量以及非能量形式的物质流、资金流等所有流股换算成同一标准的能值来进行数据处理和系统分析。另一方面，作为能值分析结果的反映，评价指标（表6—2）体现了系统分析对环境的重视和对可持续性的评估。能值分析的一般步骤为：①资料收集，如可以通过GIS 技术来获得区域空间上的能量流，或通过能源统计年鉴等文献得到与能源相关的资料；②绘制能量系统图；③编制能值分析表；④绘制能值综合系统图；⑤建立能值综合指标体系；⑥动态模拟；⑦系统发展评价和策略分析。

表6—2　　　　　　　　　　部分能值指标

名称（缩写）	公式
产出 Yield（Y）	$Y = R + N + F$
可再生能值比 Percent Renewable（PR）	$R/(R+N+F)$
能值产出率 Energy Yield Ratio（EYR）	Y/F
能值投资率 Energy Investment Ratio（EIR）	$F/(R+N)$
环境负荷率 Environment Load Ratio（ELR）	$(F+N)/R$
能值可持续性指标 Energy Sustainable Index（ESI）	EYR/ELR

二　动态能源负荷需求分析与预测

城市能源负荷是进行能源系统规划的基础和根本，在对多个城市进行规划的海量数据调研积累和数据分析的基础上进行分类并提炼影响因素，分析归纳负荷与影响因素之间的定量关系，形成能源负荷数据库和负荷预测模型[5]，并做出情景分析，预测城市能源的总需求量、各部门需求量及其在空间与时间上的分布。

（一）情景分析方法

在进行城市综合能源规划以适应和减缓气候变化对策之初，很多参数是不确定或未知的，如不仅要考虑未来最可能的能源发展趋势，更要研究改变这种趋势的各种可能性及实现不同的可能性所需前提条件，这就需要进行定量与定性相结合的综合分析，定性设定未来可能发生的几种情景，分析每种情景发生的背景和驱动变量强度，为决策者提供参考，并最终确定最有可能发生的情景。

（二）能源需求预测

在对城市能源现状和可利用能源潜力进行具体分析，找出能源消费特点、能耗结构及利用中存在的问题之后，城市能源规划要对未来城市能源的供需平衡状况进行预测，为制订相关能源发展战略和能源政策措施提供定量依据。因此在城市能源规划中需要根据城市人口规模、经济发展、能效水平、能源价格、科技水平、节能政策、开放状况和居民生活状况等影响因素的发展趋势，设定人口数量、三次产业增加值增速、人均可支配收入增速、价格走势、能源效率等几种情景，选择合适的能源预测方法和模型，对城市未来的能源供需进行科学预测。

做好能源预测对城市经济社会发展、生态环境改善和减少温室气体排放有着重要意义，能源预测的内容有总量需求、分部门需求、各类能源的供需平衡。有关能源需求预测的研究在 20 世纪 70 年代就已开始，至今成果颇多，相关理论和方法也日趋成熟。国外主要运用混沌动力学理论、时间序列分析方法和 DESON 模型、PILOT 模型、BESON 模型等方法对能源需求量以及能源消费与经济增长之间的关系进行预测分析[6,9]。而国内能源需求预测方法大致可分成两类：一是采用单一模型预测；二是综合各种单一模型信息，采用组合模型进行预测。单一模型中较常用的有人均能量消费法、弹性系数法、回归分析法、部门分析法、经济计量模型法、投入产出法、灰色理论预测[10]和人工神经网络预测[11,12]等。由于能源消费系统存在错综复杂性和非线性特征，单一模型不能很好地对其进行预测。而组合预测是通过一定的数学运算，对所得到的众多单一预测模型结果进行合理组合，得到一个包含各种模型预测信息的新预测模型。实证研究表明：组合模型预测的精度高于单一模型预测的精度。现今较为常见的组合模型有：AHP 与 GM（1，1）组合模型[13]、GM（1，1）与 ANN 优化组合预测模型[14]、灰色 GM 与 BP 网络的组合模型[15,16]、偏最小二乘回归与 GM（1，1）优化组合建立组合模型（GM-PLS）[17]、非线性回归与灰色预测优化组合预测模型[18]等。综合国内外研究现状，考虑到城市中长期能源供需平衡分析、能源流通和消费过程中大气污染物和温室气体的排放情况、成本效益分析，可以采用 LEAP（Long range Energy Alternatives Planning System）模型来预测中长期范围内城市分行业、分部门的能源需求和温室气体排放情况[19]、投入/产出与能源系统优化模型（I/O-INEJ 模型）等。

三　城市能源系统综合评价

不同能源供应和需求结构以及各种能源子系统组合而成的城市能源系统，需要一种综合的评价技术，并选择适用的评价方法和评价指标，进一步对城市不同发展阶段的能源现状或规划进行纵向比较评价，对城市不同的能源规划方案进行横向比较评价。具体的评价指标有热力学特性、经济学特性和环境排放特性等能源转换特性，还有能源系统的可靠性和承载力及碳足迹等。具体的评价内容有能源系统各要素及其匹配状况、能源转换设备等基础设施承载力、基于新能源的能源系统配置、基于低品位未利用能源的能源总线系统和能源互联网系统等。

（一）能源系统要素与基础设施承载力评价

城市能源系统由硬件、软件、组织机构和经济融资四大部分组成。硬件指的是能源循环的基础设施，主要包括能源生产设施（电站、热源、气源等）以及能源传输设施（输变电、电网、管网等）。软件指的是能源利用技术，能源消费观念、方式以及相关制度和管理法案等。组织与机构指的是能源消费的主体（企业/园区、家庭/社区）、节能技术研究机构（大学或者研究所）、节能组织以及相关团体等。经济与融资指的是实施各项规划方案与管理法规的经济杠杆（补贴与税收）以及融资方案等[20]。能源系统要素评价，即首先建立与城市能源系统相适应、符合可持续发展原则的能源供需体系，以此为出发点，研发能源供需要素体系评价技术。该技术应该具备描述、诊断和治疗功能，既能指出不同类型、不同发展阶段的城市能源供需结构和供需体系的优点与不足，又能为城市能源系统供需结构和供需体系的发展提出建议。能源基础设施承载力评价，以建立科学合理的城市能源系统基础设施、提高基础设施承载力为出发点，发展城市能源系统的基础设施布局与承载力评价技术。该部分应重点研究的领域包括：能源供应站点的选址、主要设备的运行状况评价、输配管网的布局优化技术等。

（二）城市综合能源系统评价

通过城市综合能源系统评价，能够正确选择最适合城市及其功能区域的能源系统，从而实现区域能源的可持续发展，减少温室气体和污染物排放量；也能最大限度地利用区域内可获得的可再生能源资源，如太阳能、风能、生物质能和地热能等，还能优化区域能源结构，以低碳城市、低碳园区和低碳社区的建设实践实现城市可持续发展。综合能源系统评价的方法有碳足迹分析、热力学评价、环境评价和绿色社区评价体系 LEED-ND 等。

1. 碳足迹分析

碳足迹是个体、组织、事件或产品等任何实体活动所产生的以 CO_2 当量表示的温室气体总排放量。城市区域能源系统的碳足迹指的是区域能源系统在运行过程中的温室气体排放量，用 CO_2 当量表示。通过分析区域能源系统的碳足迹，可明确整个系统内各组成要素温室气体排放量的比例，从而有效指导区域能源系统的节能减排改造。

城市区域能源系统的碳足迹分析的步骤是：①设定能源系统计算边界；②确定计算边界内系统的温室气体排放源；③计算温室气体排放量。

2. 热力学评价

区域能源系统的热力学评价包括基于热力学第一定律的能源效率评价、基于热力学第二定律的能量价值评价。能源效率，是作为收益的输出能量与作为代价的投入能量之间的比值。区域能源系统的能源效率越高，表明在相同的输入能量下，可以输出更多的能量。区域能源系统的能量价值评价，是区域能源系统输出作为收益的能量价值与该系统输入作为代价的能量价值的比值。一般在计算区域能源系统的能量价值时，需按照以下步骤进行：①画出区域能源系统图；②实际循环抽象为理想循环；③确定各状态点参数；④列出能量价值平衡式；⑤计算能量价值效率。

3. 环境评价

到了区域能源规划阶段，在满足区域能源冷、热、电等能源需求的同时，还必须考虑所采用的能源系统对环境的影响程度。区域能源系统形式多种多样，如冰蓄冷系统、变制冷剂流量系统、热电联产系统以及可再生能源系统等。对不同的区域能源系统进行环境评价时，需要选择和考虑不同的方法和指标，具体有生命周期评价法、单指标（全球变暖指标、臭氧衰竭指标和酸雨指标等）环境评价法等。

四 城市能源系统配置与优化

在对城市综合能源系统进行分析与预测的基础上，应对能源结构和能源配置进行合理优化以期达到能源、经济、环境效益三者的协调统一，为能源规划中战略实施方案的选择提供依据和参考。

（一）城市综合能源系统的配置技术

1. 基于新能源的能源系统配置

基于新能源的城市能源系统并非传统意义上的供电、供冷和供热系统，而是基于可再生能源（太阳能、风能、生物质能、水能、地热能等）和未利用能源（浅层地表蓄能、地表水、地铁排气、城市污水等低品位温差能）等新能源的区域能源系统。与传统的城市供电、供冷和供热系统相比，其具有供能强度低、供能稳定性差、供能效率低、供能品位低、资源分布不均等特点。因而基于新能源的城市能源系统配置应遵照以下4条原则：①资源可获得性原则；②能源梯级利用原则；③循环回收原则；④减量化原则。

基于新能源的能源系统方式，主要包括分布式能源热电联产系统、未利用能源的集成应用——能源总线方式、地源热泵。根据各城市的具体能源构成方式，合理利用太阳能、风能和生物质能等可再生能源，构成风光互补发电系统、家用燃料电池、冷热电三联供与热泵组合等多种能源互补的供能系统，实现电、热、冷联供。这既能充分利用资源，提高能效，又尽可能避免单一能源供电存在的劣势，缓解利用传统能源造成的环境压力、使用新能源导致的二次污染。低碳城市能源系统的关键技术有3项：第一，区域层面上的负荷计算和负荷预测；第二，输送管网和设备配置的优化；第三，运行策略和运行控制的优化。选择系统的最主要依据为区域负荷特性和区域供能特点。

2. 基于低品位未利用能源的能源总线系统

低品位能源主要是指那些与环境温度相近且无法直接利用的热能，它广泛存在于土壤、太阳、水、空气、工业废热之中。能源总线系统是一种集成化、规模化应用区域内可再生能源及未利用能源的低碳区域能源系统，它是将来的可再生能源、未利用能源的热泵/热汇水，通过作为基础设施的管网，输送到用户。在用户端，从总线来的水作为水源热泵的热源/热汇，经换热后回到源头，或排放（地表水）、或循环再次换热（通过换热器与各种"源"和"汇"进行耦合）、回灌（地下水）。能源总线系统适用于空调负荷错峰型的综合社区，或附近有大量天然冷源可利用的地区，可降低供水温度，利于提高机组的 COP，也利于拉大供回水温差和减少输送能耗。能源总线系统的管网形式有：单源支状单级泵、单源支状循环泵、单源支状多级泵、多源支状循环泵、多循环状循环泵。能源总线系统配置设备包括源侧换热器（地埋管换热器和地表水换热器等）、末端设备（水源热泵机组、水源变制冷剂流量机组等）和冷却塔。不同的能源总线系统控制策略将影响整个系统设计的经济性、运行效果和运行费用等，因此其控制应遵循以下两个原则：一是充分利用室外气候，提高空调系统整体运行效率；二是平衡土壤温度，既要考虑土壤运行时的换热器，也要考虑停止运行时土壤对外扩散的热量。按照上述两个原则，系统有不同的控制方法。

3. 能源互联网系统

能源互联网系统是将区域内基于分布式能源技术、可再生能源利用的一些规模较小的能源站或热电联产装置连接成网，变为能源互联网，这样可充分利用区域中的可再生能源和未利用能源。区域中的冷、热、电等均可互通有无、相互补偿。能源互联网中的能源站点可以是太阳能光电、风力发电、生物质能热电联产（包括垃圾发电）、家用燃料电池、各种低品位热能等。能源互联网模式中的几个关键问题是：①利用遗传算法、图论及多中位原理等方法进行能源站的选址和布局；②将若干个供能基地的能源经济、有效、及时地调配到各个用能单位中去，从而最大限度地发挥每个能源站的自身生产潜力和机能，即能源需求与供应之间最佳匹配的输送问题；③能源互联网的环保、经济调度，指在满足负荷需求的前提下，合理、有效地安排各台 DG 设备容量和出力，使得整个能源互联网的发电供热成本、排放成本或总成本最低；④能源站之间热水管网的最佳路径设计、布置优化问题，这属于典型的组合优化问题。对于分布式能源的产电部分，可以采用环网方式，即能源总线方式；而对于分布式能源的产热部分则按枝状管网，即蜂窝状管系分析。

（二）城市综合能源系统的优化与设计

1. 优化方法

能源优化的方法，有线性规划、非线性规划和动态规划等多种，其中线性规划在实际中应用较为广泛，其主要解决"如何最大限度地发挥有限资源、能源的作用"这一类问题。目标函数可以是费用最低、能耗最低或碳排放最低，也可通过设置各目标的权重，得到一种综合的优化方法。具体的规划算法可以参见有关运筹学文献。

2. 能源规划设计软件系统

综合上述基础理论和分析预测，进一步开发出城市能源规划设计软件平台，以便为设计师和规划师提供平台和工具。该软件系统以城市能源系统能源负荷数据和能源转换特性库，作为城市综合能源系统情景设定的输入条件，再集成管网输配水力计算软件，在软件平台上进行模拟计算，并利用评价体系判断方案的可行性，最后结合地理信息系统（GIS）和环境污染物排放空间分布软件等工具，以实现规划成果的显示。

五　综合能源规划的实施与反馈

规划面临着未来发展和多种选择的不确定性，导致其在实施过程中还将出现诸多不确定情形，即发展的不确定性。因此很有必要在实施阶段引入多元化讨论和反馈的动态机制，这有助于及时应对因时间发展而逐渐显露出来的新情况、新问题。规划的工程实施、管理监督和反馈调整是实施阶段的三个主要步骤。

（一）能源系统的工程问题

城市区域能源系统的实施是落实规划理念和设计思路极其重要的环节，其特点有：工程量大、建设周期长、与规划关系密切、存在较多调整和变动可能性等。因而需要精心安排施工规划、施工组织设计和各类应对预案，做好规划设计、行政主管、设备供应、电力土建、用户接口等方面的协调协商工作，有针对性地将各类问题解决在萌芽状态，做到系统建设整体的有序、协调推进。

具体的工程问题有：能源站的选址应根据区域能源消费主体的功能分布和使用特点来确定，尽量遵循一定的原则；能源站的土建工程要点；输配管网的施工要求和原则；能源站内主要设备的安装调试；电气工程施工流程、方法及技术措施；工程安全管理，需要详尽的工程管理制度来保障；工程质量管理，需要设置工程质量管理体系；工程竣工验收，要完成系统的调试、资料的归档和运管人员的到位。

（二）能源系统的运行管理

城市能源系统的建设应该认识到运行管理的目的与重要意义，从项目投建初期开始，采取有针对性的措施，奠定系统使用期内实施运行管理的基础条件。区域能源系统运行管理应把握以下原则：①安全可靠第一，确保系统的安全可靠运行；②系统生成的供电、冷热量要满足用户的需求；③当末端用户的负荷需求量变化时，系统应能够及时快速地调节适应；④注重系统调试，做好运行初期的调试，熟悉系统性能特性；⑤从细节入手，持续改进系统能效以降低成本；⑥准备好突发事件的应急处理预案，确保系统能稳定可靠地提供服务。

运行管理的主要内容是：系统日常监控与操作管理；系统的日常维护与定期保养；系统的日常巡视；系统的事故处理；系统设备维修保障体系的建立和维系；能源计量与收费管理。

（三）综合能源规划的监督

监督决定着具体行动方案的质量及预定的目标如何重新定位。监督过程应重点关注以下内容：城市政府部门支持政策和力度的连贯性；变更优先顺序后，各规划方案之间的关联性；以关键方案为标杆，来衡量规划实施的成效；以每个特定层面的规划方案实施成功率、方案整体推进的程度为指标，来评估能源供需平衡和 CO_2 减排规划的成果。

城市综合能源规划的监督可以由国家发改委牵头，仿照住房与城乡建设部的规划督察员派出制度，进行规划监督体制机制的完善和创新。一方面，督察员对城市综合能源规划的实施情况进行全面监督，不受当地城市政府管理部门的制约，可独立、公正地提出督察建议和意见；另一方面，督察员通过对规划的实施采取实时监督，能及时发现规划实施过程中的实际情况和问题，多数违法违规案件可以发现于初期、制止于萌芽状态，从而有效地避免重大违法、违规案件的发生。

（四）综合能源规划的反馈

规划反馈就是深入细致地分析城市综合能源规划工作的各个环节，根据其特点建立相对稳定、制度化、具有反馈调节功能的规划程序。反馈调节是控制理论中一种用于目标发生变化时的动态系统控制调节方法。其特点是目标和系统的运动轨迹，不是事先确定不变的，而是根据反馈信息反复调整实现的。虽然每一次调节都不一定起决定作用，都会有误差，但整个系统有更大的适应性、灵活性和准确性[20]。

规划反馈调节是贯穿于逐渐接近并达到目标的全过程调节方式。规划反馈工作中，城市政府、本地开发企业和社区民众组成的相关利益群体，通过确定关键指标、收集相关信息和计算实施指数等方法，在监控和评价规划实施过程中起重要作用。在监控数据和总结信息过程得到的反馈意见，通过调整方案和修订初始目标等方法，影响到从规划设计阶段中"能源供需平衡及 CO_2 减排规划"等开始的一系列步骤和程序。

六 综合能源规划的技术应用：案例评析

（一）上海世博园区能源规划

上海世博会规划园区面积 5.28 平方公里，规划控制面积 6.68 平方公里，其中保留了 1.4 平方公里的既有建筑。在世博园能源系统规划上，都坚持了基于系统能源效率最大化的原则。首先虽然园区的能源规划一直没得到足够的重视，因而在总体规划中未充分体现节能又满足世博特殊需求的供冷供热能源需求，但从 2005 年开始，研究者首先对世博园区围栏区内的建筑群做了空调动态负荷预测，主要完成了 4 个方面的负荷预测：①逐时空调动态负荷；②空调负荷率的时间分布；③月累计空调负荷；④设计日逐时负荷[21]。研究中还分析了整个世博园区的空调负荷率分布（即空调负荷的时间频率）情况。其次，在供热供冷能源方案方面，完全依靠天然气的 NGCC 热电联产方案、部分依靠天然气的分布式能源方案都未能在世博园区实施，剩下的就只能是高效利用电力的供冷技术。最后，采取了基于江水源热泵的综合方案。由此同济大学龙惟定教授等专家得出的主要结论是：第一，区域能源规划应成为低碳城市建设一个必不可少的环节；第二，集成综合应用可再生能源和未利用能源，是将来区域能源开发中的必然选择和发展趋势。

（二）广州大学城区域能源规划

广州大学城近期规划面积约 18 平方公里，选址于广州市番禺区小谷围岛。大学城规划容纳大学生 20 万人，岛内人口共约 35 万。大学城的能源需求主要为教学、科研、生活与商业的用电、空调制冷和生活热水，没有工业负荷。2003 年初，广州大学城建设指挥部办公室委托华南理工大学组织专家成立了研究小组，编制了广州大学城区域能源规划。该研究小组完成的能源规划包含以下内容：①建筑主体节能优化设计；②分布式能源供应系统规划方案；③可再生能源利用规划；④能源供应系统运行机制。作为广州大学城能源系统的建设和运营管理者，近年来在区域能源系统的实践中，对能源规划的切身体会和思考有：第一，区域能源规划，与该区域的总体规划功能与定位是密不可分的；第二，区域能源负荷特点的把握、负荷大小的准确预测是区域能源规划的重要环节；第三，具体分析城市背景，即区域内的地理环境、生态环境条件以及气象条件，因地制宜地选择区域内供冷供热等能源产品的供应方式；第四，区域能源规划实施离不开国家能源政策、法规的支撑[22]。

对广州大学城区域能源规划需要进一步研究的问题是：①能源系统几年的运行数据表明，空调实际使用负荷与预测负荷存在一定的差距；②考虑到区域供热供冷、分布式能源能带来显著的环境效益和其他社会效益，能源规划更期待国家有关政策和法规的突破，政府应在天然气价格上对区域内用户给予适当优惠，同时适当引导使用分布式能源系统提供的能源产品。

（三）武汉国际博览城低碳能源规划

武汉国际博览城是以展馆、酒店、海洋馆和会议中心为主要功能，集会展、商务、科技、旅游与文化休闲于一体的多功能复合型建筑群。项目总用地约 400 公顷，建成后可满足 10 万人居住和日均人流量 20 万人次。其中二期能源站服务范围建筑总面积约为 50 万平方米，包括酒店、商场、办公楼、海洋乐园等各类建筑，能源站将承担相应建筑的供暖、制冷及生活热水等负荷。由中国建筑设计研究院节能中心负责新区的低碳能源规划，能源规划的对象包括区域内整体的电、气、冷、热等需求，以及供应、转换、匹配等内容。该单位对二期项目能源综合方案开展了全面、系统的研究：以能源供应状况、资源条件分析、建筑负荷预测、关键技术应用案例调研等条件分析为前提，提出了冷水机组＋燃气锅炉、冷水机组＋燃气锅炉＋冰蓄冷、热电联供、江水源热泵＋燃气锅炉、江水源热泵＋热电联供、冷热电三联供共 6 个复合式能源系统方案，并进行了能源供应可靠性、节能效益、经济效益和环境效益等多方面的综合权衡比较论证，还分析了能源价格变动及政策环境影响[23]。最后得出的结论为：①根据武汉地区的分时电价政策、本项目二期建筑逐时负荷平衡分析、空调季运行能耗及费用计算，方案 2 的冰蓄冷技术在本项目应用中不具备经济性，建议不采用；②综合权衡能源供应可靠性、节能减排效益、经济效益等因素，推荐采用方案 5，即江水源热泵与热电联供相结合的能源方案；③方案 5 需要考虑投资承受力，这需委托专业部门进行通航、防洪和环境影响等方面的论证，在获得海事、水利、国土和环保等部门的认可后，再与电力公司协调内燃机发电并网等事宜，并积极争取地方优惠政策的支持。

参考文献

［1］刘春香、刘红艳：《节能设计——实现建筑与城市可持续发展的出发点》，《辽宁工学院学报》2000 年第 2 期，第 61—63 页。

［2］余威、Roberto Pagani：《城市能量规划研究——以节能减排为目标的欧洲城市可再生能源策略》，《规划师》2009 年第 3 期，第 90—94 页。

［3］王登云、许文发：《低碳城市建设与建筑区域能源规划》，《暖通空调》2011 年第 4 期，第 17—20 页。

［4］龙惟定、白玮、范蕊等：《低碳城市的区域建筑能源规划》，中国建筑工业出版社 2011 年版。

［5］付林、郑忠海、江亿等：《基于动态和空间分布的城市能源规划方

法》,《城市发展研究》2008 年 S1 期，第 146—149 页。

［6］Weigend A. S. ，"Time Series Analysis and Prediction Using Gated Experts with Application to Energy Demand Forecasts"，*Applied Articial Intelligence*，1996，10（6），pp. 583 – 624.

［7］Gevorgian V. ，Kaiser M. ，"Fuel Distribution and Consumption Simulation in the Republic of Armenia"，*Simulation*，1998，71（3），pp. 154 – 167.

［8］John Asafu-Adjaye，"The Relationship between Energy Consumption，Energy Price Ad Economic Growth：Time Series Evidence from Asian Developing Countries"，*Energy Economics*，2000，22（6），pp. 615 – 625.

［9］Soytas U，Sari R. ，"Energy Consumption and GDP：Causality Relationship in G – 7 Countries and Emerging Markets"，*Energy Economics*，2003，25（1），pp. 33 – 37.

［10］邓聚龙：《灰色预测与决策》，华中理工大学出版社 1992 年版。

［11］方卫华：《人工神经网络模型用于水电能源科学的问题探讨》，《水电能源科学》2004 年第 3 期，第 71—73 页。

［12］吴建生、周优军、金龙：《神经网络及其研究进展》，《广西师范学院学报：自然科学版》2005 年第 1 期，第 92—97 页。

［13］卢奇、顾培亮、邱世明：《组合预测模型在我国能源消费系统中的建构及应用》，《系统工程理论与实践》2003 年第 3 期，第 24—30 页。

［14］邢棉：《能源发展趋势的非线性优化组合预测模型研究》，《华北电力大学学报》2002 年第 3 期，第 64—67 页。

［15］李亮、孙廷容、黄强等：《灰色 GM（1，1）和神经网络组合的能源预测模型》，《能源研究与利用》2005 年第 1 期，第 110—113 页。

［16］付加锋、蔡国田、张雷等：《基于 GM 和 BP 网络的我国能源消费量组合预测模型》，《水电能源科学》2006 年第 2 期，第 1—4 页。

［17］张小梅、张数深、张芸等：《基于 GM-PLS 组合模型预测一次能源消费》，《辽宁工程技术大学学报》2006 年（25），第 287—289 页。

［18］张翎：《用统计分析方法预测能源需求量》，《数理统计与管理》

2001 年第 6 期，第 27—30 页。

［19］Zhang Q. Y. , Tian W. L. , "External Costs from Electricity Generation of China up to 2030 in Energy and Abatement Scenarios", *Energy Policy*, 2007, 35 (2), pp. 815 – 827.

［20］周庆生：《城市规划过程和回馈调节》，《城市问题》1989 年第 5 期，第 10—14 页。

［21］龙惟定、马宏权、梁浩等：《上海世博园区能源规划：回顾与反思》，《暖通空调》2010 年第 8 期，第 61—69 页。

［22］傅建平、巫术胜：《广州大学城区域能源规划的实践与思考》，《建筑热能通风空调》2011 年第 4 期，第 42—44 页。

［23］徐宝萍、刘鹏、徐稳龙：《武汉某新区低碳能源规划案例分析》，《暖通空调》2011 年第 10 期，第 49—54 页。

The Technique and Application of Integrated Energy Planning for Low-carbon City

Zhang Wang   Zhao Yan   Pan Xuehua

Abstract：The main technique route of integrated energy planning for low carbon city includes three segments：Analysis and Forecast；Planning and Design；Implementation and Feedback. It is divided into five stages：The first stage is early analysis of integrated energy planning which including city background and energy environment balance, the strategy of target set for energy-saving and emission-reducing, the determine of basic principles for energy planning and resources analysis for available energy；The second one is analysis and forecast of dynamic energy load demanding, it covers scenario analysis and forecast of energy demanding；The third one is integrated evaluation for city energy system, which including bearing capacity evaluation for key elements of energy systems and infrastructure, the evaluation of urban integrated energy system；The forth one is configuration and optimization for urban energy system, this including urban configuration of integrated energy systems technology, the optimization and design for urban integrated energy system; The last one is implementation and feedback for integrated energy planning, it containing engineering problems, running and managing for energy systems, supervising and feedback for the implementation of integrated energy planning. Finally the study commented three cases of application for urban integrated energy planning technique.

Key Words: urban integrated energy planning; analysis and forecast; planning and designing; the feedback of implementation

第七章

高效水煤浆制浆燃烧集成技术与应用

——以株洲市蓝宇热能科技研制有限公司为例

刘建文　陈　楠

摘　要： 我国煤炭占一次能源的 70%，煤炭的清洁使用将决定低碳发展转型目标的成败。通过水煤浆技术 20 多年发展历程的专利地图分析，我国水煤浆制浆、燃烧技术已处于工程化、规模化应用阶段，而具有原始创新知识产权的高效水煤浆制浆、燃烧集成技术是我国较成熟、可靠的洁净煤技术，工程应用与发展展望预示其在节能减排与高碳能源的低碳化应用方面，有着广阔的市场前景。

关键词： 水煤浆　低碳　洁净煤　节能减排

一　引言

《中国人类发展报告 2009/10——迈向低碳经济和社会的可持续未来》指出，三十多年的改革开放不仅使中国取得了举世瞩目的成就，也使中国粗放的增长方式面临增长动力日益式微，高能耗高污染问题日益凸显，环境与资源越来越成为制约社会发展的瓶颈因素等情况。中国应当借世界范围内低碳经济这一新的浪潮而加速经济增长方式的转变，使中国经济发展从主要依赖增加能源、资源和其他要素的投入，转向主要依赖效率提高的轨道[1]。我国"十二五"规划纲要明确提出，今后五年资源节约环境保护要取得显著成效，"单位国内生产总值能源消耗降低 16%，单位国内生产总值二氧化碳排放降低 17%。主要污染物排放总量显著减少，化学需氧量、二氧化硫排放分别减少 8%，氨氮、氮氧化物排放分别减少 10%"。大力发展节能环保产业等七大战略性新兴产业，节能环保产业"重点发展高效节能、先进环保、资源循环利用关键技术装备、产品和服务"；"实施节能环保重大示范工程，推进高效节能、先进环保、资源循环利用"。

因此，我国"十二五"节能减排任务非常艰巨，基于我国富煤、贫油、少气的能源资源状况，做好煤炭的高效洁净利用，对促进我国节能减排工作意义深远。

清华大学姚强教授认为，煤炭燃烧是产生二氧化碳的根源，在没有找到可持续替代能源之前，发展洁净煤技术是减少二氧化碳排放的有效途径。

洁净煤技术就是从煤炭开发到利用的全过程减少污染和提高效益的煤炭加工、燃烧、转换和污染控制等新技术的总称。发展的主要方向为煤炭的气化、液化，煤炭高效燃烧与发电技术等，是当前世界各国解决环境问题的主导技术之一，也是国际高技术竞争的一个重要领域。在我国煤炭一次能源消耗中，60% 的煤用来发电，总量大约 15 亿吨；20% 的煤用于中小型工业锅炉，大概 4 亿—5 亿吨。燃煤排放的烟尘、二氧化碳、二氧化硫、氮氧化物等气体对气候和环境影响较大，如何提高燃煤能效、降低污染物排放，是我国当前乃至今后相当长时期迫切需要解决的问题。

水煤浆技术是将煤炭物理加工之后再利用的一种技术[2]，高效煤炭洗选技术与水煤浆技术集成，是煤炭液化、气化等高效转化洁净煤技术的基础。水煤浆技术具有高效、节能的优点。它的燃烧效率达 98% 以上，与燃煤相比节煤 20%。按当前市场行情的燃料价能比，2.42 吨水煤浆可替代 1 吨柴油；2.02 吨水煤浆可替代 1 千立方米天然气，而水煤浆燃料成本仅为柴油的 31%；天然气的 63%。由于水煤浆燃烧温度比燃油、燃气低 100—200℃，NOX 排放量只有其 50% 左右，配备高效布袋除尘器后，水煤浆锅炉烟尘排放可以达到燃油、燃气相应的环保标准。水煤浆是液固浆态燃料，利用水煤浆含水的特性，集成生物质水煤浆制浆、高效燃烧技术，实现高浓度有机污水、污泥的资源化、能源化处理，是我国当前推进中小型工业锅炉节能减排工作，发展节能环保产业最现实的技术路线抉择。

二 我国水煤浆技术发展专利地图分析

在国家知识产权管理局专利文献检索主页，以"水煤浆"为专利名称检索关键词进行检索（截止到 2011 年 11 月 20 日），我国自 1985 年 12 月 20 日中国科学院感光化学研究所江龙等申报第一项水煤浆制浆专利技术以来，共申报专利 436 项，其中发明专利 193 项，实用新型专利 243 项。

按照水煤浆制浆、燃烧产业链构成，对专利进行技术领域分类，其中添加剂 36 项，制浆工艺 67 项，燃烧技术与装备 194 项，其他关键技术与装备 139 项（见图 7—1）。从图中可以看出，水煤浆燃烧技术与装备和其他关键技术与装备是水煤浆行业研发的重点领域。目前，水煤浆工程化实践也充分说明，我国水煤浆制浆、添加剂技术已非常成熟，而水煤浆燃烧技术与装备的技术进步对水煤浆发展具有重要的促进作用。

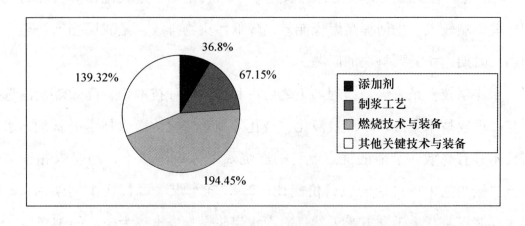

图 7—1 我国自 1985 年至 2011 水煤浆技术领域专利申请分布示意图

按照水煤浆技术及其装备的研发主体进行专利分类，大学与科研机构申请水煤浆专利97项，从事水煤浆技术与装备开发的公司申报专利245项，以个人名义申请的水煤浆技术与装备专利共94项（见图7—2）。从图7—2可以看出，以开发公司作为专利申请（专利权）人的专利数占56%，以大学与科研机构和个人作为专利申请（专利权）人的专利大致一样。由此说明，推动水煤浆技术与装备技术进步的中坚力量还是产学研合作的主体即企业。

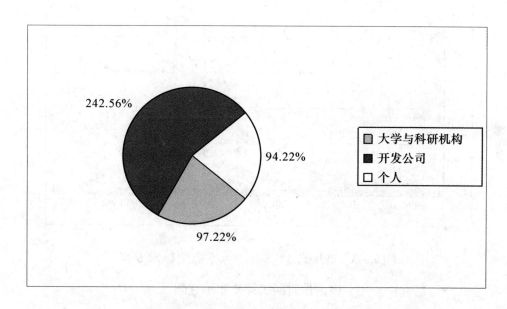

242.56%

94.22%

97.22%

大学与科研机构
开发公司
个人

图7—2　我国自1985年至今水煤浆技术领域专利申报的

申请（专利权）人分布示意图

按照专利公开的时间进行统计分析（见图7—3、图7—4），从图7—3中可以看出，水煤浆技术与装备专利申请数，从1985年至2000年的15年间，专利申请数只占总数的7.3%，国家"十五"期间水煤浆技术与装备专利申请数占总数的23%，技术领域主要是水煤浆的添加剂和制浆工艺；由于"十一五"期间，国家大力推进节能减排，促进了水煤浆制浆、燃烧技术的快速发展，申请的专利数占总数的48%，技术领域集中在水煤浆高效燃烧技术与装备；尤其是，进入2011年，水煤浆开发企业紧紧把握国家大力发展和培育节能环保等战略性新兴产业的战略时机，加大了水煤浆技术与装备的技术研发，增强了知识产权保护意识，申请的专利数占总数的19.3%，申请技术领域扩展到利用水煤浆技术进行有机废液的生物质水煤浆制浆、煤粉煤浆共燃、煤浆与生活垃圾共燃、煤浆与污泥共燃等，实现污水、污泥资源化与能源化高效利用。从而通过技术进步，从工艺集中出发，真正体现水煤浆的节能、环保特性。

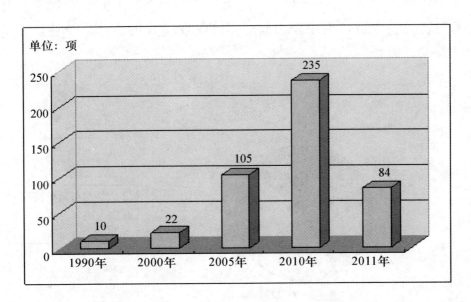

图7—3 我国自1985年至今水煤浆技术专利

申请按时间统计分布示意图

（2000年前按10年累计，2005年、2010年按5年累计，2011年为当年累计）

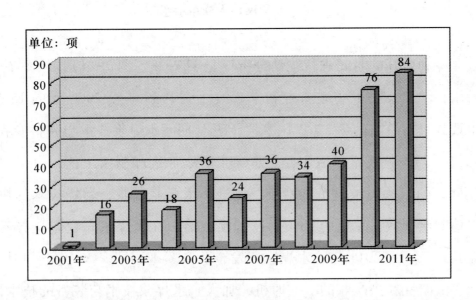

图7—4 我国自1985年至今水煤浆技术专利申请按时间统计分布示意图

（按当年实际公开数统计）

　　水煤浆技术推广应用的工程实践证明，水煤浆燃烧技术与装备的技术进步作用至关重要，按照中小型水煤浆锅炉开发企业申请专利情况进行分析（见图7—5、表7—1），青岛海众、株洲蓝宇和青岛威特专利申请数占绝对优势，分别为15项、9项和7项。

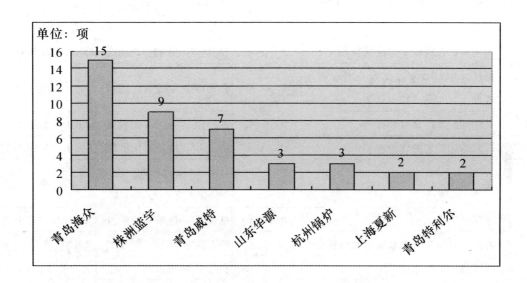

图7—5　中小型水煤浆锅炉开发企业专利技术申请情况分析示意图

表7—1　　　　　中小型水煤浆锅炉开发企业专利技术申请情况分析表

序号	专利名称	专利类型	技术领域	申请（专利权）人 发明（设计）人	公开（公告）日
1	水煤浆小型工业锅炉	B	C	青岛海众 姜桂利	2001年9月19日
2	水煤浆燃烧器	B	C	青岛海众 王占林	2001年9月19日
3	可整体移动式水煤浆锅炉机组	A	C	青岛海众 姜贵利	2010年5月19日
4	水煤浆和精细煤粉两用燃烧器	A	C	青岛海众 姜贵利	2011年3月30日
5	燃水煤浆和水煤浆干粉的混合动力锅炉	A	C	青岛海众 姜贵利	2011年4月27日
6	水煤浆富氧气化锅炉	A	C	青岛海众 姜贵利	2011年8月17日
7	立式水煤浆工业锅炉	B	C	青岛海众 姜贵利	2009年2月11日
8	可整体移动式水煤浆锅炉机组	B	D	青岛海众 姜贵利	2010年9月1日
9	燃水煤浆和中药渣的混合动力锅炉	B	C	青岛海众 姜贵利	2011年6月8日
10	水煤浆锅炉专用搅拌过滤器	B	D	青岛海众 姜贵利	2011年6月22日
11	燃水煤浆和生物质的混合动力锅炉	B	C	青岛海众 姜贵利	2011年6月22日
12	燃水煤浆和工业废气的混合动力锅炉	B	C	青岛海众 姜贵利	2011年6月22日

续表

序号	专利名称	专利类型	技术领域	申请（专利权）人 发明（设计）人	公开 （公告）日
13	工业液体废弃物水煤浆锅炉	B	C	青岛海众 姜贵利	2011 年 6 月 22 日
14	水煤浆锅炉专用脱硫除尘器	B	D	青岛海众 姜贵利	2011 年 8 月 31 日
15	水煤浆无油点火装置	B	C	青岛海众 姜贵利	2011 年 11 月 9 日
16	水煤浆锅炉稳定燃烧方法及装置	A	C	株洲蓝宇 陈楠、朱恒辉	2010 年 2 月 3 日
17	生物质水煤浆制浆、燃烧方法及集成系统	A	B	株洲蓝宇 刘建文、陈楠等	2010 年 2 月 3 日
18	水煤浆锅炉在线吹灰方法及装置	A	C	株洲蓝宇 陈楠、许浦舟	2010 年 6 月 16 日
19	一种悬浮煤粉与水煤浆复合燃烧方法及装置	A	C	株洲蓝宇 刘建文、陈楠	2011 年 6 月 22 日
20	水煤浆锅炉无油点火装置	B	C	株洲蓝宇 陈楠、黄敦辉	2010 年 5 月 26 日
21	水煤浆锅炉稳定燃烧装置	B	C	株洲蓝宇 陈楠、朱恒辉	2010 年 5 月 26 日
22	水煤浆悬浮、层状复合燃烧锅炉	B	C	株洲蓝宇 陈楠、许浦舟等	2010 年 9 月 1 日
23	水煤浆锅炉在线吹灰装置	B	D	株洲蓝宇 陈楠、许浦舟	2010 年 9 月 1 日
24	一种悬浮煤粉与水煤浆复合燃烧装置	B	C	株洲蓝宇 陈楠、刘建文	2011 年 8 月 10 日
25	水煤浆药渣混合燃烧锅炉	A	C	青岛威特 王占林	2010 年 12 月 22 日
26	全自动水煤浆燃烧器以及采用该燃烧器的控制方法	A	C	青岛威特 王占林	2011 年 1 月 5 日
27	水煤浆陶瓷浆枪前端总成	B	D	青岛威特 王占林	2010 年 2 月 24 日
28	水煤浆药渣混合燃烧锅炉	B	C	青岛威特 王占林	2010 年 2 月 24 日
29	水煤浆锅炉冷灰斗式除灰器	B	D	青岛威特 王占林	2010 年 2 月 24 日
30	全自动水煤浆燃烧器	B	C	青岛威特 王占林	2010 年 4 月 28 日
31	水煤浆药渣混合燃烧器	B	C	青岛威特 王占林	2010 年 4 月 28 日

注：专利类型　A——发明专利，B——实用新型；

技术领域　A——添加剂，B——制浆工艺，C——燃烧技术与装备，D——关键工艺技术与装备。

从 3 家企业申请的专利技术领域考虑，基本上集中在水煤浆燃烧技术与装备、其他关键技术与装备领域，只有株洲蓝宇跨水煤浆制浆、燃烧技术集成及其他关键技术与装备；从专利申请公开（公告）日方面考虑，发现中小型水煤浆锅炉专利申请最早出现于 2001 年，集中在 2010 年、2011 年两年，说明水煤浆燃烧技术与装备的发展已进入成熟期；再从专利技术发明（设计）人方面考虑，青岛海众和青岛威特都只有一个发明（设计）人，而株洲蓝宇则体现了科研团队精神。工程实践与市场运行情况都表明，尽管都是民营企业，具有水煤浆制浆、高效燃烧技术、环境工程、低碳技术等专业背景团队协作，株洲蓝宇的科技创新竞争力和水煤浆锅炉技术性能的优势已受到用户的广泛认同。

需要说明的是，用户在水煤浆锅炉立项、招标及建设过程中，应牢记一个基本理念即"专利技术不等同于成熟技术"，实地考察投标单位技术与产品的工程运行情况，这对新上项目是非常重要的一个环节。如日本独资公司与泰国正大公司在采用水煤浆技术与锅炉时，针对国内水煤浆技术发展跟踪、调研 3 年以上，最终选择株洲蓝宇专利技术与成套设备。

三　高效水煤浆制浆燃烧集成技术工艺原理与应用

（一）我国水煤浆技术的新发展

1. 制浆工艺创新[3]

随着制浆技术不断进步，为了拓宽制浆煤种，针对不同原料煤的特点，采用扬长避短的技术处理措施，研发出"多破少磨、分级研磨"、"强化超细磨，加强搅拌、剪切"及"多磨机并联、优化级配"等新的制浆工艺，并创造了如"一种利用低阶煤制备高浓度水煤浆的方法"、"生物质煤浆制备工艺技术"、"生物质水煤浆制浆、燃烧方法及集成系统"、"多元料浆二次湿磨制浆工艺"等多项国家专利，同时派生出了诸如神华环保型水煤浆、低挥发分（石油焦）煤浆、褐煤煤浆、生物质煤浆、配煤煤浆、气化用煤浆、多元气化料浆及速溶煤粉等。目前，这些新的水煤浆品种已开始在市场上得到应用。

运用日趋成熟的"优化级配制浆工艺技术"，将国际上认为不能用作制取高浓度煤浆的低阶煤种制备生产出高浓度水煤浆，充分显示了我国水煤浆制浆技术在近几年来所取得的进步与创新，对于进一步扩大制浆用煤选择范围，推动水煤浆产业化发展具有积极意义。

选择用造纸黑液、工业废水（污水）及城市污泥等废弃物以一定比例与煤粉混合，通过特定的制浆工艺制备出可供炉窑燃用的煤浆，不仅实现了废弃物资源的利用，还可节省原料煤和制浆用水，降低生产成本，市场发展潜力巨大。

2. 新型水煤浆添加剂的开发[3]

由于水煤浆添加剂对水煤浆的性能起着关键作用，国内许多单位更加重视对水煤浆添加剂产品的研发，并生产出了一系列适应各类水煤浆性能要求、性价比更优的市场新产品。

国内近几年来研发的一系列水煤浆添加剂在原料选取和生产工艺上都各具特色，如南京大学研发的 NDF 系列添加剂，可适用于多种制浆工艺的要求，对煤种的适应性较强；江苏昆山迪昆精细化工公司选择的有机酸羧酸为主体的共聚物合成制取的添加剂，分散性能好，成本较低；北京紫东环保水处理药剂厂研制生产的 ZDFS 系列添加剂是选用多组分表面活性剂进行复合，其产品性能与国内的其他各类添加剂具有良好的共溶性；淮南合成材料厂生产的 HNF 型添加剂可以兼顾水煤浆的分散性和稳定性双重作用；中国矿大（北京）近期研发的聚丙烯酸系列添加剂是通过对聚羧酸盐系表面活性剂的结构设计和改性，合成的 EAO、EA3 和 ST2 系列及 13 种添加剂，在提高成浆浓度和降低添加剂用量方面均明显优于萘系添加剂；国家水煤浆中心针对以神华为代表的低阶煤种的煤质特征，通过优选添加剂分子主体结构，调节分子量的疏水和亲水基团的组成比例，不断完善分子结构与神华煤表面性质的相互匹配性，制备生产出性价比高的 SHPF 系列添加剂；华南理工大学试验成功的 SAF 高负荷分散剂发展前景广阔。此外，我国研发的新型多功能非离子型添加剂也取得了很大进展。

3. 燃烧技术的创新与应用

随着近年来水煤浆品种的不断增加，为适应不同性质煤浆的燃烧要求，水煤浆在燃烧方式、燃烧装置、炉体结构及烟气环保控制等方面都有了新的发展。

（1）燃烧技术的多元化

随着水煤浆品种的增多，针对各类煤浆的燃烧特性，如煤浆着火性、稳燃性、结渣性、灰的黏污性及磨损性等，水煤浆的燃烧方式也由单一的喷雾—悬浮燃烧发展到流化—悬浮燃烧、悬浮—层状复合燃烧、多重配风旋风燃烧、催化燃烧及水煤浆低温、低氧燃烧等。在燃烧器装置方面，煤浆的雾化喷嘴和煤浆的燃烧器都呈现出多样化，不仅类型多、适用范围广，而且在结构设计、材质选择及雾化质量和配风量的合理性方面都有了很大改善和提高，基本能满足各类煤浆在着火、燃烧、燃尽时对温度和强度的要求[3]。另外，悬浮—层状复合燃烧方式的出现，也为生物质（污泥）煤浆、低挥发分难燃烧浆以及成浆性差的煤浆燃烧开辟了一条新路。依托悬浮—层状复合燃烧技术，可实现可燃性固体废物（如中药渣、生物质固体废物）、高浓度有机废液（高浓度 COD）、有机废气和生物质水煤浆的共燃，在大中型企业和工业园区构建能源环境一体化系统，促进大中小企业和工业园区的生态化建设。

（2）燃烧装备的可靠性提升创新

水煤浆是液固两相浆态燃料，其灰分中不可避免地含有氧化钾、氧化钠等碱金属氧化物，燃烧装备在燃烧过程中产生结渣现象是必然的，结渣是影响水煤浆锅炉可靠性和长期运行与否的关键因素。为应对燃烧结渣问题，国内近几年研发了各种各样的、应用于工程实践的关键技术与装置，如水煤浆锅炉炉膛底部的防结焦结构、水煤浆锅炉在线吹灰方法及装置等。

水煤浆含水的燃料特性，决定了水煤浆难以点火及稳定燃烧，据此，我国水煤浆燃烧装备研发人员首次提出了子母炉膛层—悬浮水煤浆燃烧技术与锅炉（即双炉膛水煤浆锅炉[4]），这种燃烧技术可以使水煤浆锅炉在 10%—110% 的负荷范围内稳定燃烧，目前已拥有水煤浆锅炉稳定燃烧方法及装置、水煤浆悬浮—层状复合燃烧锅炉、水煤浆锅炉无油点火装置等国家发明专利。

（二）高效水煤浆制浆燃烧集成技术

1. 高效水煤浆制浆燃烧集成技术工艺原理

新型高效生物质水煤浆制浆燃烧系统集成技术及装备是株洲蓝宇热能科技

研制有限公司自主开发的水煤浆系统产业链技术，获得科技部 2010 年度科技型中小企业技术创新基金项目资助（10C26214304669），依托公司核心自主创新知识产权的子母炉层—悬浮燃烧水煤浆锅炉，集成膜分离、功率超声处理与高效机械离心分离等绿色低碳技术，实现污泥、有机废液的能源、资源化利用。集成技术工艺可分为五个模块：有机废液的高效预处理模块、污泥的高效预处理模块、生物质水煤浆制浆模块、生物质水煤浆燃烧模块和净化水生化处理模块。

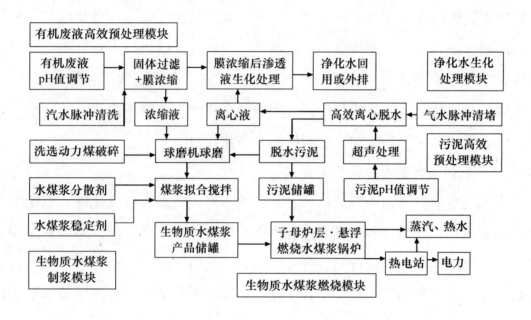

图7—6 新型高效生物质水煤浆制浆、燃烧工艺流程模块图

有机废液的高效预处理模块。根据有机废液的物化特性，先调整其 pH 值，再进行纤维性物质和/或悬浮固体颗粒过滤，然后用膜分离装置进行分子级别的浓缩，浓缩液作为水煤浆制浆原料，渗透液经生化处理会用或外排；分离膜的型号选择取决于废液中有机物的最小分子量，为保证膜分离装置的高效运行性能，采用汽水脉冲或超声在线清洗。因有机废液经膜浓缩分离出有机物，渗透液含有机物浓度很低，大大改善了后续生物处理的可生化性，既回收了生物质能，又大大降低了有机废液处理成本。

污泥的高效预处理模块。根据污泥的物化特性，先调整其 pH 值，再进行功率超声处理，这里采用投入式超声振板，然后采用高效离心分离技术，使上述超声处理后的污泥脱水至 50% 以下，最好是 30% 以下（污泥最终脱水率由综合经济对比确定，实验室试验选用 22、28、40 kHz 三种频率和三种不同的功率密度，及不同的超声辐照时间，确定最优化的工艺参数，再结合后续污泥焚烧过程，进行系统能耗分析），脱水污泥经过滤除去纤维性物质和/或粗悬浮固体颗粒，用作水煤浆制浆原料，或直接投入水煤浆锅炉，与步骤①制备的生物质水煤浆共燃。

生物质水煤浆制浆模块。这里定义以传统水煤浆制浆工艺为基础，用部分和/或全部含有机物的废液、脱水污泥替代煤粉及水，制成的可燃浆状固液悬浮物称为生物质水煤浆。

按一定的比例选取步骤①产生的浓缩有机废液、步骤②超声处理脱水污泥和超细煤粉及水，添加少量分散剂和/或稳定剂，经拟合、搅拌，制成生物质水煤浆，检验生物质水煤浆产品性能如发热量、黏度、挥发份及颗粒粒度分布。因该项目的目的要达到最大限度综合利用有机废液和/或污泥，适合炉前制浆，实验室试验加稳定剂检验其成浆性，工业化应用则可考虑不用或少用稳定剂，降低生产成本。

生物质水煤浆燃烧模块。该模块主要依托子母炉层—悬浮燃烧技术，它是株洲市蓝宇热能科技集成 20 多年的水煤浆燃烧工程经验，于 2009 年申报并现已取得国家发明专利的新型水煤浆燃烧技术，已在湖南长株潭地区、广西南宁地区应用 30 多台，尤其是广西某日本独资公司和株洲时代新材上市公司经全国范围水煤浆锅炉市场调研，最终采用这种新型水煤浆锅炉，且时代新材上市公司连续安装了 4 吨、6 吨和两台 10 吨水煤浆锅炉。前两台已运行几年，10 吨水煤浆投入运行也将近一年，运行状态良好。

图 7—7 中 1 为副燃烧器，2 为副燃烧室，3 为主燃烧器，4 为主燃烧室。图中箭头指示为副燃烧器的烟气流向。如在图 7—7 中所示，锅炉采用子母双炉膛结构，分别为主燃烧室 4 和副燃烧室 2 两个燃烧室，呈"7"字形布置，并安装相应的燃烧器 3、1。

副燃烧器 1 安装在副燃烧室 2 上，副燃烧室 2 炉膛小、升温快、点火容易使得其能在锅炉小负荷燃烧情况下稳定燃烧，产生的高温热源如图中箭头方向所示进入主燃烧室4前部，提高了主燃烧室炉膛的温度，从而保证了在锅炉低负荷运作时水煤浆能够充分燃烧。在主燃烧器3和副燃烧器2的相互配合下达到水煤浆锅炉燃烧负荷在10%—110%的大范围内无级调控，稳定燃烧。

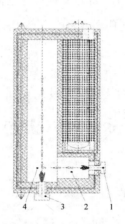

图7—7 子母炉层—悬浮燃烧水煤浆锅炉炉膛结构示意图

说明：1. 副燃烧器，2. 副燃烧室，3. 主燃烧器，4. 主燃烧室。

子母炉层—悬浮燃烧的技术原理是：锅炉采用子母炉膛设计，子炉膛为副燃烧室，母炉膛为主燃烧室，子炉膛兼具点火和负荷调节作用，炉膛采用了特殊的配风设计，不需要安装鼓风机；主燃烧室底部有活动炉排，炉底配风，从而降低了炉底温度，不易结焦。炉膛不设挡火墙，有效避免水煤浆直接喷射上去引起的结焦问题。配有在线吹灰装置，可实现在线吹灰、除渣，无须停炉，不影响生产，保证锅炉长时间连续、稳定、可靠地运行。采用悬浮层状复合燃烧，水煤浆通过浆枪喷入炉膛，大部分雾化较细的浆粒悬浮在空中燃烧，小部分雾化较粗未燃尽的浆粒团散落在炉膛底部的炉排上以层燃方式进行二次燃烧，并通过炉排底部给风，使其充分燃尽。

子母炉层—悬浮燃烧技术具有如下特点：①免油点火，运行经济；②负荷调节范围大；③锅炉热效率高，燃料适应范围广；④连续稳定运行时间长；⑤锅炉运行的环保效果好。

2. 高效水煤浆制浆燃烧集成技术理论创新

（1）水煤浆制浆技术的突破。水煤浆制浆技术由最初的石油与煤粉制成油煤浆→水替代油而成水煤浆→含有机物的污水、污泥取代清水或部分煤粉而制成生物质水煤浆，使水煤浆技术真正具有能源与环保双重效应。

表7—2　　　　　　　　　层—悬浮燃烧、流化—悬浮燃烧和喷雾—悬浮
燃烧水煤浆锅炉性能指标比较

性能指标	层—悬浮燃烧水煤浆锅炉	流化—悬浮燃烧水煤浆锅炉	喷雾—悬浮燃烧水煤浆锅炉
点火方法	无油点火	油、气点火	油、气点火
燃烧温度	低温燃烧	低温燃烧	高温燃烧
燃烧效率	98.5%—99%	98%	96%
脱硫性能	炉排上及浆里可添加脱硫剂，实现炉内脱硫。	流化媒体物料可用石灰石，实现炉内脱硫。	浆里可添加脱硫剂，实现炉内脱硫。
负荷调节	10%—110%	30%—110%	50%—100%
燃料适应性	经济型水煤浆、国Ⅲ标水煤浆、生物质水煤浆及生物质可燃固、液体废物。	高挥发分优质浆、生物质（污泥）浆、低挥发份难烧煤浆、成浆性差的煤浆。	高挥发分优质浆
启动性能	适用于频繁启动	可频繁启动	不适用于频繁启动
锅炉出力	锅炉出力足，达100%	锅炉出力足，95%	锅炉出力只有70%
排烟温度	高负荷 ≤ 180℃；中负荷 ≤ 120℃；排烟损失低。	高负荷 ≥ 230℃；中负荷 ≥ 200℃；排烟损失大。	高负荷 ≥ 230℃；中负荷 ≥ 200℃；排烟损失大。
除尘脱硫方法与环保效果	采用布袋除尘器＋湿式脱硫，从点火到停炉都不冒烟；粉尘含量 <10mg/nm³；布袋使用寿命1—1.5年；干法除尘，不产生二次污染；不耗电，运行费用低，占地小。	电除尘器：价格高；湿法除尘：易产生二次污染，点火冒黑烟，水耗大（6t/h锅炉，日耗水290吨），引风机、烟囱维修频率高，沉淀池占地面积大。	电除尘器：价格高，电耗高；湿法除尘：易产生二次污染，点火冒黑烟，水耗大（6t/h锅炉，日耗水290吨），引风机、烟囱维修频率高，沉淀池占地面积大。
长期运行性能	在线吹灰、防结渣性能好，可连续运行一年以上。	具有防结渣性能，连续运行比喷雾—悬浮燃烧时间长。	需定期停炉打焦、渣，连续运行15—30天。
工程情况	自2000年湖南株洲东苑宾馆安装第一台锅炉至今，已有约40台第1—4代产品在长株潭地区、南宁地区、宁波、淮安等地高效运行。	工程示范阶段	自2001年安装中小型水煤浆锅炉以来，全国各地都有应用，部分已被双炉膛层—悬浮燃烧水煤浆锅炉取代。
运营模式	提供制浆、锅炉设计、供热系统设计、除尘脱硫关键设备配套及能源托管与能源合同管理技术服务（BOT）。	提供锅炉	提供锅炉

随着我国治污力度的加大，城镇污水净化过程中所产生的污泥，以及对含有重金属、病原体和其他难以实现生物降解的废液的无害化处理，成为亟待解决的难题。水煤浆技术可将其加工利用，并一烧了之，从而将复杂的多因素环保难题大大简化，进而完整地体现出水煤浆技术广义上的环保意义，使资源/能源/环境一体化系统的目标、性质、功能从整体上得以体现出来。

（2）水煤浆燃烧技术的突破。常规水煤浆燃烧采用喷雾—悬浮燃烧方式，这种燃烧方式具有容易结焦、只能燃烧高挥发份水煤浆、采用重油或天然气点火、负荷调节须在 50% 以上、不能长期运行等缺陷。集成技术采用子母炉层—悬浮燃烧技术，解决了水煤浆燃烧与其产品特有物化性能的匹配问题，为水煤浆的规模化产业应用提供了装备保障。

（3）水煤浆产业链经营模式的提升。水煤浆产业链包括动力煤洗选、水煤浆制浆、水煤浆锅炉设计及制造、水煤浆锅炉房设计、水煤浆锅炉安装调试与运行，国内许多公司只做产业链上一两个环节，如动力煤洗选＋水煤浆制浆或水煤浆锅炉设计制造及安装调试。而集成技术除动力煤洗选不考虑外（直接采购符合制浆质量要求的洗选动力煤），其他环节由公司统一进行全产业链经营，实现过程管理的优化。

（4）水煤浆产业技术链的系统集成。基于集成创新原理，将现代高新适用技术与水煤浆制浆、燃烧技术有机融合，构建完整的水煤浆产业技术链，为水煤浆的规模化产业应用提供了技术保障。

（5）水煤浆制浆、燃烧系统集成的模块化。通过生物质水煤浆产业链各环节的模块化、标准化，简化、优化了系统工艺流程，为水煤浆用户提供了多元化的选择。

3. 高效水煤浆制浆燃烧集成技术工程应用

（1）株洲市龙泉洗水工业园集中供汽系统

本项目是由蓝宇科技公司依托自主创新的知识产权独立建设，建有 20 万吨/年的水煤浆生产线和 20 吨/小时的水煤浆蒸汽锅炉，向洗水工业园各洗水企业提供蒸汽，部分抽取集中污水处理厂未经处理的高浓度有机废水制浆。水煤浆生产线生产的水煤浆产品除本项目自用一部分外，其他供应长株潭、衡阳及益阳地区。公司与各洗水企业通过蒸汽流量表进行耗量结算，由于服装加工企业利润较薄，部分洗水企业用生物质锅炉生产蒸汽，水煤浆集中供热未能全工业园区推广，但对株洲市创建国家卫生城市和国家环保模范城市，发挥了非常重要的作用。

（2）广西南宁水煤浆的推广及应用

广西南宁市政府为推广水煤浆的应用，成立了专业的水煤浆推广办公室，并出台了《南宁市燃煤锅炉二氧化硫污染防治办法》、《南宁市人民政府关于推广应用水煤浆实施意见》、《南宁市推广应用水煤浆专项资金管理办法》等。蓝宇科技公司以水煤浆制浆技术入股，在当地与战略投资者建成了水煤浆厂，公司以自主创新的知识产权对水煤浆制浆提供系统技术服务。这种模式在即将启动的宁波市场继续采用。

（3）株洲市财政局水煤浆锅炉房的能源托管运行服务

株洲财政局某局位于株洲市河西国家高新技术开发区，环境要求高；于21世纪初建成2×2吨/小时的水煤浆锅炉，供办公楼及生活区用汽与热水。自2007年以后，公司负责系统运行、维修及管理（包括提供水煤浆燃料），按蒸汽、热水使用量，与居民及财政局结算。

（4）长株潭及周边地区水煤浆的推广

蓝宇科技公司承担了该地区水煤浆锅炉、炉窑改造及建设项目的90%以上业务，并提供与锅炉、炉窑相匹配的水煤浆产品和其他优质配套服务。用户改用水煤浆技术及产品后，无论是工业生产用能还是生活用能，都取得显著的节能、环保效益。

（5）株洲福尔程化工有限公司6吨/小时水煤浆集中供热

株洲福尔程化工有限公司生产的产品主要有福美钠，福美钾，威百亩，橡胶促进剂TMTD、NOBS、TMTM，新型浮选剂，选矿药剂，松醇油等。其中福美钠为公司拳头产品，每月产量达1200吨左右，产能为每月2000多吨。2007年建有一台2吨/小时的水煤浆锅炉，对化工生产工艺进行集中供热。2010年因扩建，配套建设6吨/小时的水煤浆锅炉，蓝宇科技投资建设和运行管理，按每年 5 万吨蒸汽的基准量，进行商务结算。

（6）株洲市霞湾建材有限责任公司加气混凝土砌块生产工艺集中供热

株洲市霞湾建材有限责任公司年产一百万立方米加气混凝土砌块生产线，原蒸压工艺采用燃煤锅炉提供蒸汽，煤低位发热量 5500 大卡/公斤，加气混凝土砌块煤耗 30 公斤/立方。考虑到该公司年产百万立方米环保砖的用气量，采用两台 15 吨/小时水煤浆锅炉取代原燃煤锅炉。本体采用 SZS 型双锅筒、全水管纵置式 D 型布置，内设主副燃烧室，炉底配置活动炉排，具有点火迅速，热效率高，适用水煤浆品种广，负荷调节范围大（20%—100%）等特点。项目投入运行后，选用水煤浆作燃料与煤进行对比，运行成本节约 10% 左右，具有显著的节能、减排效益；与天然气、油进行对比，更具有显著的经济效益。该项目是水煤浆技术取代燃煤在经济效益上具有明显效果的典型案例。

（7）贵州茅台镇水煤浆集中供热

贵州水煤浆推广使用是以中烟公司贵定卷烟厂 10 吨链条燃煤锅炉改为燃水煤浆锅炉为标志，蓝宇科技提供设计、燃烧技术，于 2010 年 5 月完成改造并投入运行，现在锅炉运行正常，各项指标优异：热效率提高 27.8%—29.8%，燃尽率提高 23.6%，二氧化硫下降 99%，年燃料消耗总量从原来的 7357 吨标准煤降为 4782 吨，下降 35%。目前正在运行与建设的工程有清镇医药工业园 2×10 吨/小时水煤浆集中供热和茅台镇 3×15 吨/小时水煤浆集中供热工程。

表7—3　　　　　　　广西南宁与广东东莞水煤浆推广应用情况比较

项目	广西南宁	广东东莞
政府政策支持	《南宁市燃煤锅炉二氧化硫污染防治办法》、《南宁市人民政府关于推广应用水煤浆实施意见》、《南宁市推广应用水煤浆专项资金管理办法》。	《东莞市推广应用水煤浆实施意见》、《东莞市推广应用水煤浆试点方案》。
技术支持模式	水煤浆制浆技术与高效燃烧技术集成式。	水煤浆制浆技术、水煤浆锅炉技术分散式。
技术支持单位	株洲市蓝宇热能科技研制有限公司。	煤炭科学研究总院、其他水煤浆锅炉生产厂家。

续表

项目	广西南宁	广东东莞
推广运作模式	政府引导、市场运作；对水煤浆生产企业和水煤浆锅炉设备实行准入制。凡进入南宁市的水煤浆锅炉设备，必须由具备国家规定的生产制造水煤浆锅炉资质的企业生产制造，并在示范企业中有良好声誉。水煤浆集中供热：南宁—东盟经济开发区。	大企业垄断经营，水煤浆燃烧技术不成熟，改造成本高，运行效果不好。
水煤浆产能与市场消耗能力	水煤浆生产能力为40万吨/年；实际市场消耗约15万吨/年。	一期水煤浆生产能力为100万吨/年；实际市场消耗能力为20万吨/年。
实施效果	从2007年起至2010年，集中更换市区高速环道内污染严重、排放不达标的企业和市快速环道内非工业生产使用以及城市道路两侧工业企业在用的4吨/小时以下的燃煤锅炉。市财政每年安排600万专项资金，专项用于水煤浆推广应用。	目前，只有6家企业申报试点，4家符合条件验收。据不完全统计，3年来东莞有10家企业使用水煤浆。从现状看，推广水煤浆似乎变成政府"一头热"，不少企业并没有形成规模。东莞有2家生产水煤浆的企业，一家生产自用，一家转为生产天然气。

资料来源：《南方日报》2011年9月7日版。

表7—4　　　　长沙正大饲料有限公司水煤浆锅炉能效测试情况

（蓝宇科技层—悬浮燃烧水煤浆锅炉）报告编号：GCS-2011—017

测试次数	锅炉出力（kg/h）	正平衡效率 η_1（%）	反平衡效率 η_2（%）	平均效率 $\eta_{1,2}$（%）	排烟温度 tpy（℃）	排烟处过量空气系数 α_{py}
1	4280.34	84.28	84.49	84.38	170.0	1.74
2	3912.50	82.05	84.31	83.18	170.0	1.80
3	2649.80	81.39	—	81.39	—	—
锅炉平均出力　4096.42 kg/h			锅炉热效率　83.78 %			

结论分析（锅炉及其系统运行能效评价）：

测试期间，锅炉主机设备良好，辅机运转正常，燃烧工况稳定；

测试表明，额定负荷下该锅炉效率为83.78%，平均排烟温度为170.0℃，排烟处平均过量空气系数为1.77。

按标准要求，本次测试需进行一次不大于70%额定负荷下的燃烧稳定性测试，并允许只测正平衡效率。经双方协商，定在65%额定负荷（2600kg/h）下进行，测试结果表明：在测试负荷为2649.80kg/h时，该锅炉燃烧稳定，正平衡效率为81.39%。

（8）株洲市生态洗水工业园的建设方案

本项目是株洲市"十一五"环保规划重点项目，以龙泉洗水工业园的工程经验为基础，采用生物质水煤浆制浆、燃烧系统集成技术，为入园的洗水企业提供标准厂房、蒸汽，计划通过3年的奋斗，建成近期进园企业25家（远期80家）、水煤浆制浆50万吨/年、水煤浆锅炉3×25吨/小时、供汽52.5mW的污水制浆、集中供热的生态洗水工业园。

（9）株洲市清水塘高浓度废液制浆、污泥共燃、热电联供新能源配送中心建设方案

基于废液制浆、污泥共燃、热电联供、节能环保、循环示范的指导思想，采用生物质水煤浆制浆、燃烧系统集成技术，统一规划、系统集成、统一建设、统一管理、市场运作模式，使高浓度有机废液及氨氮废水处理、污泥处置与能源配送通过生物质水煤浆系统集成技术有机统一，实现废液（污泥）资源化、能源化；建成高浓度废液制浆、污泥共燃、热电联供新能源配送中心。

四　高效水煤浆制浆燃烧集成技术发展展望

高效水煤浆制浆燃烧集成技术，萌芽于我国水煤浆技术研发初期的四大水煤浆中心之一，即华煤南方水煤浆公司（原株洲洗煤厂），成长于科技人员创业的蓝宇热能科技研制有限公司，并形成国际先进、国内领先，具有自主创新知识产权的水煤浆制浆燃烧系统集成技术，已有近20年的工程运行经验，无论是运行可靠性、商业运作模式创新、节能效益与环保效益，都受到市场和节能减排推进工作策划与执行者们的青睐。在当前节能减排、积极应对气候变化的国际大环境下，高效水煤浆制浆燃烧集成技术将在以下几个方面有着广阔的发展前景。

1. 依托高效水煤浆制浆燃烧集成技术的能源合同管理服务

充分利用高效水煤浆制浆燃烧集成技术的技术可靠性、节能环保性，开展

能源合同管理服务。

2. 多能互补的热、电、冷分布式能源联供系统

水煤浆作为主导洁净能源，太阳能、风能、地热等可再生能源作为补充能源。运作方式上，最大限度使用可再生能源，达到节能、碳减排的最大效益。

3. 污水、污泥能源化、资源化利用热电系统

利用水煤浆制浆用水的特点，污水制浆，污泥与生物质水煤浆共燃，实现污水、污泥的能源化、资源化利用，达到能源环境目标的统一协调。

4. 生活垃圾等可燃固体废物处置热电系统

水煤浆作为垃圾生态化处置的辅助能源，实现生活垃圾的能源化、资源化、无害化利用。

5. 无机矿物焙烧的点火系统

采用水煤浆取代重油、天然气，进行烧结点火，目的是在保证环保效益的前提下降低生产成本。

6. 工业园区生态化建设能源环境一体化系统

针对食品加工、生物医药等工业园区，采用高效生物质水煤浆制浆燃烧集成技术，把工业园区各生产企业产生的高浓度有机废液、生物质固体废物与水煤浆制浆燃烧工艺集成，实现工业园区能源环境一体化处置，达到资源的循环利用，构建生态循环产业链。

参考文献

[1] 联合国开发计划署驻华代表处，《中国人类发展报告 2009/10——迈向低碳经济和社会的可持续未来》，中国出版集团公司、中国对外翻译出版公

司 2010 年版。

［2］贾传凯:《水煤浆锅炉应用与节能减排分析》,《洁净煤技术》2011年第 3 期。

［3］贾传凯、王燕芳、王秀月等:《水煤浆技术的应用与发展趋势》,《煤炭加工与综合利用》2011 年第 4 期。

［4］贺新文:《浅谈双炉膛水煤浆锅炉的应用》,《科学之友》2011 年第 9 期。

［5］解永刚:《有机废液水煤浆燃烧试验研究》,硕士学位论位,浙江大学,2004 年。

［6］饶甦:《黑液水煤浆的燃烧、沾污结渣及其污染物排放特性研究》,硕士学位论位,浙江大学,2004 年。

［7］张荣曾:《水煤浆在中国能源与环境协调发展中的地位》,《发展洁净煤技术,提高煤炭企业竞争力学术研讨会论文集》,2001 年。

［8］邓晖、林荣英、罗祖云:《生物质水煤浆燃烧特性及动力学分析》,《可再生能源》2011 年第 4 期。

Integrated Technology and Application about Preparation & Combustion of Efficient CWM

Liu Jianwen　Chen Nan

Abstract：The coal was about 70% a primary energy sources in our country, clean utilization of coal will be success or failure to decide low carbon development target of the economic transition. The Preparation & Combustion technology of Coal Water Mixture (CWM) has been located application stage through engineering approaches and scale, as well as integrated technology of preparation & combustion of efficient CWM, that possess intellectual property of original innovation, has been the more mature and reliable clean coal technology, through patent map analysis of CWM technology development in more than 20 years. The integrated technology of preparation & combustion of efficient CWM will possess wide market prospect by promising of engineering application and forecast of development at energy-saving & emission-reduction and application of low carbon for high carbon energy.

Key Words：CWM；Low Carbon（LC）；Clean Coal Technology（CCT）；energy-saving and emission-reduction

第八章

中国城市低碳交通技术应用研究

张陶新　谢世雄　杨　英

　　摘　要：本文分析了城市道路交通低碳技术应用现状与发展趋势，结果表明：①新能源汽车在当前中国煤电为主的电能结构下并不都具有碳减排效果，近中期理想的新能源汽车是压缩或液化天然气汽车，醇醚汽车不宜大力发展；电动车在中国当前的能源结构下只会增加碳排放，但随着中国能源结构的转型和碳捕获与封存技术的发展，电动车是未来最具碳减排潜力的车种，应作为中国新能源汽车的发展方向。②城市道路交通碳减排的最大化，当前应以各项机动车节能技术的集成应用为重点，重视城市道路技术，实现绿色驾驶和城市交通智慧化管理。基于研究，提出了中国城市道路交通低碳技术发展的三大战略选择和五项主要措施。

　　关键词：城市　低碳交通　低碳技术　战略　措施

　　如何才能更有效地遏制碳排放量的增加，已经成为世界各国关注的焦点。2009年，中国车用燃料消耗量占石油表观消耗总量近1/3；汽车燃料生命周期碳排放达4.8亿吨二氧化碳当量[1]，是2008年中国因化石燃料消费所产生二氧化碳排放总量19.18亿吨[2]的25%，道路交通已经成为中国碳排放的主要来源之一。随着城市化进程的加快，城市道路交通因消耗能源而产生的碳排放量增长速度将会越来越快。城市道路交通碳排放问题直接关系到中国节能减排目标的顺利实现，更关系到中国低碳经济发展的进程。

科学技术是第一生产力，技术进步因素是碳排放量降低的主导因素[3]，国际能源署（International Energy Agency，简称 IEA）在 2006 年的能源技术展望中通过情景分析指出：到 2050 年，在关键能源技术的作用下，届时全球碳排放量可以回到目前的水平[4]。因此，为促进中国城市低碳交通建设，减少城市交通碳排放，需要首抓低碳技术，通过对城市交通领域中的低碳技术进行分析研究，明确城市交通低碳技术的发展方向。

一　城市交通碳排放现状

（一）民用汽车

中国民用汽车拥有量从 2000 年的 1608.91 万辆增加到了 2010 年的 7802 万辆（不包括三轮汽车和低速货车），增加了 3.85 倍，年均复合增长 21.82%。由图 8—1 可知，2000—2010 年，中国汽车产量由 207 万辆增加到 1827 万辆，

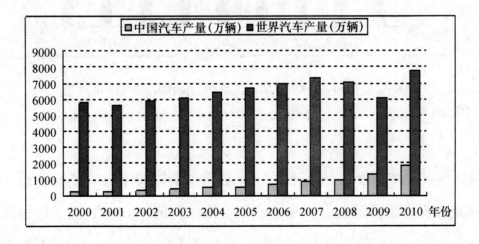

图 8—1　2000—2010 年中国与世界汽车产量

资料来源：根据中国汽车工业协会（http：//www.caam.org.cn/newslist/a40 - 1.html）的数据整理。

增加了近7.83倍，年均复合增长31.28%。2010年中国汽车产量已经占到世界产量的23.5%，位居世界第一。

2008年，日本每1000人中有车593辆，美国为809辆，而中国每1000人中，仅有37辆汽车，因此，中国汽车拥有量的上升空间十分巨大。

（二）城市道路交通能源消耗和碳排放

由图8—2可知，2000—2008年，中国城市道路交通化石能源消耗量年均增长11.99%，比同期中国化石能源消耗量年均增长率高3.11个百分点；城市交通碳排放量年均增长12.62%，比同期中国碳排放总量年均增长率高3.13个百分点。城市道路交通已经成为中国化石能源消耗和碳排放增长最快的领域之一。

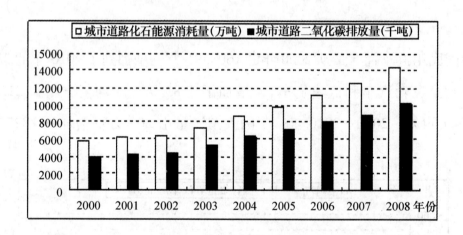

图8—2　2000—2008年城市道路化石能源消耗与碳排放量

资料来源：根据世界银行和二氧化碳信息分析中心（CDIAC）的数据整理。

道路能耗和碳排放在交通运输行业能耗和碳排放中占有绝对比重，美国2002年道路交通能源消耗已占整个交通运输能耗的81.2%，交通运输领域的碳排放量占美国碳排放总量的32.3%，而且几乎全部来自各类车用化石燃料；日本2005年各种道路运输工具的能耗也已占整个交通运输能耗的87%，交通领域碳排放量占日本碳排放总量的22.4%，其中96%是由各类客运车辆排放的[5]。2008年，中国城市道路交通能源消耗占中国能源消耗总量的5.34%，占中国交通运输、仓储和邮政业能耗的62.69%，虽然相比美国和日本来说低，但也是交通运输行业能源消耗的主体。我们应当采取包括低碳技术在内的各种途径，尽可能避免发达国家在道路交通促进社会经济发展、为人们生活带来方便的同时，给气候变化带来的负面影响。

二　城市交通低碳技术应用研究

低碳技术是指能有效控制碳排放，使人类生产和生活过程中减少碳排放的技术。低碳技术一般分为以下三类：

减碳技术：是指高能耗、高排放领域的节能和提高能效技术，包括工业、交通、建筑等各部门的各类先进用能技术和余能回收利用等技术，如煤整体气化联合循环、智能电网等。

无碳技术：如太阳能、风能、水能、生物质能等可再生能源技术。

去碳技术：如二氧化碳捕获与封存技术。

城市交通低碳技术是低碳技术在城市交通领域里的应用。城市交通包括道路交通、轨道交通、水路交通和空中交通等，下面主要从与道路交通有关的新能源与新能源汽车技术、机动车节能技术、道路技术、智能管理技术等方面展开探讨。

（一）新能源汽车技术

1. 新能源汽车全生命周期碳排放分析

（1）纯电动汽车

纯电动汽车是指以车载电源为动力，用电机驱动车轮行驶的汽车。纯电动汽车是在现代汽车技术、电化学、新材料、新能源、微电子学、电力拖动技术、电子计算机智能控制等高新技术快速发展基础上的集成产物。

电动发电机和车载电池是其中的关键部件，其中又以电池最为关键，电动汽车常用电池主要有铅酸电池、镉镍电池、氢镍电池、锂电池等。目前蓄电池单位重量储存的能量太少，充电后行驶里程不理想；高储量的电池使用寿命较短，使用成本高，难以实现商业化运营，只能在一些限定场所使用。我国除铅酸蓄电池类的纯电动汽车技术发展较为成熟之外，其他大多处于起步期。

纯电动汽车无须再用内燃机作为发动装置，其基本结构简单，在运行使用过程中基本不产生 CO_2 排放，具有无污染、低噪音、高能效、易维修的优点。作为纯电动汽车的车载电源——电能来源广泛永不枯竭，既可以来源于煤等化石能源，也可以来源于水能、风能、太阳能、热能等可再生能源。

电动汽车与传统汽车相比，它更多地依赖于一个国家电力能源的生产结构，甚至在同一个国家的不同地区也有本质的不同。中国煤矿平均每开采 1 吨煤，大约排放 6 立方米的 CO_2[6]。从全生命周期来看，如果不考虑煤炭开采过程中所逸出的 CO_2，以 2008 年为例，除了 320EV-Lifan 型电动车使用华北电网和东北电网的电力会比传统汽油车产生更多的碳排放外，在中国使用电动车将会比传统汽油车每千米少排放 5%—57% 的 CO_2；但是如果考虑到煤炭开采过程中所逸出的 CO_2，以 2007 年为例，在中国使用电动车将会比传统汽油车每千米多排放 1.8—6.4 倍以上的 CO_2（具体计算见附录）。因此，在中国目前的煤电结构和技术水平下，当前电动车的推广应用难以有效减少碳排放。

由于电动汽车 CO_2 排放主要来自于车用燃料的开采、加工和运输以及车辆制造阶段，CO_2 捕捉与封存技术有可能将车用燃料的开采、加工和运输过程的 CO_2 排放量减少近 80%[7]。我国可再生能源资源非常丰富，具有大规模开发的资源条件和技术潜力。因此，纯电动汽车的发展不仅可以使我国汽车产业在很大程度上摆脱过度依赖石油的局面，而且降低碳排放的潜力非常巨大。

纯电动汽车虽然完全不存在燃油费用，但纯电动汽车全生命周期成本高于燃油汽车，影响纯电动汽车全生命成本的主要因素为购置成本、电池成本，另外因基础设施（例如公共充电设备等）不完善、不配套而导致的使用不便利。因此，要提高纯电动汽车的经济性，关键是要开发应用更加廉价、耐用的电池，以降低纯电动汽车的整车生产成本，从而降低其市场价格和使用年限内的电池成本，才能推动纯电动汽车市场的发展。

（2）混合动力汽车

混合动力汽车（HEV）是指车上装有两个以上动力源并能协调工作的车辆。其关键技术是混合动力系统，按照动力系统结构的不同，可分为串联式（SHEV）、并联式（PHEV）和混联式（PSHEV）三种类型的混合动力汽车。

混合动力汽车对现有汽车制造技术以及社会基础设施改动要求较少，具有更好的燃油经济性，在运行使用过程中一般比传统燃料汽车节约燃油 30%—50%。2010 年，济南市混合动力公交车投入运营检测结果显示，混合动力车比普通车每百公里节约 13.5 升油，节油率高达 30%[8]。混合动力汽车在运行过程中与传统燃料汽车相比，CO_2 排放量总体可以降低 30%[9]。我国混合动力汽车技术发展较快，部分车型已处于技术成熟期，现阶段混合动力电动汽车面临的主要技术难点包括电池技术、电动机技术、内燃机技术、整车能量管理技术等。目前，混合动力汽车效率仍旧较低，也还要使用较多汽油或柴油。随着汽车电池尤其是锂电池技术不断取得突破，混合动力汽车将向纯电动汽车方向发展。

作为一种过渡技术方案，插电式混合动力汽车（PHEV）兼顾了常规混合动力汽车和纯电动汽车的优点，具有能够更充分地利用电能而减少传统石化燃料消耗的技术优势，是现阶段可行的一种清洁节能、使用方便的车辆，成为当前电动汽车领域的研发和推广热点[10]。

（3）燃料电池汽车

燃料电池汽车是以燃料电池作为汽车的动力源，将燃料中的化学能直接转化为电能来进行动力驱动的新型汽车，主要包括氢燃料电池车、生物（粮食和非粮食）燃料车。与混合动力汽车和纯电动汽车相比，它最大的不同之处就是完全不进行燃料的燃烧过程，而是通过电化学的方法，将氢和氧结合，直接产生电和热。氢广泛地存在于水、矿物燃料和各类碳水化合物之中，燃料电池汽车使用的燃料来源多种多样，包括天然气、甲醇、丙烷、汽油、柴油、煤、煤层气以及太阳能、风能、生物质能、海洋能、地热等再生资源。

在目前的各种制氢技术方案中，利用以煤炭等化石燃料为主的能源通过水电解获得氢气的技术方案，其碳排放量高于汽油汽车，同时也明显高于甲醇重整和汽油重整而获得氢气的技术方案，而甲醇重整和汽油重整技术方案又高于煤制氢方案，煤制氢又高于天然气制氢技术方案。对于相同的制氢技术方案，液氢方案的碳排放高于气氢方案[11]。天然气作为发展燃料电池汽车氢源的一次能源，具有氢制取技术路线多样化、经济上竞争力强、能源利用效率高和环境效益较好等诸多优势，应是目前燃料电池汽车的首选制氢能源[12]，如果还能利用太阳能、风能、生物质能、海洋能、地热、核能等作为制氢过程中的能源，那么碳排放量还将大大降低。

此外，燃料电池电动汽车还具有无污染、高能效、低噪音、良好的动力及操控系统等优点，因此从能源的利用和环境保护方面来看，它也是一种理想车辆。但燃料电池的成本高，燃料的制取、运输和储存不但要消耗大量的能源，而且制取的技术还不成熟，制造的成本高，添加氢燃料的设备也需要专门制造。目前燃料电池汽车仍处于研究和试用阶段，其技术发展在我国才刚刚起步。

（4）氢发动机汽车

氢发动机是在普通的内燃机基础上做一些适应性改造，通过氢气（或其他辅助燃料）和空气的混合燃烧产生能量从而获得动力的汽车，它是更好利用现今汽车工业已有的巨大资产存量，逐步由传统汽车向新能源汽车过渡的一种较好的技术解决方案，氢发动机与普通的内燃机并无本质上的差别。氢发动机汽车与燃料电池汽车都使用氢，不同的是二者利用氢燃料的方式，前者直接燃烧氢产生动能而使发动机运转驱动汽车行驶，后者则使氢在燃料电池内与氧进行反应产生电能而驱动汽车。

氢发动机汽车除了具备无污染、低排放等优点外，还具有一些特别的优势，比如对氢的要求较低，燃烧性能高，内燃机技术成熟等。与使用传统能源的汽车相比，用氢气作发动机燃料的汽车能源转化率高达40%以上，噪声低，续驶里程可与汽油车相当。同时从经济性考虑，氢气来源广泛，电能、风能、太阳能、水能、地热能、核能等能源均能转化为氢气。对于汽油发动机只需稍加改造，就可燃烧氢气。氢发动机汽车技术整体上处于起步阶段，我国氢发动机汽车在技术上与世界发达国家的差距远小于传统汽车业。与燃料电池汽车一样，制氢、储氢和加注氢的公共设施建设问题也是制约氢能在汽车中广泛使用的技术瓶颈。氢气在未来汽车上的应用前景决定于制氢及携带技术有无突破性的进展。

（5）醇醚汽车

醇醚汽车是指以甲醇汽油、乙醇汽油、甲醇、乙醇为燃料的汽车。醇醚汽车技术相对成熟，对传统内燃机发动机进行改动即可适应不同的乙醇汽油燃料。乙醇汽车在美国、巴西等乙醇资源丰富的国家发展较快，巴西、美国等国曾先后推广使用含 10%、22%、85% 等不同比例乙醇的车用燃料。美国、丹麦、日本、奥地利等国家的相关试验表明，二甲醚做汽车燃料，废气污染明显低于目前使用的柴油，还能使压燃式发动机在不采取任何后处理措施情况下，达到欧洲 Ⅲ 排放标准。我国醇醚汽车技术处于起步期。

与以原油为原料的传统柴油生产过程相比，煤基二甲醚在生产过程中的耗电量较大，是传统柴油生产过程的 2.5 倍，但煤基二甲醚在车辆使用阶段显著降低了标准排放物与碳排放数量。从全生命周期的角度来看，以煤基二甲醚为燃料的醇醚汽车的碳排放量比传统柴油要高，其原因主要是生产环节的 CO 变换以及较高的煤炭消耗导致了较多的碳排放。提高煤基二甲醚生产环节的能源转换效率以降低能源消耗，利用太阳能、风能、生物质能、海洋能、地热等作为煤基二甲醚生产过程中的能源，并综合应用煤层气发电与碳捕获等低碳技术，那么煤基二甲醚为燃料的醇醚汽车的碳排放量将会大大降低。

从全生命周期来看，以天然气制二甲醚为燃料的醇醚汽车比传统汽车的 CO_2 排放要低，而以生物质制二甲醚的醇醚汽车更是能够大幅降低 CO_2 排放[13]。中国已成为世界上继巴西、美国之后第三大生物燃料乙醇生产国和应用国。未来我国燃料乙醇行业发展的方向是如何实现非粮乙醇的规模化。因此，决定未来燃料乙醇发展前景的关键是成本和技术。

目前，醇醚汽车燃料制取成本较高，难以有效降低 CO_2 排放，只能作为替代柴油汽车的一种补充技术解决方案，在醇醚丰富的地区使用。

（6）天然气汽车

天然气汽车是以天然气作为燃料的汽车，可分为压缩天然气汽车（CNG）、液化天然气汽车（LNG）和液化石油气汽车（LPG）三种。天然气汽车只是对传统的内燃机做了一些必要的改动以适应天然气燃料。与传统燃料汽车相比，液化石油气汽车可以降低20%的CO_2排放，压缩天然气汽车和液化天然气汽车的CO_2排放量总体可以降低25%[9]。另外，天然气汽车总的废气排污量不到传统汽车的百分之十，并且燃气中不含铅、苯、硫等成分，具有污染低、安全性高的特点。

天然气汽车技术日臻成熟，开发利用较为广泛。天然气汽车从以往集中在公共交通车和出租车逐步扩大到了中重型卡车、货车、城市垃圾运输车等，同时发动机排放性能也能达到较高要求。我国目前虽然天然气汽车总体技术与世界先进水平还有较大差距，但天然气汽车发展较快。相对石油而言，我国天然气资源要丰富得多，这对发展天然气汽车是一个十分有利的条件。由于天然气汽车动力性能较低，行驶里程短，不易携带，而且一旦大规模投入使用，必须建立相应的加气站及为加气站输送天然气的管道，涉及城市建设规划、经费投入和环境安全等诸多因素，基础设施投入较大，成本较高，这在一定程度上已经成为我国发展天然气汽车的瓶颈。

（7）太阳能汽车

太阳能汽车是利用汽车车身直接把太阳能转化为电能来作为动力源的汽车。虽然太阳能作为无污染的可再生能源，取之不尽用之不竭，但太阳能必须以蓄电池的形式储存，用于汽车的太阳能电池，因技术上难以取得突破，价格非常昂贵，太阳能汽车在未来10—20年内将不会有大的进展，难以普及应用。从长远的发展来看，太阳能汽车有可能成为未来汽车的重要品种。

2. 新能源汽车技术发展路径

随着机动车保有量的增长和石油资源的日益紧缺，新能源汽车技术将逐步得到发展和应用。不同的新能源汽车技术处于不同的发展阶段，每一种新燃料汽车技术都有着不同的碳减排特性，表8—1列出了几种新能源汽车基于全生

命周期的碳排放、经济性与技术水平（与使用化石能源比较）。因此，新燃料
汽车的发展路径应当结合各地能源资源状况来制定。

表8—1　　基于全生命周期的新能源汽车碳排放、经济性与技术水平
（与使用化石能源比较）

汽车类型	使用能源类型	碳排放	经济性	技术水平
纯电动车	煤电	高	差	发展期
	可再生能源生产的电力	非常低		
混合电动车	煤电与化石能源混合	较高	较差	成熟期
	可再生能源生产的电力与化石能源混合	低		
燃料电池汽车	以煤炭等化石燃料为主的能源生产氢	高	很差	起步期
	利用可再生能源生产的电力生产氢	很低		
氢发动机汽车	以煤炭等化石燃料为主的能源生产氢	高	差	起步期
	利用可再生能源生产的电力生产氢	很低		
醇醚汽车	以煤电为主的能源由生物质生产醇类	较高	较差	成熟期
	利用可再生能源由生物质生产醇类	较低		
	以煤炭为原料生产醚或醇	高	较差	起步期
	其他原料生产醚	低		
天然气汽车	压缩天然气	低	差	成熟期
	液化天然气	低	差	发展期
	液化石油气	较低	较差	发展期

由表8—1可知，如果电动车（纯电动车和混合电动车）的用电来源于煤电，那么从全生命周期来看，纯电动车以及氢发动机汽车的碳排放都不会比传统汽车少。我国电力主要来源于煤炭的情形短期内难以改变，因此近期电动车的应用并不能达到显著减少碳排放的目的。一旦电动车所需的电能主要来源于水能、风能、太阳能等可再生能源时，利用可再生能源生产的电力生产氢，氢发动机汽车和纯电动车在全生命周期中除了整车制造与报废阶段还会产生碳排放外，其他阶段中的碳排放很少，尤其是纯电动车只要电池技术成熟就几乎不产生碳排放。因此，纯电动汽车应当成为新能源汽车的发展方向，但无论从技术角度还是从碳减排来看都不宜作为中短期发展的重点。

由表8—1可知，从全生命周期来看天然气汽车降低碳排放的效果较好，技

术也较为成熟。我国天然气储量较石油丰富，但人均储量较低且是不可再生能源。因此使用压缩天然气或液化天然气的汽车可作为近中期理想的新能源汽车。

作为液化石油气汽车的燃料是石油开采或加工的副产物，它并不能作为稳定的燃料来源，经济性较差，碳减排也比不上其他天然气汽车，因此，液化石油汽车只能是短期的权宜之计。

由表8—1可知，如果醇醚汽车所使用的醇醚是由煤电为主的能源生产出来的或是从天然气、煤中提取出来的，那么从全生命周期来看，醇醚汽车并不能有效降低碳排放。生物液体燃料的发展面临着原料来源问题，从植物中制取乙醇除了要消耗大量的能源外，还要消耗大量的水，增加水污染，考虑到我国人均水资源与耕地资源的紧张，醇醚汽车不宜大力发展。

虽然从全生命周期来看混合电动车目前并不能显著降低碳排放，但作为一种向纯电动汽车的过渡，是中短期内一种较好的技术选择。

因此，新能源汽车的发展路径应当是多种新能源汽车技术并进，向纯电动汽车方向发展。

（二）机动车节能技术

1. 汽车绿色驾驶技术

汽车驾驶节能是指通过良好的驾驶习惯来减少使用过程中的燃油消耗，以最少的燃油消耗和碳排放，实现最经济、最高效的出行。驾驶员驾驶技术水平的高低，对燃料消耗有着重要的影响。在相同条件下驾驶相同的汽车，由于驾驶员的操作不同，其油耗差异可达20%—40%，甚至更大，汽车驾驶节能的空间和潜力巨大[16]。

国家交通运输部综合国内外节能驾驶的成熟经验，在其编写的《汽车节能驾驶手册》中从操作技术八环节、合理使用十习惯以及正确维护四方面等为广大司机提供了便于操作、行之有效的绿色驾驶方法。新能源汽车技术能够极大地减少碳排放，但新能源汽车技术的成熟应用是一个长期艰巨的过程，不可能一蹴而就，而汽车驾驶员应人人树立绿色驾驶理念，节约一滴油就可以减少一点碳排放。绿色驾驶技术切实可行、无须投入，在现有汽车技术装备不变的情况下，即使按节省 30% 的油耗计算，也可以产生很好的碳减排效果。

2. 汽车行驶效率提高技术

（1）减少行驶阻力技术

汽车在道路上的行驶阻力主要来自于空气和滚动摩擦。车身局部优化设计技术、外形整体优化技术以及提高车身表面质量的技术都可以有效减少空气阻力。空气阻力每减少 10%，汽车每百公里油耗可以减少 0.15 升[15]，从而有效减少汽车碳排放。

低滚阻轮胎技术可减少汽车行驶的滚动摩擦阻力。总体而言，低滚阻轮胎能够使汽车燃油消耗每百公里减少 0.2 升，每千米 CO_2 排放减少 4 克[16]。子午线轮胎是目前较好的低滚阻轮胎，不仅其耐磨性与普通斜交胎相比提高 30%—70%，轮胎的滚动阻力下降了 20%—30%，而且汽车的燃油消耗可以降低 5%—8%[17]。如果将新型汽车轮胎胎压提高，油耗还可以进一步减少，进一步降低汽车碳排放。

（2）汽车轻量化技术

汽车轻量化技术是在满足汽车使用要求和成本控制的条件下，将轻量化设计技术与轻量化材料、轻量化制造技术集成使汽车轻量化。汽车的燃油消耗直接与汽车的重量和体积相关，汽车本身的重量对燃油消耗影响最大，汽车的节油有 37% 靠减轻汽车重量[18]，汽车总重量减轻 10%，可降低油耗约 8%[17]，使得汽车碳排放减少。通过对汽车构件和相关零部件进行优化设计，选取高强度轻质材料如高强度钢、铝镁钛合金、塑料、高延性铝合金板、各种纤维强化等材料，采用激光拼焊、内高压成型、高强度钢热成型、高强度钢辊压等新制造技术制造汽车零部件可以有效实现整车轻量化。

3. 汽车发动机运行节能技术

对传统汽车发动机进行改造，改善发动机的性能，可以提高燃油利用率，降低能耗和碳排放。

（1）闭缸节油技术。采用闭缸节油技术使一部分气缸始终工作，另一部分气缸在高负荷时工作而在低负荷时不工作，这样可以节省燃油 10%—20%[15]。

（2）稀薄燃烧技术。使用该技术，通过送入过量空气使燃料在汽油机中能稳定地充分燃烧，可以将有效热效率提高大约 30%[19]，从而达到节能减排的目的。

（3）汽油直喷技术。汽油直喷发动机根据发动机负荷工况，在低负荷时选择分层稀薄燃烧，在高负荷时则为均质燃烧。汽油直喷发动机摆脱了传统的汽油机喷油模式，操控简捷，由电子精确控制燃油在汽缸内的喷射，使每一滴燃油都可以完全燃烧，不仅降低了油耗和碳排放，同时也能够输出更高的扭矩和功率为汽车提供迅猛的动力。总体来看，汽油直喷技术节能效果为 2%—3%，虽然目前在我国的应用比例较低，但为传统汽油机的一个极具前途的发展方向[16]。

（4）涡轮增压技术。通过增加汽车发动机进气量，以提高发动机的功率、机械效率和热效率，可使发动机涡轮增压后耗油率降低 5%—10%[20]，对于小型乘用车来说，节能效果可达 4.2%—4.8%[16]。涡轮增压技术是一种重要的发动机运行节能技术，在我国才得到初步的应用，应在汽车上大力推广应用。

（5）可变气门技术。可变气门技术有多种实现途径，各种途径均可不同程度地改善汽油机燃油经济性和动力性，降低碳排放。国外已有一系列比较实用的可变气门机构，目前应用最广泛的是叶片式可变凸轮相位机构[21]。可变气门技术节能效果可以达到 2%—3%，与国外相比，国内的可变气门技术应用太少。

（6）起停技术。起停技术是在车辆停止前进且发动机处于怠速工况时，在安全的前提下，停止发动机工作，从而节省车辆怠速时的燃油消耗，达到节油、减排的目的。在拥挤的城市交通中，汽车起步停车频繁，起停技术的节油效果十分明显。带起停功能的车辆在城市里行驶，热机时节油达 7.6%，综合节油效果 3%；在冷机状态时节油达到 7%，综合节油效果 4%[22]。起停技术在欧洲汽车市场应用较多，起停系统可望成为中国乘用车的标准配置，

（7）曲轴集成启动发电机技术。将汽车启动机和发电机集成为一体，直接以某种瞬态功率较大的发动机替代传统的启动电机，节能效果可以达到8.6%—8.9%[16]，曲轴集成启动发电机技术是一种介于混合动力和传统汽车之间的成本低廉的节能技术，值得推广应用。

（8）自动变速器技术。自动变速器技术可以使驾驶员不再像驾驶手动变速器汽车那样频繁地使用离合器踏板，既省油又操纵方便、平稳、舒适。目前，国际上自动变速器主要有液力机械式自动变速器（AT）、电控机械式自动变速器（AMT）、机械无级式自动变速器（CVT）、无限变速机械式自动变速器（IVT）、双离合器式自动变速器（DCT），等等[23]，其关键技术是电子技术、电液控制技术和传感技术。总体来说，6速AT可以达到1.4%—3.4%的节能效果，CVT与DCT的节能效果可以达到4%[16]。目前，美国、日本绝大部分乘用车都装载有自动变速器，中国乘用车自动变速器配备率很低，具有很大的发展空间。

（9）电动助力转向技术。电动助力转向技术（EPS）是一种直接依靠电机提供辅助扭矩的动力转向的技术，其节能效果可以达到1%—2%[16]。2008年的中国汽车市场上，汽车EPS使用量为19%[24]，EPS替代液压转向系统将成为一种趋势。

4. 汽车能量回收技术

比较成熟的汽车能量回收技术是利用飞轮回收能量，它有望使油耗降低达20%[25]。飞轮重量轻、价格低并且高效节能，在频繁起停的行驶中最为有效，因此，在拥挤的城市交通环境内使用会产生最大的节能减排效果。

总之，每个节能技术都具有一定的节能减排效果，但要使汽车节能减排效果达到最大，就需要将单个的技术集成应用。如通用汽车将缸内直喷技术、直喷涡轮增压、均质混合气压燃烧以及智能燃油管理系统等技术集成应用在其各个品牌的相应产品之上，在保证动力的基础上提升了燃油经济性、降低碳排放。又如大众汽车将起停技术、再生制动能量回收技术等一系列显著降低燃油消耗和碳排放的技术集成形成"蓝驱技术系列"，并开始应用于量产车型。

（三）道路技术

1. 慢行道路交通设计

慢行交通是一种可持续发展的绿色低碳交通，不仅可以缓解交通拥堵，降低环境污染，还可以促进资源合理利用。

（1）在所有道路上（低速本地道路除外）设置自行车车道，且每方向至少3米宽，在楼宇、道路和车站附近提供安全的自行车停放处。

（2）在城市市区中建立慢行专用网道（仅允许步行、自行车和公共交通），并保证两条慢行专用道路间隔不超过800米。

2. 道路的微循环设计

改变传统的大街坊路网设计，增加城市的支路网密度，创建街道密集网络，改善步行、自行车和机动车的出行环境，形成道路的微循环。道路微循环设计技术主要有：

（1）城市市区每平方千米至少要规划有50个交叉口，并且按照道路类型和主要服务功能设计多样化的街区尺度和道路路面，提供机动车、自行车和步行等多元的交通模式选择。

（2）整合通过性道路，至少每300米就可以连接周围邻里区域，采用高效的单向双分路取代路宽超过45米的主干道。

（3）建立公交专用道和快速公交网络，保证每间隔800—1000米至少有一条公交专用通道，所有住宅和办公集中场所距离本地公交车站不超过400米，距离区域性公共交通站点不应超过800米。尽可能减少大多数乘客的换乘次数。建立一个集成多元化交通系统，确保所有现行交通方式的无缝换乘。

3. 新材料、新技术的道路

（1）绿色道路胶凝材料。以工业废渣为主要原料生产的道路胶凝材料作为道路水泥替代产品，不仅生产成本低、路用性能好，减少了工业废渣、废液和废气对环境的污染，而且能源消耗只需要普通硅酸盐水泥的 $1/3$—$1/2$ [26]，不存在水泥生产过程中的碳排放，是一种低碳道路建设材料。

（2）泡沫沥青。生产 1 吨沥青混合料需要消耗 0# 柴油 6.5—7.2 千克，消耗电力 2.5—3.0 千瓦时，产生 19.4 千克的 CO_2 排放，并且沥青有害物质的释放量随着热拌沥青混合料的生产温度升高而增加 [27]。泡沫沥青技术就是通过向热沥青中加入一定量的常温水，改善沥青黏性，降低沥青混合料生产过程中的拌和温度，从而节约能源消耗、减少碳排放。

4. 智慧管理技术

智能交通技术（ITS）是将电子视野技术、电子传感技术、测量技术、判断处理技术、数据库技术、信息技术、数据通信传输技术、控制与服机构技术、计算机技术、人—机联系技术、人体机理学、交通工程以及道路引导技术等众多高科技集成为一个大系统，以汽车为节点、网络为基础，实时、准确、高效地进行综合交通运输管理，使人、车、路、网协调发展。采用智能交通技术建立的城市智慧交通管理系统不仅可以保障城市交通安全，实现交通基础设施供给能力的最大化，而且可以降低交通燃油消耗，减少碳排放并改善交通环境质量，ITS 已成为国际公认解决道路交通问题的最佳途径。

1995 年 3 月，美国在"国家智能交通系统项目规划"中明确规定了出行和交通管理系统、出行需求管理系统、公交运营系统、商务车辆运营系统、电子收费系统、应急管理系统、先进的车辆控制和安全系统等智能交通系统的七大领域。目前智能交通在美国的应用已达 80% 以上。

日本的交通系统由一个综合中心控制以及公交优先系统、交通信息系统、智能图像系统、安全驾驶系统、行人信息系统、紧急优先行车系统、紧急状态警告系统、环境保护系统、动态诱导系统及车辆行驶管理系统 10 个子系统构成。

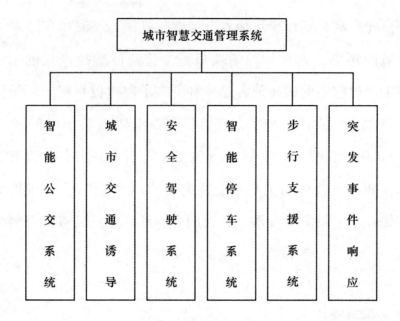

图8—3 城市智慧交通管理系统的一般架构

ITS 不仅是解决城市交通问题的一个有效方法，更可以促进交通业发生革命性的变革。欧洲因采用 ITS 技术不仅减少了交通事故、交通堵塞、环境污染等经济损失 5550 亿—5600 亿欧元，而且增加了 1000 亿欧元的市场规模[28]。据日本的估算，采用 ITS 后，2025 年交通事故将减少 50%，平均车速将提高 10km/h，交通堵塞现象完全消除。由此可以减少 5.6 亿日元/年的时间损失和 123 万日元/年的经济损失，燃油消耗降低 25%，CO_2 排放降低 15%[28]。

虽然我国在这方面处于起步阶段，但有数据显示，2008 年中国公路智能交通市场规模超过 220 亿，此后 5 年仍将以 25% 的年增长率高速增长。利用现有的智能交通技术至少可以降低 15% 的汽车能耗，减少 15% 的氮氧化物排放，减少 15% 的拥堵和 15% 的交通事故[29]。

三 城市交通减碳技术发展战略与措施

（一）战略选择

考虑到中国自然资源禀赋和经济社会发展状况，当前中国城市低碳交通建设除了把重点放在城市交通领域的节能减排上以外，还应紧盯世界交通减碳技术的最新进展，研究未来几十年的城市交通减碳技术，以便实现"弯道超车"。近中期（2011—2030 年）中国城市交通减碳技术的发展战略，应放在瞄准世界最前沿技术，利用发达国家已有的理论和技术研究成果，并充分挖掘出自己的潜力，改变技术落后的局面，重点体现在以下三个方向上。

1. 加快能源体系转型，构建可再生的能源网络

化石能源是碳的主要来源，开发新能源、发展新能源汽车仅仅依靠化石能源是不能从根本上解决城市交通碳排放问题的，更无助于化石能源短缺问题的解决，必须要加快能源体系转型，大力开发利用太阳能、风能、水能、热能、生物质能等可再生能源，逐步摆脱对化石能源的依赖，构建可再生的能源网络。以可再生的能源网络为支撑，以新能源驱动城市低碳交通发展。

2. 大力推广城市交通节能技术，发展电动汽车

机动车节能技术、采用新材料新技术的城市道路设计施工等城市交通节能技术日新月异并能有效减少碳排放，并且具有相对较好的经济性，应当大力推广。电动汽车是在使用过程中满足零排放标准要求的最好的汽车，同时具有噪音低等其他优点，但目前电动汽车技术尚处于起步阶段，电动车关键技术——电池技术难以在近中期取得实质性突破；此外，近中期中国电网中来自可再生能源的电能比例有待于进一步提高。从全生命周期来看，近中期电动车在我国的推广使用不具备良好经济性也不能显著减少碳排放。因此，中国在近中期应以电动车技术为发展方向，对电动车关键技术给予前期的科研、资金、人员等方面的投入，为中长期（2020 年以后）电动车的普遍推广应用做好技术和市场准备。

3. 实现城市交通智慧化管理

中国道路交通信息化建设经过最近几年的努力，已经建立了一批技术含量高的专业管理信息系统，如道路收费、监控、通信、路面以及路政管理和紧急事件管理等，中国许多城市已经或者正在进行智慧交通管理系统建设。因此，中国城市应在已有基础上加快发展智慧交通，力争近中期基本实现城市交通智慧化管理。

（二）实施措施

1. 推广分布式能源系统和智慧电网

用可再生能源发电是可再生能源多种开发使用方式之一，从前面的分析可以看出，利用来源于可再生能源的电能作为电动汽车的用能，或者用于新能源制取，可以达到交通碳减排的最佳效果。可再生能源发电与并网技术已有一定的基础，如当前通过分布式能源系统和智能电网，可以优化高峰负荷，能够将能源利用率较低又较分散的水能、风能、太阳能、地热能及生物质能等可再生能源充分利用起来发电并且与大电网并网，从而降低电网中的化石能源发电的比例。中国应加大分布式能源系统和智慧电网在各个城市的推广力度，创造市场机制来促进可再生能源大规模发电与并网关键技术的早日突破。

2. 制定严格的燃油经济性标准和碳排放限制的法规

提高内燃机效率、实现车用动力混合化、使用混合电动汽车乃至纯电动汽车和氢燃料电池汽车可以减少化石燃料使用和碳排放量。中国在发展电动车的同时，应对传统燃油汽车的油耗和碳排放进行更加严格的限制，将汽车的油耗和排放控制水平尽快与国际最新标准接轨，并辅以车载诊断系统实时监控。制定法规，淘汰那些汽车节能减排技术研究相对不足或不重视的生产企业，以不断促进企业汽车节能减排技术的进步。

3. 建立与国际接轨的标准体系

标准化是推动新能源汽车健康发展的重要技术保障。制定中国的新能源汽车标准，要与国际标准接轨，以保证标准的技术先进性，充分发挥标准的技术导向作用。

4. 推进智慧交通技术应用

随着机动车保有量的迅速增加，特别是私人汽车数量的剧增，交通基础设施所能提供的交通供给能力与巨大的交通需求之间的矛盾越来越尖锐，碳排放越来越多。因此，除了建设较为完善的低碳公共交通体系外，需要充分发挥基础设施的潜力，提高运输效率，进一步加快以信息技术为中心的智能交通系统建设，扩大智能交通技术的应用范围。

5. 运用政策工具推动低碳技术进步

进一步加大财税支持力度，推动新能源汽车的研究开发、市场销售及推广应用。激励消费者采用低碳技术和低碳生活方式，支持新能源汽车发展。对机动车驾驶员进行驾驶节能技术培训，引导机动车驾驶员养成良好的节能驾驶习惯，以尽可能少的燃油消耗和碳排放实现最经济的出行。

6. 重视低碳技术人才培养力度

城市交通低碳技术的进步、推广与应用需要充足的智力资源支撑，国家应加大低碳技术人才培养力度，造就一批高水平的研发队伍。有条件的高等学校应主动开设城市交通低碳技术方面的课程，或者设置相关的专业，为各行业各部门培养低碳技术人才。企业应当通过竞争机制，吸收培养一批自己的低碳技术研发带头人和技术骨干，资助其开展与新能源汽车相关的课题研究、学习交流等活动，带动企业研发活动的开展。

参考文献

［1］《能源与交通创新中心·低碳燃油标准与政策》，［2011—10—27］，http：//www. icet. org. cn/dtjt. asp？Cataid = A0014&id =216.

［2］CDIAC, *World's Countries Ranked by* 2008 *Total Fossil-fuel CO_2 Emissions* ［2011—07—17］, http：//cdiac. ornl. gov/trends/emis/top2008. tot.

［3］孙建卫、赵荣钦、黄贤金等：《1995—2005 年中国碳排放核算及其因

素分解研究》,《自然资源学报》2010 年第 8 期。

[4] IEA:《能源技术展望 2006》[DB/OL], [2011—06—27]. http://www. iea. org/papers/2006/summaries/etp_ chinese. pdf.

[5] 吴文化:《我国交通运输行业能源消费和排放与典型国家的比较》,《中国能源》2007 年第 10 期,第 19—22 页。

[6] 张阿玲、申威、韩维建等:《车用替代燃料生命周期分析》,清华大学出版社 2008 年版。

[7] 何晓亮:《混合动力车:新能源汽车的必经之路》,《科技日报》2011 年 3 月 12 日。

[8] 闵海涛、程猛:《新能源汽车环境影响及能源效率分析》,《拖拉机与农用运输车》2007 年第 8 期,第 105—106 页。

[9] 秦孔建、陈海峰、方茂东等:《插电式混合动力电动汽车排放和能耗评价方法研究》,《汽车技术》2010 年第 7 期,第 11—15 页。

[10] 李强、杨健慧、李青等:《燃料电池汽车氢源生命周期分析》,《环境科学研究》2003 年第 3 期,第 60—61 页。

[11] 邱彤、孙柏铭、洪学伦等:《发展以天然气为原料的燃料电池汽车》,《天然气工业》2003 年第 9 期,第 1—4 页。

[12] 张亮:《车用燃料煤基二甲醚的生命周期能源消耗、环境排放与经济性研究》,博士学位论文,上海交通大学,2007 年 3 月。

[13] 邹晓波:《汽车节油技术探讨》,《公路与汽运》2008 年第 6 期,第 36—39 页。

[14] 杨英慧:《汽车节能原理与措施》,《湖南农机》2011 年第 5 期,第 28—29 页。

[15] 国务院发展研究中心产业经济部,中国汽车工程学会,大众汽车集团(中国):《中国汽车产业发展报告》,社会科学文献出版社 2011 年版。

[16] 蔡凤田、谢元芒:《汽车运行油耗的影响因素与汽车节能技术》,《交通节能与环保》2006 年第 1 期,第 28—33 页。

[17] 耿学坚、范恩卓:《汽车节能减排措施的探讨》,《科技信息》2011

年第 7 期，第 369—370 页。

［18］梅娟、范钦华、赵由才等：《交通运输领域碳减排与控制技术》，化学工业出版社 2009 年版。

［19］张俊红、李志刚、王铁宁：《车用涡轮增压技术的发展回顾、现状及展望》，《小型内燃机与摩托车》2007 年第 1 期，第 66—69 页。

［20］王立彪、何邦全、谢辉等：《发动机可变气门技术的研究进展》，《汽车技术》2005 年第 12 期，第 4—8 页。

［21］魏广杰、吴琼、涂安全：《汽车发动机起停技术研究及应用开发》，《西华大学学报（自然科学版）》2011 年第 5 期，第 14—17 页。

［22］吴光强、孙贤安：《汽车自动变速器发展综述》，《同济大学学报（自然科学版）》2010 年第 10 期，第 1478—1483 页。

［23］左建令：《汽车电动助力转向系统的分类及应用特点》，《上海汽车》2009 年第 12 期，第 27 页。

［24］曹彬、张海强：《沃尔沃汽车将测试飞轮动能回收技术》，《经济参考报》2011 年 6 月 9 日。

［25］殷志峰、程麟：《绿色道路胶凝材料的研究现状及发展趋势》，《材料导报》2007 年第 5 期，第 94—97 页。

［26］刘士杰：《低碳环保泡沫沥青技术及其应用》，《筑路机械与施工机械化》2011 年第 7 期，第 7—10 页。

［27］谢飞：《未来智能汽车及智能汽车交通系统》，《汽车技术》1997 年第 7 期，第 53—57 页。

［28］杨学聪、车联网：《智能交通新的切入点》，《经济日报》2011 年 8 月 16 日。

［29］Robert Earley，Liping Kang，et al.，《中国电动汽车可持续发展背景报告》，［2011—11—17］. http：//www. un. org/esa/dsd/resources/res_ pdfs/csd–19/Background-Paper–9–China. pdf.

［30］国家发展改革委应对气候变化司：《关于公布 2009 年中国区域电网基准线排放因子的公告》，2010—07—20，http：//qhs. ndrc. gov. cn/qjfzjz/

t20090703_ 289357. htm .

Research on Application and Development of Low-carbon Technologies for China's Urban Road Traffic

Zhang Taoxin   Xie Shixiong   YangYing

Abstract：This article analyzes application status and trend of low-carbon technology for urban road traffic. The results showed that：1）not all new energy vehicles have the effect of carbon emissions reduction in China's current coal-based power structure，ideal new energy vehicle is the compressed or liquefied natural gas vehicle in the recent-mid term，alcohol ether vehicle isn't suitable to develop greatly，electric vehicle will increase carbon emission in China's current energy structure，but with the transformation of China's energy structure and developing of carbon capture as well as storage technology，vehicle of the greatest potential for reducing carbon emission is electric vehicle，and should be regarded as the direction of development of new energy vehicles. 2）In order to maximize the carbon emissions reduction of urban road traffic，the focus is integrated application of energy saving technology of motor vehicles in the current，and paying attention to urban road technology，and achieving green driving as well as smart management of urban transport. Based on the research，three strategic choices and five main measures of low-carbon technology development of China's urban road traffic are proposed.

Key Words：Urban；low-carbon transport；low-carbon technology；strategies；measures

附　录

电动车全生命周期碳排放的计算

中国各区域电网 2007 年发电环节中原煤等化石能源消耗的数据、碳排放系数以及电网供电量等数据来源于文献[31]；煤炭开采环节中每吨煤分别消耗电力 34.4 千瓦时与原煤 26.7 千克，并且每吨煤逸出 6 立方米的 CO_2（数据来源于文献[6]），电力线损为 6.64%，不考虑煤炭洗选、运输等其他环节碳排放，也不考虑发电所消耗的其他化石能源开采、运输环节所产生的碳排放，计算得到电动车使用 2007 年区域电网电力的全生命周期碳排放系数。计算公式为：碳排放量（tCO_2/MWh）＝电动车每百公里电耗 × [发电所消耗的原煤（吨）× ($6 \times 1.965 + 0.0344 \times$ 电网 2007 年的碳排放系数 $+ 0.0266 \times 1.8252$) ÷ 2007 年电网供电量（MWh）] ÷ 0.9336

表 8—2　　电动车使用 2007 年区域电网电力全生命周期碳排放（kg/100km）

（考虑原煤开采碳溢出）

	华北电网	东北电网	华东电网	华中电网	西北电网	南方电网	海南电网
E6 – BYD	159.4	175.7	130.0	182.9	167.1	143.5	115.8
M1 EV-Cherry	106.3	117.2	86.6	122.0	111.4	95.7	77.2
Benni EV-Chana	75.9	83.7	61.9	87.1	79.6	68.3	55.1
QQ3 EV-Cherry	91.1	100.4	74.3	104.5	95.5	82.0	66.2
5008 EV-Zotye	91.1	100.4	74.3	104.5	95.5	82.0	66.2
GA6380 EV-Gonow	121.5	133.9	99.0	139.4	127.3	109.4	88.2
Freema EV-Haima	121.5	133.9	99.0	139.4	127.3	109.4	88.2
620 EV-Lifan	113.9	125.5	92.8	130.7	119.4	102.5	82.7
320 EV-Lifan	121.5	133.9	99.0	139.4	127.3	109.4	88.2
ULLA-GWM	75.9	83.7	61.9	87.1	79.6	68.3	55.1

表8—3   2007年中国区域电网汽油车比相应电动车多排放碳的百分比（%）

（考虑原煤开采碳溢出）

	华北电网	东北电网	华东电网	华中电网	西北电网	南方电网	海南电网
E6 – BYD	457.0	514.1	354.2	539.2	484.0	401.5	304.7
M1 EV-Cherry	459.9	517.2	356.5	542.5	487.0	404.1	306.8
Benni EV-Chana	348.2	394.1	265.4	414.3	369.9	303.5	225.6
QQ3 EV-Cherry	419.9	473.2	323.9	496.6	445.0	368.1	277.7
5008 EV-Zotye	339.4	384.4	258.2	404.2	360.6	295.6	219.2
GA6380 EV-Gonow	477.7	536.8	371.0	562.9	505.6	420.1	319.7
Freema EV-Haima	395.2	445.9	303.7	468.2	419.1	345.8	259.8
620 EV-Lifan	413.1	465.6	318.3	488.8	437.9	362.0	272.8
320 EV-Lifan	549.9	616.4	429.9	645.8	581.3	485.1	372.2
ULLA-GWM	288.0	327.7	216.4	345.2	306.8	249.3	181.9

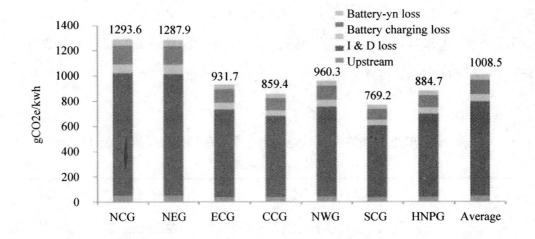

图8—4   2008年中国电网从矿井到油箱的碳排放密度（CO_2kge/kWh）

资料来源：参考文献[30]。

注：NCG—华北电网，NEG—东北电网，ECG—华东电网，CCG—华中电网，NWG—西北电网，SCG—南方电网，HNPG—海南电网，Average—全国平均。

表8—4   2008年汽油车碳排放   （kg/100km）

型号	E – BYD	M1 – Cherry	Benni-Chana	QQ3 – Cherry	5008 – Zotye	GA6380 – Gonow	Freema-Haima	620 – Lifan	320 – Lifan	LLA-GWM
	28.6	19.0	16.9	17.5	20.7	21.0	24.5	22.2	18.7	19.6

表 8—5　　　　　　　2008 年中国区域电网各电动车碳排放

（不考虑原煤开采碳溢出）　　　　　　　　　　（kg/100km）

	华北电网	东北电网	华东电网	华中电网	西北电网	南方电网	海南电网
E6 – BYD	27.2	27.0	17.5	18.0	20.2	16.2	18.6
M1 EV-Cherry	18.1	18.0	11.6	12.0	13.4	10.8	12.4
Benni EV-Chana	12.9	12.9	8.3	8.6	9.6	7.7	8.8
QQ3 EV-Cherry	15.5	15.5	10.0	10.3	11.5	9.2	10.6
5008 EV-Zotye	15.5	15.5	10.0	10.3	11.5	9.2	10.6
GA6380 EV – Gonow	20.7	20.6	13.3	13.8	15.4	12.3	14.2
Freema EV-Haima	20.7	20.6	13.3	13.8	15.4	12.3	14.2
620 EV-Lifan	19.4	19.3	12.5	12.9	14.4	11.5	13.3
320 EV-Lifan	20.7	20.6	13.3	13.8	15.4	12.3	14.2
ULLA-GWM	12.9	12.9	8.3	8.6	9.6	7.7	8.8

表 8—6　　　2008 年中国区域电网汽油车比相应电动车多排放碳的百分比

（不考虑原煤开采碳溢出）　　　　　　　　　　（%）

	华北电网	东北电网	华东电网	华中电网	西北电网	南方电网	海南电网
E6 – BYD	5	5	39	37	30	44	35
M1 EV-Cherry	5	5	39	37	29	43	35
Benni EV-Chana	24	24	51	49	43	55	48
QQ3 EV-Cherry	11	12	43	41	34	47	39
5008 EV-Zotye	25	25	52	50	44	55	49
GA6380 EV-Gonow	2	2	37	35	27	41	33
Freema EV-Haima	16	16	46	44	37	50	42
620 EV-Lifan	13	13	44	42	35	48	40
320 EV-Lifan	− 11	− 10	29	26	18	34	24
ULLA-GWM	5	5	39	37	30	44	35

第九章

城市废弃物回收利用和资源化技术应用研究

李晓勇　刘建文　芦　鹏　赵先超

摘　要： 城市废弃物对生态环境产生严重危害，造成资源的大量浪费，其回收与利用可产生巨大的经济效益和社会效益。城市废弃物处理中的低碳技术具有减量化、低污染性、可回收利用性等特征。推进城市废弃物的回收与利用技术低碳化，促进低碳经济的发展，推动社会可持续发展。

关键词： 城市废弃物　回收利用　资源化　低碳技术

随着经济的发展和工业的迅速崛起，人民收入水平的不断提高，工业化生产方式加工制作的消费品越来越多地进入人们的生活，在丰富和方便了人们生活的同时也产生了大量的城市废弃物，其成分越来越复杂，旧的处理垃圾的体制和方法，不能适用我国国民经济发展和环境保护的要求，致使垃圾对环境的污染日益严重，造成资源的大量浪费，久而久之形成一种恶性的不可治理的趋势。同时对废弃物的回收处理能创造社会价值，是推动经济发展的重要力量。目前城市废弃物的回收处理与再利用已成为各国环境保护的当务之急，也是治理全球性环境污染的首要措施。

一　城市废弃物的类别和污染现状

（一）城市废弃物的分类和来源

关于城市废弃物的分类目前尚不一致，分类方法和类型不尽一致，归纳起来，有几种常见的分类方法：①按回收性质分为可回收垃圾、不可回收垃圾、有害垃圾。其中可回收垃圾包含废纸、塑料、金属、玻璃等；不可回收垃圾是指果皮、残渣等不可循环使用的垃圾；有害垃圾如电池、日光灯管、电子元件、油漆桶等需要单独收集处理的垃圾。②按垃圾的特征可分为湿垃圾、干垃圾、大件垃圾和有害垃圾。湿垃圾主要指果皮等含水率较高的生物性垃圾。干垃圾主要指废纸张、废金属、废塑料等可直接回收利用的含水率较低的垃圾。大件垃圾指废旧家具、废旧电器等清运有困难的大型的固体废弃物。有害垃圾指对人体健康或者环境造成现实危害或者潜在危害的废弃物，也包括对人体健康有害的重金属或有毒物质的废弃物。③按垃圾来源可分为产业垃圾与生活垃圾。产业垃圾是伴随以营利为目的的各种产业活动产生的废弃物质，如伴随工业生产排出的各种工业垃圾和建筑垃圾，伴随商业活动排出的产品包装纸屑、塑料等商业垃圾等。生活垃圾是指以消费为目的的居民生活过程中排出的各种废弃物质，包括以蔬菜、果皮、煤灰为主的厨房垃圾，以废旧塑料、报纸、电池、铁制品和废家用电器及家具为主的家庭生活垃圾等。④按垃圾的成分可分为有机垃圾与无机垃圾。有机垃圾也叫可燃性垃圾，包括废纸浆、废塑料橡胶、皮革、油、煤渣等有机可燃成分。无机垃圾也叫非可燃性垃圾，包括陶瓷、玻璃、砖瓦、废旧电器、炉渣等无机成分。

（二）城市废弃物的污染状况

我国垃圾积存量目前已经达到 65 亿吨，城市垃圾平均每年以 8.98% 的速度增长，2006 年有 3000 多万吨，且每年以 160 多万吨的增长速度在增长，而目前我国的城市垃圾处理率仅为 50% 左右。我国废弃物的整体回收利用率不高，远低于世界平均水平，相当部分本来可以回收利用的废弃物却白白地流失了。废弃物中的有害成分和化学物质可通过环境介质——大气、土壤、地表或地下水体等直接或间接传入人体，威胁人体健康，传染疾病，给人类造成潜在的、近期的和长期的危害：①污染水体环境。固体废物倾倒于河流或海洋，将使水质受到污染，严重危害水生生物的生存条件和水资源的利用。堆积的或填埋的废物经雨水的浸渍和固体废物本身的分解，随天然降水和地表径流进入江河湖海，或渗沥水进入附近土壤渗入地下水，造成地表水与地下水的污染，危害人体健康和社会经济发展。②污染大气环境。一些有机固体废物在适宜的温度和湿度下被微生物分解释放出有毒气体；以细粒状存在的废渣和垃圾，在大风吹动下会随风飘逸，扩散到很远的地方，造成大气的粉尘污染；固体废物在运输和处理过程中，产生有害气体和粉尘。焚烧法是处理垃圾目前较为流行的方式，但是焚烧产生大量的有害气体和粉尘，危害人体健康。③污染土壤环境。土壤是地球陆地生态系统的基础，也是人类赖以生存和发展的物质基础。废弃物堆放或没有适当的防渗措施的垃圾填埋，其中的有害成分经过风化雨淋地表径流的侵蚀渗入到土壤之中，使土壤丧失腐解能力，破坏了土壤中的生态平衡，导致土壤质量下降，甚至草木不生。④侵占土地资源。据统计，城市垃圾历年堆放量约 50 亿吨，仅 2004 年固体废弃物总产生量就有 12 亿吨，而且每年垃圾还在快速增加。大量垃圾在城郊裸露堆放，全国近 2/3 城市陷入城市垃圾的包围之中，统计得出历年垃圾堆存量占用耕地 5.5 亿平方米以上，浪费了宝贵的土地资源，制约了我国经济、社会的发展。

（三）城市废弃物治理和回收利用的意义

我国是一个资源短缺的国家，且很多自然资源不能再生。我国城市废弃物中纸张、塑料、玻璃质和金属等有相当一部分是完全可以回收利用的，可以节省大量的资源和能源，同时减少环境污染，产生巨大的经济效益和社会效益。

据统计，当用废铁、废铝罐、废纸等处理再造成钢材、铝材、纸等时，所能节约能源的比例是相当惊人的，同时空气污染降低的比例相当大。据专家测算，用废钢铁代替矿石生产一吨钢可以节省74%的材料能耗；一吨废纸代替造纸原料，可节电40千瓦，节煤400千克，节水300吨，节约烧碱50千克。

城市废弃物回收处理能够起到环境保护、合理利用自然资源的作用。"十二五"规划中，垃圾减量、无害化处理及资源再生利用成为政府、社会和行业关注的重要议题。科学、高效地对城市废弃物进行回收和资源化利用是降低资源消耗和环境成本、实现社会和经济效益最大化的有效途径。而且新的城市废弃物回收体系建立、城市废弃物回收利用公司产生，会给城市提供更多的就业机会，推动我国的绿色环保事业。因此，我们要清楚地认识到城市废弃物回收利用的重要性及其意义，高度重视城市废弃物回收利用的工作，将其作为一个重要工程抓好。

二　城市废弃物回收处理和资源化现状及问题

（一）城市废弃物回收处理和资源化现状

在我国，垃圾处理主要有三类：填埋、焚烧、堆肥。截止到2008年底，我国共有无害化处理厂509座，其中卫生填埋厂407座，堆肥厂14座，焚烧厂74座。①填埋技术目前是我国大多数城市解决生活垃圾出路的最主要方法，投资少、容量大，90%以上的城市生活垃圾采用此方法处理。由于建设和运行费用、管理措施、环保技术等因素，在我国大部分填埋场仅是简易填埋场，真正意义上的卫生填埋场较少。②焚烧法是被许多发达国家采用的处理废弃物的方法。美、日等国利用焚烧法处理废弃物的量已达60%。城市废弃物里一般含有30%的可燃物，有的直接或只需添加些辅助燃料便可燃烧。废弃物焚烧后体积缩小到只有原来的5%左右，无菌消毒彻底，而且焚烧产生的热量还可用来发电供热。生活垃圾焚烧大致可分为简易焚烧炉、国产化焚烧设施和综合型焚烧设施三类。常用的焚烧炉有：床燃烧炉、火格子燃烧炉、撒布燃烧炉、填充层燃烧炉以及单式和多式焚烧炉等；存在投资规模大，能源消耗高，所需生活废弃物数量巨大等问题，比较适合大城市应用。③利用城市废弃物进行堆肥处理基本上还处在一个研究、试验和缓慢发展的阶段，堆肥在我国的处理率并不高。

当前我国城市垃圾资源化方法少，主要以堆肥法和废旧回收循环利用为主，少数城市利用卫生填埋场回收沼气。而且我国城市垃圾资源化的相对数量少，城市垃圾的处理量仅占总垃圾量的5%，其中70%是通过简易填埋法处理的，无任何收益，仅有2%进行了简易堆肥，其他方法的资源化量更少。再者，我国城市垃圾中资源化的物质种类少，城市垃圾中含有许多有用物质，但被利用的成分少，而堆肥则主要是利用了其中一些易腐物质和有机物质，其他未能充分利用。另外，我国城市垃圾资源化经济效益差，垃圾资源化成本偏高，资源化的物质品位低。

（二）城市废弃物回收处理和资源化存在的问题

城市废弃物回收处理存在的问题主要表现为：①未能在源头上实现垃圾的减量化。近年来，各种生活垃圾尤其是包装垃圾急剧增加，大量一次性垃圾的产生，占了我国总体垃圾的20%以上。②垃圾混合回收的方式加大了垃圾资源化的难度。城市垃圾目前仍以混合收集为主，采用容器定点收集，收集后运至中转站，再转运至处理场。许多可利用的物资和有毒有害物一起混入垃圾中，加大了垃圾中废品的回收难度，使得垃圾具有高有机物含量、高水分、低热值、成分复杂等特点，造成焚烧处理热值低，堆肥处理产品质量差，填埋处理污染大等问题。③垃圾处理技术水平低，存在污染隐患。目前我国对垃圾的处理，仍以填埋场为主，堆肥、焚烧及其他处理方法为辅。由于技术较低，管理落后，资金不到位，缺少相关政策及法律支援等原因，处理效果并不理想，甚至引发更为严重的二次污染。④垃圾污染事件频发，公众意见强烈。由于技术水平落后，管理制度不完善，垃圾厂的污染事故频频发生，导致公众闻垃圾厂建设而色变，投诉上访事件时有发生。⑤城市垃圾资源化的资金不足。我国城市垃圾处理费用主要来自政府，金额有限，而建大型的卫生填埋厂或焚烧发电厂均需大量资金，从而造成城市垃圾资源化基础设施差。⑥管理体制和法律法规不健全。我国现有的管理体制不能适应城市垃圾资源化发展的需要，垃圾管理一直由政府包揽，环卫部门既是监督机构又是管理部门和执行单位，不能形成有效地监督和竞争机制，制约着垃圾管理的发展；而且市容环境卫生管理队伍庞杂，层次多而不集中，未能把人力用到关键地方，不利于城市垃圾的资源化。我国虽然已颁布了防治城市环境污染的法规和卫生管理条例，但缺少相应的子法及实施细则，给依法管理带来一定的困难。⑦垃圾资源化未引起全民重视，居民环保和资源化意识淡漠。我国大部分城市垃圾还没有实现分类收集，增加了城市垃圾资源化的难度。社会对环境卫生和资源化意识淡薄，妨碍了各项管理制度、防治措施的顺利实施[8—12]。

三　城市废弃物的回收处理和资源化技术应用

（一）城市废弃物的回收处理和资源化技术概述

由于城市废弃物的来源和性状不同，其回收及处理的方式也有所不同。根据废弃物来源及处置方式的不同，将其分为生活废弃物、工业废弃物、建筑业废弃物、电子废弃物四大类[1,10,11]。

1. 生活废弃物

生活垃圾在城市垃圾中所占比例大，分布范围广，分类回收和处理的难度较大。一般来说，城市生活垃圾分为有机垃圾和无机垃圾。据报道，我国城市垃圾的年产生量为 1.8 亿—2 亿吨，并以平均年增长率 8.8% 的速度增加。生活废弃物的回收应从源头开始，即在居民家中就将废弃物分类放置，可借鉴德国的做法，分类回收蔬菜叶子、水果皮、废电池、玻璃瓶、废旧纸张等。再把这些垃圾分门别类地装进不同颜色的垃圾桶里。除了生活垃圾以外，还每年四次收集"障碍垃圾"，即淘汰的旧沙发、衣柜、电器等。我国目前常见的生活废弃物处理方式有填埋、焚烧、堆肥、高温分解法等几种方法。

（1）填埋法

选择合理的堆放场地，经过防水渗漏、覆土等措施而进行垃圾处理的一种方式，其优点是投资少、处理费用低、处理量大、操作简便[1]。其缺点是占地面积大，而且随着人类生活垃圾的不断增多，其占地面积也会随之不断增多，地处偏僻，运距较远，选址困难，固废中的有害物质渗漏可能会对地下水造成二次污染。填埋是我国目前大多数城市解决生活垃圾出路的最主要方法，2008年底全国共有 407 座生活垃圾填埋场，近 85% 的城市生活垃圾采用填埋处理。

（2）垃圾焚烧

利用高温将垃圾中的有机物彻底氧化分解，在燃烧过程中将碳及氢元素转化为二氧化碳及水，高温下杀死病毒和细菌，有效地减量和减重的一种方式，燃烧后的残渣量只有原垃圾量的 5%—20%，适合于可燃物含量较高的生活垃圾。焚烧法是世界各个发达国家普遍采用的垃圾处理技术[2]。目前等离子焚烧法和两段式气化焚烧法在国内也渐渐普及。垃圾焚烧法占地少、污染小，热能可以利用，但投资和运营成本高，焚烧产生的气体（如二噁英）和灰烬可能会造成二次污染。目前在我国城市垃圾处理中焚化法占比仅为 5%。我国生活垃圾焚烧技术的研究和应用起步于 80 年代中期，2008 年底全国共有各类生活垃圾焚烧厂 74 座，随着我国东南部沿海地区和部分大中城市的经济发展和生活垃圾低位热值的提高，不少城市已将建设生活垃圾焚烧厂提到了办事日程，正在积极组织实施，目前处于快速发展阶段。

（3）堆肥法

堆肥法就是将固体废弃物放在特定的条件下，经过自然或菌种作用，发酵升温降解有机物，实现无害化，经筛分处理后产生有机肥或深加工为有机复合肥的处理方法。堆肥法可分为简易堆肥、好氧高温堆肥和厌氧堆肥法。简易堆肥的特征是：工程规模较小、机械化程度低、主要采用静态发酵工艺、环保措施不齐全、投资及运行费用均较低。简易高温堆肥技术一般在中小型城市应用较多。好氧高温堆肥的特征是：工程规模相对较大、机械化程度较高、一般采用动态或半动态好氧发酵工艺、有较齐全的环保措施、投资及运行费用均高于简易堆肥技术。进入 21 世纪后，随着堆肥技术的发展，好氧高温堆肥方法又在我国的部分城市重新得到应用。厌氧堆肥的特征是：工程规模普遍较大，机械化程度相当高，一般采用湿式或干式厌氧发酵工艺，发酵周期可缩短至 15—20 天，沼气收集后可用于发电等，生活垃圾资源化利用率较高，投资及运行费用高于好氧高温堆肥，占地面积小于好氧高温堆肥。厌氧消化技术在欧洲有较多应用实例，目前我国部分城市正在筹建生活垃圾厌氧消化处理项目。目前堆肥处理的主要对象是城市生活垃圾和污水处理厂污泥、人畜粪便、农业废弃物、食品加工业废弃物等。但有机物的分解难完全，堆肥时间长，占地面积大，且有机肥的肥力较差。在国内垃圾处理总量中，堆肥占到 10%—20%，这几年来其比例有明显下降。城市生活垃圾堆肥处理在我国具有悠久历史，但由于各种原因目前的堆肥处理率并不高，2003 年底全国共有城市生活垃圾堆肥厂 70 座，堆肥处理率近 10%。

（4）高温分解

高温分解是在无氧或缺氧条件下，使可燃性固体废物在高温下分解，最终成为可燃气体、油、固形碳的化学分解过程[3]。热解方法适用于城市固体废弃物、污泥、工业废物如塑料、橡胶等。热解产生的可燃气、油等可以回收利用，其能源回收性好，环境污染小，减少焚烧造成的二次污染和需要填埋处置的废物量。

（5）微生物处理法

前四种处理方法是现在城市居民固体生活废弃物的普遍处理方式，但各有利弊。目前出现的微生物处理法，其发展前景广阔。微生物处理法就是利用微生物自身的新陈代谢对固体废弃物进行分解作用使其无害化。养殖蚯蚓是微生物处理垃圾的一种方法。一条蚯蚓每天吞食的垃圾量相当于其体重的 2—3 倍，经蚯蚓吞食处理后的排泄物是优质无味、无害、高效的多功能生物肥料，可用于花卉栽培及果蔬生产。微生物发酵技术，利用微生物的持续快速繁殖，生产高蛋白食品及饲料。微生物处理方法投资少，简便易行，处理彻底，不形成二次污染，事实上重建一个物质的再循环过程，既可消除环境污染，又可变废为宝。

2. 工业废弃物

常见的工业废弃物包括废钢铁、废有色金属、废橡胶、废塑料、废纸、废玻璃、化工渣等。各类废弃物的再利用方法见表9—1。

表9—1　　　　　　　　　　常见工业废弃物再利用方法

废弃物种类	废弃物再利用方法
废钢铁	重熔，按需要铸造使用
废塑料	造粒，制造再生品；制造各种建筑材料；热解回收燃料或单体
废有色金属	重熔，按需要铸造使用
废纸	制浆，制造再生纸；制造人造合成木材
废玻璃	重熔，代替部分玻璃原料使用；制造建筑材料
废橡胶	脱硫，制造再生胶；粉碎，作为橡胶业或建材业的填充剂
冶金渣	制造微晶玻璃和人造花岗岩；代替砂石作为建筑材料；回填
尾矿	制造墙体材料和人造花岗岩；代替砂石为建筑材料；回填
化工渣	制造各种化工副产品；焚烧，回收热量；填埋

注：转引自参考文献 [1]。

工业废弃物的回收可通过两类主体。一是产生废弃物的企业本身，二是专门回收废弃物的企业。工业废弃物回收再利用的成本包括：回收和再利用废弃物过程中投入的人力、物力和财力成本。工业废弃物回收再利用的收益包括：资源化后的废弃物本身的价值，节约资源的收益等。由于资源的稀缺性，从长远和大局来看，只要有相应的技术支撑，工业废弃物回收再利用的收益远远大于成本。

3. 建筑业废弃物

建设领域产生的废弃物主要包括渣土、泥浆和建筑垃圾三大类。建筑垃圾材料包括钢铁、铜、铝等金属类和混凝土、砖、竹木材等非金属类。建筑废弃物的回收分为两种情况：一是拆除建筑物所产生的废弃物，在现场分类收集混凝土、木材、玻璃等建筑材料，再生利用。二是新建建筑物时所产生的废弃物，在施工现场及时分类收集，或再利用，或送相关场所资源化处理。建筑废弃物中的金属、橡胶、塑料、玻璃等废弃物的再利用方式与工业废弃物中的同类废弃物相同；利用机械或化学处理方法，可将废弃的竹、木材装饰装修材料制造木质人造板、木屑板等产品，其余的可燃物可作为燃料产生热量，残渣可做有机肥料。建筑业特有的废弃物的再生利用方式见表9—2。

表9—2 　　　　　　　　　　建筑业废弃物再利用方法

废弃物种类	废弃物再利用方法
废旧普通混凝土	再生骨料，再生粗骨料可完全或部分取代石子，再生细骨料可部分取代沙子重新利用。
	再生混凝土添加料，可用其部分取代水泥和砂子。
	类结构轻集料混凝土及其构件，可用其制用具有承重、保温功能的结构轻集料混凝土构件。
废旧砖瓦	免烧砌筑水泥
	水泥混合材
	再生烧砖瓦
废旧高铝水泥混凝土	可制成再生耐火集料、再生高铝矾土、再生混凝土膨胀剂等。

注：根据参考文献［1］整理。

4. 电子废弃物

电子废弃物俗称电子垃圾，包括各种废电池、废旧电脑、通信设备、电视机、洗衣机、电冰箱以及一些企事业单位淘汰的精密电子仪器仪表等。电子废弃物中含有大量的重金属及放射性元素，如不进行专门处理，将给环境带来严重危害，并直接危害人体健康。电子废弃物应由专业部门专业回收、专业处理，最大限度地利用资源，减少污染。电子废弃物的资源化过程包含两层含义：①重新使用，即对废弃的电子产品进行修理或升级以延长其使用寿命；②循环再生，包括拆解的元器件的回收重用和物料的回收利用。电子废弃物资源化处理及其方法主要包括火法回收、湿法回收、机械分离及生物回收等。通过资源化再利用，能够提炼出电子废弃物中的贵重金属，回收利用的经济效益可观。

（二）城市废弃物的回收处理和资源化新技术应用

废弃物对城市环境与发展，对居民的生活都有巨大的影响。常规的处理方法或危害人体健康、污染空气和水源，或破坏农田、浪费了可回收资源，不是城市生活垃圾处理的有效方式。因此，人们开始探索新的方法，结合城市生活垃圾处理的现状和现有方法，处理和再利用城市生活垃圾的有效方法应该是：源头分类，分别利用。目前许多国家正致力于废弃物综合利用的研究，废弃物的变化和利用已成为一个大有前途的行业[5—6,13]。

（1）内核燃烧法。利用垃圾自身热量焚烧垃圾，采用大量高加料，在垃圾点燃后，在料层底部形成若干热核，热核逐步扩大后使整个料层着火燃烧并燃尽。可以不利用其他辅助燃料来处理低热值、高水分的生活垃圾，这是垃圾焚烧的新方法。

（2）高技术垃圾分选处理法。利用不同垃圾的物理性质，采用人工粗选、重选、磁选以及气流分选等方法进行分类，再进行回收利用。此法最大限度地做到物尽其用，将污染降低到最低限度，是目前最先进的垃圾处理方法之一。由于一次性投入过大，除少数发达国家外，多数国家难以推广使用。

（3）废弃物发电：纽约亨晋特德发电厂每年处理废弃物60万吨，可发电2.5亿千瓦时。国外燃烧4吨废弃物产生的热能与1吨煤油相同。美国已建成废弃物发电站70座，英国废弃物发电占全国电力的5％，瑞士50％的工业废弃物用于发电和取暖。

（4）塑料再生：各种塑料的混合物制成"木料"，把像木材一样能钉、能锯的复合塑料模压成长凳、野餐桌和水边木桩等。塑料废弃物在高温、高压下，通过氧化作用使塑料还原为油，1吨塑料废弃物可以还原800千克油。废塑料气化处理：日本国内拥有规模大的废塑料气化处理生产液氨企业，核心技术是将废塑料气化，制成液氨，然后将氨变成各种衍生物后，成为各种产品的原料，包括灰烬在内，全部可以再生利用，实现废弃物零排放。

（5）城市垃圾堆肥技术：有机物在有氧的条件下，利用好氧微生物的代谢活动，把其中一部分有机物氧化成简单的无机物，为生物生命活动提供所需的能量，另一部分有机物转化为生物体所必需的营养物质，微生物在堆肥过程中起着十分重要的作用。堆肥微生物可以来自自然界，也可利用经过人工筛选出的特殊菌种进行接种，以提高堆肥反应速度。废弃物制肥是使废弃物在好氧条件下快速发酵，温度高达50℃—60℃，可把一般的细菌、虫卵杀死，发酵后的废弃物是很好的有机肥料。我国普遍把废弃物转化为有机肥。

（6）生活垃圾提取乙醇和气体技术：主要用盐酸作为催化剂，在高温下将垃圾浮选后产生的轻质成分（含有大量纤维素）进行水解，同时提取糖，糖水发酵后还原成乙醇，在水解过程中还产生电能。试验室提取乙醇浓度为1.6%，经蒸馏后其浓度可达95%。

（7）蒸氧垃圾砖技术：蒸氧垃圾砖是一种水胶性硅酸盐建筑材料，是利用无机垃圾中的活性 SiO_2 和 Al_2O_3（主要在煤灰中），在一定的温度和湿度条件下，与石灰中的 CaO 有效作用，生成有胶结能力的水化硅酸钙和水化铝酸钙，因其水化生成物具有类似于普通硅酸盐水化物的性质，所以垃圾砖具有墙体材料所需要的强度和力学性能。

（8）废家电回收拆解：日本 TERM 株式会社主要业务是废家电等电子产品的回收拆解、环境测试等，废弃电子物处理产生的效益明显。拆解车间全部流水化作业，每个流程上仅用2—3个人就能完成工作，回收再利用率达90%。其显像管切割技术具有国际先进水平，如此高效、完善的操作流程非常值得我国同类型企业借鉴。

（9）汽车电池再生：日本凤凰有限公司株式会社已研制出一种活化剂，可通过特殊的添加液，用脉冲波冲击掉附着物，使电极板表面积扩大，蓄电量增加。经过这种添加剂处理后的电池使用寿命可达到新电池的80%以上，并能反复再生利用3—4次。

（10）废弃物制造复合材料：废弃物复合材料所采用的原料95%以上是各种固体废弃物，其成本要比通过采选得到的一次资源低得多，既解决了废弃物环境污染问题，又节约了各种宝贵的一次资源。①聚合物基废弃物复合材料：把废砂、尾矿、炉渣、粉煤灰、玻璃纤维下脚料等经过一定的粒度、粒形和表面活化处理后作为增强材料，把废旧农膜、食品袋、编织袋、旧轮胎再生胶等经过一定的工艺处理后作为基体材料，配以适当的添加剂，通过特殊的界面处理和复合工艺町形成以球—球、球—纤维堆砌体系为基础的复合材料。②硅酸盐基（陶瓷基）废弃物复合材料：是将废弃物材料中的活性 SiO_2、Al_2O_3 与添加剂中的矿水化结合生成的 CSH 等溶胶作为基体，把另一些粒状或纤维状的废弃物包裹在其间，形成一种强度更好的复合材料。③金属基废弃物复合材料：以废弃易拉罐、牙膏皮、铝合金型材边角料等作为基体，以碎玻璃、玻璃纤维下脚料等作为增强材料，制成的高强度复合材料兼有韧性和高硬度，使再生资源价值倍增。

四 城市废弃物回收处理和资源化发展对策

（一）城市废弃物回收处理和资源化原则

国际通用的垃圾处理主要遵循减量化、再利用、再循环和无害化原则[14—15]。

1. 减量化（Reduce）原则

在生产的投入环节尽可能减少输入的自然资源。在城市废弃物的处理上，对废弃物的减量化处理一方面从源头节约资源使用和减少资源投入，另一方面是对固体废物进行处理利用，从而达到减少废弃物的目的。减少固体废物的产生，需从资源的综合开发和生产过程物质资料的综合利用着手，即"废物最小化"与"清洁生产"。对固体废物进行处理利用，属于物质生产过程的末端，即通常人们所理解的"废弃物综合利用"，采用各种综合处理和资源化技术进行废物回收利用，以减少废弃物的数量。

2. 再利用（Reuse）原则

即在生产和消费的过程中，尽可能最大限度地提高产品和服务的利用率，要求产品多次或多种方式再利用，以延长产品和服务的使用周期，避免过早成为废弃物，从而减少废弃物产生。

3. 再循环（Recycle）原则

固体废物属于二次资源或再生资源范畴，即在产品的输出端要求物品完成功能后，可回收和综合利用，变成再生资源。在提高产品和服务利用效率的基础上，使废弃物资源化变成其他产业或产品的原料，实现资源的循环利用，最大限度地减少废弃物排放。固体废物资源化是固体废物的主要归宿。资源化应遵循的原则是：资源化技术是可行的；资源化的经济效益比较好，有较强的生命力；废物应尽可能在排放源就近利用，以节省投资。城市生活垃圾"冷处理"的设计思想及技术是根据各种垃圾处理的有利和不利方面，根据现在国内外已有的各种技术的优缺点，根据垃圾的成分及其特点，综合设计了一套全新的垃圾处理技术方案，使其在处理垃圾的过程中，既可全量处理垃圾，又可资源再生；既有垃圾处理中的生产效益，又可体现出切实的社会效益和环境效益。

4. 无害化（Harmless）原则

固体废物无害化处理的基本任务是将干扰废物通过工程处理，达到不损害人体健康、不污染周围的自然环境（包括原生环境与次生环境）的程度。目前，废物无害化处理工程已经发展成为一门崭新的工程技术。诸如，垃圾的焚烧、卫生填埋、堆肥、粪便的厌氧发酵、有害废物的热处理和解毒处理等。其中，"高温快速堆肥处理工艺"、"高温厌氧发酵处理工艺"在我国都已达到实用程度。

（二）城市废弃物回收处理和资源化发展对策[14-15]

1. 加强源头处理，促进垃圾减量化

要解决我国的城市垃圾问题，必须从减少城市生活垃圾来源入手，减少家

用和商用垃圾，尽量减少一次性物品的使用，尽量减少包装垃圾，重复使用和修理使用目前已有的物品，减少垃圾，节约能源，增加财富。

2. 加强城市垃圾的分类回收

要实现垃圾资源化，应该从加强管理、推行垃圾分类收集开始，以降低垃圾中废品回收成本，提高废品回收率和回收废品质量，促进资源化，便于有害物单独处置。各个城市应根据自己的具体情况，提出垃圾分类方案，逐步推广垃圾分类收集。分类收集本着先易后难，先简单后复杂的原则逐步实施。如对灰渣含量低、可燃物含量高的街区垃圾进行单独收集并进行焚烧处理，再逐步推行可燃物分类收集进行焚烧处理；对于垃圾中煤灰含量高的城市，可实行煤灰单独收集，进行填埋处理或直接回收利用；对于采用堆肥处理为主要方式的城市，可实行生物降解的有机垃圾单独收集进行堆肥处理。

3. 建立垃圾收费制度，推行垃圾运营产业化

随着我国物质生活水平的提高，城市居民越来越重视环境质量。建立垃圾收费制度的时机已基本成熟，应当实行居民按人口，非生产性企事业单位按职工数量，生产经营性企业按垃圾产生量收取处理费，以实现减少垃圾产生量的目的。垃圾收费要纳入地方财政，为城市垃圾体制改革提供资金支持。要按照垃圾处理产业化的要求，环卫企业收取的生活垃圾处理费为经营服务性收费，其收费标准应按照补偿垃圾收集运输和处理成本，合理赢利的原则核定。要制定科学的计收办法，加强收费管理。

4. 制定统一的垃圾无害化处理标准

目前，我国各城市的垃圾处理设施建设标准和工艺流程均是根据当地的财力、技术水平与现有设施而自行确定的。一方面，当地环卫部门在环保监督方面受当地经济、技术制约，对垃圾处理监管不力的现象时有发生；另一方面，主管部门缺乏统一的标准来规范、监督各城市垃圾处理设施，致使目前我国各城市的垃圾处理水平参差不齐，有相当一部分垃圾处理达不到无害化，因此制

定统一的垃圾无害化处理标准，加强监督管理势在必行。

五　结束语

通过对城市垃圾不同类别的处理及利用方法现状的探讨，可以看出城市废弃物的处理方式多种多样。在方法的选取中，我们应秉着减量化、再利用、再循环和无害化的原则，合理利用不同的处理方法和技术，实现城市垃圾回收和资源化的目的。目前我国已制定了一系列环保法规、标准、规范和配套的技术政策；但还需给予优惠的产业政策，大力扶持我国的新兴垃圾处理产业。垃圾处理产业应积极开拓多种融资渠道，解决资金短缺问题；运用现代先进的、多元化的经营方式与经营手段，提高自身生存能力和营利能力，创造良好的社会效益、环境效益和巨大的经济效益，使垃圾处理产业向健康的可持续的方向发展。

参考文献

［1］左红英、杨忠直：《城市废弃物的分类与回收再利用》，《生产力研究》2006 年第 8 期，第 115—116 页。

［2］王涛：《城市垃圾资源化技术研究和亟待解决的问题》，《中国环保产业》2004 年第 8 期，第 165—168 页。

［3］蔡科、杜希纯：《城市垃圾资源化探讨》，《理论探讨》2010 年第 7 期，第 207—208 页。

［4］宋建利、石伟勇、倪亮、王亮：《城市生活垃圾现状与资源化处理技术研究》，《河北农业科学》2009 年第 7 期，第 58—61 页。

［5］蔡林：《垃圾分类回收是根治垃圾污染和发展循环经济的必由之路》，《中国资源综合利用》2002 年第 2 期，第 9—13 页。

［6］黄子夷、葛宝样：《谈城市废弃物的资源化》，《再生资源研究》2000 年第 3 期，第 36—37 页。

［7］樊元生：《我国城市生活垃圾环境管理》，《环境经济》2005 年第 10 期，第 6—8 页。

［8］陈鲁言等：《香港、广州、佛山和北京市政垃圾成分比较及处理策略》，《环境科学》2003 年第 3 期，第 136—139 页。

［9］谭万春、王云波：《城市垃圾的综合处理与能源回收》，《长沙理工大学学报（社会科学版）》2006 年第 2 期，第 44—46 页。

［10］朱洪宝、蔡秀萍：《城市垃圾处理及资源化利用》，《能源研究与利用》2005 年第 2 期，第 43—45 页。

［11］陈扬、汪德营、赖锡军：《固体废弃物资源化的现状和前瞻》，《国土与自然资源研究》2003 年第 3 期，第 69—71 页。

［12］宋晓岚：《城市垃圾处理与可持续发展》，《长沙大学学报》2001 年第 4 期，第 2—3 页。

［13］赵岚、关玉转：《城市垃圾化处理及资源化问题》，《科技资讯》2011 年第 7 期，第 139 页。

［14］王永康：《城市垃圾困局及其逆向物流解决方案》，《生态经济》2010 年第 10 期，第 172—175 页。

［15］何雄浪、朱旭光：《发展我国城市废弃物循环经济的理论与实践思考》，《当代经济管理》2008 年第 30 期，第 15—18 页。

Research on Recycling and Resources Recovery Technologies in Disposal of City Castoff

Li Xiaoyong　Liu Jianwen　Lu Peng　Zhao Xianchao

Abstract：Packaging castoff have put serious harm on ecological environment and wasted plenty of resources. Recovery utilization may produce tremendous benefits of economy and society. Low-carbon technologies in packaging castoff have the characters of reduction, low-pollution and recyclability so on. Recovery utilization technologies of packaging castoff with low-carbon characteristics have been advanced, which benefit to promote low-carbon development of packing industry and impel development of low-carbon economy.

Key Words：packaging castoff；disposal；recovery utilization；carbon reduction technology

第十章

包装废弃物处理中的低碳技术研究

李晓勇　刘建文　赵先超

摘　要：包装废弃物对生态环境产生严重危害，造成资源的大量浪费。包装废弃物的回收与利用可产生巨大的经济效益和社会效益。包装废弃物处理中的低碳技术具有减量化、低污染性、可回收利用性等特征。推进包装废弃物的回收与利用，低碳技术应用和技术创新，有利于促进包装产业低碳化进程，推动我国低碳经济的发展。

关键词：包装废弃物　处理　回收利用　减碳技术　技术创新

低碳经济是以低能耗、低污染、低排放为基础的经济发展模式，是人类社会继农业文明、工业文明之后的又一次重大进步。低碳经济的实质是高效利用能源、开发清洁能源、追求实现绿色 GDP，核心是通过低碳技术创新、产业结构和制度创新，促进人类社会和经济可持续发展。发展低碳经济，对推动我国产业结构调整、转变经济增长方式具有重要意义。

随着经济的发展和包装工业的迅速崛起，人民收入水平的不断提高，工业化生产方式加工制作的消费品越来越多地进入人们的生活，在丰富和方便了人们生活的同时也产生了大量的包装废弃物，严重地污染了环境，造成资源的大量浪费，久而久之形成一种恶性的不可治理的趋势。目前包装废弃物的回收处理与再利用已成为各国环境保护的当务之急，也是治理全球性环境污染的首要措施。以"低碳"为核心的包装是包装产业的发展趋势，是发展低碳经济的重要组成部分。加强包装废弃物处理中低碳技术的应用研究，是节能减排和保护环境的重要途径，也是实现我国单位 GDP 的 CO_2 排放强度下降 40% 目标的重要手段之一。

一　包装废弃物的现状和治理意义

（一）包装废弃物分类和污染现状

从 20 世纪 80 年代开始，我国的包装产业开始起步，经过近 30 年的快速发展，目前我国已建立起以纸、塑料、玻璃、金属、包装印刷、包装机械为主，拥有一定现代技术装备、门类比较齐全的现代包装工业体系。包装已经成为现代商品生产、储存、销售和人类社会生活中不可缺少的重要组成部分。资料显示，到 2009 年底，我国包装工业总产值首次超过日本，成为仅次于美国的全球第二大包装工业大国，工业总产值也增长到了 1 万亿元。在国民经济 42 个工业行业中，包装工业已经提升至第 14 位[1]。我国包装工业现正以 16.95% 的年增长率迅猛发展，高于全国工业平均年增长率。

包装工业发展迅速，资源消耗的数量巨大，同时带来了包装废弃物的持续增加，对生态环境破坏日益严重。包装废弃物是指失去或完成保持内装物的原有价值和使用价值的功能，成为固体废弃物被丢弃的包装容器、材料及辅助物，根据包装使用材料的不同，包装废弃物主要可分为以下五类：①纸类包装废弃物；②塑料类包装废弃物；③金属类包装废弃物；④玻璃类包装废弃物；⑤其他类包装废弃物，如布袋、草袋。具体主要有纸质、塑料质、金属质、玻璃质、陶瓷、木质和复合材料等几类[2]。纸废弃物，可腐烂，能分解。金属包装的主要品种有听盒、罐、钢桶和大型金属贮罐等。除大容量钢桶回收重复使用次数较多外，其他品种回收很少，铝易拉罐的回收最高也只有百分之三十几。玻璃容器及制品除部分被回收复用、玻璃工艺品被保存外，其余大部分以废弃瓶罐和碎玻璃形式丢弃。塑料废弃物，其中非降解塑料占多数，该废弃物在自然环境中需经两三百年才能发生降解，形成严重污染环境的"白色污染"[3]。

包装废弃物属于城市固体废弃物，是长期存在的重要的环境污染源。未经处理或处理不善都会使城市的生态环境污染加剧。首先，迅速增加的废弃物会占用大量耕地，我国目前的城市垃圾积存量巨大，占地 5 万多公顷[4]，并且每年都在扩大。无论是垃圾堆放场，还是垃圾填埋场，都占用了耕地，使耕地面积本就过少的我国更加捉襟见肘。其次，大部分城市的垃圾处理常采用露天堆放和放到自然沟壑中填埋等简单方法，这种处理垃圾的方法，必然会污染水体和土壤。垃圾中的重金属元素如 As、Pb、Cd、Hg、Cu 等进入土壤，会被农作物吸收，最终危害人体健康。而且这些有毒物质会通过雨水渗透到水体之中，污染水源和地下水资源。再次，废弃物回收处理常用的焚烧方法，如露天焚烧垃圾，会产生二噁英及其他有毒气体，严重污染城市空气。另外，城市垃圾场中的垃圾由于未得到及时处理，一些所谓的可用之物，如旧衣服、旧注射器等，不经任何消毒和再生制作而直接复用，产生二次污染，危害消费者的健康。而且垃圾堆放处是老鼠的藏生地，蚊蝇的滋生处，易传染疾病，使人类深受其害。

（二）城市包装废弃物治理和回收利用的现状

目前，已有一些发达国家对垃圾成功地实施回收利用，如芬兰 2007 年废纸回收利用率达到 70%；日本废弃包装物的回收利用率为 78%；美国铝罐回收率为 95%。这些都说明发达国家在产品包装废弃物的回收利用上取得了相当不错的效果，产生了巨大的经济效益和社会效益，值得我国效仿[3-5]。

我国垃圾积存量目前已经达到 65 亿吨，城市垃圾平均每年以 8.98% 的速度增长，其中包装废弃物约占 1/3，2006 年大约有 3000 万吨，且每年以 160多万吨的增长速度在增长，而目前我国的城市垃圾处理率仅为 50% 左右[4-6]。

我国废纸回收利用率不高，仅为 30.4%，远低于 47.7% 的世界平均水平。除了啤酒瓶和金属包装材料的回收利用率比较高之外，其他包装废弃物的回收利用率相当低，整个包装产品的回收率还达不到包装产品总产量的 20%，相当部分本来可以回收利用的废弃物却白白浪费了。不仅加大了自然资源消耗，而且严重地污染了环境，使城市的生态环境污染加剧[7—8]。近年来，我国包装废弃物的回收工作在国家和地方政府主管部门有关政策和法规的指导下，虽取得了一些进步，但总体形势不容乐观。我国包装废弃物回收处理存在以下几个方面的问题：

1. 包装废弃物回收系统尚不健全

西方发达国家相继建立了适合本国国情的包装废弃物回收系统，系统在控制环境污染与发展本国循环经济方面发挥了重要的作用。如市场为导向的德国的 DSD（Duales System Deutschland）废弃物回收系统，由专门的企业 DSD 公司负责对整个系统中所有的废弃物进行组织回收、分类、处理及循环使用。我国的回收体系尚未健全，主要问题表现为：①我国包装废弃物分类回收工作严重滞后：我国目前几乎没有进行过对城市垃圾分类的工作。各种包装废弃物和厨房垃圾混在一起，只有掩埋或焚烧，难以利用其中的有效资源。我国国有的回收体系已经解体，现在虽然有自发的民间回收体系，但不具有专业化分拣、处理手段。包装废弃物的分类完全靠手工分拣，达不到准确的分类，使后期的处理难以进行。②我国包装制品回收渠道混乱：我国过去的垃圾分类传统是靠单一的政府行政行为为依托的回收系统支撑着的。近些年来，由于经济观念上的原因，原有的回收系统和渠道失灵了，以市场为依托的回收系统尚未建立。商业公司、街道、民政等部门的回收渠道各自为政，回收利用率很低，浪费资源，二次污染情况严重。③我国包装废弃物回收处理立法有待于加强：到现在，我国仍没有适合中国国情的包装废弃物处理法律、法规。而且，在包装废弃物的回收和处理方面的立法比较薄弱，现有法律《中华人民共和国固体废弃物污染防治法》中对产品生产者应负的职责不明确，包装废弃物如何回收，如何存放，如何处理的相应配套机构与设施还很不健全。

2. 生产工艺落后，资源浪费严重

虽然经济迅猛发展的这几年内，我国包装行业的技术水平有了明显提高，但与发达国家相比，还普遍存在着生产工艺落后、资源浪费严重的问题。如我国每年消耗的 3 亿立方米木材中，近 1/10 用于各种产品包装。纸质包装，我国每年消耗纸包装制品约为 2000 万吨，其中以木浆为主要原料的占 40% 左右，消耗木材超过 2000 万立方米[1]。塑料包装由于原料来源丰富，价格低廉而且质量轻、强度高、韧性好、易成型的优点，占我国包装材料总量的 1/3 以上。但人们普遍使用不能降解的普通塑料袋，其废弃物不易回收处理又不能自然分解，因此造成了严重的"白色污染"。

3. 包装废弃物回收率低

回收包装废弃物最为有效的办法是对垃圾进行分类收集和处理。德、日、美等发达国家对包装废弃物的回收处理已规模化、产业化。德国的马口铁回收率达 89%，瓦楞废纸回收率达 95%；美国近 10 年来通过对包装废弃物的回收利用创造了年均 40 亿美元的财富。而我国每年包装产量 3000 多万吨，大部分产品的回收率相当低，达不到总产量的 20%[1]，我国对包装废弃物的回收处理还远未形成规模，造成资源的极大浪费和环境的严重污染。

4. 缺乏绿色消费观念

"绿色消费"是指崇尚自然、健康、安全、环保节能的消费理念和消费方式，提倡消费者要尽量购买对环境污染程度低的绿色包装产品。绿色消费是广大社会公众参与循环经济的消费行为规范。我国的绿色消费起步较晚，远未成为人们的消费习惯。全国各大中小城市和农村集镇仍旧是"白色"难禁，"绿色"难兴。据调查，有 72% 的人认为发展环保产业、开发绿色产品对改善环境状况有益，54% 的人愿意使用绿色产品，还有 38% 的人表示购买过绿色产品[1]。从调查数字看，我国绿色消费观念开始形成，但真正付诸实施的人还不多，绿色消费观念需要宣传力度的加大和制度的推动。

（三）城市包装废弃物治理和回收利用的意义

我国是一个资源短缺的国家，且很多自然资源不能再生。而包装很多是利用不能再生的资源生产得来的，因此，包装材料的回收利用就显得十分重要。我国包装废弃物中纸张、塑料、玻璃质和金属等有相当一部分是完全可以回收利用的，可以节省大量的资源和能源，同时减少环境污染，产生巨大的经济效益和社会效益。我国每年产生500万吨塑料垃圾，只有30%左右由个体户自发回收利用，还有价值50亿元的资源被浪费掉了。按目前的回收水平计算，每年回收纸箱14万吨，可节约生产同量纸的煤8万吨、电4900万度、木浆和稻草23.8吨、烧碱11万吨。其中1吨废纸可以重新造纸800公斤，可以节约木材4立方米，节约用电400度，节约用煤400公斤，节约用水30吨。玻璃类制品所占的比例大约为1.87%，利用1吨碎玻璃回炉加工可以节约用煤1吨，节约用电400度[9]。据统计（见表10—1），当用废铁、废铝罐、废纸等处理再造成钢材、铝材、纸等时，所能节约能源的比例、空气及污染降低的比例是相当惊人的[9—10]。已有一些发达国家对垃圾成功地实施回收利用，尤其是对产品包装废弃物的回收利用，创造了巨大的经济效益。如芬兰有一半的垃圾实现了再利用；日本从废品中回收的铜占全国铜需求量的80%[8]；法国90%的瓦楞纸是用回收的废纸生产的；美国有三家垃圾处理公司包揽了全国15%以上的垃圾处理量，年创效益20亿美元以上[8]。

表10—1　　　　　　　能源节约比例及空气、水污染下降比例

项目	铁	铝	纸
能源节约比例（%）	65	95—97	70—75
空气污染下降比例（%）	85	95	74
水污染下降比例（%）	75	97	35

包装废弃物回收处理能够起到治理环境污染和保护环境、节约资源和能源及合理利用自然资源的作用。"十二五"计划中，垃圾减量、无害化处理及资

源再生利用成为政府、社会和行业关注的重要议题。科学、高效地对包装废弃物进行回收再利用是降低资源消耗和环境成本、实现社会和经济效益最大化的有效途径。而且新的包装废弃物回收体系建立、包装废弃物回收利用公司产生，会给城市提供更多的就业机会，推动我国的绿色包装事业。因此，我们要清楚地认识到包装废弃物回收利用的重要性及其意义，高度重视包装废弃物回收利用的工作，将其作为一个重要工程抓好。

二　包装废弃物回收处理中的低碳技术应用

（一）适合我国国情的包装废弃物的回收体系

为了解决包装废弃物的回收利用问题，国外建立了许多各具特色的包装废弃物回收系统，形成了完备的回收网络，如德国成立双向回收网络系统（DSD），奥地利 ARA 废弃物回收系统，法国 ECO Emballages SA 包装废弃物回收系统等[11]。

我国的相关行业目前尚未形成一定规模的废弃物回收系统，所回收物品也仅限于回收效益较高、回收成本较低的物品，比如电子类、塑料、纸张等产品，而且还存在着市场不规范、回收效率较低的问题[8,10]。目前我国包装废弃物的回收利用仍没有相关政府部门或公司来承担，而是和其他垃圾一起由环卫部门统一回收。这样的混合处理方式存在种种弊端：首先，包装废弃物与其他生活垃圾混合收集的方法不仅增加了政府的财政支出，更是加重了垃圾分类的难度；其次，各行政部门彼此独立，信息闭塞，无序竞争时有发生，可能会产生复杂的利益纠纷；再次，政府为导向的回收利用体系不能激发各种市场主体回收利用包装废弃物的积极性，不能充分发挥包装废弃物回收利用体系本身具有的经济潜力，阻碍了回收利用体系市场化发展的进程。这些不利于今后包装废弃物回收利用体系的市场化发展。我国应该吸取德国等发达国家建立包装废弃物回收利用体系的管理经验，发展非营利性回收利用机构，整合现有垃圾分类回收制度，保留原有的回收利用体系所承担垃圾的回收工作，对包装废弃物进行专门的回收利用，建立以市场为导向的包装废弃物回收利用体系。

（二）包装废弃物回收处理方式和流程

目前，国内外对包装废弃物处理的主要方式有：①再使用：将全部包装或部分包装在使用过后进行回收和处理，再次用于包装；②再循环：把使用过的包装回收，进行处理和再加工，使用于不同领域；③利用能源：通过焚烧利用回收物的热能。包装废弃物的处理流程可概述如下（图10—1）：

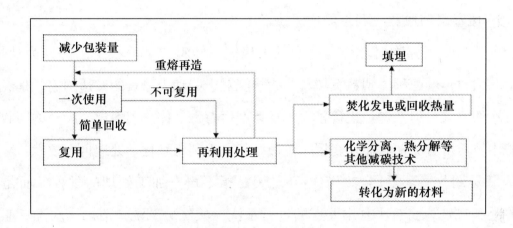

图10—1　包装废弃物的处理流程

（三）包装废弃物回收处理和再利用技术

包装废弃物的回收利用一般分为材料回收和热能回收两大类。目前国内包装废弃物的回收利用以材料回收为主。材料回收技术是将经过分选（按包装材料种类）的包装废弃物，利用相应的处理技术，使之再生为新的同类材料。热能回收是将混杂的可燃性包装废弃物投入焚烧炉内燃烧，将燃烧过程中产生的热能作为能源，用以进行发电和取暖[12]。

包装废弃物处理中常用的回收利用技术方法主要有以下几种：①简单回收复用技术：对塑料、玻璃和金属类等固体废弃物，经过清洗、消毒、烘干后可以重新再使用。②焚化处理技术。指利用高温热分解方法，经氧化使其变成体积小、对环境危害小的物质。其优点就是：简单方便，燃烧后的残渣体积小、密度大，填埋时占地极小也很方便，且比较稳定，又易解体于土壤之中，同时释放大量热能。缺点为：焚烧处理的同时，会放出一些有毒气体，污染环境。预计在今后相当长的一段时间内，这种处理方法还将继续被采用。③热分解回收技术。以产生热量、蒸汽、电力为目的的燃烧技术，制造中低热值燃料气、燃料油和炭黑的热解技术，制造中低热值燃料气等化学物质的气化热解技术，制造重油、煤油、汽油的气化热解技术。

对于不同类的包装废弃物，具体的回收处理和再利用的低碳技术各有不同：

1. 废塑料回收再生利用的低碳技术

塑料包装废弃物对环境与社会危害极大，塑料包装回收工艺可分为焚烧、热解和回收再生三种。塑料焚烧转变为热能对于劳动力昂贵的发达国家，是经济上可取的方式，但焚烧炉投资较大，且易产生有毒气体。塑料包装废弃物回收再生利用技术可分为回收循环复用、机械处理再生利用和化学处理再生技术：

（1）回收循环复用。回收循环复用是指不再有加工处理的过程，而是通过分类和挑选，将合乎基本要求的进行水洗—酸洗—碱洗—消毒—水洗—亚硫酸氢钠浸泡—水洗—蒸馏水洗 –50°C 烘干的工艺清洁后直接重复再用。这种方法主要是针对托盘、大包装盒及大容量的饮料瓶等一些硬质、光滑、易清洗的容器[7]。

（2）机械处理再生利用主要是改性再生利用，目的是为了提高再生料的基本力学性能，以满足再生专用制品质量的需要。一些边角料、废品或清洁过的单品种塑料包装直接粉碎并混合，返回塑料加工流程。塑料包装回收优先采用这种回收方法，此法也称机械再生。这是我国目前采用较多的回收方法。改性再生主要分为两类：①物理改性，在塑料废弃物活化后加入一定量的无机填料，同时还应配以较好的表面活性剂，以增加填料与再生塑料材料之间的亲和性；②化学改性，就是通过化学反应的手段对材料进行改性，是指通过接枝、共聚等方法在分子链中引入其他链节和功能基团，或是通过交联剂等进行交联，或是通过成核剂、发泡剂进行改性，使废旧塑料被赋予较高的抗冲击性能、优良的耐热性、抗老化性等，以便进行再生利用。

（3）化学处理再生利用，是直接将包装废弃塑料经过热解或化学试剂的作用进行分解，其产物可得到单体、不同聚体的小分子、化合物、燃料等化工产品。塑料热分解技术的基本原理是，将废旧塑料制品中原树脂高聚物进行较彻底的大分子链分解，使其回到低摩尔质量状态，而获得使用价值高的产品。包括热塑性废塑料技术、制造沥青毡和塑料油技术、炼铁高炉中的还原剂技术和直接油化技术，其中油化、气化技术较复杂，仍处于实用开发阶段。化学分解是指废弃塑料的水解或醇解（乙醇解、甲醇解及乙二醇解等）过程通过分解反应，可使塑料变成其单体或低相对分子质量物质，重新成为高分子合成的原料。包括催化剂分解法和试剂分解法。

2. 纸包装废弃物的回收利用的低碳技术

（1）纸包装废弃物的再生造纸：废纸的再生造纸主要有制浆和造纸。制浆的工艺流程是：碎解、净化、筛选和浓缩；造纸是将废纸浆输送到造纸机上，经过过网、压榨、干燥和压光，制成筒纸或平板纸。

（2）纸浆模塑技术：将无杂物回收纸浆通过真空造型、液压造型等方法，将其快速均匀地沉积到网状模型上，再压缩烘干，形成新的纸质包装产品。

（3）纸基再利用技术：水力再生浆技术，制成塑铝制品的原料或聚乙烯塑料和金属铝。

（4）塑木技术：把包装废弃物碾碎挤压，可直接生产成室内家具、室外园艺设施、工业托盘等塑木产品。

（5）彩乐板技术：将复合软包装直接粉碎、热压处理，制成彩乐板，然后再加工成为果皮箱等产品[14—15]。

3. 金属包装废弃物的回收利用的低碳技术

（1）重力分离、静电分离和热分离等分选技术。

（2）金属分选和回炉冶炼再生技术：废铝在逆流两室反射炉、外敞口熔炼室反射炉或其他形式炉中熔炼，可以得到可锻铝合金、铸造铝合金和可供冶炼钢铁合金用的脱氧剂。此外，废铝还可用浸出法和干法从浮渣和熔渣中回收铝粒。铝制品包装废弃物还可用来开发新产品——聚合氯化铝，主要用途是作为生活用水和工业用水的净水剂，也可用于净化工业废水。

4. 玻璃包装废弃物回收利用的低碳技术

（1）玻璃包装废弃物的分选技术：重力分选，重介质分选和光学分选技术。

（2）玻璃包装废弃物回炉处理：玻璃包装容器如果不能再使用，已经破损或者已经成为碎片，都可以进行回炉处理，回炉处理不仅可以节省生产玻璃的原材料和纯碱，而且还可以起到助熔剂的作用。

（3）玻璃包装废弃物的再生技术：制造微晶玻璃，制造泡沫玻璃，生产玻璃纤维和制造建筑材料技术。

5. 复合软包装废弃物回收技术

（1）热分解回收技术。复合软包装废弃物的热分解回收技术主要分为四个方面：一是以产生热量、蒸汽、电力为目的的燃烧技术，二是制造中低热值燃料气、燃料油和炭黑的热解技术，三是制造中低热值燃料气或 NH_3、CH_3H 等化学物质的气化热解技术，四是制造重油、煤油、汽油的气化热解技术。

（2）化学分离技术。目前国内已经发明了一种专门分离聚乙烯与铝箔复合材料的方法，由于工业纯醋酸和甲酸可以循环使用，回收成本较低，因此这种分离方法能够同时实现良好的经济效益和社会效益，但专用性强。巴西巴拉圭理工学院研制出了一种采用特殊的化学溶剂来回收三层不同材料（纸张、铝箔、塑料）的回收复合软包装材料的新技术。这些化学处理方法的关键技术也在于处理剂。

（3）其他新技术的利用。比重鉴别溶剂分离法、风力筛选、静电分选、低温粉碎、溶解分离法、水力分离法、X 射线荧光分离法、红外线分离法等都成为废弃聚合物分类回收再利用技术研究的新趋势。

随着社会的发展，人们对环境保护、资源节约越来越重视，要求积极改善和创新包装废弃物的处理技术：①回收再生法是一种最积极的促进材料再循环使用的方法，是保护资源和生态环境的有效回收利用方法。此方法又可以分为回收循环复用、机械处理再生利用、化学处理回收再生利用等。其中化学处理技术通过化学反应，使塑料废弃物中的有害物质变成安全和稳定的物质，属于一种无害化处理技术，如分离聚乙烯与铝箔复合材料的方法，回收成本较低，因此这种分离方法能够同时实现良好的经济效益和社会效益。②微生物分解技术。指依靠自然界广泛分布的微生物的作用将包装废弃物中易于生物降解的有机组分转化为腐殖肥料、沼气或其他化学转化产品，从而达到包装废弃物无害化的一种处理方法，这是一种前景良好的方法。

三　包装废弃物回收处理中低碳技术发展策略及趋势

（一）包装废弃物回收处理中低碳技术发展策略

包装废弃物回收处理技术的广泛应用，是降低资源消耗和环境成本、实现社会和经济效益最大化的有效途径。然而我国包装废弃物回收利用中存在不少问题：①生产工艺落后，资源浪费严重；②缺乏绿色消费观念；③包装废弃物回收率低；④回收再利用技术低碳化程度较低，如焚化处理技术和热分解回收技术等在节能或降低污染的同时可能会消耗高碳能源，产生废气等新的污染[3,9,15]。因此，有必要改善工艺，大力推进减碳或低碳技术，提高包装废弃物的回收再利用的经济价值和社会价值，促进包装产业低碳化发展。

发展包装废弃物处理减碳技术，必须首先健全包装废弃物回收网络。加快健全包装废弃物回收网络，建立包装废弃物路边回收、分散回收系统；鼓励制造商、零售商等逐步建立回收系统，推行环保包装商标标志制度；同时鼓励各类中介机构、协会等建立包装回收组织，专职收集和分类包装废弃物[16]。其次，建立一个符合国情的包装物回收处理系统。对包装废弃物合理处理，是减少其对环境的污染和节约资源的重要举措。这就使"包装生命周期"的设计、制造、流通、消费四个环节中都要加强包装废弃物合理处理：①包装设计和制造时，要尽量使包装容器能重复使用，易于回收，并在处理阶段不会产生有害物质，还要防止过量包装。②建立一个节省资源、能源的包装生产和流通的体制，要求企业所产生的废弃物，原则上由企业进行资源化后加以再利用。③商品消费中，要求增强环保意识，改变价值观念，采用节省资源的合理包装，积极支持包装废弃物排放后的再利用处理。④包装废弃物排放后的治理，要建立一个能被民众接受，并且符合当地再利用条件的合理的收集系统；有效收集和搬运废弃物；回收可复用和再生的废弃包装，焚烧、填埋不能复用和再生的包装。

（二）包装废弃物回收处理中低碳技术发展趋势和途径

以"低碳"为核心的包装是包装产业的发展趋势，是发展低碳经济的重要组成部分[17]。低碳循环经济要求包装废弃物实现"减量化、再利用、资源化"等原则：①减量化：在满足保护产品、方便储运、促进销售等功能的前提下，选择包装材料应尽可能选择非短缺资源和可再生利用的材料，尽可能减少包装材料的数量，用材最少的适度包装，从源头上减少包装废物的产生。反对过度包装，从而减少了包装生产、使用中的碳排放。②可再利用：在设计包装物时，应优先考虑物的可重复使用功能，还应考虑其坚固耐用性，延长包装物的使用寿命，提高重复利用率。包装废弃物的重复利用，可有效节约能源，减少碳排放和资源压力。因此，需加强包装废弃物的回收技术创新，如化学处理技术和微生物分解技术等，加大包装废弃物的回收和利用，这样才能有效地节约资源、能源。③资源化：尽可能地通过对"废弃物"的再加工处理，使其作为资源制成同性质或不同性质的新产品再次进入市场或生产过程，以减少垃圾的产生。资源化有两种方式：一是原级资源化，这是最理想的资源化方式，即将消费者遗弃的包装废弃物资源化后形成与原来相同的新产品，比如将废旧包装纸袋经过加工处理再生为新的包装纸袋等；二是次级资源化，这是一种将废弃物用来生产与其性质不同的其他产品原料的资源化途径。④低污染：包装材料要符合对环境污染小、可循环利用、能自行降解等条件，加强绿色包装发展。

技术创新是推动低碳包装产业发展和实现低碳经济的关键。只有不断完善低碳技术创新才能实现经济发展模式向"低碳"的转变。包装产业中低碳技术的开发和创新，首先要加强自主创新，研发塑料、废纸等废弃物处理的新技术。这要充分利用各研究机构、大学的人才优势，积极进行低碳技术的理论研究；充分利用市场的驱动力量来刺激研究活动的开展。其次要加强国际合作。目前我国的包装废弃物处理技术与发达国家先进水平有着不小的差距，要在短时间内提高水平，除了要依靠国内的自主创新之外，还要加强国际之间的交往与合作。加强国际间技术的合作和转让，能使全球共享技术发展，大大减缓包装废弃物带来的资源和环境的压力。最后要发挥政府作用，获取政策支持。保障资金、人力、技术平台等的投入以及社会资源开发与优化配置、要素与价格机制的完善等顺利进行。

四　结束语

我国包装产业发展速度较快，但包装技术较发达国家相对落后，高能耗和一次性包装材料依然应用广泛，包装产业并不能完全做到低碳发展。包装废弃物的回收利用是建立城市绿色包装产业循环经济产业链中的重要环节，具有环境保护、合理利用自然资源及协调生态效益和经济效益等重要意义。目前包装废弃物回收还未建立科学完整的废弃物回收处理体系，工艺不完备，技术创新和低碳化程度低。因此建议加大包装废弃物回收力度，以市场为依托建立科学合理的回收体系，对包装进行回收设计，加快回收减碳技术的发展与应用，完善包装废弃物的回收利用资源化，为绿色包装工业做出新贡献，从而更好地发展低碳经济。

参考文献

［1］全国绿化委员会和国家林业局：《我国纸质包装工业发展前景广阔》，《中国绿色时报》，中国林业出版社 2011 年版。

［2］谭京梅、梁坤、孙可伟：《包装废弃物的处理》，《中国资源综合利用》2003 年第 4 期，第 31—34 页。

［3］阳帆：《城市包装废弃物问题现状调查与对策研究》，《中国包装》2010 年第 2 期，第 71 页。

［4］张静中：《循环经济视角下的企业营销创新》，《生态经济》2006 年第 1 期。

［5］张宏旭：《绿色包装——环保新课题》，《上海商务》2000 年第 9 期。

［6］樊元生：《我国城市生活垃圾环境管理》，《环境经济》2005 年第 10 期。

［7］张静中：《产品包装废弃物的污染与回收利用》，《生态经济》2006 年第 11 期，第 82—88 页。

［8］汤国虎：《包装废弃物的污染现状、回收利用与环境发展》，《内蒙古石油化工》2007 年第 7 期，第 33—34 页。

［9］杨新芳：《包装废弃物的回收与再利用》，《中国包装》2006 年第 4 期，第 40—42 页。

［10］郭彩凤、徐博：《我国包装废弃物的回收利用与策略》，《中国包装工业》2007 年第 1 期，第 32—34 页。

［11］赵宝元、施凯健、孙波：《国外包装废弃物回收系统的比较分析及启示》，《生态经济》2009 年第 3 期，第 103—106 页。

［12］陈景华：《塑料包装废弃物的回收处理与再利用技术》，《出版与印刷》2002 年第 4 期，第 38—40 页。

［13］杨伟：《复合软包装废弃物的回收技术概述》，《印刷技术》2008 年第 24 期，第 47—49 页。

［14］崔忠伟：《废弃纸基复合包装再生利用技术的探讨》，《上海造纸》2009 年第 3 期，第 62—67 页。

［15］赵延伟：《包装废弃物综合治理研究》，《包装工程》2000 年第 6 期。

［16］蒋小花：《循环经济视角下包装废弃物制度研究》，《北方经济》2008 年第 4 期，第 65—66 页。

［17］王伟伟、杨福馨、胡安华：《包装产业的低碳技术研究与应用》，《包装学报》2010 年第 4 期，第 42—45 页。

Research on Carbon-reduction Technologies in
Disposal of Packaging Castoff

Li Xiaoyong　Liu Jianwen Zhao Xianchao

Abstract：Packaging castoff have put serious harm on ecological environment and wasted plenty of resources. Recovery utilization may produce tremendous benefits of economy and society. Low-carbon technologies in packaging castoff have the characters of reduction, low-pollution and recyclability so on. Recovery utilization technologies of packaging castoff with low-carbon characteristics have been applied broadly and technical innovation have been enhanced, which benefit to promote low-carbon development of packing industry and impel development of low-carbon economy in China.

Key Words：packaging castoff；disposal；recovery utilization；carbon reduction technology；technical innovation

第十一章

包装制品生产制造工艺中减碳技术与应用研究

刘建文　姚迪辉

摘　要：绿色、低碳包装是包装产业实现可持续发展的必要途径，应从包装产业链的全过程即绿色包装材料、包装设计和大力发展绿色包装产品三方面入手实现绿色包装。包装制品生产是包装碳足迹主要因素，应着力推进包装工艺技术创新中减碳技术开发与应用，节能减排减碳技术开发与应用和可再生能源的应用，并实施基于生物质水煤浆清洁燃料的多能互补分布式能源站技术路线，以实现包装废弃物的能源化、资源化利用，促进包装产业向低碳、绿色转型。

关键词：绿色包装　生产制造　减碳技术　应用

一　包装碳足迹研究方法与进展

（一）碳足迹与计算方法[1]

碳足迹是衡量温室气体排放情况的一项重要指标，是目前国际上温室气体碳减排的主要决策依据。碳足迹（Carbon Footprint）表征由人类生产与消费行为引起的直接与间接的温室气体排放量。近年来，随着国际相关组织和发达国家的大力推行，碳足迹开始在工业节能减排、产品生态标识和国际碳交易等领域广泛应用。

2008 年环境毒理学与化学学会（SETAC）、欧洲生命周期评价（LCA）指导委员会讨论了对于碳足迹衡量方法的需求及相关标准，经过讨论，认为根据 ISO14040 系列标准，现行的 LCA 方法完全可以计算与产品相关的温室气体排放量，碳足迹可视为 LCA 中关于全球变暖潜力（GWP）的评价结果。目前碳足迹主要使用的计算方法可以分为：流程分析法（Process Analysis，PA）和输入输出分析法（Economic Input-Output，EIO）。

1. 流程分析法（Process Analysis，PA）

流程分析法从产品端向源头追溯，连接与产品相关的各个单元过程（包括资源、能源的开采与生产、运输、产品制造等），建立完整的生命周期流程图，再收集流程图中各过程单元的温室气体排放数据，并进行定量的描述，最终将所有的温室气体排放统一使用 CO_2 作为当量表征。不同温室气体之间的转换可参照政府间气候变化专门委员会（IPCC）组织发布的温室效应当量因子（见表 11—1）。完整的流程分析方法计算较为精确，多用于评估产品或企业的碳足迹；而简化的流程分析法的操作性较好，多用于评估个人或家庭的碳足迹。

表 11—1　　　　　　　IPCC 发布的各类温室气体的当量因子

温室气体	当量因子	单位
二氧化碳（CO_2）	1	$CO_2 - eq$
甲烷（CH_4）	21	$CO_2 - eq$
一氧化碳（CO）	310	$CO_2 - eq$
六氟化硫（SF_6）	23900	$CO_2 - eq$
氢氟碳化物（HFCs）	12～11700	$CO_2 - eq$
全氟化碳（PFCs）	6500～9200	$CO_2 - eq$

2. 输入输出分析法（Economic Input-Output，EIO）

与 PA 相反，EIO 从源头（原材料开采、农作物种植等）开始向后延伸，直至最终废弃。评价中使用国家层面各个部门（采矿、运输、产品制造、销售等）的平均数据，并通过将产品相关部门间的供应链强度相乘来计算整个系统的碳足迹。该方法数据收集简单，在分析宏观碳足迹上有着明显的优势，主要用于城市或国家层面的碳足迹计算。

（二）生命周期评价在印刷包装领域的应用

1. 印刷生产的生命周期评价

对于印刷生产而言，可采用生命周期评价印刷工艺流程对环境所产生的负面影响，或印刷材料（承印物、油墨等）的对比评价，从而优选出环境友好型的生产工艺和印刷材料。

日本内田弘美等人采用 LCA 方法对凹版印刷油墨进行了评价[2]。评价过程的数据收集包括油墨生产所需的资源采掘量，油墨在生产、印刷、干燥、溶剂燃烧、溶剂回收过程中消耗的能量，CO_2 或有机溶剂等向大气中的排放量。评价因素包括资源需求、能源消耗、温室效应、臭氧层破坏、光化学强氧化物和有毒气体的排放等环境影响类型。

研究结果表明，油性印刷溶剂回收资源消耗对环境影响最大，油性印刷溶剂在燃烧过程中产生大量的 CO_2，其在所有比较对象中是温室效应环境影响最大的一个；其次是油性印刷溶剂回收和油性印刷，油性印刷在印刷干燥时向大气中排放有机溶剂，产生的光化学强氧化物对环境产生最大影响。水性印刷在印刷干燥时蒸发的乙醇也对环境造成影响。

2. 包装产品与生产系统的生命周期评价

国际上许多知名企业集团的产品包装，都利用生命周期评价方法进行生态化设计，例如：饮料包装容器（1969 年美国可口可乐公司）；啤酒包装（1974年美国环境保护局）；洗衣粉包装（1988 年美国 Procter and Gamble 公司）；鲜奶包装（1995 年德国联邦环境局 UBA）；多次使用的聚酯瓶和玻璃瓶（1996年德国联邦环境局 UBA）；矿泉水、碳酸饮料、果汁和葡萄酒包装容器（2000

年德国联邦环境局 UBA）；酸奶酪产品传送系统（2004 年美国 Stonyfield Farm 公司）等[3]。

任宪姝、霍李江[4]通过对瓦楞纸生产工艺（包括制胶、压楞、黏合、烘干和分切的制版工序，印刷和模切的印刷工序，粘箱和打包的成箱工序）进行生命周期评价，发现对环境产生影响的主要有化石能源消耗、全球变暖、酸化和富营养化；在各类环境影响中，化石能源的消耗主要是各生产工序中对电和煤的使用；全球变暖和酸化主要是利用燃煤发电的用电和在制版工序的制胶、压楞、黏合各工序中使用燃煤生产蒸汽所排放的气体所致；富营养化则是制淀粉胶机清洗水和印刷机清洗水的排放造成；制版工序的用电量占总用电量的 50% 以上，对化石能源消耗和全球变暖所产生的影响也均占总影响的 77%。

秦凤贤[5]对啤酒包装进行生命周期评价分析，研究表明啤酒包装系统对环境最大的影响因子依次为：富营养化、酸化、全球变暖、粉尘和烟尘及固体废弃物；水资源和煤资源消耗最多的是包装单元。

谢明辉、李丽、黄泽春等[6]采用生命周期评价法研究了牛奶纸塑铝复合包装的全生命周期环境影响，并与塑料包装的环境影响进行比较评价。研究表明，纸塑铝复合包装和塑料包装的环境影响值分别为 5.225、4.670Pt，在整个生命周期中，环境影响比重最大的是原材料获取阶段，两者均在 80% 左右。塑料包装在化石资源消耗方面是纸塑铝复合包装的 2 倍多，由于化石资源消耗是不可再生的，因此其对环境的影响无法通过相关途径降低。纸塑铝复合包装的环境影响较大的原因是其尚未得到很好的回收再生利用，通过发展铝塑分离再生技术和提高纸塑铝复合包装回收率可以降低其环境影响。

郭鹏瑛、霍李江、马海龙等[7]采用生命周期影响评价末端计量模型 LIME，对辽宁大连地区书刊胶印生产过程中的能耗、物耗及其各类排放等进行了环境影响量化分析。评价分析结果表明，书刊胶印生产工艺对环境的主要影响是化石能源消耗、全球变暖、酸化和富营养化等。印刷工序的用电量约占到总工序用电量的 51%，印后加工工序的用电量也达到 37%，这两大工序的用电量是导致本研究案例化石能源消耗环境影响指标的主要因素；并且燃煤发电过程中排放的气体对环境造成了全球变暖和酸化的影响。此外，印后加工工序过程中热熔胶、覆膜胶等胶体的挥发以及废弃撕裂膜、打包带的回收热处理也是导致该案例全球变暖和酸化环境影响指标的因素。

谢明辉、李丽、黄泽春等[8]采用生命周期评价法研究了食用油聚酯（PET）包装的生命周期环境影响，并对不同处置方式的环境影响进行比较评价。研究表明，PET包装原料获取阶段的环境影响潜值在全生命周期环境影响潜值中所占比例极高，占处置前环境影响潜值的81.8%。PET包装的全生命周期环境影响类别主要集中在化石燃料、无机物对人体损害和气候变化3个方面；在致癌、生态毒性和酸化、富营养化等方面的影响较小。3种主要处置方式的环境影响潜值为焚烧＞填埋＞再生，其中焚烧和填埋分别增加PET包装处置阶段前环境影响潜值的5.1%和3.6%，而再生可降低63.9%。

3. 包装碳足迹研究进展

目前，我国还没有真正意义上的包装行业碳足迹评估，只有个别企业进行了企业碳足迹评估，如APP（中国）在2009年3月26日宣布顺利完成了首个"碳足迹"评估项目，是国内制浆造纸行业中首家全面评估碳排放的企业，也是全球造纸行业中第二家（另一家为金佰利纸业公司）进行全面评估碳排放的企业。

国内学者研究包装碳足迹，都是从包装的生命周期评价方法入手，通过具体包装类别的生命周期评价，推出工艺过程对环境影响的主要因子，从环境影响主要因子来估算碳排放量，从而得出该包装的碳足迹。戴宏民认为[9]，对纸、塑、玻璃、金属四大包装，均可从其能源与资源消耗中寻找碳排放的"碳足迹"。依据瓦楞纸板生产工艺寿命周期分析结果，可寻找到瓦楞纸箱的"碳足迹"有两条：一条是间接的，即利用燃煤发电的用电越多，间接排放的二氧化碳就越多；另一条则是直接的，由生产过程中以燃煤为能源生产蒸汽所造成的。其他各类包装的"碳足迹"，如从获取原材料开始到产品出厂为止的生产过程中寻找，也会发现类同瓦楞纸箱的"碳足迹"，主要由生产中用电和燃煤所造成。

二　包装制品生产工艺技术创新中的减碳技术应用

（一）我国包装制品生产领域企业减碳技术应用

包装制品生产工艺技术创新将是包装印刷企业拓展生产潜能，降低生产成本，增强竞争活力的重要途径，也是当代包装印刷企业值得研究的主题和管理方向。康启来[10]在生产实践中总结出包装印刷企业在生产过程中十大工艺创新解决与改进方案：模切制版工艺创新方案、利用凸版印刷机进行凹凸压印创新工艺、凸印实地版工艺创新改进方案、电化铝实现快速装版的工艺创新解决方案、提高印刷机双张控制精度的创新改进方案、耐折度计数器的创新改进方案、瓦楞纸箱模切质量故障快速排除的创新解决方案、纸箱掉色质量问题创新解决方案、半自动糊箱机输纸不正常创新解决方案等。

浙江瑞江纸制品有限公司通过改装瓦楞纸板生产线调速装置、计数器、配置电脑程控和自动纠偏系统以及蒸汽回收装置等，每月节煤 18%；无轴支架更换伸缩活动夹纸头，使原回收不完的纸完全用掉；纵切钨钢刀的使用，减少了更换的麻烦，节约成本 26% 左右。

上海大松实业（瓦楞辊）有限公司在国内首家推出国际上耐磨性能最佳的碳化钨瓦楞辊。该瓦楞辊比一般瓦楞辊寿命长 4 倍，克服了纸箱企业因一般瓦楞辊易磨损而造成的各种缺陷和损失。

北京思创达机电制造厂采用高碳合金钢制作瓦楞辊齿套材料，在瓦楞辊齿的表面喷涂 TC 涂层，其耐磨性能是原镀铬辊的 3 倍，仅此一项一年可为纸箱厂节约 410 吨芯纸（计 90 万元）。北京中和九一纳米技术有限公司（具有独立知识产权的纳米表面处理公司）将纳米表面处理技术应用于制造瓦楞辊表面处理技术上，使瓦楞辊硬度接近金刚石，综合成本是镀铬辊的 3/4，热喷涂碳化钨辊的 1/3。

上海申加机械工贸有限公司 2010 年 9 月推出与高速瓦楞纸板生产线配套

的可用2—3秒完成的接纸机，使生产线工效极大地提高，损耗减少，效益增加。

青岛美光机械有限公司推出不停机、在0.3秒完成的自动接纸机；此外还推出自动张力及检测、半自动模切机、高速全自动覆面机等。

广东东莞卡达电脑中国公司（台湾生产基地）推出了瓦楞纸板（箱）包装机械电脑以及先进的纸箱生产管理ERP系统。

北京首航万源包装机械有限公司成功开发了四层复合瓦楞纸板及成型机。

该机在不影响原三、五层纸板生产线正常生产的基础上，仅通过增加一种特殊的涂胶设备（双拱涂胶机），将两张芯纸较规律地黏合成复合瓦楞芯纸，就能达到四层瓦楞纸板要求。

中日凹凸结构研究所（济南）所长张世泉研发成功凹凸纸板技术。该技术操作简单，只需在现有设备基础上更换这种凹凸结构的瓦楞辊即可实现。

江苏启东市欧型包装材料厂研发成功特殊"瓦楞"纸板。这种不同于瓦楞形状的凹凸状芯层是在造纸中使用特殊发泡技术、选择不同配方和工艺制成各种不同用途、不同克重的纸张，这种纸张具有高伸缩率，既可冲压成型，也可利用现有单面瓦楞机，经更换特殊辊筒辊压制成纸板；后道制箱工艺可利用现有工艺设备成型，其各项物理指标均高于传统瓦楞纸箱，而且多层复合，可代替重型纸箱。

广东科龙电器的纸箱包装使用柔性印刷微楞纸箱，将CB楞改为BE楞，减少了纸箱体积，降低了运输成本，综合降低成本15%，抗压综合强度提高10%以上。

广西桂林市晨光纸品有限公司研发成功夹心瓦楞纸板（瓦中瓦）。其优良的结构大大增强了纸板强度，利用该纸板制作而成的防震抗压包装箱，能增强组合结构包装等。"瓦中瓦"由于结构紧凑、无缝、无钉、可折叠、易成型，可降低综合包装成本30%左右，提高了包装整体性和美观性。

河南大用实业公司研发成功瓦楞纸板局部复合技术及纤维加强技术。纸箱厚度增加而用纸减少，使纸箱平压强度增加55%，主承压面强度增加40%，整体抗压强度增加30%，跌落强度增加25%，与同等规格纸箱比较节约成本

20%—60%不等。以全国 2004 年年产 185 亿平方米瓦楞纸板计，如果采用此专利技术，每年可节约原纸 200 多万吨，被称为纸箱减量的先进技术，使我国特色纸箱包装减量化前景可观。该技术从改变纸板结构入手，既能增加纸箱整体强度，又不增加整箱用纸克重和层数，为实现纸箱减量化提供了技术支撑。

这些工艺技术创新解决与改进方案体现了企业在生产工艺与新技术、新产品开发等多方面的技术创新，对包装行业的减碳技术发展具有非常重要的指导意义。

立足国内外包装技术发展动态，具有全行业技术跨越的包装工艺技术创新主要包括冷定型瓦楞纸板生产技术、蜂窝纸包装替代 EPS 泡沫包装工艺技术、Catch-Cover 免纸盒易携带单片药板包装、Striptabs 易携带单片药膜包装、Protektapak 包装等。

（二）包装制品生产工艺中典型减碳技术

1. 冷定型瓦楞纸板生产技术

冷定型瓦楞纸板生产技术指瓦楞纸在常温下成型，即不用动力锅炉，无须蒸汽加热，无污染物排放，降低生产成本，提高了纸板强度。其主要优点是：①生产线采用了低温定型、低温复合，对超标水分的蒸发采用电磁波辊，开机不用预热，从而最大限度达到了节能效果；②采用新一代自主研制的高分子黏合剂，不用高温加热固化；③对原纸的收缩比减小，节省了纸张，停机不用断纸。

四川省绵阳新东华包装机械制造有限公司用其专利技术和科研成果，与四川省兴楠工艺制品厂联合研制成功冷定型微波烘干瓦楞纸板生产线。该生产线采用了自主研发的具有多项发明专利技术的冷定型微波烘干制作瓦楞纸板专利技术，改变了不用锅炉（油炉）加热定型瓦楞纸板的生产工艺，其设计独特、工艺新颖，属国内首创。主要技术创新点在于：采用微波烘干技术和自主开发的黏合剂，干燥热源可控，黏结强度高，干燥均匀平整，生产线布局合理，结构紧凑，综合成本低，无锅炉（油炉）投资，无"三废"排放，节能且环保。

该生产线是我国第一条唯一拥有自主知识产权的瓦楞纸板生产线，在国际上也属最新工艺。该生产线的应用将为整个行业提供新的发展空间。

2. 蜂窝纸包装替代 EPS 泡沫包装工艺技术

传统的 EPS 泡沫塑料是以聚苯乙烯树脂为主体，加入发泡剂等添加剂制成的轻质材料，它是目前使用最多的一种缓冲结构材料。在技术上，EPS 泡沫塑料具有闭孔结构、吸水性小、抗水性优良的特点；另外，它密度小，具有机械强度好、缓冲性能优异、加工性好、易于塑模成型、着色性好、温度适应性强、抗放射性优异等优点，但燃烧时它会放出污染环境的苯乙烯气体。生产和使用每公斤 EPS 泡沫塑料所排放二氧化碳为 6.96 公斤，排放的甲烷为 0.4 公斤二氧化碳当量，合计为每公斤 EPS 泡沫材料所排放的二氧化碳当量为 7.36 公斤。

以纸基纤维为基础制成的蜂窝纸包装材料是仿照蜜蜂所建筑的蜂巢结构研发和生产的一种轻质、高强度的结构型复合材料，它采用了全回收的再生纸为原料，除具有强度高、质量轻和用料省的优点外，它还具有价格低廉和可以100% 再生循环利用的特点，是一种理想的资源节约型和环境友好型新材料。

3. 水溶性薄膜包装

水溶性包装薄膜主要以聚乙烯醇及淀粉为主要原料，添加各种助剂，如表面活性剂、增塑剂、防粘剂，等等。其工艺与传统的塑料薄膜成型工艺有所不同，它的工艺过程是：采用先将原料制成固含量为 18%—20% 的水溶性胶，再流涎涂布到镜面不锈钢带上，经干燥成膜后从钢带上剥离，然后进干燥室干燥至规定水分后，切边收卷获得成品膜。高科技水溶性塑料包装膜作为一种新奇的包装材料，在欧美、日本等国被广泛用于水中使用产品的包装，例如，农药、化肥、颜料、染料、清洁剂、水处理剂、矿物添加剂、洗涤剂、混凝土添加剂、摄影用化学试剂及园艺护理的化学试剂等，它的主要特点是：①环保安全、降解彻底（达 100%），降解的终极产物是 CO_2 和 H_2O，可彻底解决包装废弃物的处理问题；②使用安全方便，避免使用者直接接触被包装物，宜于对人体有害物品的包装；③能正确计量、防止浪费；④力学性能好，且可热封，热封强度较高；⑤具有防伪功能，可作为优质产品防伪的最佳武器，延长优质产品的寿命周期。

国外主要是日本、美国、法国等生产销售此类产品，如美国的 WTP 公司、CCLP 公司、法国的 GRENSOL 公司和日本的合成化学公司等。国内株洲工学院（现湖南工业大学）与广东肇庆方兴包装材料公司在中国包装总公司科技部的支持下，联合研制开发了高科技水溶性薄膜及其生产设备，目前已投入生产，其产品填补了国内空缺，正在走向市场。

4. Catch-Cover 免纸盒易携带单片药板包装

Catch-Cover 免纸盒式易携带单片药板包装是德国卡尔斯沃市 Romaco Siebler 公司开发的药品创新包装工艺，可以把药品的专利信息直接集成到药品的第一包装中。药品本身被包装在不同大小、不同形状的弹性铝塑膜长条中，并对四边进行热压合，从而实现药品的最小包装单元。采用 Catch-Cover 包装方式，药片或者药膜被薄薄的铝塑膜所覆盖，而在铝塑膜的内侧则印制了该产品的所有信息。这种包装方式能够替代传统的瓦楞纸纸盒包装方式。包装用铝塑膜的正反面由热压合时产生的焊缝保持牢固的连接。为了便于患者服用，Catch-Cover 包装的正面有一个方便揭开铝塑膜的缺口。全自动的 Catch-Cover 单片包装是由集成了铝塑膜供料系统、热压合设备和裁剪设备的生产线完成的。上料机构输送来的 Catch-Cover 铝塑膜与长条状包装的尺寸完全相同，并首先按照长条状包装的方式进行热压合。在随后的裁剪工位上，单片包装的 Catch-Cover 药片、药膜按照其应有的大小尺寸被裁剪为一个个单独的包装成品，最终交给计数、分选和运输叠放设备。全自动生产时，这条生产线的最大生产能力为每分钟生产 1200 个 Catch-Cover 单片包装。

5. Striptabs 易携带单片药膜包装

最新投放市场的 Striptabs 易携带单片药膜包装解决方案是一个以用户为主导的产品设计的最佳范例。

整条生产线的生产过程分为三个工序：第一步是加工处理药物有效成分，将湿式和干式药物有效成分混合成为均匀的、无气泡的药品原料，采用 Romaco Fryma Koruma 公司研发的无气泡均质工艺技术。第二步是采用 Optimags 公司研发生产的涂层设备，将药物原材料制造成拇指宽、非常薄的薄片，然后烘干至剩余湿度小于 15%。第三个工序是高精度裁剪。为了对药膜进行裁剪，成卷的涂覆了药物有效成分的药膜卷被展开，送入到热压合设备中。展开后的药膜卷在这一设备中被裁剪成 20mm×30mm 的小方块，裁剪尺寸达到高精度。滚切刀具经过精确的校正之后，保证了展开药膜卷的边缘没有一点多余的余料。

薄如皮肤的药膜适合于含服，并用作药物有效成分的载体。通过舌下腺进行药物吸收，绕过了药物进入消化道这一过程，从而加快了药物有效成分在人体内发挥作用的速度。药膜的厚度在 $60\mu m$—$100\mu m$ 之间，能够在几秒钟内溶解，经舌下腺直接进入中枢神经系统。因此，它非常适合于荷尔蒙治疗和疼痛治疗。原则上来讲，有大约 600 种药物有效成分是可以通过皮肤吸收的，因此这种包装方式有着广泛的应用性。

6. Protektapak 创新瓦楞包装

Protektapak 包装专为适应恶劣的邮政分发链环境而设计，采用坚固、耐用的瓦楞纸板，可为酒类产品运输提供特殊保护。经测试验证，其坚固程度足以对内装物起到百分之百的保护作用，甚至将其从 5 米高处跌落时，仍可保证内装酒瓶安然无恙。

Protektapak 瓦楞包装采用"尺寸通用"的结构设计，由一片瓦楞纸板经机器模切、黏糊并快速组装而成，其创新之处在于两侧的延长端板可替代泡沫塑料作为缓冲材料，延长端板上的模切孔主要起到对内装物（如葡萄酒瓶）的固定作用。针对不同尺寸的酒瓶，可模切成不同尺寸的固定孔，因此其具有广泛的适用性。另外，只需通过简单的调整，Protektapak 瓦楞包装就可以适用于任何易碎品或需要高度保护的物品，为快递产品提供了十分理想的包装解决方案。

Protektapak 瓦楞包装可取代目前常用的、破坏环境且价格昂贵的聚苯乙烯包装，有利于促进环境保护及可持续发展。

7. 涂层钢板

从目前发展趋势来看，涂层钢板用于包装材料已经开始，并呈现快速发展趋势。涂层钢板，即有机涂层钢板，是指有机涂料涂敷于钢板表面获得的涂装金属材料。此类涂层钢板在包装行业制作各类包装产品后无须再进行涂装工序，所以又常将涂层钢板归为预涂层钢板。据有关专家估计，涂层钢板将广泛用于金属包装行业，以取代目前金属包装产品在生产过程中涂装的落后生产工艺。

涂层钢板一般由冶金企业集中生产，由于省去了产品制作中的涂装工序，大大降低了包装制造业成本。据估计，以薄钢板为原料的包装产品因此成本可降低 5%—10%，节省能源约 1/6—1/5，尤其节约了包装产品的预处理和涂装设备的大量投资。涂层钢板兼有有机聚合物与钢板两者的优点，既有有机聚合物的良好着色性、成型性、耐蚀性，又有钢板的高强度和易加工性，能很容易地进行冲裁、弯曲、深冲、焊接等加工。

目前，在全世界 40 个国家和地区近 200 家公司共有约 474 条涂层钢板生产线。美国约 200 条生产线，日本有 50 余条，欧洲国家有 120 条，亚洲有 74 条生产线。目前世界涂层钢板年产能力 1400 万吨，其中美国 450 万吨、欧洲约 400 万吨、日本约 270 万吨、亚洲其他国家约 120 万吨。美国、日本、欧洲合计年生产能力约占全球总生产能力的 84%。据不完全统计，截至 2004 年 5 月，我国已建成涂层钢板生产线 24 条，形成 161.6 万吨的年生产能力。此外，正在兴建和筹建中的生产线还有十余条。

8. 缠绕包装技术

缠绕包装技术是近年来在运输包装领域涌现出来的一种现代化的新技术，是推进集装化运输和物流产业化的基础。它采用特定配方与工艺技术制成的缠绕拉伸薄膜，通过应用先进电子技术和精湛的机械制造工艺制成的缠绕包装机，将各种外形规则或不规则的产品包裹成一个整体，使货物能受到保护，防止擦伤、碰伤，不破损、不散失、不划痕，减少油污与脏斑的产生，减少因包装不善带来的经济损失。

缠绕包装技术的应用不仅能够改变产品原始落后的包装，而且能提高单元载荷体，提高装卸、运输作业效率，保证装卸人员、运输工具的安全，是发展集装化运输和物流产业的基础。缠绕包装技术还可以大大降低货物（产品）包装费用，提高企业经济效益，这也是缠绕包装技术能够快速发展的关键所在。缠绕包装技术的出现，代替了原来的各种纸包装、木包装，可以大大减少木材、纸张等资源的消耗，为发展低碳物流产业起到了非常重要的作用。

9. 瓦楞纸箱性能的创新

现代纸包装结构繁多，创新形式多种多样。瓦楞纸箱作为最常用的纸包装产品，在应用过程中其结构形式也得到不断的发展和创新，高强度瓦楞复合板作为创新产品，一改传统瓦楞纸板的瓦楞卧式排列结构，采用瓦楞立式紧密排列结构，可替代重型瓦楞纸板、蜂窝纸板和木板包装，堪称新型环保包装材料。作为一种产品外包装的纸箱，提高其防水性能显得尤为重要。一般常规的瓦楞纸箱防水和防潮性能都比较差，通过覆膜的纸箱再生利用存在较大的麻烦和难题。而新型可回收防水型纸箱，通过采用含有可水解树脂的加入，纸箱的防水、防潮性能可得到较好的提高，再生利用时又容易降解，是替代覆膜纸箱的理想工艺。可以说，现代产品包装结构的创新正从过去简单的销售包装、运输包装，向功能化包装结构转变，现在又有防腐蚀特性的瓦楞纸箱创新工艺问世，这种纸箱的里层纸涂有特殊材料，可使箱内物品在不加其他防腐措施的条件下，可以完好保存5年以上，这个功能源于高活性的铜元素网络，它能有效地起到中和腐蚀气体的作用。随着我国循环经济步伐的加快，纸制品结构、生产技术的创新，将向有益于生态保护、节能、省材、降耗、经济、简便的方向发展，以纸代木，以纸代塑，以纸代玻璃，以纸代金属，将成为现代和今后相当一段时间商品包装的主流。

10. 纸包装实地版印刷工艺技术的创新

实地版是凸版（包括柔版）印刷专色的常用工艺，过去用传统的凸版工艺印刷实地版一直是采用铜、锌或树脂版，而柔性版工艺一般是采用树脂版进行印刷，存在印版容易裂坏的弊病，影响生产效率，生产成本也高。以前采用锌版、树脂版印刷烟包盒领（白板纸印金工艺），印刷中印版横向经常出现裂口现象，对生产效率和生产成本影响较大。根据从胶印工艺得到的创新灵感，采用将报废的胶印旧橡皮布制作成实地凸版进行印刷，不仅极大地提高了产品的印刷质量，而且也大大提高了生产效率。采用橡皮布取代昂贵的树脂版、铜版版材，制作凸印（包括柔印工艺）的实地版，印版耐印力可达百万印以上，较好地降低了生产成本，为凸版、柔版印刷工艺开拓了新的发展前景。

11. 纸包装产品材料制造工艺的技术创新

瓦楞纸的质量如何对瓦楞纸箱的强度影响特别大，若瓦楞纸质量不好，制作出来的瓦楞纸箱质量也不好。而通过在瓦楞纸生产工艺中加入纳米材料，这样经过特殊工艺处理制成的瓦楞纸，与普通工艺生产的瓦楞纸相比，具有较高强度，并且具有脱水性能好，不掉粉、不掉毛等优点。由于纳米粒子的颗粒极小，因此制成的瓦楞纸面上的凹、凸点相对就减少。而细腻光滑的纸面，黏合剂用量相对也就少，这样经过单面机成型的瓦楞质量也好。纳米瓦楞纸的主要生产工艺是：采用纳米碳酸钙材料和性能优越的助剂，经过特殊设备的加工，就制成了纳米技术的新型造纸添加剂，将这种添加剂直接加入到浓度约1%的浆料中均匀混合后，再经造纸机集束管式流浆箱，均匀喷到瓦楞纸成型网上，使瓦楞纸上含有纳米碳酸钙的成分。由于纳米碳酸钙含有阳性与具有阴性的纤维紧密结合，在助剂的辅助作用下，大约80%的纳米碳酸钙就滞留在瓦楞纸中，再经过高真空脱水、压榨处理、高温烘干工艺处理后，就形成水分约为8%的纳米瓦楞纸。采用纳米碳酸钙材料制成的瓦楞纸，其强度大大提高，就可以制成较薄型的瓦楞纸。如采用 $80g/m^2$ 左右的低定量的纳米瓦楞纸制作纸箱，其强度可以与采用普通 $150g/m^2$ 左右瓦楞纸制作的纸箱质量不相上下。可以说，纳米瓦楞纸是提高瓦楞纸箱质量的重要生产途径。此外，纳米油墨、纳米印版、纳米黏合剂、纳米上光油等创新材料的应用，拓展了印刷和印后加工生产材料的功能，对有效减少生产质量故障，提高生产效率具有较好促进作用。

12. 纸包装设备配件制造工艺的技术创新

瓦楞辊是瓦楞纸板的成型模具，是单面机上最昂贵的重要部件，其楞齿高低决定着瓦楞纸板的成型厚度和瓦楞纸板的强度。所以，瓦楞辊只有达到高耐磨、不易变形的使用效果，才能确保所生产的瓦楞纸板符合成型质量的要求。过去瓦楞辊表面使用磨损后，采用传统的修复方式是对表面采用普通硬铬工艺处理，其耐磨性能不够理想。而采用碳化硅—铬纳米陶瓷镀层的瓦楞辊，其创新加工工艺是：瓦楞辊基材的工作表面上具有 0.08—0.10mm 厚的碳化硅—铬纳米陶瓷镀层，碳化硅—铬纳米陶瓷镀层由三层构成，第一层是与瓦楞辊基材牢固结合的离子扩散层，第二层为与第一层结合的底层，最外层为与底层结合的碳化硅—铬纳米陶瓷镀层。这一工艺的特点是：该型瓦楞辊比原来镀硬铬瓦楞辊的耐磨性高 3 倍左右，可较好地提高瓦楞辊的寿命，减少停机大修的时间，使生产成本大大降低。而网纹辊又是柔性版印刷的关键部件，它的性能如何直接影响产品的印刷质量。柔性版印刷机传统的金属网纹辊材质一般是低碳钢或铜，采用电子雕刻成 45°棱锥体结构的着墨孔，然后进行镀铬处理。这种辊由于镀层薄容易磨损，尤其是采用刮刀式输墨装置，更容易出现磨损而使网穴容积变小，影响产品的印刷质量。而激光雕刻纳米陶瓷网纹辊，是采用纳米陶瓷材料加工制作而成，使其强度、韧性、耐磨性等都得到显著的提高，所以，激光雕刻的陶瓷网纹辊已经广泛应用于柔版印刷机上，逐步取代金属网纹辊。纳米的特性能满足大幅度提高陶瓷硬度、韧性和耐磨性等的要求，这就为制作精良的网纹辊提供了技术保证，也为提高纸箱的印刷质量打下了坚实的基础。

三　包装制品生产过程节能减排减碳技术应用

（一）玻璃制造富氧、全氧燃烧技术

玻璃熔窑的节能降耗一直是业内关注的重大课题，在能源危机日益加重的今天，玻璃熔窑对高品质能源的过度依赖已经制约了玻璃行业的发展。玻璃熔窑燃烧过程中，空气成分中占78%的氮气不参加燃烧反应，大量的氮气被无谓地加热，在高温下排入大气，造成大量的热量损失，氮气在高温下还与氧气反应生成氮氧化物，氮氧化物气体排入大气层极易形成酸雨，造成环境污染。另一方面随着高科技和经济社会的发展，要求制造各种低成本、高质量的玻璃，而全氧燃烧技术正是解决节能、环保和高熔化质量这几大问题的有效手段，被誉为玻璃熔制技术的第二次革命。

1. 纯氧燃烧技术

纯氧燃烧技术最早主要被应用于增产、延长窑炉使用寿命以及减少氮氧化物排放，但随着制氧技术的发展以及电力成本的相对稳定，纯氧燃烧技术正在成为取代常规空气助燃的更好选择，这得益于纯氧燃烧技术在节能、环保、质量、投资等方面的优势。

氧气燃烧的应用分为整个熔化部使用纯氧燃烧的全氧燃烧技术、纯氧辅助燃烧技术以及局部增氧富氧燃烧技术等几种方式。

全氧燃烧技术具有以下优点：①玻璃熔化质量好。全氧燃烧时玻璃黏度降低，火焰稳定，无换向，燃烧气体在窑内停留时间长，窑内压力稳定，有利于玻璃的熔化、澄清，减少玻璃的气泡及条纹。②节能降耗。全氧燃烧时废气带走的热量和窑体散热同时下降。研究和实践表明，熔制普通钠钙硅平板玻璃熔窑可节能约30%以上。③减少氮氧化物排放。全氧燃烧时熔窑废气中氮氧化物排放量从2200mg/Nm^{3}降低到500mg/Nm^{3}以下，粉尘排放减少约80%，SO_2

排放量减少30%。④改善了燃烧，提高了熔窑熔化能力，可使熔窑产量得以提高。玻璃熔窑采用全氧燃烧时，燃料燃烧完全，火焰温度高，配合料熔融速度加快，可提高熔化率10%以上。⑤熔窑建设费用低。全氧燃烧窑结构近似于单元窑，无金属换热器及小炉、蓄热室。窑体呈一个熔化部单体结构，占地小，建窑投资费用低。⑥熔窑使用寿命长。全氧燃烧可使火焰分为两个区域，在火焰下部由于全氧的喷入，使火焰下部温度提高，而火焰上部的温度有所降低，使熔窑碹顶温度下降，减轻了对大碹的烧损，同时，火焰空间使用了优质耐火材料，窑龄可提高到10年以上。⑦生产成本总体下降。

2. 浮法玻璃熔窑纯氧辅助燃烧技术

由传热学理论可知，配合料在玻璃熔窑内熔化获得能量的主要途径是来自窑内燃烧火焰的辐射热。由于配合料的黑度比玻璃液的黑度大得多，即配合料的吸热能力比玻璃液的吸热能力大，这样有效地增加配合料上方的热负荷，并不致产生熔窑内衬温度的显著升高。这就是$0^{\#}$小炉位置增设一对全氧喷枪的原因所在。

在浮法玻璃熔窑上增设一对全氧喷枪后，不仅能达到增产增效、节能降耗、改善玻璃质量的目的，而且一定程度上还能延长玻璃窑炉的寿命。具体来说，有以下优点：①提高玻璃窑炉的拉引量5%—15%。②改善窑炉的热效率，节省燃料5%—8%。③改善玻璃质量，减少气泡和结石，提高成品率0.5%—3%。④增设一对全氧喷枪后，高压热气流对窑体的整体冲刷侵蚀相对减缓；而用于熔化配合料的有效热量显著增加，可能加剧窑体侵蚀的热量也就相应降低；同时配合料的快速熔化减少了配合料的飞料，从而为延长熔窑使用寿命提供了保证。⑤减少粉尘、烟尘的排放达20%，蓄热室格子体堵塞的可能性也减小了。⑥纯氧辅助燃烧系统与原有空气燃烧系统相互独立，操作灵活。

3. 局部增氧富氧燃烧技术

局部增氧是富氧空气不足时的一种主要应用方式。玻璃熔窑理想燃烧状态是：火焰上部为缺氧区，可保护碹顶；中部位普通燃烧区；下部为高温区，能有效将热量传给玻璃液。本技术关键是在火焰下部通入富氧气体，火焰的下部（靠近配合料和玻璃液面）温度提高，从而改变了传统的火焰燃烧特性，使其形成梯度燃烧。火焰下部温度的提高，可强化火焰对玻璃液的传热，有利于玻璃熔化，减少过剩的二次空气量，确保空气过剩系数达到理想数值而节约油耗。

局部增氧时火焰上部温度没有下部温度高，这不仅对大碹和胸墙的寿命有利，而且由于小炉、蓄热室格子体的热负荷降低，可减轻其烧蚀。采用局部增氧富氧燃烧技术，可以提高燃料效率、降低燃料消耗、增加生产能力，改善玻璃质量、减少污染物（氮氧化物、硫氧化物、CO_2 和颗粒物）的排放、缩减燃烧废气的总量、提高熔窑维护能力，延长窑炉寿命周期。

局部增氧富氧燃烧技术投入包括设备费、人工费、设备加工费及技术使用费等，实施局部增氧富氧燃烧技术可以取得约 4% 的节能效益，按保守节能率3% 计算，对于 500t/d 浮法玻璃熔窑，每天油耗约 90 吨，日节油量为 2.7 吨，油价按 3000 元/吨计算，日节约 0.81 万元，静态回收期 200 天。

局部富氧燃烧技术还能提高玻璃质量，延长炉龄，减少烟尘氮氧化物等的排放，改善环境，带来巨大的社会效益。

（二）高效节能包装装备与包装过程自动化

在包装技术进步仍有相对缺陷的前提下，能源的消耗和浪费在包装过程工业化生产中还不可避免。但是，通过广泛推行使用高效的节能包装装备，广泛应用自动化控制产品，可尽量地提高能源的使用效率，降低能源的消耗和浪费，实现节能、降耗和绿色制造。

包装机械的自动化、高效率化、节能化是包装行业应对气候变化的必然趋势，如食品和包装机械行业"十二五"发展规划明确节能减排目标，大力发展食品加工和包装环节的节能减排技术装备，淘汰能耗高、污染严重的食品和包装机械。鼓励余热利用和大功率电机节能，鼓励食品加工废弃物的综合利用和工业减排，积极开发低成本、节能效果好、降低排放的食品和包装机械。预计到 2015 年，我国食品加工单位产值能耗降低 15%，单位工业增加值用水量降低 30%，符合国家节能减排要求，主要污染物排放量符合国家相关标准。

重点产品技术装备开发包括替代进口产品技术装备开发、节能减排技术装备开发、低温脱溶技术装备开发、植物蛋白加工技术装备开发、食品高新技术与装备开发、无菌包装（灌装）技术装备开发、真空充气包装技术装备开发、鲜活农产品保鲜包装技术装备开发，装备的自动化、高效化和节能减排性能置于非常重要的地位。今后微电子、电脑、工业机器人、图像传感技术和新材料等在包装机械中将会得到越来越广泛的应用，包装机械日趋向自动化、高效率化、节能化方向发展。

（三）伺服与变频控制节能技术

世界各国包装机械发展的趋势是生产高效率化、资源高利用化、产品节能化、高新技术实用化、科研成果商业化，将其他领域的先进技术应用在包装机械上，如机电一体化技术（核心是伺服控制）、热管技术、远距离遥控技术、自动柔性补偿技术等及变频器、PLC、触摸屏、先进传感元件等应用于包装生产线上，可实现生产过程最优化，大大提高系统的智能化程度和可靠性，从而实现节能减排减碳，促进包装产业的技术进步。

伺服控制系统是使物体的位置、方位、状态等输出被控量能够跟随输入目标（或给定值）的任意变化的自动控制系统。长期以来，伺服动作控制作为昂贵的元件集合，服务于要求精度和过程效率的高性能应用。现如今，批量生产和技术革新使成本降低，伺服系统频繁地出现在低性能应用中，在这里伺服系统的优点得以呈现，但总成本没有增加。

变频调速器节能原理主要体现在以下几个方面：

（1）变频节能。为了保证生产的可靠性，各种生产机械在设计配用动力驱动时，都留有一定的富余量。电机不能在满负荷下运行，除达到动力驱动要求外，多余的力矩增加了有功功率的消耗，造成电能的浪费，在压力偏高时，可降低电机的运行速度，使其在恒压的同时节约电能。

当电机转速从 N1 变到 N2 时，其电机轴功率（P）的变化关系如下：

$P2/P1 = (N2/N1)^3$，由此可见降低电机转速可得到立方级的节能效果。

（2）动态调整节能。迅速适应负载变动，供给最大效率电压。变频调速器在软件上设有 5000 次/秒的测控输出功能，始终保持电机的输出高效率运行。

（3）通过变频自身的 V/F 功能节电。在保证电机输出力矩的情况下，可自动调节 V/F 曲线。减少电机的输出力矩，降低输入电流，达到节能状态。

（4）变频自带软启动节能。在电机全压启动时，由于电机的启动力矩需要，要从电网吸收 7 倍的电机额定电流，而大的启动电流即浪费电力，对电网的电压波动损害也很大，增加了线损和变损。采用软启动后，启动电流可从 0—电机额定电流，减少了启动电流对电网的冲击，节约了电费，也减少了启动惯性对设备的大惯量的转速冲击，延长了设备的使用寿命。

（5）提高功率因数节能。电动机由定子绕组和转子绕组通过电磁作用而产生力矩。对电网而言，阻抗特性呈感性，电机在运行时吸收大量的无功功率，造成功率因数很低。

采用变频节能调速器后，由于其性能已变为：AC—DC—AC，在整流滤波后，负载特性发生了变化。变频调速器对电网的阻抗特性呈阻性，功率因数很高，减少了无功损耗。

变频调速器是一种优秀的电子技术产品，它能对交流异步电动机进行无级调速和节电，它的应用日益广泛。

四　包装制品生产制造可再生能源的应用

包装制品生产制造工艺与其他工业生产过程一样，应用可再生能源是最理想的减碳技术。目前，我国可再生能源技术中，应用较成熟的技术包括太阳能光热技术、太阳能光电技术、风力发电技术、地热能利用技术、生物质能利用技术，由于可再生能源资源的地域性和不稳定性，单独采用某一种可再生能源难以实现整个工艺系统的稳定供应，从能源效率、稳定供应、经济成本等多方面考虑，现实可行的技术方案是多能互补的分布式能源站技术。

分布式供能系统具有污染排放低、可靠性高等优点，而且能实现冷热电多联供（Combined Cooling, Heating and Power, CCHP），由于靠近用户侧，有效降低了电、热、冷远距离输送损失。分布式供能的主要特征是燃料的多元化、设备的小型化和微型化、冷热电联产化[13]。分布式供电方式与大电网配合，可以弥补大电网在安全稳定性方面的不足，在改善电源结构和供电效率、提高供电质量和可靠性、减轻电力工业对环境的影响、提高大电网的经济效益等方面发挥重要作用。

从 20 世纪 70 年代末开始发展到现在，美国、日本和欧洲已经有上万座分布式能源站投入运行。其中，丹麦在能源结构调整的进程中鼓励发展分布式能源，这其中包括热电联产（Combined Heating and Power, CHP）和可再生能源，相当多的风电、生物质发电和 CHP 都是以分布式供能方式开发建设。CHP 在丹麦是非营利性质的，丹麦政府为鼓励投资者投资建设分布式 CHP 以及让消费者选择这种利于环保的用电方式，采取了特殊的补贴政策。

近年来，在我国的北京、上海、广东已有十几个分布式供能系统投入运行。我国实际运行的系统中，燃料以天然气为主，燃料成本较高；同时各类用户负荷千差万别，多数由于配置不当和不能上网运行造成系统低效运行。

综合国内洁净煤技术发展水平与可再生能源利用现状，易于受市场认可的技术方案是基于生物质水煤浆清洁燃料的多能互补分布式能源站（见图11—1）。生物质水煤浆制浆工艺可综合利用包装企业的高浓度废液、污泥，实现污染物的资源化利用；水煤浆清洁燃料为能源站稳定、低成本运行提供技术保障；高效燃烧设备可以综合利用包装企业生产中产生的可燃固体废物（如包装废弃物）、有机气体；根据包装企业所处地理位置的不同，高效利用可得可再生能源，从而构建高效、低成本运行、低碳排放的多能互补分布式能源站。

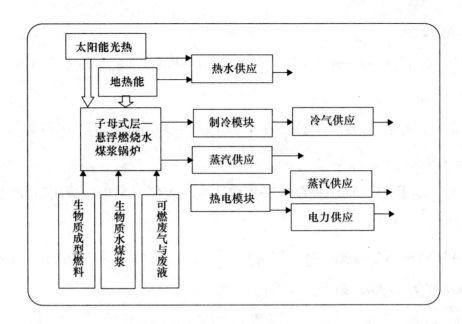

图11—1 基于生物质水煤浆清洁燃料的多能互补分布式能源站原理示意图

参考文献

［1］聂祚仁：《碳足迹与节能减排》，《中国材料进展》2010 年第 2 期。

［2］内田弘美：《凹版印刷包装材料的生命周期评价》，《日本包装学会志》2007 年第 6 期，第 397—404 页。

［3］周廷美：《包装及包装废弃物管理与环境经济》，化学工业出版社2007 年版。

［4］任宪姝、霍李江：《瓦楞纸箱生产工艺生命周期评价案例研究》，《包装工程》2010 年第 5 期。

［5］秦凤贤：《啤酒包装生命周期评价研究》，吉林大学，2006 年 10 月。

［6］谢明辉、李丽、黄泽春等：《典型复合包装的全生命周期环境影响评价研究》，《中国环境科学》2009 年第 7 期，第 773—779 页。

［7］郭鹏瑛、霍李江、马海龙等：《书刊胶印生产工艺生命周期评价案例研究》，《包装工程》2011 年第 2 期。

［8］谢明辉、李丽、黄泽春等：《食用油聚酯包装的生命周期评价》，《环境科学研究》2010 年第 3 期。

［9］戴宏民：《低碳经济与绿色包装》，《包装工程》2010 年第 5 期。

［10］康启来：《包装生产创新工艺技术面面观》，《印刷质量与标准化》

2009 年第 12 期。

［11］《制药包装工艺技术升级创新，药膜薄如蝶翼》，http：//china. toocle. com，2011 年 10 月。

［12］王星光：《变频调速器在包装食品机械中的应用》，《包装与食品机械》1999 年第 17 卷第 1 期。

［13］刘福乾：《伺服控制在一类包装机械控制系统中的应用研究》，青岛大学，2010 年 10 月。

［14］隋军、金红光、林汝谋等：《分布式供能及其系统集成》，《科技导报》2007 年第 24 期，第 58—62 页。

The Research of Carbon-reduction Technology and Application about Production-manufacturing of Package Production

Liu Jianwen   Yao Dihui

Abstract：The green and low carbon package is an important strategy that package industry achieve sustainable development, it must achieve green package from green package material、green package design and rapid developing green package products of overall process on package industrial chain. The production of package products is main cause of carbon footprint in package, it will be important that put forth effort to reduction-carbon technology and application、energy-saving & emission-reduction and application、renewable energy sources application in technological innovation of package-production manufacture, carried out a technical route of distributed energy station provided multiple forms of energy to complement each other, based upon CWM clean fuel. Thereby achieving this target that utilizing of energy sources and resources about package waste material, promoting package industry to low-carbon and green transformation.

Key Words：green package；production-manufacturing；carbon-reduction technology；application research

第十二章

纸包装材料生产减碳的探索与分析

邹　毓　蔡抗衡

摘　要： 在二氧化碳等温室气体排放加剧、全球气温持续变暖的情况下，生产减碳成为各国现阶段工业发展的当务之急。纸包装材料生产作为一个高能耗、高排放的产业，无论是从企业的经济效益还是严峻的全球气温变暖问题考虑，其生产减碳的重要性日渐凸显。本文分析了该行业碳排放过高的原因，并从优化能源结构、合理调整原料结构、积极推进技术创新、加大力度淘汰落后产能、鼓励企业优化重组、扩大企业规模以及努力提高管理水平等多方面探讨其生产减碳的措施和方法。

关键词： 纸包装材料　生产减碳　节能减排

据有关媒体报道，英国 Carbon Trust 公司于 2007 年 3 月试行推出全球第一批标示碳标签的产品，包括薯片、奶酪、洗发水等消费类产品。2008 年 2 月，Carbon Trust 公司加大了碳标签的应用推广，对象包括 Tesco（英国最大连锁百货）、可口可乐、Boots 等 20 家厂商的 75 种商品。因气候变化问题日益突出，英国人正在计算食物、服装及日用品等商品整个生产和消费过程中二氧化碳的排放量，以使人们通过商品碳标签标识自觉地使消费行为减少温室气体的排放，以减轻全球变暖的状况。由此可见，人类对减少二氧化碳的排放已达到了前所未有的重视程度。自 18 世纪中叶工业革命以来，随着人类社会的发展，特别是工业的高速发展对化石燃料的高度依赖使得大量二氧化碳等温室气体进入大气，显著增加了大气中温室气体的浓度，使温室效应日趋严重，导致危及人类社会未来生存和发展的各种自然灾害频频出现。因气候变化和能源紧张等问题，减碳成为各国迫在眉睫的任务。包装材料的生产作为包装行业的一个高能耗、高排放的环节尤其需要加大力度进行节能减碳整治。"纸、塑料、金属、玻璃"——被称为包装材料的四大支柱，是当今社会常用的四种包装材料。由表 12—1 可以看出这四种包装材料占据了 2007 年中国包装工业碳排放量的 99.8%，其中纸包装工业的产值居首位，达到了包装工业总产值的 42.75%，其碳排放量占到了包装行业碳排放总量的 33.54%，对整个包装行业的碳排放起着重大的影响作用。要想减少纸包装材料制造业二氧化碳的排放量，最有效的措施就是在其生产过程中降低能耗，减少废气排放量，下面将从我国纸包装材料的生产过程进行节能减碳分析。

表 12—1　　　　　　　　2007 年中国包装工业碳排放量表

门类	产值（亿元）	占总产值比例（%）	碳排放量（万吨 CO_2e）	占碳排放总量的比例（%）
纸包装	2003.22	42.75	5021.65	33.54
塑料包装	2000.42	42.69	7469.71	49.88
金属包装	504.2	10.76	1729.74	11.55
玻璃包装	162.05	3.46	722.61	4.83
其他包装	15.53	0.33	30.58	0.2

注：该数据来源于科印网陈希荣专栏《低碳包装实践方法与应对策略——包装碳足迹的理论与实践》。

一　造纸工业能耗分析

虽然造纸术起源于我国，是我国古代科学技术的四大发明之一，但我国现代造纸工业发展的起点还是较低，高耗能、高排放、高污染、低效率曾一度是我国造纸行业比较普遍的现象，与世界先进水平有着一定的差距。国际上先进水平为吨浆纸综合能耗0.9—1.1吨标准煤，我国除少数企业或部分生产线能达到这一水平外，大部分企业吨浆纸综合能耗平均为1.38吨标准煤。2010年，国家发改委产业协调司李平处长在"低碳造纸理念与实践论坛"上指出，目前国内造纸业依然是"高能耗、高污染"的双高行业。在当前造纸业产能较为分散的情况下，同等的生产总值，造纸业的能耗、污染物排放依然远高于其他行业。而包装用纸是纸产品中的一大类，包括用于包装工业及包装印刷的纸（张）和纸板。并且我国近十年包装用纸量是以平均每年17%—20%的速度在增长，其在全国纸产品中所占的比例由原来的40%增加到了60%，名副其实地支撑起了中国造纸业的半壁江山，其生产过程的节能减碳对整个造纸行业的节能减碳起着决定性作用。

高能耗是导致碳排放高的主要原因，导致我国造纸行业能耗高的主要原因有能源结构、原料结构、生产工艺、技术装备、企业规模、管理水平等多个方面。

（一）能源结构

国外造纸工业用燃料主要以重油、天然气为主。而我国造纸工业用燃料70%为煤，虽然我国煤资源丰富，但高质量的煤并不多，劣质煤相对于重油和天然气来说燃烧效率更低，而且污染严重，二氧化碳排放严重。表12—2列出了从2000年至2007年我国造纸行业能源消费的结构情况，从中可以看出煤炭的主导地位一直没变，并且随着能源消耗总量的增加，逐年大幅递增，特别是2004年比2003年增加了878万吨。

（二）原料结构

植物纤维是造纸工业的基础原料，它具有取材广泛、价格便宜等特点，大多数国家是以木材为主。在我们国家由于森林资源较少，木材使用比例偏低。据中国造纸协会测算，2010 年木浆使用量为 1859 万吨，占原料总量的 22%；非木浆使用量为 1295 万吨，占原料总量的 15.3%；废纸浆使用量为 5305 万吨，占原料总量的 62.7%。废纸已成为中国造纸工业发展的重要依赖资源，中国造纸业可持续发展的循环经济特征越来越显著。这是我国造纸业的原料特点。目前国际上的造纸原料主要是植物纤维，一些经济发达国家所采用的针叶树或阔叶树木材占总用量的 95% 左右。

表 12—2　　　　　　　　　我国造纸行业能源消费结构情况

能源消耗量	2000 年	2001 年	2002 年	2003 年	2004 年	2005 年	2006 年	2007 年
煤炭（万吨）	1715.9	1691.2	1747.3	1835.9	2713.9	3027.8	3332.6	3379.2
原油（万吨）	0.48	0.51	0.5	0.63	0.38	0.51	0.5	0.52
天然气（万吨）	0.3	0.26	0.27		0.37	0.54	0.64	0.74
汽油（万吨）	12.02	12.2	15.65	18.65	8.88	8.42	8.56	10.49
煤油（万吨）	3.61	3.7	2.93	1.9	0.91	0.91	0.81	0.76
柴油（万吨）	22.54	22.2	29.73	35.81	25.7	26.6	25.76	22.45
燃料油（万吨）	19.72	21.67	21.85	22.56	26.85	28.6	32.02	32.25
焦炭（万吨）	1.5	1.56	1.73	2	6.81	4.09	4.29	4.72
电力（亿千瓦时）	228.22	251.35	284.97	311.62	359.33	406.76	447.3	442.35

注：数据来源于《中国造纸行业节能减排政策实施效果评价研究》。

我国常用的植物纤维有以下几类：

（1）草类纤维类：竹子、芦苇、麦草、稻草、高粱秆、龙须草，其纤维短而细，长约 0.5—2 毫米。

（2）木材纤维类：杉树、松树、杨树、桦树等，其纤维长度约 1.4—50 毫米。

（3）韧皮纤维类：亚麻、黄麻、洋麻、檀树皮、桑皮、棉秆皮等，其纤维长度约 25—30 毫米。

（4）毛纤维类：棉花、棉短绒、棉破布，其纤维长度约 20—40 毫米。

（5）废纸纤维类。

我国造纸业原料结构不合理，木材纤维原料比例较小，非木材纤维原料比例相对偏大。草浆等非木纤维能耗高，污染严重，而且纸品质量不高。我国的废纸回收利用率也偏低，2010 年世界平均废纸回收率为 56.6%，发达国家普遍超过 60%，韩国、德国超过 80%，中国仅为 43.8%，低于世界平均水平。

（三）纸包装新材料技术

在纸包装材料中，有相当一部分是用于保护产品在运输过程中免遭破坏。当前我国这方面大量使用的材料是传统瓦楞纸板、硬纸板或泡沫。如果在保证包装质量的情况下，通过新技术使包装材料轻量化，减少材料的使用量，从而大幅度降低包装物的碳值，无疑也是有效减碳的理想途径。当前，这方面的技术有微型瓦楞纸技术、蜂窝化技术以及泡沫包装纸技术等。研究开发新型低碳包装材料，用最少的材料，达到保护产品的目的，这不但符合绿色低碳经济的大气候，也是未来包装材料业的发展趋势之一。

下面以微型瓦楞纸板为例，说明我国在纸包装新材料技术方面的不足。微型瓦楞纸板是近年来国外兴起的一种新型瓦楞纸板，如 F、N、G 型等。美国、瑞典、德国等国的企业随着对瓦楞楞型微型化的深入研究，将传统的 A、B、C、E 等楞型扩展到 F 楞（楞高 0.75mm），G 楞（0.50mm），N 楞（楞高 0.46mm），O 楞（楞高 0.30mm），并着手向更小楞型的瓦楞纸材料的方向探索，而且正在扩大现有微型瓦楞纸板的生产规模，目前，这些国家的微型瓦楞纸板总产值约占瓦楞纸板的 8%。而我国，微型瓦楞纸板是一个亟待开发的"真空"市场。

（四）企业规模

从目前的情况来看，我国造纸工业中具有国际竞争力的大型企业集团和骨干企业数量少，其影响力和示范效应有待提高，小企业、弱势企业多，且产能分散，行业规模效益水平低。中国造纸协会的统计数据表明，2009 年中国共有造纸企业 3686 家，其中小型企业占 88% 以上，100 万吨/年规模以上的企业只有 9 家。

表12—3　　2009 年我国 9 家 100 万吨/年规模企业的产量及营业收入表

企业名称	晨鸣	玖龙	华泰	太阳	中冶	理文	金东	中华	泰格
主营业务收入（亿元）	186.2	155	151.5	139	101	110.99	82.62	61.58	64.75
纸和纸板产量（万吨）	300	652	155	219	1006	355	228.92	143.65	124

注：数据来源于互联网《2009 年中国造纸企业 20 强巡礼》。

2009 年数据显示我国排名前十的造纸企业产量之和占全行业的 30% 左右。而在发达国家，前十名的造纸企业的总产量约占到了该行业总产量的 80% 左右，比起发达国家我国造纸业的集中度很低，还有很大的提高空间。小企业的经营水平低下，技术装备落后，能耗效率低，污染严重。关闭这些落后产能，提高造纸行业集中度是行业优化升级亟待解决的课题。

（五）管理水平

管理水平可以分两个层面，一个是宏观层面，主要指国家及地区政策法规和行业标准；另一个是微观层面，主要指企业内部的管理制度和相关规定。先进的管理方法作为硬件条件的补充也可以有效地促进企业节能降耗，减少 CO_2 的排放。现阶段，我国在管理水平上还存在诸多不足，行业标准没有细化、量化，标准的执行不够强硬。大部分企业没有很好地执行能源管理制度，技术创新方面的制度相对国外还很欠缺，没有系统的员工培训机制等。

二　纸包装材料减碳生产的有效途径

为缩小我国纸包装材料生产与国际先进水平的巨大差距，扭转高能耗、高排放的行业现状，实现产业的转型升级，走低碳环保、可持续发展之路，我们可以从优化能源结构，合理调节原料结构，积极推进技术创新，加大企业重组整合的力度以及提高管理水平等方面着手实施。

（一）优化能源结构

1. 增加重油、天然气的使用比例

重油和天然气的热含量高，燃烧充分，利用效率高，二氧化碳排放相对于煤炭燃料低很多，增加该类燃料的使用比例有利于降低二氧化碳的排放。

2. 大力发展洁净煤技术

我国能源资源的基本特点（富煤、贫油、少气）决定了相当长一段时间内燃料结构不可能不用煤，造纸工业依然需要依靠煤炭作为主要的燃料。在煤炭作为造纸业支柱性能源不可更改的客观现实面前，大力推广高效、低污染的洁净煤技术，无疑是造纸行业减碳生产的一条有效途径。

3. 加强自身能源供给建设

同时还要加强造纸企业余热、废气、废料的回收。如中冶纸业银河有限公司投资 300 万元，建成了三座 500 千瓦沼气发电站，项目投产后，其运行费用为 0.12 元/度，每日发电量为 3.6×10^4 度。按当地市场工业用电价 0.65 元/度计算，每天可实现效益 19080 元，每年可实现赢利 690 余万元。此项改造对废气的利用不但取得了可观的经济效益，还减少了废气的排放。

（二）合理调整原料结构

1. 大力推广林纸一体化

我国的造纸行业中最严重的污染和能耗来自十分落后的非木纤维制浆企业。木材和纸产品是可再生和可循环使用的产品，林业和制浆造纸工业可以扩

大生物质能源的使用，减少对化石燃料的依赖，减少二氧化碳的排放。因此，"林纸一体化"的现代先进的制浆造纸工业是一种典型的低碳工业。

20世纪70年代，我国造纸行业借鉴国外的做法开始实施林纸一体化工程建设，其初衷是解决造纸原料紧张，提高木浆自给能力。经过二十几年的发展，林纸一体化项目在种植技术、经营方式、国家政策已趋完善和规范，成为中国主流造纸企业重要的发展模式，不仅增加了国内木浆的自给能力，而且逐渐减少、淘汰了落后的草浆等非木纤维原料，这种原料结构的调整对节能降耗的作用正逐渐显现。林纸一体化另外一个重要作用就是森林对二氧化碳强大的吸收贮存功能。大力推动发展林纸一体化，将会有效地遏制温室效应，造福人类。

我国现阶段还需继续加强原料林基地建设，加快推进林纸一体化，栽培优良树种，提高林地单产，提高企业可控制林业基地比重，提倡发展"公司＋基地＋合作组织"和适当发展"公司＋基地＋农户"等经营模式，提高基地供材能力，改变我国造纸业木纤维比重偏低的行业现状。

2. 合理利用非木纤维原料

非木纤维原料主要是草类纤维原料，该类原料生产过程相对复杂，能耗高，二氧化碳排放严重，但在木材纤维不足，草类纤维无法有效利用，造成浪费，特别是农村直接燃烧当成肥料，造成更多的二氧化碳排放到大气中的情况下，不能放弃草类纤维原料在造纸业的使用，而要因地制宜，充分利用竹子、芦苇和农业废弃物如秸秆、蔗渣等非木资源。在非木纤维的使用方面，企业可以引进先进的草浆生产线，开发新技术，合理地利用非木纤维，逐步淘汰或减少现有技术下的草浆使用，有计划地降低制备草浆的高能耗和高排放。

3. 加强废纸回收利用

废纸的回收利用不仅能够优化原料结构，缓解原材料不足的状况，实现造纸业的循环发展模式，而且减少了制浆对环境的污染和能源消耗。据统计每回收1吨废纸大约可生产0.8吨纸，节约1.2吨标准煤、600度电。

据媒体报道，有相关部门对收废纸的人进行过跟踪调查，发现他们大多会先把废纸掺沙喷水后再卖给造纸厂。这样就给造纸厂在处理废纸的过程中带来很多麻烦。这一现象反映出我国对废纸回收的法律规范和政策支持还不够具体，不够到位。所以，要想提高我国废纸的回收率，国家就得制订一整套对各方面的利益考虑周到、操作性很强、细节量化严格的回收法律体系。有关部门对造纸企业，强制要求必须使用一定数量的废纸作为生产原料；对回收企业，规定政府必须给予一定的补贴，保证它们正常运行，能获得合理的经济效益；引导消费者和回收企业把废纸进行分类回收，加强大家对资源的循环利用意识。在废纸回收利用方面，我国还需加大对废纸处理技术和处理设备的研发投入，使得回收的废纸得到高效的处理。

（三）积极推进技术创新

1. 蜂窝化技术

蜂窝化技术是指将实体材料的中间层变成蜂窝结构，有效减少材料的耗用量的一种技术。通过对纸包装实体材料进行蜂窝化处理，可以大幅度提高实体材料的利用率，以目前的技术水平，如果其中的20%被蜂窝材料替代，相当于每年节省两千万立方米的木材。按照国家科技部公布的节能减排数据计算，这相当于节约标准煤500万吨，减少二氧化碳排放1286万吨。节省的木材还保护了我们的森林资源。众所周知，植物通过光合作用吸收二氧化碳，放出氧气，其中的碳以生物的形式固定在植物体内。据研究表明，每一公顷的森林能容纳120—140吨二氧化碳，也就是相当于节约一公顷的森林资源还间接减少了120—140吨二氧化碳的排放。

2. 泡沫包装纸技术

泡沫包装纸是采用废纸和面粉作原料，先将废纸切成碎条，再碾成纤维状的纸浆，将其和面粉按合适的比例混合，把混合好的纸浆料注入挤压机压成圆柱颗粒。在挤压过程中，原料受到水蒸气作用成为泡沫纸。用该种泡沫纸颗粒做原料，可以制成需要的包装材料，这样的包装材料像蜂窝化材料一样节省了材料，并且生产过程简单，节省了能源，从间接和直接两方面减少了二氧化碳的排放。

3. 微型瓦楞纸技术

微型瓦楞纸板在传承了传统瓦楞纸板功能的基础上，还增加了新的功能。与同类型的传统纤维厚纸板相比较，微型瓦楞纸板具有节省材料、弹性好、缓冲力强、有吸震性能等特性。例如 G 型瓦楞纸板较实心纤维板纸重量轻 30%—40%，而强度（与同规格纸板比较）增加 30%—40%，且重量仅为传统实心纸板折叠盒的一半。由此可见微型瓦楞纸在满足需要的情况下代替硬纸板或传统瓦楞纸板，可以节省大量材料，间接地减少了包装材料二氧化碳的排放，为纸包装材料的减碳生产做出了贡献。

在国际上，微型瓦楞纸板因其较佳的物理特性、印刷品质和低碳的特点已被视为未来瓦楞纸板包装材料市场的主流。我国发展微型瓦楞纸需要做到以下几个方面：

（1）开发相适应的新瓦楞辊及新机型。由于微型瓦楞的楞高较小，相应的楞数增多，瓦楞成型时的进纸初始力增大，难以用传统的普通瓦楞纸板机器制造。

（2）加大投入，提高微型瓦楞的科研水平、机器加工的工艺水平。

（3）开发更小楞型的瓦楞纸材料，使我国的微型瓦楞纸板技术走向世界前列。

（4）推广微型瓦楞纸板的应用领域。

（四）加大力度淘汰落后产能，鼓励企业优化重组，扩大企业规模

造纸产业具有资金技术密集、规模效益显著的特点。在企业规模方面，通过新扩、改建发展了一批高效大型企业。2009 年，年产量达 40 万吨以上企业已达 30 家（其中 9 家年产超过 100 万吨），这些企业基本具有运行世界一流制浆造纸与环保先进技术与装备的典范，在所有制造业中具有最低的温室气体排

放比例，使行业面貌有了一定程度的改观。但我国造纸行业小而散的局面还没有改变，还需继续实行产业退出机制，调整和明确淘汰标准，量化淘汰指标，加大淘汰落后产能的力度，加快行业整合速度。通过加大企业重组力度，完善产业组织形式，逐步形成以大型企业为龙头、中小企业协调发展的产业组织结构。由政府扶持，培养出更多年产 100 万吨以上大型综合性制浆造纸企业集团，形成良好的市场竞争格局。

（五）有效管理引领低碳生产

1. 宏观管理

宏观管理主要是指国家和地方的政策、法规以及其他一些调控手段。由国家制定颁布相关政策、法规对产业发展定位、发展模式、结构调整、资源节约、环境保护、投资行为、市场准入、市场监管及消费理念等进行了全面规范，努力营造公平、合理、适用、有序、健康的现代造纸产业发展环境。促使企业根据自身优缺点不断寻求各种途径实现节能减排，走低碳发展之路。如 2007 年 6 月国家发布的《节能减排综合性工作方案》确定，"十一五"期间我国造纸行业要淘汰 3.4 万吨/年以下草浆生产线、1.7 万吨/年以下的化学制浆生产线、排放不达标的 1 万吨/年以下废纸为原料的纸厂及 2 万吨/年以下纸板生产线等落后产能，促使我国造纸工业向着大型化、技术和资金密集化、低碳环保的方向发展，大大提升了我国造纸业的现代化水平。

制定能耗限额标准，单位产品能耗标准的高低，不受市场等因素的影响，直接反映了一个企业的技术装备、技术改造和能源管理水平，是最直接、最客观地反映和衡量企业能源利用水平的一个标志性技术经济指标。它能从源头上提供能耗控制的技术措施和管理手段。通过强化标准化活动，针对相关产品关键生产流程的能耗定额和用能管理，可以有效地促进企业改进工艺技术，推动科技创新，淘汰落后的生产技术、生产方式和设备，从而降低能源消耗，提高能源利用率。通过能耗限额标准与产业政策的结合可以进一步强化市场机制的作用，使达不到标准生产的产品不得不增加成本，从而控制高能耗企业的生产规模和市场占有率，促进产业结构全面的优化升级，使得更多的节能型企业和产品成为市场的主体，最终达到总体能耗下降的目的，成功实现造纸产业低碳环保发展的转型。比如广东省在 2008 年就率先制定了地方性能耗限额标准《制浆造纸行业主要产品能耗限额标准》。当这一地方性标准在有效实施后，总结该标准在实施过程中的经验，制定一个更加完善的国家标准在全国范围内实施。

2. 微观管理

微观管理是指企业内部的管理，是宏观管理的有效补充和强化，有以下几个方面：

（1）建立健全的能源管理机构；

（2）建立节能目标责任制和评价考核体系；

（3）加强能源统计工作；

（4）制订合理有效的能源管理监督制度；

（5）组建节能减排科研队伍并建立相应激励机制；

（6）开展员工减碳生产意识教育。

参考文献

［1］李威灵：《我国造纸工业的能耗状况和节能降耗措施》，《中国造纸》2011 年第 3 期，第 61—63 页。

［2］王文明：《以蜂窝技术构筑绿色低碳材料的未来》，深圳高交会"首届绿色包装与低碳经济"高峰论坛，2009 年 11 月 17 日。

［3］王文明：《蜂窝纸板的应用及市场前景分析》，包装工程 PACKAGING ENGINEERING Vol. 25 No. 1 2004 年，［A］，首届中国国际包装高峰会论文集［c］，2001 年。

［4］陈代光：《低碳经济促进造纸企业节能减排》，《环保与节能》2011 年第 1 期，第 26—27、33 页。

［5］http://blog.sina.com.cn/s/blog_ 685dd39d0100iznv.html.

［6］孙丕举：《推广蜂窝纸板是实现低碳减排节材代木的重要途径》，《中国包装工业》2010年第11期，第25—28页。

［7］张义华、王秋云：《制浆造纸节能减排、节水降耗的措施》，《纸和造纸》2008年第1期，第38—40页。

［8］王玉峰、石葆莹：《指定产品能耗限额标准，推进造纸工业节能降耗》，《中国造纸学报》2010年增刊，第251—253页。

［9］刁艳、苟进胜：《纸包装材料的现状及发展趋势》，《中国包装工业》2008年第9期，第17—20页。

［10］成培芳、王秋利：《纸包装材料的研究及发展趋势》，《中国包装》2006年第5期，第39—42页。

［11］柴小慧：《加强企业管理创新，推进造纸行业节能减排》，《中华纸业》2007年第8期，第17—20页。

［12］郭永新：《中国造纸原料的现状和未来》，《中华纸业》2010年第19期，第14—17页。

［13］李军：《包装纸家族的新成员》，《中国包装工业》2006年第7期，第19页。

［14］胡宗渊：《利用"草类原料清洁制浆新技术"，采用"农、浆、纸、肥一体化"的新模式将是我国造纸工业、草浆企业发展之路——再论合理利用非木纤维原料资源》，《天津造纸》2009年第1期，第2—4页。

［15］李洪信：《中国纸业如何在挑战与机遇中前行》，《中华纸业》2010年第15期，第8—10页。

Analysis of Reducing Carbon Emission in the Production Paper Packaging Materials

Zou Yu　Cai Kangheng

Abstract：With the increase of carbon dioxide emission and in the case of global warming, reducing carbon emission could become a dominant preoccupation at the present stage of industrial development. With regard to the production of paper packaging materials production, as both a high-energy consumption and high emission process, reducing carbon emission highlights its importance in the production of paper packing materials increasingly whether for consideration of economic benefits of enterprises or for consideration of global warming. In this paper, by means of analyzing the cause of high-emission in the production of paper packing materials, the measures and methods reducing carbon emission in the production of paper packing materials were discussed via-optimizing the energy structure, adjusting the structure of raw materials, advancing the technological innovation, eliminating the outdated industrial capacity, encouraging the optimization and reorganization of the corporation, expanding the enterprise scale and improving the management level.

Key Words: paper packaging materials; reducing carbon emission; energy saving and emission reduction

案例篇

第十三章

城市转型进程中株洲市低碳交通发展实践与对策

赵先超　丁　梦

摘　要：伴随城市人口与经济的快速增长，当前株洲市与全国各地城市一样，正面临着交通拥堵、交通能耗和碳排放日益增长等问题，与"两型"社会建设要求不相适应，交通领域的低碳化发展已经成为城市转型进程的必然选择。作为一座传统的老工业基地和长株潭"3+5"城市群的重要一极，株洲市理应在低碳交通发展领域率先作出表率。本文阐述了株洲市发展低碳公共交通的重要意义，总结了株洲市低碳交通发展的现状，系统梳理了株洲市低碳交通发展的主要实践经验，最后提出了低碳交通发展的几点对策。

关键词：低碳交通　实践经验　对策措施　株洲

哥本哈根会议前夕，中国政府对外宣布，到 2020 年单位国内生产总值 CO_2 排放比 2005 年下降 40%—45%，并作为约束性指标纳入国民经济和社会发展中长期规划，强调加快建设以低碳为特征的工业、建筑和交通体系。据政府间气候变化专门委员会（IPCC）报告，全球温室气体排放中，城市交通占 13.1%，是仅次于能源供应和工业生产的第三大排放部门。而据国家交通运输部《交通运输系统节能减排方向与途径研究》的测算，到 2020 年，交通运输领域二氧化碳排放量将达到 15 亿吨左右，届时交通二氧化碳排放量将占到城市碳排放总量的 18%—20%。为此实现国家以及城市节能减排目标，必须以工业、交通、建筑等领域的低碳化发展为重点，必须依靠社会各界公众的共同努力。

面对城市交通能源消耗及碳排放日益增多的严峻现状，我国部分城市开展了或多或少的低碳交通发展实践。2011 年，交通运输部确定天津、重庆、厦门、杭州、南昌、贵阳、保定、武汉、无锡等 10 个城市开展低碳交通运输体系建设试点工作，标志着我国城市低碳交通发展迈入了一个新台阶。除此之外，上海、北京等城市也正在开展与低碳交通相关的政策研究。

一　株洲市发展低碳公共交通的意义

长株潭城市群是国务院批准的全国资源节约型与环境友好型社会综合配套改革试验区之一，是承担实施国家中部崛起发展战略与宏伟目标的主要城市载体，是湖南省经济发展的核心增长极。株洲市作为长株潭城市群的重要一极，其交通的低碳转型与发展，不仅有利于缓解当前城市交通拥堵现象，而且对于株洲市在新的历史机遇期实现低碳转型具有重要的现实意义。

首先，株洲市发展低碳交通是缓解资源能源环境压力的必然选择。交通运输业是石油消费的重点行业，也是温室气体和大气污染排放的重要来源之一，特别是交通运输业中机动车尾气排放，大约占到大气污染物比重的 60%。株洲市城区现有的 627 辆公交车全部被置换成混合动力电动公交车，平均节油率达到 15% 以上。株洲市发展低碳交通在一定程度上可以有效缓解城市资源能源环境所带来的巨大压力。

其次，株洲市发展低碳交通是扎实推进"两型"社会建设的重要抓手。据测算，2005 年中国交通运输的石油消费总量约占全社会石油消费总量的29.8%。交通运输业作为全社会仅次于制造业的油品消费行业，是实现资源节约的重点领域之一，加之城市汽车迅速增多导致的尾气排放也日益影响着大气质量。三年来株洲市城区的627辆公交车全部被置换成混合动力公交车，运行总里程逾4588万公里，载客11554万人次，每年节油近220万升，减少二氧化碳等各类有害物质排放14730吨。由此株洲市发展低碳交通能够有效推进"两型"社会建设进程。

再次，株洲市发展低碳交通是及时缓解城市交通拥挤的迫切要求。目前，随着株洲市城镇居民收入的不断提高，私家车数量迅速增长，现已逼近60万辆。越来越多的城市居民选择私家车作为日常出行的交通工具，在一定程度上造成了早晚上下班高峰期市府路、合泰路等典型路段出现严重的交通阻塞。为此，株洲市发展低碳交通是及时缓解城市交通拥挤的迫切要求。

最后，株洲市发展低碳交通是有效提高市民身心健康的重要保障。当前，城市机动车数量的日益增多带来了城市空气质量的日益下降。特别是由于汽车尾气排放的增多导致了阴霾天气的发生，极易引发肺癌。城市居民过多选用私家车作为交通出行工具，平时缺乏日常锻炼，也极易增加腰椎病等职业病的发病频率。由此，株洲市发展低碳交通是有效提高市民身心健康的重要保障。

二 株洲市交通发展现状概述

株洲古称建宁，是长株潭城市群全国"两型"社会综合配套改革试验区的重要增长极，也是全国首批重点建设的工业城市之一，位于湖南省东部偏北、湘江下游，现辖天元、芦淞、荷塘、石峰、云龙五区和县级醴陵市、株洲县、攸县、茶陵县、炎陵县5县市。近年来，株洲市城市化进程不断加快，交通运输事业蓬勃发展，主要表现在以下几个方面。

（一）道路里程持续增加

截至2011年8月，株洲市建成区现有道路里程813.06公里，其中快速路38.05公里，主干道80.46公里，次干道113.75公里，支路580.8公里。

（二）机动车数量增长迅猛

目前，株洲市机动车保有量为 52.5 万多辆，较 2005 年底（27.6 万）增加了近 25 万辆机动车。现有机动车保有量中汽车占 17.5 万多辆，摩托车占 34.8 万多辆，私家小车约占机动车总数的 23.3%。

（三）交通管理工作成效显著

2009 年，株洲市投资 5000 余万元，建成了株洲市道路智能交通管理系统。特别是国家交通管理模范城市的创建成功，标志着株洲交通管理工作迈上了一个新台阶。

（四）公共交通事业比较发达

2009 年 7 月，株洲市正式启动"电动公交三年行动计划"。目前，城区共拥有混合动力公交车 627 辆，城市居民每万人拥有公交车率超过了 10 标台，城区空调车票价自 2011 年 1 月起全部调整至 1 元/人次（学生 0.8 元/人次），成为全国首批节能与新能源汽车示范推广试点城市。2011 年，率先启动自行车租赁系统。目前，城区主次干道无障碍设施改造、自行车专用车道建设均已全部完成，基本上实现了公共自行车"全城全覆盖"，并获得住建部审批，成为全国第二批"城市步行和自行车交通系统示范项目"候选城市。自 2010 年起，株洲市禁止柴油出租车上牌，推广双燃料出租车。到目前为止，全市 1955 辆出租车中，已改装 550 辆为双燃料出租车，另购双燃料出租车新车近 200 辆。

三　株洲市低碳交通发展的主要实践经验

（一）政府领导高度关注，积极强化规划引领

城市低碳交通的发展特别是公共交通的发展离不开政府的正确引导，也离不开规划的引领。

近年来，在株洲市委市政府的正确领导下，株洲市交通运输工作紧扣市委市政府实施"四大战略"、建设"四个株洲"的战略部署，低碳交通发展取得显著成效。特别是在市委市政府领导高度关注下，株洲市先后成立了株洲市道路交通安全委员会、株洲市城市交通工作综合协调委员会，建立了定期联席会议制度，对城市道路交通问题及时协调研究，逐步形成了城市交通规划、建设、管理一体化运作机制。

2011 年起，株洲市在修编完善《株洲市总体规划》（2005—2020 年）的基础上，投资 600 多万元先后修订和编制了《株洲市综合交通体系规划》、《株洲市公共交通专项规划》、《株洲市道路交通管理规划》、《株洲市道路交通安全管理规划》、《株洲市停车场规划》、《株洲市慢性交通系统规划》等城市交通规划。这些规划的陆续实施，使城市交通规划体系逐步完善，对低碳交通发展的引领作用进一步发挥，为株洲市近期和中远期城市交通发展提供了科学依据和工作指南。

（二）强化企业主动参与，积极发挥市场作用

实践证明，城市低碳交通的发展仅有政府的引领作用是远远不够的，必须强化企业的主动参与，积极发挥市场作用。

在政府引导下，包括株洲市公共交通总公司、湖南株洲湘运集团有限责任

公司、株洲市直达商务快客有限责任公司、株洲海联出租汽车公司、株洲平安出租车有限责任公司等在内的株洲市交通运输企业积极参与到"平安株洲"、"低碳交通"、"节能减排"等主题活动创建过程中来。同时，市域广大企业结合自身优势，积极进行技术攻关，研制出多项低碳交通技术，为城市低碳交通发展提供技术支撑。如中国南车株洲电力机车有限公司（南车株机）、南车株洲电力机车研究所有限公司（南车株洲所）和南车株洲电机有限公司（南车株洲电机）等。

2011 年，株洲市启动公共自行车租赁系统。这个公共自行车租赁系统采用"政府主导、市场运作、企业管理"的模式。经过企业化运作，这个租赁系统所提供的自行车，所有零部件都是专项定做，而生产厂家在自行车有所损耗后，立刻就提供维修服务。该模式强调在政府的主导下，积极发挥市场作用。以公共自行车租赁系统为例，积极发挥市场作用的优势在于株洲市公共自行车已由最初的租赁系统建设，开始朝集约产业化发展方向转变。目前，一个集公共自行车生产、研发、运营和管理的新型产业，在株洲市逐渐成形。株洲已在深圳盐田区单一来源采购中中标，将建设 6000 个锁柱，投放 5000 辆自行车。此外，西安已签订试点协议，而包括山东济宁、江西新余、省内的临武等十多个城市正在与株洲积极洽谈合作意向，公共自行车"株洲模式"已然成为众多城市竞相模仿的对象。

（三）重点领域率先突破，积极试点逐步推广

株洲市在公共自行车租赁系统建设、电动公交投入使用、双燃料出租车使用等重点领域取得了显著成绩。

1. 公交交通优先发展：电动公交撑起绿色株洲

2007 年，株洲市制定并颁布实施了《株洲市优先发展城市公共交通的实施意见》（［株政发 2007］21 号文件）、《株洲市城市公交管理办法》，大力实施公交优先战略。同时，依据国家技术标准，进行公共交通设施建设，

公共交通设施建设用地实行划拨政策；对公共交通客运车辆实行定额补贴和低票价政策；城市公共交通线路没有挂靠、个体承包、转包等经营形式存在。

图13—1 株洲市电动公交车

为大力实施低碳公交战略，株洲市率先启动了"电动公交车三年（2009—2011）行动计划"，投资4亿多元，计划在2009—2011年，城区627辆公交车全被换成电动或混合动力车，打造全球第一个电动公交车城。至2009年底，株洲市共有电动公交车627辆，一举成为全国首批节能与新能源汽车示范推广试点城市。2011年9月，株洲市提前实现公交车全部电动化，成为全国首个"电动公交城"。

2. 出租车低碳实践：双燃料出租车的新天地

采用天然气和汽油的双燃料型出租车，是株洲市继电动公交车、公共自行车租赁系统之后推出的又一绿色低碳出行方式。2009年7月，株洲市专门出台了《株洲市公交电动化三年行动计划（2009—2011年）》，规定自2010年1月1日起禁止柴油出租车上牌，推广双燃料出租车。到目前为止，全株洲1955辆出租车中，已改装550辆为双燃料出租车，另购双燃料出租车新车近200辆（截至2011年8月）。根据株洲市交通局低碳交通计划，拟用4—5年时间将本市柴油出租车全部换掉，至2015年左右，基本实现全市无柴油出租车。

图13—2 株洲市双燃料出租车

3. 自行车低碳实践：自行车租赁系统在完善

2011年5月6日，株洲市在神农城广场举行公共自行车租赁系统启用仪式。公共自行车租赁系统倡导市民选择公交、自行车换乘等绿色低碳方式出行，在居民区、主次干道、交通枢纽、公共场所、公园景区等地规划建设400个租赁点，计划投入自行车1万辆，形成覆盖全城的网络化体系。目前，首期279个站点、2000辆公共自行车投入使用。2011年7月，株洲市继2010年杭州、重庆、昆明等6个城市之后，获得住建部审批，成为全国第二批"城市步行和自行车交通系统示范项目"候选城市。

图13—3 株洲市公共自行车

目前，城区主次干道无障碍设施改造、自行车专用车道建设，均已全部完成。公共自行车投入使用5102辆，基本上实现公共自行车"全城全覆盖"。

（四）提升城市交通品质，积极争取国家试点

围绕提升城市交通品质，打造"绿色株洲"、"低碳株洲"，市委市政府合

力实施"畅通工程"，积极申报"国家交通管理模范城市"、"节能与新能源汽车示范推广试点城市"、"城市步行和自行车交通系统示范城市"。

2000 年开始，市委市政府全力实施城市"畅通工程"。2008 年初，市委市政府提出了争创"畅通工程"一等管理水平（即国家交通管理模范城市）的工作目标，并写入了 2008 年、2009 年《政府工作报告》。2010 年 7 月，国家公安部、国家住房和城乡建设部联合发文，株洲成功创建国家交通管理模范城市。

通过重点实施"电动公交三年行动计划"，2009 年株洲市成功入选首批节能与新能源汽车示范推广试点城市。2011 年，株洲市成为全国第二批"城市步行和自行车交通系统示范项目"候选城市。

（五）加快交通设施建设，积极完善道路系统

交通设施与道路系统的完善程度，是有效提升城市交通低碳发展的重要保障。

2007 年至 2009 年，株洲市投入 54.38 亿元用于市区道路交通基础设施投资，占市区国民生产总值的 4%，全面实施城区市政基础设施工程 47 个，制定了步行道、非机动车道维护及管理办法，基础设施齐全、配置合理，建成区道路都建设了无障碍通行系统，城市道路网络进一步优化。

2008 年，大力实施城市"五改"工程（砼道路改沥青路面、小街小巷改造、人行道板改造、主干道临街建筑"穿衣戴帽"改造工程、电线入地工程），全面提高城市道路交通基础设施水平。

2009 年，在加快石宋大道、湘江五桥、株长高速田心立交桥建设进度的基础上，又投资 20.2419 亿元，新（改、扩）建红易大道、迎宾大道、株洲大道、炎帝大道 4 条骨干道路，建成"湖南第一、全国一流"的城市道路智能交通监控系统一期工程。

（六）注重低碳交通管理，积极解决交通难题

近年来，株洲市大力整治道路交通秩序，建设道路智能交通管理系统。

大力整治道路交通秩序。先后开展了主干道交通秩序专项整治、严重交通违法行为集中整治、二轮和正三轮营运摩托车集中整治、特殊车辆（公交车、出租车、危险化学品运输车、校车）违法行为集中整治、农村道路交通安全集中整治、行人和非机动车违法行为集中整治等一系列整治行动。

2009 年，投资 5000 余万元建成株洲市道路智能交通管理系统。该系统通过遍布全城的 90 个电视监控点、40 处交通流量采集点、83 个信号控制点、42 个闯红灯自动记录系统、4 处固定式超速监测系统、15 处 LED 诱导显示屏，对城区道路实行全方位、全天候、多手段的交通监控。

（七）动员全体市民参与，积极开展低碳宣传

市民的普遍参与、积极参与是城市低碳交通发展的重要保证。近年来，株洲市开展了形式多样、生动活泼、广泛全面的低碳交通主题宣讲活动，逐步使"和谐交通、文明交通、绿色交通"的理念深入人心。

图 13—4 株洲市绿色交通宣传活动

近年来，株洲市在《株洲日报》、《株洲晚报》、电视台、电台等主流媒体开辟创建专栏，深层次、高密度、多角度地宣传交通法规和安全常识，倡导市民文明出行。

同时，利用各种纪念日在广大中小学生间开展主题活动宣传与签名活动，使广大市民、学生的低碳交通意识有了明显提高。

（八）重视低碳技术创新，积极进行低碳技术研发

近年来，株洲市加大技术创新支持力度，出台优惠政策积极支持企业进行低碳技术研发与技术联合攻关。2008—2009 年，全市获批与低碳技术有关的专利 86 件。其中，与电动汽车有关的专利 17 件，与节能减排有关的专利 24 件。

例如，南车时代生产的油电混合、纯电驱动城市客车节能减排性能居国内领先水平，平均节油 30%，减少尾气排放 60% 以上。

四　株洲市低碳交通可持续发展的主要对策

近年来，株洲市委市政府高度重视低碳交通建设，在城市道路规划、电动公共交通发展、双燃料出租车应用推广、公共自行车租赁等方面，取得了显著成效，特别是先后成为新能源汽车应用示范推广城市以及首座公交电动车城市，使株洲市低碳交通发展在国内处于一个较为先进的水平。

然而，从总体上来看，株洲市低碳交通发展仍然存在一些问题。目前，株洲市尚无轨道交通，快速公交系统（BRT）尚未启动，城际铁路正在建设之中，城市低碳交通也正日益面临着城市道路拥挤、交通尾气排放增多等严峻问题。此外，还有一个显著的问题是交通二氧化碳排放量增长迅猛。经测算，2005 年株洲市交通二氧化碳排放量约为 93.61 万吨，2008 年约为 140.1 万吨，2005—2008 年三年间二氧化碳排放量总体增长 49.66%，年均增长 14.39%。

随着我市公路运输的快速发展和汽车快速进入家庭，道路交通工具的二氧化碳排放量呈现出快速增长的态势，并且可以预见，这种增长势头仍将持续一段时间。

低碳交通发展，是一个系统性工程。在这种背景下，为加快株洲市低碳交通发展，参考国内外低碳交通发展实践，结合株洲市交通发展实际情况，应提前谋划，建议采取以下对策。

（一）专门编制低碳交通规划，积极建设综合性交通枢纽

一方面，当前株洲市已经编制了《"十二五"城市综合交通发展规划》。该规划全面、系统，然而对城市低碳交通发展相关内容涉及较少，仅介绍了交通节能与环境保护，难以有效指导城市低碳交通发展进程。从未来城市低碳交通发展需求来看，为从根本上优化城市功能布局，实现城市交通与土地利用、空间结构协调发展，应积极着手专门编制《城市低碳交通发展规划》，相应出台了《株洲市低碳交通发展行动计划（2011—2015）》、《株洲市低碳交通发展实施意见》等纲领性指导办法，在与已有城市总体规划、专项交通规划相衔接的基础上，通过科学规划与建设，提高公交线网密度和站点覆盖率，线路和停靠站点要尽量向居住小区、商业区、学校聚集区等城市功能区延伸，提高公交可达性。

另一方面，广大城市居民选择步行、公共交通出行比例不是很高的原因在于换乘时间过多。因此，如何将综合性的交通换乘枢纽建设与道路交通规划设计相结合，是当前城市低碳交通发展的重点。为此，既要构建紧凑发展的城市空间，还要构建综合性交通换乘枢纽，通过统筹人口、产业布局、整合空间功能，形成组团化混合用地的布局模式，将土地利用从"二维"平面扩张逐步向"三维"立体空间增效转变，重点关注其综合利用开发，提高城市密度，提高土地使用与交通供应的统一性，实现交通供需平衡。从长远出发，结合城市功能分区，优化城市交通布局网络，注重与铁路、公路等多种运输方式的衔接，实现多种运输方式的"无缝对接"，形成以公共交通为主要出行方式的城

市绿色综合交通运输体系。

（二）优先发展城市公共交通，加快完善自行车租赁系统

鉴于株洲市尚无地铁与快速公交系统（BRT），公交体系也正处于一个不断优化过程的实际情况，政府应该进一步确立公共交通在城市交通中的优先地位，加快轨道交通、快速公交等大容量快速公共交通建设，建设公交专用道，推选交通导向开发模式；实施以公共交通为导向的土地开发模式，引导城市用地的有序拓展和更新，促进城市空间布局不断优化。完善公交主干网络，提高公交分担率。公交企业应大力提高公交运营的服务水平，共同引导城市交通良性发展。

自行车是当前交通方式中最为低碳的交通方式。株洲市作为我国率先启动"公共自行车租赁"项目的城市之一，公共自行车交通发展已取得一定成绩。首先，进一步完善自行车专用道路系统与步行系统，完善行人网络设施，营造舒适的步行环境，强化连通商业区域地带行人系统的网络化建设，培育和发展良好的步行交通环境；其次，加大投入力度，进一步完善公共自行车租赁体系，完善租赁网点布局和配套服务管理设施；再次，积极研发单车自锁与周边停车点车满预警与管理技术等。

（三）加强城市交通运营管理，提高城市交通管理水平

第一，推进智能公交系统的建设。积极研发和推广智能交通综合调度系统，建立智能公交的综合调度平台，实现智能化道路和车辆运营管理、数字化管理，提升城市公交的现代化管理水平；建设和推广出租车智能调度信息平台，设立出租车统一停靠点，实行差别化运营。

第二，加强实时交通信息资源共享。让出行者了解实时路况信息，选择适合的出行方式或及时做出路线变更选择，缓解交通拥堵，提高城市公交的总体

运行效率，降低能源消费和二氧化碳排放。

第三，交通信号协调控制。积极推进城市混合交通特点的交通信号协调控制系统的研发和建设，实时调整协调控制配时参数，有效降低车辆延误，减少停车和加速次数，缩短排队怠速时间。

（四）加大科技创新力度，大力推广应用新能源汽车

作为我国节能与新能源汽车重要的研发基地之一，近年来株洲市高度重视新能源汽车产业的发展。在国家相关部门的大力支持下，积极组织实施电动汽车科技重大专项，突破技术瓶颈，在电动汽车整车及关键零部件研发、产业化示范推广上取得较大进展，已基本掌握节能和新能源汽车的核心技术，初步形成比较完整的关键零部件配套体系，开发了一批混合动力与电动汽车产品。目前，株洲市拥有2家新能源汽车生产企业，初步实现了新能源汽车产业化，是国内唯一同时掌握串联和并联混合动力技术，并有整车批量商业化运营的地区。

第一，积极推进替代能源技术的创新和应用。结合节能与新能源汽车示范推广、低碳城市交通建设试点项目，因地制宜地推广天然气、生物燃油、醇类燃料等替代燃料和石油替代技术，鼓励替代燃料在城市公共交通和出租车领域中的应用；建立节能与新能源车辆的准入机制；加大混合动力、纯电动汽车的示范与推广力度；形成新能源公交和出租车运营的保障体系。

第二，继续积极争取国家科技部、发改委、省新型工业化、技术改造、重大科技专项等各项资金，加大对株洲市新能源产业发展的支持力度。

第三，积极引导新能源汽车市场。根据国家科技部"十城千辆"行动计划，未来3—4年，国家将公交、出租、公务、市政、邮政等领域至少推广使用6万辆以上节能与新能源汽车。力争在3年内，将现有株洲市公交车辆全部更换为市产新能源公交车，鼓励引导出租车、邮政车等公众用车更换为符合要求的市产新能源汽车，在全市各社区和景区推广微型电动车。

（五）完善政策体系，保障城市低碳交通发展

株洲市私家车的过快增长，已经带来了交通拥堵、环境污染等严峻问题。由于小汽车出行单位人公里的碳排放要数十倍于轨道交通、地面公交，而步行和自行车出行基本没有碳排放。从这一点来看，实施城市交通低碳化的关键是降低小汽车在城市交通中的出行比重。为此，除从理念上正确引导，应结合区域实际情况，加快完善有利于株洲市低碳交通发展的政策体系。

表13—1　　　　　　　　　各种出行方式碳排放的比较

出行方式	轨道交通	公共汽车	小轿车	电动车	自行车	步行
单位碳排放量（千克/人·公里）	0.049	0.075	0.135	0.017	0	0

第一，对城区实行分区域、分时段、分标准的差别化停车收费政策。在不同地区、不同时段实行不同的停车费率，调节道路交通负荷的时空分布；对供需矛盾突出地段，如中心商业区、停车场等采取高收费及时间累进制费率政策，鼓励短时间停车；对路内及路外停车场进行合理定价，充分利用现有停车设施资源；对停车换乘枢纽停车场免费或低收费。

第二，建立健全交通行业节能规划体系，完善交通行业固定资产投资项目节能评估和审查制度、节能法规标准体系、节能监管体系、节能统计体系和节能检测体系，提升节能监管能力。

第三，建立健全交通节能投融资机制，逐步形成以国家和地方资金为引导、企业资金为主体的交通节能投入机制，设立节能专项资金，用于鼓励、支持节能监管体系建设，节能新技术和产品研发、推广与应用。

（六）加大宣传力度，鼓励市民低碳绿色出行

据株洲市公共交通有限责任公司网络民意调查结果，市民选择公交车出行的为 483 票，占 52.6%；选择自行车的为 49 票，占 5.3%；选择步行的为 60 票，占 6.5%。单从调查结果来看，株洲市民具有较好的绿色出行意识。

然而，从另一方面来看，株洲市民选择低碳交通方式的比例仍不高，如选择自行车交通的仅为 49 票，占 5.3%，不及私家车所占的 6.4%，这说明市民低碳绿色交通出行意识仍有待于进一步提高。

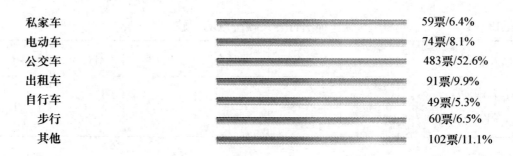

私家车　　59票/6.4%
电动车　　74票/8.1%
公交车　　483票/52.6%
出租车　　91票/9.9%
自行车　　49票/5.3%
步行　　60票/6.5%
其他　　102票/11.1%

图 13—5　株洲市民出行方式调查结果

注：资料来源于株洲市公共交通有限责任公司网络调查结果，网址：http://zzggjt.com/。

为此，应加强宣传力度，改进宣传手段与方法，提高市民低碳绿色出行意识。

第一，充分利用网络、电视、报纸等公众媒体和公益广告，积极宣传"低碳交通、绿色出行"的理念，鼓励广大群众选择公共交通、自行车等"绿色交通"出行方式，降低民众对小汽车等私人交通方式的依赖，使企业和居民树立低碳交通理念，形成低碳交通发展的浓厚氛围。

第二，深入开展"低碳出行月"、"无车日"、"绿色出行月"等全民活动，不断提高居民优先选用自行车、步行等低碳交通方式出行的自觉性。

第三，积极开展创建低碳交通先进个人、先进家庭、先进集体评选活动，培养公民绿色出行意识，营造人人参与创建低碳交通城市的良好社会氛围。

参考文献

［1］徐建闽：《我国低碳交通分析及推进措施》，《城市观察》2010 年第 4 期，第 13—18 页。

［2］孙德红：《城市低碳交通发展模式及措施》，《交通环保》2011 年第 1 期，第 43—45 页。

［3］谢小安、卢小志、刘阳：《石家庄市发展低碳交通的思考和对策》，《石家庄经济学院学报》2011 年第 1 期，第 96—98 页。

［4］王光荣：《城市低碳交通体系建设研究》，《前沿》2011 年第 13 期，第 126—129 页。

［5］冯立光、张伟、张好智：《关于中国城市低碳交通系统建设的思考》2011 年第 1 期，第 36—39 页。

［6］李振宇：《低碳城市交通模式与发展策略》，《工程研究》2011 年第 2 期，第 106—111 页。

［7］张陶新、周跃云、赵先超：《中国城市低碳交通建设的现状与途径分析》，《城市发展研究》2011 年第 1 期，第 69—75 页。

［8］佚名：《株洲创建国家交通管理模范城市纪实》，http：//www.0731.cn/news/html/100324/0M5JZ10324112059_ 1. html。

Zhuzhou's Low-carbon Transport Development Practices and Countermeasures in the Process of Urban Transformation

Zhao Xianchao　　Ding Meng

Abstract：With the urban population and rapid economic growth, Zhuzhou City and other cities in China are facing the problem of traffic congestion, energy consumption and growing carbon emissions, which are incompatible with the social construction of "two types". Low-carbon development of the transport sector has become the inevitable choice of the process of urban transformation. As an extremely important traditional old industrial base and Tan "3 +5" city group, Zhuzhou City should set an example in the field of low-carbon transport development. The paper describes the importance of developing low-carbon public transport in Zhuzhou City, summarizes the status of low-carbon transport development in Zhuzhou City, combs the practical experience of low-carbon transport development in Zhuzhou City, and finally propose several countermeasures for low-carbon transport development.

Key Words: low-carbon transport; practical experience; countermeasures

第十四章

国内外典型城市低碳发展模式探讨

滕　飞　梁本凡

摘　要：城市作为人类生产和生活的集聚点，是能源消耗的主要场所，在应对全球气候变化和破解能源短缺困局中将起到至关重要的作用。国外建设低碳城市起步较早，涌现出众多低碳城市建设案例，以英国、美国、日本等发达国家为代表形成了各具特色的发展模式，国内也已经有许多城市提出建设低碳城市的构想并进行了一些尝试，取得了一定的成绩与经验。然而，全球低碳城市发展也存在着一定的盲目性和无序性，城市需要依据自身发展特征选择适宜的低碳发展模式。同时，国内外在建设低碳城市的过程中形成的先进经验和发展模式亟待剖析和总结。因此，本文基于国内外低碳城市建设案例，针对其发展模式、实践要点、相关政策措施等多个维度进行系统的梳理和总结，为国内外建设低碳城市提供借鉴。

关键词：低碳城市　典型城市　发展模式

一　引言

随着全球煤炭、石油、天然气等石化能源的供需缺口逐年递增，以及日益严峻的全球气候变暖趋势，使得人类社会的可持续发展受到严重威胁。2003年，英国率先在《我们能源的未来》白皮书中提出"低碳经济"[1]，2009年哥本哈根气候变化会议召开后，以低能耗、低污染、低排放为基础的"低碳经济"发展模式已成为世界各国的共识。各国纷纷提出了自己的减排目标，我国也提出了2020年单位GDP二氧化碳排放量比2005年下降40%—45%的目标。发展低碳经济已经成为全球的必然趋势。城市是人口、建筑、交通、工业、物流的集中地，也是能源消耗的高强度地区，必然成为温室气体排放的热点和重点地区，在应对全球气候变化和破解能源短缺困局中占主导地位[2]。当前，世界一半以上的人口居住在城市，其所消耗的能源总量占到世界总能源消耗量的60%—80%，与此同时，城市也是全球最主要的CO_2排放源[3]（见图14—1）。因此，建设低碳城市将在相当程度上影响世界对于能源的需求和温室气体的排放，成为构建应对气候变化行动体系的重要环节[4]。

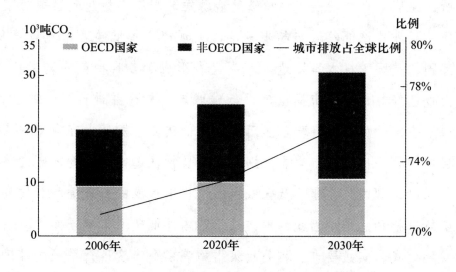

图14—1　全球城市CO_2排放现状及预测[6]

资料来源：国际能源机构IEA资料。

目前国外已有很多城市开始低碳城市建设实践并取得了宝贵经验，我国也已经于2008年1月28日，由国家发改委和世界自然基金会（WWF）正式启动了"中国低碳发展项目"，确定上海、保定为首批试点城市，2010年国家发改委又明确在中国的"5省8市"开展低碳城市建设，随后国内许多城市纷纷开展了建设低碳城市的尝试[5]。各国在建设低碳城市的过程中，针对自身的具体问题和有利条件形成了不同的低碳城市发展模式。但是，目前针对这些不同的低碳城市发展模式仍缺乏系统性的研究和总结。本文将以分析国内外低碳城市建设的经验成果为基础，归纳低碳城市的发展策略与相关政策，梳理典型低碳城市发展模式，并最终期望通过国内外案例的总结思考，为建设低碳城市起到一定的借鉴和参考作用。

二　国外低碳城市发展模式

（一）国外低碳城市发展概述

城市作为政治、经济、人口的汇集地，能源消耗的聚集地，在低碳经济的发展过程中有着重要的地位，不少国家已经认识到了能源问题和气候变化涉及的经济与社会问题。目前，全球范围内低碳城市规划建设方兴未艾。许多世界级特大城市先后提出低碳城市建设目标并制定相关规划或行动计划，如伦敦、东京、巴黎、纽约等。从图14—2可以看出，世界上绝大部分重点城市的人均排放都高于其所在国家，然而经过积极的低碳城市规划和发展，许多城市的排放已经大幅下降，一些城市的人均温室气体排放已经低于其所在国家的水平，例如纽约市2008年人均温室气体排放量已经降至6.4吨二氧化碳当量[6]。

现阶段国际上进行低碳城市建设可资借鉴的案例城市主要为"世界大城市气候领导联盟"（Large Cities Climate Leadership Group）成员，这些城市已进入低碳城市建设目标的实施阶段，包括伦敦、纽约、洛杉矶、哥本哈根、东京、多伦多、波特兰、阿姆斯特丹、奥斯汀、芝加哥、马德里、斯德哥尔摩、西雅图等。多数案例城市均制定了大幅度可量化的降低二氧化碳排放的指标：如伦敦提出到2050年基于1990年的二氧化碳排放量降低60%[7]；洛杉矶提出2030年的减排目标即设定为比1990年降低35%[8]；马德里则提出至2020年比2004年标准减排20%，至2050年比2004年标准减排50%[9]；斯德哥尔摩提出到 2050 年基于 1990 年的二氧化碳排放量降低 60% 至 80%，成为零碳排放的城市[10]。

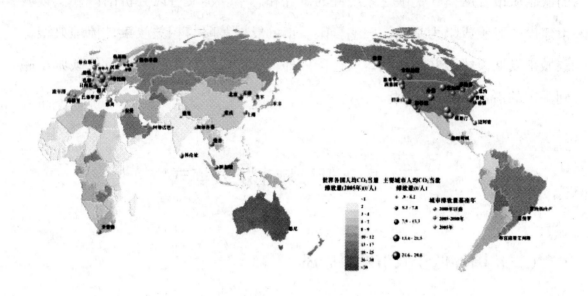

图14—2　世界主要城市人均温室气体排放

　　注：图中数据参考各城市的温室气体清单及世界银行对个别城市的计算，选择的城市均是基于 ICLEI 的标准方法或者与 ICLEI 基本一致的方法。世界各国人均排放量数据来自世界资源研究所的 CAIT 数据库。

　　资料来源：蔡博峰、曹东：《中国低碳城市发展与规划》，《环境经济》2010 年第 12 期，第 33—38 页。

　　值得注意的是，这些城市大多数处于后工业城市发展阶段，在能源更新和环境保护等方面早已走在世界的前列，与我国相比，其所承担的能源与资源环境压力相对较小，城市减排的可操作空间也较为宽松，故在建设低碳城市上具备先天优势[11]。

（二）国外典型低碳城市发展模式

1. 英国模式——以伦敦为例

作为世界上最早提出"低碳经济"的国家，英国无疑是低碳城市规划和实践的先行者。据统计仅伦敦一年的碳排放量就占全英国碳排放量的8％，其比重有可能在2025年上升至15％[12]。为了推动英国尽快向低碳经济转型，英国政府于2001年设立碳信托基金会（Carbon Trust），以私营机构的形式联合企业和公共部门，在发展低碳技术的同时借助各种组织降低碳的排放量。碳信托基金会与能源节约基金会（Low Carbon Cities Programme，LCCP）联合推动了英国的低碳城市项目，布里斯托、利兹、曼彻斯特3个首批示范城市在LCCP提供的专家和技术支持下制定了各自的低碳城市规划[13]。与此同时，伦敦市提出了一系列低碳伦敦行动计划。伦敦市于2007年颁布的《市长应对气候变化的行动计划》（*The Mayor's Climate Change Action Plan*）对伦敦的低碳行动计划有着非常关键的作用[14]。表14—1是伦敦建设低碳城市的主要手段。

表14—1　　　　　伦敦应对气候变化建设低碳城市的主要手段

重点领域	碳排放比例	实现途径与具体措施	截至2025年碳减排的总目标
已建住宅	40％	绿色家庭计划（Green Homes Programme）	770万吨
已建商业与公共建筑	33％	绿色组织计划（Green Organizations Programme）	700万吨
新开发项目		用分散式能源供应系统；强化对节能的要求	100万吨
能源供应		向分散式、可持续的能源供应转型；鼓励垃圾发电及其应用；激励修建可再生能源发电站	720万吨
交通	22％	改变伦敦市民出行方式，加大在公共交通、步行和自行车系统上的投资；鼓励低碳交通工具和能源；对交通中的碳排放收费	430万吨

资料来源：Greater London Authority，"Action Today to Protect Tomorrow：The Mayor's Climate Change Action Plan"，February 2007，2008－05－28.

伦敦应对气候变化建设低碳城市的主要特点[15]：

（1）明确提出量化指标。伦敦市的低碳行动计划明确提出将2007—2025年间的碳排放量控制在6亿吨之内，即每年的碳排放量要降低4％。

表14—2   英国碳排放及减排目标

来源	碳排放量占总体比例（%）	减排目标（截至2025年）（万吨）
家庭住宅	38	770
商用/公共建筑	33	700
交通	22	430

如表14—2所示，建筑和交通为减排的两个重点领域。在伦敦市碳排放的总量中，家庭住宅占38%，商用和公共建筑占33%，而交通占22%，成为降低碳排放的重点领域。英国根据不同碳源制定了相应的改造措施。首先，针对存量住宅展开了"绿色家庭计划"，如顶楼与墙面的绝缘改造补贴，家庭节能与循环利用资讯，以及社会住宅节能改造等；其次，对存量商业与公共建筑实行"绿色机构计划"——包括建筑改造伙伴计划和绿色建筑标识体系等；最后，在地面交通方面，以改变居民的出行方式为主，加大在公共交通、步行和自行车系统上的政府投资，鼓励低碳交通，同时对交通碳排放收费[16]。

（2）开发新能源。通过推广清洁能源的使用与提高能源使用效率来实现低碳城市的目标，争取到2025年减碳720万吨。主要方法为：鼓励垃圾发电及应用；本地化可再生能源；建设大型可再生能源发电站；通过新的政策和规划激励可再生能源发电；鼓励碳存储；开发新的节能项目等。政府积极鼓励、引导低碳消费和低碳城市建设。综合运用财政投入，积极对公众进行宣传，鼓励企业参与低碳城市的建设，并结合城市的实际情况，通过重点工程带动低碳城市的发展。

（3）新技术、政府政策和公共治理同步实施。在建设低碳城市的过程中，政府进行了积极的倡导，鼓励企业和民众参与；制定行之有效的政策，采用高新技术手段大力发展太阳能等低碳能源；同时成立私营的碳信托基金联系企业和政府[16]。

2. 美国模式——以纽约为例

尽管美国拒绝加入《京都议定书》，但美国各界并未消极看待气候变化，也未放弃对低碳发展的探索。2007年7月11日，美国参议院提出《低碳经济法案》，表明美国可能将低碳经济的发展作为其未来的重要战略选择[17]。2009年1月，奥巴马宣布"美国复兴和再投资计划"，以发展新能源作为投资重点，计划投入1500亿美元，用3年时间使美国新能源产量增加1倍，到2012年将新能源发电量占总能源发电量的比例提高到10%，到2025年将这一比例增至25%[18]。2009年2月15日，美国正式出台了《美国复苏与再投资法案》（American Recovery Reinvestment Act），其投资总额达到7870亿美元，将发展新能源列为重要内容，包括发展高效电池、智能电网、碳储存和碳捕获、可再生能源如风能和太阳能等[19]。同时，美国许多城市都在积极建设低碳城市，并取得了令人瞩目的成绩。纽约作为国际大都市，有着美国最大的城市群和人口数量，在世界经济中扮演着重要角色。在应对全球气候变化和探索城市低碳发展的过程中，纽约在城市清洁工作方面有着良好的组织结构和流程。

选择纽约市是因为该市与中国许多特大城市有相似之处：①增长的压力和低碳排放的要求并存。纽约作为美国人口密度最高的城市，城市人口不断增加，年均增长率达14%，至2009年城市人口数量近840万人，2030年纽约市城市人口将在现有基础上再增加100万人。同时，纽约市给自身提出了非常明确的"碳减排"指标，到2030年，碳排放量将比现有趋势下预计的碳排放量减少4870万吨，2030年的碳排放量将下降到只有2005年碳排放量约70%的水平上[20]。②市政基础设施老旧，难以满足人口的增长和城市高效运转的需要。③纽约市居住密度高，是一个公交导向的城市，同时小汽车的使用率也很高，与中国许多大城市居住模式和出行模式相仿[21]。近年来，尽管纽约城市人口数量不断上升，但整个城市范围的碳排放水平却在不断下降（见图14—3），2005—2009年期间，纽约市碳排放水平下降了约13%。

这主要得益于纽约采取了以下三个方面的措施：

（1）大力推行"绿色建筑"减排计划。

纽约的主要排放来源是建筑与交通，建筑在整个排放量中所占比例最高，近80%的碳排放来自建筑，其排放水平的变动会直接影响整体排放量的变化。纽约市提出了"绿色建筑"减排计划，具体措施包括：①照明升级与独立电表。要求非住宅类建筑面积在929平方米以上的空间需要安装独立电表，业主需要每月定期提交用电报告。②建筑排放基准测试。要求大型建筑业主通过政府提供的分析工具对其建筑用能与排放进行分析，从而为业主及潜在买家提供建筑节能数据。③绿色建筑资金支持。通过设立贷款基金向建筑改造、升级有资金困难的业主提供资金，同时积极倡导资助商业化，为项目长期持续提供动力。纽约市于 2007 年 1 月起实施了环保产品采购法。纽约民众在兴建或整修住屋时，若设计符合绿色建筑标准，可得到政府的补助。此外，纽约市通过"GreeNYC"等政府项目对公众进行教育，倡导低碳生活方式；通过培训提供合格的能源审计师和低碳发展所需技术人员[22]。

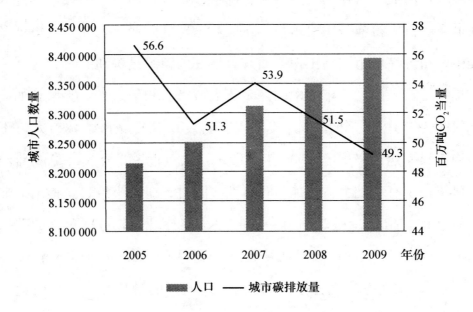

图14—3 纽约市城市碳排放量与人口（2005—2009）

数据来源：American Factfinder, "Inventory of New York City Greenhouse Gas Emissions", September 2010.

（2）优化布局城市公共交通系统。

交通部门的排放量约占纽约碳排放总量的 1/5，且所占比例不断提升，从 2005 年的 18.28% 上升到 2009 年的 20.27%。纽约在交通规划及城市公共交通的推广和利用方面开展了大量工作。与美国国内其他大城市相比，纽约的公共交通系统使用效率极高，使用非机动车类交通工具的比例高达近80%（见图14—4）。纽约地铁是世界上最庞大的地铁系统之一。目前，已经发展为 26 条地铁线，468个站点，线路总长1300多公里的庞大网络。纽约地铁每日运送的乘客大约有500万人。纽约有5900多辆公共汽车，运营线路达230多条。发达的公交系统能很好地满足了人们出行需要，从而降低了人们对自驾车的购买和使用。纽约无车家庭比例远高于其他城市，这极大地降低了城市人均碳排放量。

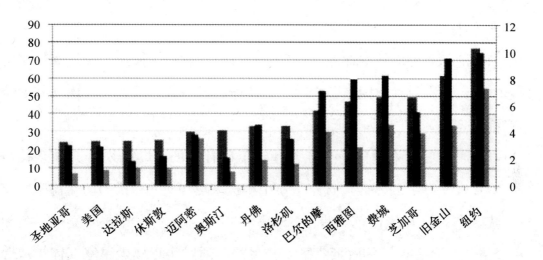

图14—4　美国大城市交通工具使用比例与无车家庭比例

注：可持续交通工具指非机动车类交通工具。

数据来源：U. S. Census Bureau，"American Community Survey 2008"。

（3）采用清洁能源供应。

①纽约市制定了能源发展中长期规划（2007—2030），其主要目标是降低能源需求、增加新的清洁能源供应、促进能源基础设施现代化。纽约市规划到2015年，确保清洁、安全、可承受的电力供应大幅度提高。②为了确保能源供应侧和需求侧协作起来共同谋求城市的能源安全发展，纽约市成立了能源规划委员会。③加快发展可再生能源和新能源，扩大清洁能源供应。纽约市出台了一系列政策来开发可再生能源和新能源，包括太阳能、风能、潮汐能等。这些政策包括：第一，加快电力重组、清洁电厂建设和电网建设。第二，扩大清洁分布式发电项目（Clean DG）。分布式发电效率高于传统发电的2倍，在建

筑能效改造中使用分布式发电装置，3—5 年就可以收回成本，而传统的能效改造需要 5—7 年才能收回成本。第三，积极培育可再生能源市场。比如为安装太阳能电池板减税，可以抵消前三年安装费用的 35%，第四年和第五年的 20%。④促进能源传输设施的现代化，改进城市电网的安全性。一是通过立法和政策来保护电网，促进电网现代化。二是加强天然气基础设施建设[23]。

3. 日本模式——以东京为例

由于其地理条件的特殊性，气候变暖给日本的农业、渔业、环境等带来的不良影响远大于世界其他国家，为此日本政府积极应对气候变化，倡导和发起了《京都议定书》，主导创建低碳社会[15]。

2008 年 7 月，日本内阁通过了《建设低碳社会的行动计划》并向全社会公布。2008 年 7 月，日本政府选定了 6 个积极采取切实有效措施防止温室效应的地方城市作为"环境模范城市"。2009 年 4 月，日本环境省又公布了名为《绿色经济与社会变革》的政策草案。其目的是通过实行减少温室气体排放等措施，强化日本的低碳经济。日本认为"低碳社会"是发展"低碳经济"的基础，其低碳社会遵循三个原则，即：减少碳排放；提倡节俭精神，从高消费社会向高质量社会转变；与大自然和谐共存。

自 2006 年以来，东京都政府出台了"十年后的东京"计划，提出了具体的减排目标，即 2020 年东京的碳排放量在 2000 年的基础上减少 25%，拉开了建设低碳社会的序幕。2007 年 6 月发表《东京气候变化战略——低碳东京十年计划的基本政策》，详细制定了东京政府应对气候变化的中长期战略。其基本政策涵盖推动企业减排、减少居民生活浪费、政府设施节能、减少交通二氧化碳排放等方面[24]。同时提出了低碳东京的四项基本政策：①帮助企业减少二氧化碳排放，为企业提供减排途径，成立专项基金来鼓励企业采用节能技术；②对居民鼓励他们以家庭为单位，采用低碳生活方式减少能源的使用，大力提倡使用节能灯，鼓励居民对住房采取节能措施，加装隔热窗户；③降低城市建设产生的 CO_2 排放，新建基础设施要达到节能的规定，规定新建建筑设施的能耗要求要高于当前标准；④降低交通系统产生的 CO_2 排放，推广新能源汽车的使用。

东京发展低碳城市的主要做法如下[25]：

第一，低碳从清洁能源开始。

低碳能源是建设低碳城市的基本保证。东京大力研究、开发与利用绿色低碳能源，包括太阳能、生物质能源、风电、水电的新技术与新工艺。从1998年至2008年间，东京使用一次能源的比例增加，减少利用碳基能源（石油天然气、煤炭），核能与水电等清洁能源的使用也呈下降趋势。如图14—5所示。碳基能源总体的使用比例持续下降，这表示东京的能源结构呈现清洁化程度提高的走势。

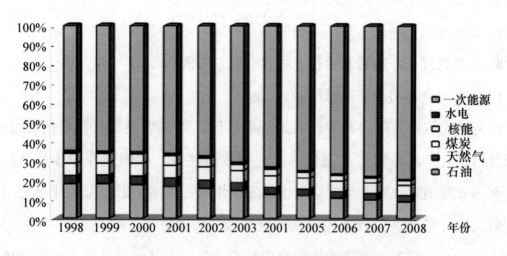

图14—5　1998—2008年东京能源结构图

数据来源：日本统计年鉴2008。

第二，低碳以科技为支撑。

在低碳领域，东京另辟蹊径，开拓了低碳科技的新道路。通过融入IT技术，打开了更高信息化、更强人性化的低碳科技新纪元。2007年东京市政府联合其他职能部门在全市成功推行了物联网应用[26]。

第三，低碳引领生态交通。

据了解，2006年东京交通部门的CO_2排放量占总排放量的26.2%，高达1466万吨。为减少交通部门的碳排放量，东京采取了多种节能减排等措施，例如为大力提倡使用低污染低耗能汽车，东京都政府采取了对购买者给予一定的财政补贴的政策，为促进生物柴油应用，东京针对市区范围内的公共汽车引入生物柴油，并开展第二代生物柴油在市区范围内公共汽车的应用论证和研究。

第四，低碳注入绿色建筑。

据统计，在 2005 年，整个东京 60% 的能耗来自建筑。为此，东京都政府在出台了《东京绿色建筑计划》、《绿色标签计划》、《2007 年东京节能章程》、《2008 年东京环境总体规划》等政策[8]。东京在市政府机构中广泛采用节能措施，为节能理念与节能技术在全社会推广起到了示范作用。其中，东京都政府要求面积为 1 万平方米的新建建筑，必须向政府提交环境报告，以促使建筑物拥有者按东京都政府的要求进行可持续的低碳设计。

4. 其他模式——以哥本哈根、柏林、首尔为例

（1）丹麦哥本哈根——低碳社区

丹麦低碳城市发展的典型代表是低碳社区，哥本哈根是其典型代表城市。低碳社区主要是从全球气候变化的影响和减少碳排放的国家能源政策目标出发，努力发挥地方政府在节能应用中的先锋作用，大多采取以低碳化节能示范性项目为先导进行社区节能建设。低碳社区一般遵守 10 项原则：零碳、零废弃物、可持续性交通、可持续性和当地材料、本地食品、水低耗、动物和植物保护、文化遗产保护、公平贸易以及快乐健康的生活方式。

在哥本哈根，电力供应大部分依靠零碳模式，推行风能和生物质能发电，随处可见通体白色的现代风车，有世界上最大的海上风力发电厂。2008 年，哥本哈根被英国生活杂志 *Monocle* 选为世界 20 个最佳城市，以生活质量高和重视环保等因素位列榜首。2009 年，丹麦的哥本哈根宣布到 2025 年有望成为世界上第一个碳中性城市。

（2）德国柏林——建筑低碳化

德国柏林积极推行建筑低碳化。柏林通过推动"节能伙伴关系（Energy Savings Partnership）"、柏林建筑现代化改造等项目进行全市建筑低碳化建设。在其最成功的建筑减排模式"节能伙伴关系"下，目前柏林已经完成了 1300

个公共建筑的节能改造，共减少碳排放 60 万吨，吸引私营投资约 6000 万欧元，节约近 2400 万欧元的能源成本[27]。

（3）韩国首尔——减缓政策与适应政策有机结合

韩国首尔将减缓政策与适应政策有机结合。2009 年，韩国首尔都会区政府推出了低碳和绿色增长的总体规划（Master Plan for Low Carbon Green Growth），整合了气候变化减缓、适应和绿色经济增长三大政策，向综合气候变化减缓与适应的氢能电池、太阳能电池、智能电网、气候变化适应技术等十个绿色技术领域的研发直接投资 20 亿美元[27]。

三　国内低碳城市发展模式

（一）国内低碳城市发展概述

我国有 600 多个城市，2 万多个镇，其中 287 个地级以上城市能耗占我国总能耗的 55.48%，二氧化碳排放量占我国总排放量的 58.84%。如果考虑其余城市和镇，能耗和碳排放量至少占社会总能耗的 80% 以上[28]，因此，建设低碳城市是节能减排的重要内容。我国的经济、环境和能源情况与国外发达国家差别很大，既要借鉴与参考国外低碳城市发展模式，又要考虑我国的实际国情，走一条有中国特色的低碳经济发展道路。

2008 年 1 月，世界自然基金会（WWF）选定上海和保定作为低碳城市试点，中国低碳城市进入发展阶段。保定提出"中国电谷·低碳保定"目标，上海在世博会期间践行"低碳世博"。同年，科技部启动了"十城千辆"计划，在城市大规模推广使用新能源和电动汽车。这一计划是中国低碳城市发展的重要举措。2010 年 8 月，国家发展和改革委员会启动国家低碳省和低碳城市试点工作，确定广东、辽宁、湖北、陕西、云南 5 省和天津、重庆、深圳、厦门、杭州、南昌、贵阳、保定 8 市为低碳试点省市，标志着中国低碳城市发展正式进入国家工程。图 14—6 中显示的是国家发改委确定的低碳城市试点，以及地方城市明确低碳城市目标并且开始或完成了低碳城市规划[6]。

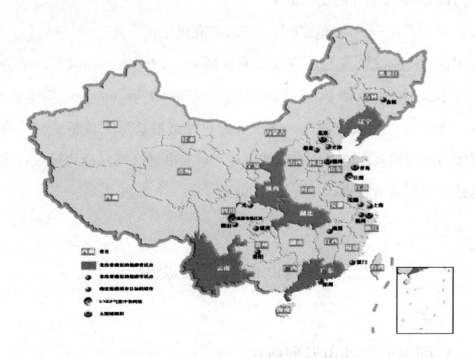

图14—6　中国低碳城市发展现状[6]

（二）国内典型低碳城市发展模式

1. 上海低碳城市建设实践与模式

改革开放以来，上海一方面保持了 GDP 快速增长，另一方面每万元 GDP 的能耗每年以4%的比例下降。然而，由于上海经济结构中二产比重过高，工业又呈现出重型化特征，所以上海人均碳排放仍然较高。2008 年上海人均二氧化碳排放已经接近 13 吨，而世界的人均二氧化碳排放为 4 吨，我国的人均二氧化碳排放为 5 吨左右，可见上海人均二氧化碳排放量已经大大超过了世界人均和我国人均水平。在全球千万人口规模的大城市中，上海的人均碳排放强度也高居榜首。纽约、伦敦、巴黎、东京的人均碳排放只有上海的 30%—50%。上海 2007 年二氧化碳排放量为 2.39 亿吨，其中工业占 58.21%，交通运输占 18.77%，建筑占 16.21%。可见上海工业碳排放占主导地位，而发达国家千万人口规模的大城市基本都属于建筑主导型或交通主导型的排放，如纽约、伦敦、东京[29]。

上海低碳生态城市建设的亮点集中在崇明生态岛、临港新城和虹桥商务区。其中崇明生态岛定位为以"低生态足迹"理念建设的"生态新城镇"，规划内容包括建设生态功能区、发展绿色交通、充分利用可再生能源、注重城市形态和生态功能的结合以及建筑环保节能技术的应用[30]。将低碳技术运用到建筑、交通、能源、资源循环等领域，进行了低碳社区建设。临港新城则将建设重点放在构建低碳社区及低碳产业园区等局部区域以促进低碳技术的应用，以太阳能发电为特色，通过低碳产业园区的建设，大力发展高端制造业、港口服务业等低碳产业，促进低碳技术的集成应用[31]。虹桥商务区作为上海首个低碳商务区，其核心区内全部为国家标准一星级以上绿色建筑，其中二星级绿色建筑超过50%，三星级绿色建筑达6座以上。

同时，上海借助2010年上海世博会，积极倡导低碳和可持续发展的核心理念，极大地促进了上海低碳城市的建设进程。2010年上海世博会是第一个正式提出"低碳世博"理念的世博会，从园区规划到场馆建设，从示范应用到技术展示，低碳理念贯穿于各个层面、各个阶段，成功地将世博园区打造成为传播、推广和实践低碳经济理念的示范区，对推进上海建设低碳城市具有重要影响。例如在5.28平方公里的世博园区内，90%以上的场馆都是节能环保、可回收利用的绿色建筑。这种借助大型社会活动推进低碳城市建设的做法，为低碳城市建设实践提供了有益的范本。

2. 保定低碳城市建设实践与模式

保定是典型的以产业为主导进行低碳城市建设的城市。保定在产业发展方面以"中国电谷"为产业标志，在社会发展方面以建设"太阳能之城"为目标。保定市于2008年底公布《关于建设低碳城市的意见（试行）》，以"中国电谷"和"太阳能之城"计划为建设主体，其建设立足新能源和可再生能源产业发展、新能源综合应用以及节能减排，全市每年可在新能源利用中节电2100万千瓦时，减排二氧化碳1.7万吨[32]。保定将新能源产业作为低碳城市建设的主打牌，新能源成为保定增长最快的产业。经过几年的发展，中国电谷已经拥有太阳能、风能及输变电、储能设备制造骨干企业170多家。2008年，保定被国家发改委授予"新能源产业国家高技术产业基地"。

3. 天津低碳城市建设实践与模式

天津积极探索"碳金融",打造特色低碳城市。天津选择将"碳金融"这种新兴融资活动作为其低碳城市发展目标,为融资及城市环境构建有利平台。2009年9月,中美低碳金融研究中心在天津成立;同年10月,天津市政府与联合国签订备忘录,内容包括支持天津构建低碳城市,联合国将在天津建立低碳经济中心[33]。

4. 北京延庆县发展实践与模式

(1) 延庆县在北京的功能定位[34]

根据《北京市主体功能区规划》,北京的功能分区有四类:首都功能核心区、城市功能拓展区、城市发展新区、生态涵养发展区。延庆县属于生态涵养发展区,其主要任务是加强生态环境的保护与建设,引导人口相对集聚,引导自然资源的合理开发与利用,发展生态友好型产业,成为首都坚实的生态屏障和市民休闲游憩的理想空间。

(2) 延庆县建设低碳生态城市的措施[35]

延庆县具有良好的低碳发展基础,没有重化工业,化石能源消耗少,工业结构轻型化,生态农业与生态旅游业发达。近些年来,延庆县将生态涵养发展区功能定位和低碳经济有机地结合起来,深入实施生态文明发展战略,积极发展生态经济,精心建设生态低碳城市。

①做大林业碳汇。运用林业碳汇措施来实现对二氧化碳等温室气体的吸收与固定,是目前应对气候变暖最经济、最现实、最有效的手段。目前,延庆林木绿化率达到72%,林地面积达14.6万公顷,每年吸收二氧化碳98.7万吨,占北京市的13.9%。同时,延庆还通过保护和恢复湿地进行固碳。延庆成为北京名副其实的碳汇基地,北京西北一道绿色生态屏障。

②农业低碳化建设。实现"高碳"向"低碳"的转变,必须调整产业结构。延庆从2006年启动了无公害农产品、绿色食品和有机农产品的基地建设。

目前，延庆县已经形成了以有机农业、特色农业、循环农业为特色的都市型生态农业体系。

③旅游业低碳发展。延庆立足于在首都的功能定位，积极发展旅游业，积极打造国际旅游休闲商务区，实施探戈坞音乐谷、辉煌国际会议度假区、八达岭大景区、龙庆峡不夜峡等重点项目建设，大力升级改造传统景区，开发高端休闲商务功能，发展文化创意产业，打造特色民俗旅游品牌，全面推进旅游事业整体质量的提升和综合能力的发展。

④开发利用新能源

延庆利用自身海拔高、光照充足的优势，大力推广太阳能灯、太阳能日光温室和阳光浴室的应用，同时通过开发浅层地能和深层地热，夏天制冷、冬天供暖，有效地利用地区丰富的地热资源。目前，延庆通过建设大型生物质气化站、大中型沼气池，为农民提供清洁的炊事能源，每年节约燃料投入 50%，减少二氧化碳排放 3200 吨。德青源养鸡场发电场利用鸡粪产生的沼气发电，除了每年向电网提供 1400 万度的绿色电力外，还产生相当于 4500 吨标煤的余热用于供暖，并且减少了 8 万多吨的温室气体排放，被列为联合国"全球大型沼气发电技术示范工程"。目前延庆地热供暖面积达到 59 万平方米，约占全县供暖面积的 14%，实现节煤 1.2 万吨。另外，延庆县还在风能发电、新能源汽车应用以及智能电网示范区建设等方面开展了大量工作。2005 年，延庆县开发新能源仅为 1 万吨标煤，占能源消费总量比重仅为 2.2%，到 2009 年，延庆县新能源开发利用量达到 6 万吨标煤，占全县能源消费总量的 15%，比 2005 年翻了近 7 倍。

5. 其他城市低碳建设实践探索

日照市、成都市温江区都加入了联合国 UNEP 的碳中和网络，承诺公开温室气体排放信息，努力消减温室气体排放，实现低碳发展和碳中和。日照市于 2007 年获得了首届"世界清洁能源奖"，其低碳城市发展战略是发展"太阳能之城"。青岛市、北京市、杭州市和德州市都签署了《大邱宣言》，成为世界太阳城组织的一员，承诺积极采取行动控制 CO_2 排放，德州市还取得了 2010

年世界太阳城大会举办资格。此外，南昌、武汉、长沙、沈阳、珠海、吉林、厦门、杭州、贵阳、无锡、重庆等也通过制定和出台低碳城市发展规划等方式提出建立低碳城市的目标（见表14—3）。

表14—3 我国低碳城市建设汇总表

城市	目标	行动措施或规划
杭州	低碳产业，低碳城市	在国内率先实施"低碳新政"；公共自行车项目，新能源。
南昌	低碳经济先行区	围绕太阳能、LED、服务外包、新能源汽车等的低碳产业定位；打造三大经济示范区。
珠海	低碳经济示范区	新能源发展战略。
苏州	低碳示范产业园	以节能环保为核心的产业升级。
重庆	低碳产业园	地热能利用，将建设低碳研究院。
北京	低碳城市，低碳商务区	CBD东扩，绿色能源利用，建筑实行低碳标准，发展环形有轨电车，打造国际金融文化传媒中心。
吉林	低碳示范区	低碳经济区案例研究试点城市；探索重工业城市的产业结构调整。
德州	低碳产业	风电装备开发，生物质发电，"中国太阳谷"。
无锡	低碳城市	低碳城市发展研究中心。
贵阳	生态城市	生态低碳避暑社区。
杭州	低碳产业，低碳城市	公共自行车项目，低碳科技馆。
厦门	低碳城市	LED照明，太阳能建筑，能源博物馆。
日照	旅游城市	规模化应用太阳能。

资料来源：根据公开资料整理。

四 国内外城市低碳发展模式总结

因为各个城市的资源禀赋、产业基础、发展阶段以及所在国家或地区的发展战略不同，所以形成了各式各样的低碳城市发展模式。总体来讲，国外低碳城市建设相对成熟，探索出了更为有效的低碳发展模式，而国内尽管已经有许多城市进行了有益的尝试和初期的探索，但毕竟处于起步阶段，尚没有摸索出明确的发展模式。综合国内外的各种发展实践，可将目前低碳城市的发展方式归纳为以下四种模式[36]：

（一）综合型"低碳社会"模式

我们将英国、日本、丹麦等国家城市成功实现低碳转型的模式称为综合型"低碳社会"模式。该种模式几乎关注城市经济发展的方方面面，从能源供给到能源消费的各个领域，包括新能源开发利用、绿色建筑、环保交通、低碳消费模式等各个层面。该类城市多是工业化后期城市，具备良好的经济转型基础，如伦敦、东京、哥本哈根等城市。

（二）低碳产业拉动模式

所谓低碳产业，是指相对能源密集型产业而言，能够以相对较少的温室气体排放实现经济产出的行业，多指知识密集型和技术密集型产业。国际上部分城市的低碳转型，采用低碳产业拉动的方式，即城市发展以某种或某类低碳产业发展为核心，逐步弱化其他行业的发展，最终形成产业结构相对较单一的低碳发展模式。典型的范例如伯明翰和波士顿，前者以文化产业或创意产业为发展核心，后者选择发展低碳高科技产业，均通过构建知识型城市实现低碳发展。

（三）"以点带面"发展模式

在城市经济发展低碳转型的初期，多个城市选择先建设示范区的形式，探索先进的发展理念和转型经验，进而以点带面带动整个城市的低碳发展。典型的城市如阿拉伯联合酋长国在建的马斯达尔生态低碳城，即探索建立一个"零碳排放"的生态园区。该种模式也是国内城市普遍尝试的一种方式，如重庆建设低碳产业园，科技部成立"低碳科技示范区"，探索低碳技术发展扩散的有效途径。

（四）"低碳支撑产业"发展模式

我们将为低碳产业发展提供支撑的行业定义为低碳支撑产业。该类产业可能本身并不是低碳的，也可能实际上是高耗能的，如风机制造，太阳能利用所必需的多晶硅制造、光伏设备制造等，然而又是上述可再生能源开发利用所必需的。在全国甚至全球低碳经济发展的视角下，这类产业虽然是耗能的，但为低碳经济发展做出了重要的贡献，也是低碳经济发展中必要且重要的环节。因此，我们将发展"低碳支撑产业"的城市也作为低碳城市发展过渡模式的一种，尤其是在全国进行低碳城市发展探索的初级阶段，这类城市发挥着至关重要的作用。而该类产业的发展，也为城市自身的经济增长、经济结构调整、经济增长方式转型奠定了一定的基础。

除此以外，还存在众多的城市开始进行其他方面低碳发展的尝试，但多是重点关注低碳发展的某一方面，如大力开发利用可再生能源，开始改善交通体系，开发低碳建筑等。本文将这类城市定义为低碳发展的初级阶段，尚没有形成相对较成型的低碳发展体系。尽管国内低碳城市建设如火如荼，但大多数城市也只是处于这种摸索性阶段，仍需要探索出合理的适合自身特征的发展模式。

参考文献

［1］ Department of Trade and Industry（DTI），UK Energy White Paper：Our Energy Future-creating A Low Carbon Economy ［J］. London：TSO，2003：1 –142.

［2］中国科学院可持续发展战略研究组：《2009 中国可持续发展战略报告——探索中国特色的低碳道路》，科学出版社 2009 年版。

［3］ United Nations. World Urbanization Prospects：The 2005 Revision. New York：United Nations ［J］，2005：1 –196.

［4］夏超然：《国际低碳城市规划策略与治理模式研究》，《北京规划建设》2011 年第 5 期，第 24—27 页。

［5］戴亦欣：《中国低碳城市发展的必要性和治理模式分析》，《中国人口、资源与环境》2009 年第 3 期，第 12—17 页。

［6］蔡博峰、曹东：《中国低碳城市发展与规划》，《环境经济》2010 年第 12 期，第 33—38 页。

［7］Mayor of London. The Mayor's Climate Change Action Plan. http：//www. london. gov. uk/mayor/environment/climate-change/ccap/index. jsp. 2007 － 02 － 26.

［8］Green LA Action Plan. http：//www. ladwp. com/ladwp/cms/ladwp010314. pdf.

［9］City of Madrid Plan for the Sustainable Use of Energy and Climate Change Prevention 2008. www. c40cities. org/docs/ccap-madrid － 110909. pdf.

［10］Government of Stockholm. Stockholm Fossil Fuel Free City 2050 ［EB/OL］. http：//www. stockholm. se/KlimatMiljo/Klimat/Stockholms-Action-Programme-on-Climate-Change/Stockholm-Fossil-Fuel-Free-City － 2050/. 2009 － 08 － 13.

［11］李超骑、马振邦、郑憩等：《中外低碳城市建设案例比较研究》，《城市发展研究》2011 年第 1 期，第 31—35 页。

［12］"Climate Change In London" ［EB/OL］. http：//london. gov. uk/mayor/environment/climate-change/london. jsp. ［2008 － 05 － 28］.

［13］Wee-Bean Jong. Energy Saving Trust, and the Carbon Trust. Low-Carbon Cities Programmer. ［EB/OL］. http：//www. frdata. co. uk/CcsPres2007/Richard-Rugg. pdf. ［2008 － 5 － 28］.

［14］Greater London Authority. Action Today to Protect Tomorrow：The Mayor's Climate Change Action Plan. February2007. ［EB/OL］. http：//www. london. gov. UK/mayor/environment/climate-change/docs/ccap-fullreport. pdf. ［2008 － 5 － 28］.

［15］袁艺：《我国低碳城市发展模式研究》，硕士学位论文，河北农业大

学，2011 年。

［16］《低碳城市发展模式的国际比较研究》，《鸡西大学学报》2011 年第8 期。

［17］周培疆：《发展低碳经济，促进绿色发展》，http：//www. cjbd. com. cn/bdxc/2010 - 09/30/cms 400106 article. shtml. ［2010 - 09 - 30］。

［18］李亚：《奥巴马呼吁两党尽快通过美国复兴和再投资计划》，ht-tp：//business. sohu. com/20090105/n261570091. shtml，2009—01—05。

［19］吴旻、胡艳妮：《美国复苏与再投资法案的内容与影响评析》［EB/OL］，http：//m ap. infocio. cn：8899/stock. ［2009 - 02 - 17］。

［20］孙宇飞：《城市低碳发展战略与措施研究——以纽约市为例》，《中国外资》2011 年第4 期，第2—4 页。

［21］宋彦、彭科：《城市总体规划促进低碳城市实现途径探讨——以美国纽约市为例》，《规划师》2011 年第4 期，第94—99 页。

［22］孙宇飞：《城市低碳发展战略与措施研究——以纽约市为例》，《中国外资》2011 年第4 期，第2—4 页。

［23］王伟、柯婉志：《纽约市能源新政策及其对北京的启示》，《新视野》2009 年第5 期，第87—89 页。

［24］ Tokyo Metropolitan Government，Tokyo Climate Change Strategy：A Basic Policy for the 10 year Plan for a Carbon-minus Tokyo，June 2007.

［25］张婉璐、曾云敏：《东京的低碳城市发展——经验与启示》，经济发展方式转变与自主创新——第十二届中国科学技术协会年会，2010，1：1—6。

［26］唐丁丁：《日本发展低碳经济的启示》，《世界环境》2009 年第5 期，第62—64 页。

［27］《国内外低碳城市建设的成功实践及有益启示》，《产业科技论坛》2011 年第8 期。

［28］仇保兴：《我国低碳生态城市发展的总体思路》，《建设科技》2009 年第15 期，第12—14 页。

［29］陈勇鸣：《上海发展低碳经济的政策建议》，《党政论坛》2010 年第

3 期，第9—11 页。

［30］中国城市科学研究会、中国城市规划协会等：《中国城市规划发展报告 2008—2009》，中国建筑工业出版社 2009 年版。

［31］顾朝林、谭纵波等：《气候变化、碳排放与低碳城市规划研究进展》，《城市规划学刊》2009 年第 3 期，第 38—45 页。

［32］保定市人民政府：《保定市政府关于建设低碳城市的意见（试行）》，2009 年。

［33］《国内外低碳城市建设的成功实践及有益启示》。

［34］中国新闻网，http：//www. chinanews. com/ny/2010/08－03/2442865. shtml。

［35］延庆县科委：《延庆低碳建设生态城市》，《科技潮》2011 年第 3 期，第 18—21 页。

［36］刘文玲、王灿：《低碳城市发展实践与发展模式》，《中国人口·资源与环境》2010 年第 4 期，第 17—22 页。

Discussion on Low-carbon Development Models of Typical Cities at Home and Abroad

Teng Fei [1,2]　　Liang Benfan [3]

Abstract：Cities, as the accumulation areas of human production and life, are the main sites of energy consumption. Therefore, building low-carbon cities plays a vital role in responding to the climate change and energy crisis. Low-carbon cities started earlier in foreign countries and the developed countries such as the United Kingdom, the United States and Japan have formed different development models. But from the point of view of the whole world, there are also many improper pratices such as blindness and disorderness in building low-carbon cities. Therefore, the experience and the successful development models are needed to be summarized and analyzed. This paper, based on the domestic and international cases of low-carbon city construction, systematically hackles and summarizes the development models, practice highlights, relevant policies and measures of the low-carbon cities at home and abroad so as that other cities can learn from them in building the low-carbon cities.

Key Words: low-carbon cities; typical cities; development models

第十五章

国际都市林业碳汇发展模式与经验借鉴

陈梦玫

摘　要：气候变化问题是世界各国关注的热点问题。林业不仅可以创造巨大的经济价值和生态价值，其固碳减排作用也不容小觑。中国政府高度关注林业发展，采取各种措施保护和发展林业建设。本文从国际发达国家都市林业发展模式入手，介绍这些城市在发展都市林业过程中的经验和教训，以供中国的城市发展都市林业碳汇进行参考。

关键词：林业　碳汇　国际经验

随着人们环保意识的不断增强，气候变化日益成为世界各国关注的热点问题。中国政府高度重视应对气候变暖工作。从 1980 年至今，国家不断投入巨资全面加强林业生态建设、实施林业重点工程、扩大森林资源总量、增加森林碳汇功能。2009 年 11 月 6 日，国家林业局发布《应对气候变化林业行动计划》确定了 5 项基本原则、3 个阶段目标和 22 项主要行动。将林业主要发展目标、措施与应对气候变化全面结合。开展碳汇造林规划与试点。

不仅如此，我国还组建了绿色碳汇基金会，调动社会资源与资金推进我国林业碳汇发展进程。2007 年，国家林业局、中国石油天然气股份有限公司及中国绿化基金会等联合发起成立了中国绿色碳基金。除此之外，森林碳汇计量监测体系也在建设之中。目前国家林业局正在选择监测计量试点单位进行试点。中国政府还鼓励个人与企业出资开展林场碳汇建设。北京市八达岭林场碳汇造林示范项目是中国首批个人出资开展的碳汇造林示范项目，碳汇造林示范面积为3100亩，计划种植适合北京当地条件的碳汇能力较强的元宝枫、新疆杨、银杏、白皮松、油松等树种20多万株。预计可增加吸收固碳约3.58万吨，每年可吸收固碳2800多吨。中共中央政治局委员、北京市委书记、北京奥组委主席刘淇，国家林业局局长贾治邦，北京市市长郭金龙，国际环保组织代表欧达梦先生等出席揭碑仪式，并参与碳汇造林活动。

尽管我国政府在森林碳汇方面开展了大量的工作，但我国在碳汇林建设方面起步较晚，政策法规尚不完善，市场建设不够成熟。在这些方面，世界上发达国家的探索和实践为我国发展碳汇林建设提供了很好的经验。

一　国外都市林业碳汇发展的背景

（一）政策背景

许多国家如英国、美国、加拿大、日本、德国、印度、澳大利亚、瑞士等，都制定了相关的林业应对气候变化的行动计划和政策机制。如苏格兰林业委员会提出了苏格兰林业适应和减缓气候变化的关键林业行动《合作计划2008—2011年》；瑞士的新林业行动计划提出了最大限度地挖掘木材的价值，以逐步提高林主、企业主和公众对木材多种用途的认识；法国在若干领域也采取了一些新举措，包括木材生产与加工、重视自然保护区建设以及促进和开发森林的低碳休闲功能等。这些国家战略，能为我国林业碳汇发展规划提供有益的启示。

1. 英国林业委员会调整林业发展战略

2008 年，英国林业委员会将林业减缓和适应气候变化作为林业战略的重要组成部分，制定了林业应对气候变化的目标。其中较有影响的是《森林和气候变化指南——咨询草案》和《可再生能源战略草案》。前者明确了林业应对气候变化的 6 个关键行动计划：保护现有森林，减少毁林，恢复森林植被，使用木质能源，用木材替代其他建筑材料，以及制订适应气候变化的计划；后者提出，在 2020 年前，生物能源具有满足可再生能源发展目标 33% 的潜力，其中木质燃料是一个很重要的方面。

2. 美国林业应对气候变化战略框架和措施

美国林业碳管理计划中设立了为个人和组织提供利用植树来补偿温室气体排放的机制。分为两种模式：一是出售碳信用以补偿特定活动导致的碳排放；二是出售造林项目的碳汇，用于激励个人和组织参与应对气候变化、消除碳足迹的活动。美国林务局还制定了林业应对气候变化的战略框架，并提出优先发展领域。美国林业在适应气候变化方面的措施主要有：加强森林和草原管理，以促进生态系统健康发展，增强适应气候变化的能力；完善监测和模拟气候变化对生物及水资源的影响；预防和减少气候变化对物种迁移的影响；生态系统恢复；种植方法的调整。此外，美国还通过建立伙伴关系，鼓励森林私有者积极管护森林，提高森林储碳量；通过森林碳汇交易市场进行碳补偿。

3. 加拿大新森林发展战略

林业部门的改革与应对气候变化相互影响、相互依赖。林业适应气候变化涉及脆弱性评估、加强适应能力、信息共享等一系列的管理政策和行动。2008 年，加拿大政府提出了新的森林发展战略，具体措施包括：通过加强森林火灾、虫灾的防治，减少森林砍伐等造成的碳排放，同时加强森林管理和促进使用林产品增加储碳量；计划提供 2500 万美元，用 5 年时间帮助社区适应气候变化，为全国 11 个以社区为基础的合伙企业提供资助，推进社区应对气候变化的信息共享和能力建设。

4. 日本新森林计划

日本防止气候变暖的森林政策包括两个方面：一是通过植树造林增加碳汇，二是通过推进森林健康、加强国土保安林的管理以及生物资源的合理利用减少排放。2006年9月，日本林野厅公布了新森林计划，提出了"防止地球变暖的森林碳汇10年对策"及今后的4项工作，即森林可持续经营，保安林管理，木材和生物质能源利用，国民参与造林。日本政府发布的《2008年森林白皮书》提出了通过间伐可持续利用森林，扩大建筑使用木材等行动计划。

5. 印度国家林业行动计划

印度与林业相关的应对气候变化行动计划有喜马拉雅生态保护计划、绿色印度计划等。2008年6月，印度政府批准了第一个关于气候变化的国家行动计划，其中重要的内容是强调要采取森林可持续经营、保护与开发并重的方式利用非木材林产品，重视退化林区的开发和恢复等。此项行动持续到2017年。在2007年，印度宣布了包括在已退化林地上重新造林600万公顷的绿色印度计划。

6. 澳大利亚森林碳市场机制

澳大利亚的森林碳市场机制包括减少毁林和森林退化碳排放及通过森林保护、造林和再造林消除大气中的温室气体（REDD-plus）内容。该机制旨在避免逆向的负面结果，包括鼓励当地人和原住民积极参与本国的REDD-plus行动，最大限度地保护生物多样性以及当地社区和原住民的利益。该提案中的碳市场机制主要在国家层面落实。

（二）碳汇市场背景

1. 碳汇贸易市场的发展

碳汇贸易是指一个实体因温室气体排放量超出限度时可从别的实体（或地

方）购买温室气体减排信用额度（简称碳信用额），以抵消其超额排放量而进行的市场交易。进行碳贸易的市场有两类：一是以欧盟为中心，符合《京都议定书》碳汇贸易机制的"京都市场"；二是以美国为中心，基于自愿碳汇标准的"自愿市场"。通过"自愿市场"开展的温室气体减排活动，主要是非《京都议定书》缔约方或非减排义务承担者基于企业社会责任、企业品牌建设而进行的。

根据《京都议定书》的相关规定，当前的碳交易市场主要存在三种碳交易机制：排放交易、清洁发展机制和联合履约，以及在《京都议定书》之外自觉形成的自愿交易机制。

（1）排放交易 ET（Emission Trading）

由于国际上对碳排放总量进行管理，《京都议定书》的各缔约国所获得的碳排放配额和其需要的配额存在一定的不对称，因此次交易机制即是允许某排放份额不足的缔约国家通过购买另一个排放份额有余的缔约国家的排放份额来增加本国的排放份额。在此机制下用来交易的排放份额，除了协议中规定的之外，还可以交易由以下方式得到的减排量：其一是 RMUs，即由土地利用、土地利用变化和森林（Land Use，Land Use Change and Forest，LULUF）项目所获得的排放移除单位（Removal Units，RMUs）；其二是 ERUs，即通过 JI 项目获得的减排单位（Emission Reduction Units，ERUs）；其三是 CERs，即通过 CDM 项目获得的核证减（Certified Emission Reductions，CERs）。

（2）清洁发展机制 CDM（Clean Development Mechanism）

如果排放交易是立足现有排放份额的交易机制，则清洁发展机制是立足于新创造的排放份额，其主要通过缔约国中的发达国家和发展中国家共同在发展中国家实施温室效应气体削减项目，与此同时产生的削减份额中的一部分，作为发达国家信用所得，用其来充当本国削减份额的一种机制。

（3）联合履行 JI（Joint Implementation）

此种机制是对前两种机制的补充，前两种机制立足于各国的自身需要，而此机制则是将国与国之间作为一个整体，此机制要求各缔约国在应对气候变化问题时，不仅仅是几个有能力的国家之间通过提供技术、经验、资金等进行合作，而是将其作为一个整体，以实现整体的经济及社会效益为最终目的。

（4）自愿交易机制

这一机制是基于道德需要确立的交易行为，它的参与者主要是一些个人或者企业，此机制主要的对象有两类：第一类是对特定的一些温室气体的排放活动（主要是航空和工业加工业）进行补偿；第二类是出于"碳中和（Carbon Neutral）"的考虑购买各种排放指标。

2. 森林碳汇贸易的原则

根据《联合国气候变化框架公约》、《京都议定书》及《京都议定书》下的"清洁发展机制（CDM）"以及碳贸易市场的相关规定，开发森林碳汇项目及进行碳贸易须符合以下国际规则：

土地合法性原则。《京都议定书》对开发森林碳汇项目的土地有严格限制。造林项目的土地必须是以项目启动年为基准。过去50年内都不曾有森林，再造林项目的土地则是1989年12月31日以来不是森林（1989年12月31日以前可能有森林）。

双边合作原则。一方面，只有在发达国家自身无法完成温室气体减排指标时，才可能使用"清洁发展机制"，向发展中国家提供资金和技术，开展项目合作，将项目所实现的温室气体减排量，用于完成发达国家的减排指标，从而履行减排义务。另一方面，到2012年前发展中国家的企业可开发CDM造林再造林等森林碳汇项目，所产生的额外温室气体减排量或碳汇量，经过一系列的复杂申报程序，最终获得联合国CDM执行理事会认证成为"核证减排量"后，可在"京都市场"出售给发达国家的企业。

"额外性"原则。用于抵扣温室气体排放量和交易的碳信用额必须具有"额外性"，即用于贸易或抵扣的碳信用额必须是新产生的，而不是现有碳汇量。如对林业而言，现有森林植被和土壤固定的二氧化碳就不具有额外性，不能用于碳贸易。只有符合"清洁发展机制"的造林再造林项目新汇集的温室气体量或通过森林经营措施新增的温室气体汇集量，才能分别进入"京都市场"和"自愿市场"进行交易。

程序合法原则。程序合法原则决定了成功开发森林碳汇项目难度很大。纳入"清洁发展机制"的森林碳汇项目品种单一，目前只有"造林再造林项目"，且须严格按照有关国际规则完成申报、认证、注册等复杂程序后才能进入交易。防止毁林和森林经营管理的森林碳汇项目未纳入"清洁发展机制"，只能进入"自愿市场"，其贸易双方主要是发达国家的实体。下一步规则可能有所调整完善，主要是森林经营管理所产生的额外碳进入 CDM "京都市场"问题。目前国际专家、非政府组织基本达成共识，但还需要政府间的法律性协议认可。

3. 碳汇贸易空间与潜力

近年来，国际碳贸易增长迅速，市场空间非常广阔。按照《京都议定书》相关规定，2008—2012 年间发达国家温室气体强制减排总量为 50 亿吨。全球二氧化碳等温室气体交易需求量预计为每年 7 亿—13 亿吨。中国作为发展中国家，是减排市场最大的提供者之一，已达到全球 70%，即到 2012 年前，中国可提供碳减排额约 35 亿吨。据世界银行的统计与预测，2008 年国际碳市场交易总额为 992 亿元。

尽管碳贸易市场空间广阔，但目前森林碳汇开发的空间却不大。主要表现在以下四个方面：

一是现有森林汇集的二氧化碳等温室气体不能进入碳贸易，包括"京都市场"和"自愿市场"。如四川省现有 1669 万公顷森林面积、17.21 亿立方米蓄积所固定的二氧化碳就不能进行碳贸易。

二是森林碳汇贸易额度和土地资源有限。《京都议定书》规定，只允许 50 亿吨温室气体减排量的 1% 来源于森林碳汇项目，即全球森林碳汇项目碳贸易量最多只有 5000 万吨。

三是依靠现有森林进行经营开发的森林碳汇，作为发展中国家，目前还很难进入欧美"自愿市场"。

四是森林碳汇申报、注册等程序复杂，前期费用高。

二 国外都市林业碳汇发展模式

21 世纪是一个崇尚绿色、崇尚自然、崇尚和谐的时代，特别在大力建设生态文明的今天，认真学习借鉴国内外先进城市林业碳汇建设的经验，对加快生态型城市的碳汇建设步伐有着极为重要的意义。

（一）新加坡立体花园模式

新加坡是真正的花园城市，无论是漫步在城市街道，还是坐车在高速公路上行驶，满眼看到的都是绿地的恬静和形态各异的热带植被的缤纷色彩。自20 世纪 60 年代开始，新加坡在不同的发展时期都有不同的环境绿化和整治的明确目标。从大力提倡种植树木到彩色植物的应用，从道路的绿化到特殊空间的绿化，从增加休闲娱乐设施到建设生态平衡公园，新加坡为建设花园城市做了精心科学的规划和长年坚持不懈的努力。不仅如此，新加坡还把建设花园城市看做是国民综合素质和精神面貌的体现，在建设花园城市的同时，更是着力改变人们长久以来的种种陋习，致力于提高人们的修养和文明水平，全面提升国民的综合素质。全面考察新加坡园林绿化的做法，主要有以下经验。

1. 规划先行，立体化与主题化

新加坡城市规划中专门有一章"绿色和蓝色规划"，相当于中国的城市绿地系统规划。该规划确保了在城市化进程飞速发展的条件下，新加坡仍拥有绿色和清洁的环境，充分利用水体和绿地提高新加坡人的生活质量。

2. 立体化、景观化与主题化

1965 年建国后不久，新加坡政府就确立了建设"花园城市"的规划目标。在土地资源十分紧缺的情况下，他们提出了人均 8 平方米绿地的指标，并要求见缝插绿，大力发展城市空间立体绿化，不断提高城市的绿化覆盖率。60 年代提出绿化净化新加坡，大力种植行道树，建设公园，为市民提供开放空间；70 年代制定了道路绿化规划，加强环境绿化中的彩色植物的应用，强调特殊空间（灯柱、人行过街天桥、挡土墙等）的绿化，绿地中增加休闲娱乐设施，对新开发的区域植树造林，进行停车场绿化；80 年代提出种植果树，增设专门的休闲设施，制定长期的战略规划，实现机械化操作和计算机化管理，引进更多色彩鲜艳、香气浓郁的植物种类；90 年代提出建设生态平衡的公园，发展更多各种各样的主题公园，引入刺激性强的娱乐设施，建设连接各公园的廊道系统，加强人行道的遮阴树的种植，减少维护费用，增加机械化操作。

新加坡政府和人民不仅把花草种满了城市的每一个角落，而且在土地资源极为稀缺的条件下，居然拿出 52 公顷珍贵的土地建起了植物园。新加坡植物园始建于 1860 年，由丛林和专业园组成，植物园内植物品种丰富，同时拥有许多珍稀种类。植物园是新加坡植物和园林的研究中心，同时也是居民野外休闲的集合地。新加坡独立后，就将园林绿化和科技作为国家发展的支柱，植物园的目标就是为新加坡提供植物和园艺的服务。植物园致力于将研究最终应用到新加坡绿化中，制订了宏伟的植树计划，并进行花园的规划设计，1970 年起建立了苗圃、销售中心，并于 1972 年创立了观赏园艺学校，成为园艺师、花园设计者、政府雇员的培训中心，在新加坡花园城市的建设中充当了重要的角色。

进入 21 世纪，面向未来，又提出对城区公园干道、森林区的林间道路、海岸线的海岸公路、郊区的乡间公路、主要出入口的迎送公路 5 种主题街道，进行城市空间立体绿化景观设计。近年新加坡政府还发起一次新规划活动，主张建造更高的楼宇，即向上发展，而不是横向发展，以便保护历史建筑物、丛林区和红树沼泽地等。同时采取各种优惠政策鼓励发展阳台绿化和屋顶花园，如将向在高楼建造花园的发展商颁发 "城市花园奖"，放宽对阳台空间的限制，使屋主可以创造 "空中花园"。

3. 法治保障，令行禁止

新加坡的城市绿化法制健全，执行严格。从 20 世纪 70 年代开始，《公园与树木法令》、《公园与树木保护法令》等一批法律法规先后出台。政府加强绿化宣传教育，提高全民绿化意识。要求任何部门都要承担绿化的责任，没有绿化规划，任何工程不得开工；任何人不得随意砍树，包括自家土地上的老树；住宅小区的绿化必须达到总用地的30%—40%，住宅楼须距马路15米以上；在规划管理中，要求报审的施工图中增加园林绿化设计；1年内不开工的土地必须绿化等。注重严格依法管理，对损坏绿化，包括损坏城市空间立体绿化的行为实行严厉处罚。例如，在公共绿地攀枝折花将以破坏公物罪处罚，罚款不少于5000新元，同时处以一定时限的人身强制。新加坡政府还颁布实施了一系列的强制性规定，推行立体绿化模式，在马路灯柱、天桥、围墙和房屋墙壁等可以绿化的地方种植花草，并大量种植一些攀缘植物。新加坡法律规定，有花园的住宅不筑围墙，让花木供路人欣赏，可予减缴房地产税。

4. 市场运作，社会参与

所有绿化都作为项目建设的重要组成部分，按照绿化规划落实，经验收合格后移交绿化部门管理。对于大面积的绿化建设养护等，积极推广承包商制度，把一些园艺工作如割草、修剪树木、移植树木、打扫公园等交给私人承包商负责，以公开招投标方式邀请私人机构参与园艺养护作业，规定承包商必须采用机械取代人工，提高生产力，从而增进经济效益。到目前为止，已经有90%的园艺养护作业由承包商负责。按照有关规定，每项建筑工程在动工之前，政府都会根据节约土地等原则谨慎挑选设计方案，如正在挑选的新加坡艺术学校的设计方案，呼声较高的一份是将学校大楼设计成一个安全、不受打扰的学习空间，学校的跑道、篮球场和草地等运动休闲设施，将设在10楼屋顶，而不是在地面上，以节省空间。新加坡政府要求社会公众从我做起，从政府工作人员到普通市民，都要坚持参加一年一度的植树运动；各居住小区、学校、企业都有自己养护的绿地，所有的绿化工程都征求市民的意见和建议；鼓励市民承包或租赁公共绿地、花木、公园设施，推行全民管理方式，形成了男女老少共同养护，政府、单位、群众同心协力绿化美化城市的机制和风气。

（二）芝加哥的环境治理模式

1. 优势树种

城镇中的林木组成随土地使用情况而异。在一个城镇中，其优势树种通常是一个或几个。如在美国的奥克兰，4 个优势树种的株数占整个市区林木株数的44%；在芝加哥，优势树种是 8 个，其株数占 50% 以上；在雅典和希腊，城市优势树种是 5 个，其株数占整个市区林木株数的 50% 以上。芝加哥城区的优势树种有 8 个，其中 5 个是引进树种，它们是白槐、绿槐、拎叶槭、柳和白杨。乡土优势材种是银杏、槐树和大果栋。对芝加哥和奥克兰的林木调查发现，城市中现存的乡土树种大部分是生长在公园和城市隙地。因为这些地方的植物群落是自然演替的植物群。人为活动频繁包括污染和火灾等，也会加速乡土树种被引进树种所取代。例如，栋树，原是奥克兰城的优势树种，前一时期由于奥克兰城的火灾和城市污染，现已逐步被引进树种——月桂树所取代。

在城市林业中，引进树种也同样起着十分重要的作用。如在奥克兰，引进树种占69%，而且，这些引进树种在城区的分布密度也较大。随着都市化程度的提高，人为活动造成的环境污染会使城镇原来的乡土树种的生长率减少、保存率下降，这就迫使人们去引种新的抗污染树种，无意中增加了引进树种的比例。

要解决好城市污染、改变空气质量，就要选用抗污染能力强、叶面积大的树种；要想尽快地将城区绿化、美化，就选用生长迅速的树种；要想降低建筑物的能源消耗，就选用在夏季枝叶繁茂、遮阴面积大，而在冬季落叶能增加阳光透射面积的树种……在芝加哥，为了解决环境污染，就大量地种植了抗污染的树种。1991 年这些树种就吸收了 691 万吨污染物质。在通常情况下，大树的吸污能力是小树的 60—70 倍。

2. 街道树与孤立木

芝加哥城街道林木株数占整个市区林木数的 1/10，占住宅小区林木数的

1/4。通常，街道树枝粗桠多，叶面积大。芝加哥街道树叶面积却占整个市区林木叶面积的24%，占住宅小区林木叶面积的44%。街道树在利用市区空间方面有十分重要的作用。在城乡结合部，人道树所占比例较小，但它们是形成森林走廊的成分，在其生态系统中起着重要的作用。

在城镇中，枝叶庞大的孤立木随处可见。它具有枝繁叶茂，根系发达，叶面积大、水分吸收和蒸发作用强的特点，因而孤立木在降低气温和抵抗污染方面有很重要的作用，林木叶面积，常是用叶面指数来表示。通常，热带雨林的叶面积指数是10—11，落叶树是5—8，北方针叶树是9—11。生长在芝加哥城的林木，由于下层杂草和灌木较小，因而叶面指数低于落叶树的平均数，仅是6。另外，孤立木的内叶、外叶形状，叶肉细胞密度和生长等级等也与其他林木有一些差异，而这些差异在林木的能量转换和碳吸收等方面又起着十分重要的作用。

3. 森林覆盖率

城镇森林覆盖率表示了城区林木密度和土地使用之间的关系。正确了解城镇森林覆盖率，加强特殊地段的林木管理，是提高城市效益的有效途径。美国城镇森林覆盖率分布趋势是：林区型城镇平均55%，高于草原型城镇平均18%，高于沙漠型城镇平均1%。芝加哥整个城区的森林覆盖率只有11%，但各功能区不一样，工业区为3%，学校为7%，住宅区为13%，公园为33%，隙地为20%。

加利福尼亚州的奥尔瑟朗城区森林覆盖率高达47%，住宅区、工业区、学校、公园、隙地的森林覆盖率分别为50%、19%、29%、21%、39%，显然是一座森林城市。芝加哥是一工业城市，城镇森林覆盖率较低。对所有城区，不分具体情况，一味强调提高森林覆盖率也是不切实际的，如对城市绿地或运动隙地等，其目的是促进杂草生长，因此，只要有小量的林木遮阴就行了。

4. 管理政策

在20世纪70年代，美国政府制定了法律，正式将城市林业隶属于农业部林务局管理，并完善了法律内容解决市民植树技术和资金方面的困难。1990年，美国农业银行设立了林业基金专户，以保证城市林业计划的顺利实施。还成立了全国性的城市和社团林业改进委员会，拨款210万美元，促进城市林业计划的实施。另外，各州也成立了城市林业建设基金会。该机构的主要任务是接受社会团体的资助、进行技术咨询、制定城市林业发展规划。1991年以后，美国逐年增加了城市林业的投入，在议会的领导下，建有专门的机构，处理城市林业方面的一切问题。

5. 资金筹集与使用

城市植树的费用大大高于乡村。美国城市植树的基金主要来自以下几个方面：首都或首府环境绿化、美化基金和城市基本建设评价基金，特殊地域或街道评价基金，地方公债，损毁赔偿金，火灾木材销售资金和某些法律允许收取的各种税、费和社会团体的捐款等。各州的城市植树资金，除以上各项外，还有公路绿化提成、运输收益提成、林产销售税费等。在1988年美国的城市植树资金中，有61%用于街道植树，26%用于公园植树。

（三）德国的近自然林业

欧洲工业革命时期以来，中欧、西欧区域的森林资源受到较大的破坏，到第二次世界大战之后，德国、英国、法国等国家的森林资源大量消失，森林覆盖率大大降低，培育和发展森林资源的愿望极为迫切。对森林资源的大量破坏和急于恢复，推动了森林经营科学与技术的发展。德国森林经营有比较长的历史，森林经理学在18世纪起源于德国。16世纪德国首先提出了森林施业案，1826年德国洪德思哈根提出法正林概念，之后海耶尔、瓦格涅尔不断补充，提出了法正林的条件和实现永续生产的模式标准。根据法正林这一模式制定施业案，一度成为林业先进国家经营林业的重要方法，作为衡量森林经营水平的标准尺度，成为林业经营目标所追求的实现永续利用的一种古典理想森林。在19世纪，德国林业科学发展迅速，相继建立了森林立地学、测树学、森林经理学、森林昆虫学、森林病理学、森林利用学等分支学科，成为世界现代林业科学的重要基础。

法正林概念由德国林学家提出并广泛应用于生产实践，在德国森林经营学科技和生产领域中主导了 100 多年。这一理论主要考虑到的是森林蓄积的永续利用，以木材经营为中心，忽视了森林的其他功能、森林的稳定性和真正的可持续经营。因此，到 20 世纪 40 年代之后，德国森林经营的理论与方法在不断进行新的探索。第二次世界大战后德国首先采取了恢复森林资源的林业发展战略。到 20 世纪 50 年代，随着工业和经济的发展，德国根据林业政策效益论和森林效益永续经营理论制定了森林为木材生产和社会效益的双重目标的林业发展战略，以木材为单一经营目标的森林经营模式开始有了转变。60 年代，德国开始推行森林多功能理论，实行了森林多效益发展战略。1975 年，德国制定了森林法，确立了森林多效益永续利用的原则。90 年代，德国开始采用"近自然林业"的理论与方法，并将它作为新的林业政策和经营方针。

"近自然林业"对森林的营造有基本的要求，即：①森林的抗逆性强，尽量避免自然损害；②具有良好的经济效益；③充分发挥森林的多功能作用；④森林的组成与结构与原始林相一致。"近自然林"具备三个要素，即混交、持续、与环境相适应。

德国作为一个对森林资源异常重视的国家，并且在森林建设上走过弯路，其实践和经验为我国的森林碳汇建设提供了很好的案例。

1. 德国健全的林业法规与政策

欧盟国家的农业政策，绝大部分来自欧共体，但有一个例外，这就是有关森林的政策，森林政策在欧共体尚未统一。德国林业法律法规健全，并认为林业政策是一个国家政策。而德国又是一个联邦制国家，每个联邦州的政策将产生重要作用，因此一些具体的林业政策由联邦州负责制定。联邦森林法制定于1975 年，1984 年进行了修改，全称为《德意志联邦共和国保持森林和发展林业法》。除联邦森林法外，各州在此基础上均制定了州的森林法，做出了更具有操作性的法律规定。此外，在森林的经营方面，还要执行欧共体制定的《自然保护法》。与森林经营相关的还有《联邦种苗法》，以法律形式规范了林木种苗的引进、生产和销售。《联邦狩猎法》规定狩猎计划必须根据生态平衡的原则，监督管理狩猎活动的过程。德国没有林业公安，但法律赋予了林务官在林区行使警察的职能。他们穿着绿色的制服，佩戴臂章，携带武器，在森林区域内对违法行为进行处罚。

在联邦及州的森林法中，有些出于对森林保护、健康和持续经营等方面的规定引起我们关注。如：

——要求联邦和州拥有的国有林要榜样性的经营；

——要求森林的经营首先是要保护和维护原有森林的自然状况；

——禁止引种国外树种造林；

——禁止砍伐死亡的树木；

——森林的经济效益必须服从生态和旅游效益；

——森林采伐只能采用小面积皆伐或择伐等。

2. 森林建设政府资助

德国对森林的监管主要依据制定的各种法律法规，各级森林管理机构与部门对森林的监管发挥着重要作用。对于森林的管理除法规外，还有联邦和各州的森林计划。对森林的培育目标和方向普遍强调森林的自然化，提出的森林远景图也就是希望用自然的方法培育出混合型的、多层次的、多样性的森林。而在森林资源私有化比重较高的国家里，除法规、政策的约束与引导外，政府对保护和发展森林资源方面给予的资助也极为重要。

政府对保护和发展森林资源的资助主要有以下方面：

——将其他土地改变为森林时，第一次植树造林给予援助；

——私有森林将单一性针叶林改造成混交林时给予资助；

——小的私有林者形成联合体时给予资助；

——林业上有自然亏损时给予资助；

——森林区开展生态、环保、自然保护等活动给予资助；

——森林防火措施方面给予资助等。

3. 现代森林管理技术与方法

在"近自然林业"这种思想与理念的指导下，为了实现更科学的森林经营，慕尼黑大学与相关的研究机构目前正在从事"面向未来林业决策支持系统"的应用研究。该项研究，从森林类型上立足于将现有的针叶纯林改变为混交林，将同龄林改变为异龄林。实验研究中考虑环境、树种等因素设计了多种森林培育方向，如针阔混交林、阔叶林、针叶林等；从评价标准上主要考虑生态、社会经济、技术三个方面的作用，满足实施过程中的可操作性；从方法上采用"森林生态系统模型"，通过确定多种需求目标，针对不同的所有者，运用决策支持表和矩阵的方法，建立"决策支持系统"。

"决策支持系统"的应用研究结果最终为区域森林经营培育计划的实施提供了技术支持。决策支持系统的应用研究在巴伐利亚州的一个森林区开展，研究单元落实到具体的森林地块上，最终结果也针对每个林地单元，图面资料和数据库都落实到经营小班。参与"林业决策支持系统"的应用研究除慕尼黑科技应用大学外，还有许多从事林业研究和生产的单位，从而保证具备实施各种技术的条件和应用成果的实用性。

4. 良好的森林公众教育活动

在德国有一个词——"森林教育"，这种教育活动面向社会，尤其是青少年。德国历来重视这方面的社会教育工作，第二次世界大战结束后对森林的恢复，许多青少年参与了植树活动，由此留下了片片"学生森林"。开展这方面的教育活动，政府各级林业机构、相关协会及生物圈保护区等都积极参与。德国森林安全协会除配合各级森林管理机构开展一些保护与发展森林的工作外，"森林教育"也列为协会的主要任务。1973 年，协会的柏林分会在柏林西南森林区建立了一个森林博物馆，陈列了许多有关森林的实物标本和图片，至今接待了 50 多万青少年和成人。通过陈列展览、森林教育等活动，让大家了解森林，认识森林，知道森林里自然发生的事情和怎样保护森林。协会、基金会和政府管理机构广泛建立这样类似的教育点，仅在柏林地区，就有近 100 个，又称为"绿色教育点"。在生物圈保护区，他们非常重视发挥自然保护的宣传功能，每个保护区与生物圈保护协会共同建立了一个信息中心，主要开展针对青少年的教育活动。在一些森林区，每个月有一天为社区开放日，林务官和社区的青少年、成人一道，开展有关森林知识的教育及植树、锯木等活动。

三 国外都市林业碳汇发展经验借鉴

（一）规划方面：兼顾全局

都市林业碳汇建设从良好的林业规划开始。林业规划要有全局意识，林业建设是一个涉及方方面面的事情，既关系到国家大局，又与每一个公民息息相关。都市林业碳汇规划的制定要重视与自然环境、历史文化、现代社会精神风貌相融合，与城市总体规划、土地利用总体规划以及其他相关规划相协调，与产业结构调整、环境保护相结合。规划的编制要做到科学合理，确保规划的延续性和稳定性。

（二）发展目的：一主多辅

大力发展都市林业，不仅有利于增加碳汇水平，对于城市建设等多方面也大有裨益。都市林业对于增加城市碳汇方面的作用无须赘述。除此之外，都市林业的发展能够美化城市环境，有利于满足城市居民休憩、娱乐、身心健康的需求，提升城市居民的生活质量和生活水平。

（三）空间布局：立体化

都市林业的发展应形成立体化的空间布局。所谓空间布局的立体化可以有以下几种形式：

第一，空间分层绿化。城市建设占用了大量的生态绿地，城市可供栽植的面积有限，因此，充分利用城市中的楼群，进行空间绿化，是构建都市林业，增加城市绿化率的一个重要方面。试想，在一定范围内，任何立体表面积都要大于平面面积。一栋楼房占用了一定面积的绿地，但是楼顶和周边外墙都可以成为绿化物的载体。目前国内外已有这样的先例。大部分的楼体立体绿化可分为自下而上的攀缘式绿化、自上而下的垂挂式绿化以及上下同步的分层式绿化三种方式。所采用的苗木品种为木本多年生、常青攀缘植物。这些苗木一年的攀爬高度为3—5米，一般低层住宅楼4—6年即可以全部覆盖。

第二，群落分层绿化。所谓的植物群落分层是指植物群落在垂直方向上由乔木层、灌木层、草本植物层和地被植物层构成的分层现象。在进行都市林业建设的过程中，可以充分利用植物群落分层的特征，选择适当的植物品种进行栽种，有效利用都市稀缺的土地资源，进行都市林业建设。

第三，与设施配套绿化。城市为了方便居民的生活建造了大量的公共设施，比如体育馆、医院、学校、公路等。这些设施必然要占用相当一部分生态绿地。都市林业建设应尽量与这些设施配套。比如在高速公路的两侧进行防风防沙林建设，在城市立交桥附近种植观赏类苗木等，既有利于美化城市环境，又能提高城市绿化面积。

International Development Modeland Experience of Urban Forest Carbon Sequestration

Chen Mengmei

Abstract：The climate change issue is a hot issue around the world. Forestry can not only create huge economic value and ecological value, the solid carbon reduction effect can not be underestimated. The Chinese Government attaches great importance to the development of forestry, and takes various measures to protect and develop the forestry construction. From the international countries urban forestry development model，this paper introduces the experiences and lessons of these cities in the development of urban forestry，and hopes to give some reference for China's urban forestry carbon sinks development.

Key Words：forestry；carbon sequestration；international experience

第十六章

国内外低碳智能建筑发展模式与趋势探讨

袁　路　梁本凡

摘　要： 为实现社会经济向低碳发展转型，人类需要更精细的发展模式，智能建筑很好地迎合了这方面的需要。智能建筑的发展在技术方面也可以为低碳建筑的发展提供很好的思路和基础。本文阐述了国际社会对低碳智能建筑的迫切需要的形势，总结现阶段已有国内外低碳智能建筑案例，其后更进一步对国际低碳智能建筑进展进行了探讨。

关键词： 低碳建筑　智能建筑　模式　发展趋势

引　言

随着全球资源、能源的日渐枯竭、环境的日益恶化，节能减排被提上日程。在总能耗中，建筑能耗占50%左右，所以建筑节能是关系到我国的经济高速健康发展、改变能源相对短缺局面的关键。低碳建筑（Low-carbon building）是指高能效、低能耗、低污染、低排放的建筑体系。智能建筑则旨在提供安全、高效、便捷、节能、环保、健康的建筑环境。

一 国外低碳智能建筑发展背景

（一）低碳建筑

1. 低碳建筑发展背景

时至今日，尽管世界各国在应对气候变化的策略和温室气体减排量的分配上有着巨大的分歧，但全球气候变暖已成为一个世界公认的严酷现实，2009年所达成的《哥本哈根协议》已经基本明确了全球温升不超过 2°C 的目标，这也成为全球绝大部分国家所认同的气候变化的安全底线和控制目标。温家宝总理在哥本哈根大会上代表中国政府又一次庄严承诺，到 2020 年单位国内生产总值二氧化碳排放量比 2005 年下降 40%—45%。在如此短的时间内大规模降低二氧化碳排放，需要付出艰苦卓绝的努力。

联合国气候变化第四次报告中提到，无论未来减碳成本如何变化，建筑行业的减碳潜力始终是各行业中成本效益最大的。要实现国家承诺的气候变化目标，必须依靠建筑行业的低碳转型。

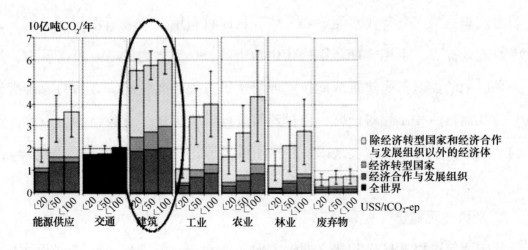

图 16—1 不同行业碳排放潜力

注：圈中所示为建筑行业的成本效益远高于其他行业，包括能源、交通、工业、农业、森林和废物处理等行业。

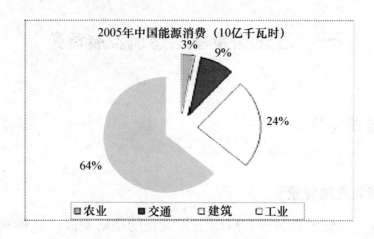

图16—2　不同行业能耗比例

在国内,建筑领域的能源消耗在 2005 年已经占据总能耗的近 1/4。根据国家发改委的一项对于我国 2050 年碳排放的情景分析报告,其强化低碳情景显示我国的能源消费构成将"接近于目前发达国家工业、建筑、交通各占 1/3 的水平"。建筑向低碳转型对于我国应对气候变化、实现承诺目标十分关键。

在麦肯锡公司完成的研究报告中,减碳措施的负成本从大到小分别是:半导体照明、家用电子产品、公共建筑保温隔热、家用电器、提高电机能效、住宅采暖通风与空调、农田养分管理、耕地和残留物管理、住宅隔热保温、全混合动力汽车、粉煤灰替代水泥熟料、废弃物回收利用、垃圾填埋沼气发电、其他工业能效提高、水稻管理、第一代生物燃料、小型水力发电。可以看出,其中一半以上的措施都属建筑节能技术或与建筑有关,而且建筑方面的减排措施成本与其他行业相比相对低廉,通过建筑进行节能减排是有收益的。因此,建筑的节能减排是城市层面实现碳减排的重要手段之一。

2. 低碳建筑概念

低碳建筑可以从广义和狭义两个方向来理解。一个建筑的完整的生命周期应该包括建筑的规划设计、施工建造、建筑材料与设备的加工制造及运输、建筑使用运行乃至最后的建筑拆除再回收利用这样一个完整的过程。而通常来说，建筑物在运行期间的能耗占建筑物全生命周期能耗的70%—80%，往往成为建筑能耗与碳排放的关注重点。

所谓狭义的低碳建筑，其关注点仅仅着重于在建筑物运行期间如何采用节能技术提高建筑能效、减少化石能源使用、提高可再生能源利用比例乃至利用建筑外表空间种植植物增加碳汇从而抵消建筑本身碳排放等手段，以降低温室气体的排放。

而广义的低碳建筑除了建筑运行期间之外，还强调在建筑物的整个生命周期中从规划、设计、建材运输及使用、建造和拆除/重建等各方面同时着手，通过例如提高建材利用效率，减少建材运输距离等手段减少所有相关行业对一次能源的消耗，降低温室气体的排放。

由于广义低碳建筑涉及环节较多，范围较广，不仅需要多个行业乃至政府的协调支持，还需要有利的地理和资源环境优势配合才能达到较好的效果，因此在低碳转型初期，先从狭义的低碳建筑做起，专注于降低建筑运行过程中的碳排放是比较切合实际的选择。

目前，各界大都认同低碳建筑的核心概念是指在建筑的规划设计、施工、运行和拆除/重建的生命周期中注重减少化石能源的利用，提高能源的利用效率和可再生能源的建筑利用率，以降低建筑造成的碳排放，减少建筑活动对全球气候变暖产生的负面影响。

低碳建筑与目前我国建筑行业正大力推广的节能建筑和绿色建筑的概念并不矛盾，反而与其密切相关。实现低碳建筑使用的手段已经包含了节能建筑的特征，而广义低碳建筑所强调的全生命周期的减排理念和可再生能源的使用也同绿色建筑的"节能，节水，节地，节材和提高环境质量"的原则相契合。因此，推广低碳建筑不仅不和节能建筑和绿色建筑的理念矛盾，反而是相互促进的关系，应该大力推广和实践。

（二）智能建筑

智能建筑专家、清华大学张瑞武教授在1997年6月厦门市建委主办的首届"智能建筑研讨会"上，首次对智能建筑提出了以下比较完整的定义：

智能建筑是指利用系统集成方法，将智能型计算机技术、通信技术、控制技术、多媒体技术和现代建筑艺术有机结合，通过对设备的自动监控，对信息资源的管理，对使用者的信息服务及其建筑环境的优化组合，所获得的投资合理，适合信息技术需要并且具有安全、高效、舒适、便利和灵活特点的现代化建筑物。

目前，我国建筑业普遍认同对智能建筑的定义是：智能建筑是以建筑为平台，兼备通信、办公设备自动化，集系统结构、服务、管理及它们之间的最优化组合，提供一个高效、舒适、安全、便利的建筑环境。修订版的国家标准《智能建筑设计标准 GBT 50314—2006》对智能建筑的定义为"以建筑物为平台，兼备信息设施系统、信息化应用系统、建筑设备管理系统、公共安全系统等，集结构、系统、服务、管理及其优化组合为一体，向人们提供安全、高效、便捷、节能、环保、健康的建筑环境"。对于智能建筑，美国、日本和欧洲也有着自己的要求，其定义随着发展水平不同和地域差距等原因有一定差异。但是，高效和舒适是所有人都认为智能建筑必须具有的两个属性。因此，智能建筑虽然有着比较明确的定义和不变的基本目标，但又是一个不断发展中的概念，它随着科学技术的进步和人们对其功能要求的变化而不断更新、补充内容。

智能化系统（Intelligent System）：是指利用视频、音频、显示、电子、控制、网络、计算机等科学技术，采用各种现代化的产品、设备或软件，减少人们日常生活的手工操作、给人们的生活带来便利性和舒适性的系统。智能化系统主要应用于小区和大厦，就是我们经常所说的智能化小区和智能大厦，智能化系统没有绝对的标准，低有低智能、高有高智能，随着时间的推移，不同历史阶段对智能化的理解并不一样。随着时间的进一步推移，今天的智能化系统在将来可能就不算智能化系统。

建筑智能化工程包括：①计算机管理系统工程；②楼宇设备自控系统工程；③保安监控及防盗报警系统工程；④智能卡系统工程；⑤通信系统工程；⑥卫星及共用电视系统工程；⑦车库管理系统工程；⑧综合布线系统工程；

⑨计算机网络系统工程；⑩广播系统工程；⑪会议系统工程；⑫视频点播系统工程；⑬智能化小区综合物业管理系统工程；⑭可视会议系统工程；⑮大屏幕显示系统工程；⑯智能灯光、音响控制系统工程；⑰火灾报警系统工程；⑱计算机机房工程。这些系统的建设可以减少人们日常生活和工作中的手工操作，给生活带来便利、舒适和智能，故我们把这些子系统归入到智能化系统中。

值得注意的是，智能化系统和安防系统属于两个系统，互相不包含。闭路电视监控系统、防盗报警系统、电子巡更系统、防雷与接地系统、UPS 不间断电源系统、机房系统、消防系统等系统因为没有提供智能、舒适和便利的生活，虽然这些系统常常包括在"智能化系统"中，实际上不应该包括在内，而应该归入到安防系统。

（三）低碳智能建筑——互补的发展机遇

智能建筑与低碳建筑的发展某种程度上来说是相辅相成的：其一，智能建筑与低碳建筑的发展都体现了人类对更高质量生活水平的追求，智能建筑的目的是利用技术使人类在建筑内的生活更加高效、方便和舒适，而低碳建筑的目的是在建筑领域减少人类活动产生的碳排放，从而减缓全球气候变化，避免环境恶化，给予人类一个更好的生态环境。从这个角度来看，两者的手段各异而目的相同。其二，智能建筑的发展以先进技术的应用为主要手段，其中相当一部分技术的应用也提高了能源使用效率，降低建筑中的能源消耗总量。因此智能建筑和低碳建筑在技术手段的使用上也有着很大的共通性。

当前，中国正处在大规模城镇化建设的阶段，是世界最大的建筑市场，目前的建筑量占到世界的一半还多，因此建筑行业的发展前景广阔。"十一五"规划目标建筑行业要完成节能达 1.01 亿吨标准煤，建筑节能总面积达 21.46 亿平方米，"十二五"规划必将提出更加严厉的要求。在发展低碳经济的道路上，建筑的"节能"和"低碳"注定成为绕不开的话题。加快建设低碳建筑体系符合我国国情和建筑界发展趋势。而智能建筑行业经过十年来的发展，从概念到实用，今天已成为建筑的必然需求，正在走向功能需求明确，技术实用、市场成熟的发展阶段。

目前，我国的智能建筑行业处于成长初期。行业市场集中度低，呈现分层次竞争格局，伴随资质审核的日趋严格和行业标准的提高，市场集中度可能会逐步提高。而具有优秀案例、品牌优势的领先企业将获取更快增速，逐步扩大市场份额。在这个过程中，相关建筑节能改造、绿色低碳转型等政策的推出会直接刺激智能建筑行业的发展。

为实现社会经济向低碳发展转型，人类需要更精细的发展模式，智能建筑很好地迎合了这方面的需要。由智能建筑发展出的部分技术也已经成为建筑节能追求"低碳"的主要利器。

1. 楼宇自控智能建筑管理软件（IBMS）

楼宇自控是智能建筑弱电系统的重要组成部分，起到对各个子系统集中管理、分散控制、改善系统运行品质、提高管理水平、降低运行管理劳动强度、节省运行能耗的作用。节省能源、减少温室气体排放并且为使用者提供更加舒适的环境是一直追求的目标。楼宇自控现在的应用也越来越广泛，针对不同的行业与环境，有不同的应用解决方案。

智能建筑管理软件（IBMS）的成功应用为减少温室气体排放提供了更好的手段。另外，旧楼改造、旧小区的改造已经在各地提上了日程，这也使得建筑节能能够为低碳做出更多的贡献。

2. 综合布线和安防系统

综合布线目前作为以语音、数据、图像为主要传输业务的弱电子系统之一，虽然系统运行本身并不属于高耗能领域，但其产品的生产制造过程，需要大量的石油及有色金属等资源消耗，所以同样需要节能。在生产制造过程中，只有不断改善产品结构，改进生产工艺，降低生产原料的消耗，才能在布线领域为节能作出贡献。另外在项目建设中，使用优质的综合布线产品，可以降低施工过程中的产品报废率，也同样可以理解为节能的一个方面。同样的道理，安防系统也存在同样的节能机会，提高工艺也可达到节能的目的。

3. 利用高效产品节能涉及行业：照明

利用高效的产品进行节能放在照明行业来说再合适不过。高效的节能灯、LED 灯不但起到了很好的节能效果也美化了环境。LED 的高效已经被广泛认可，LED 即半导体发光二极管，LED 节能灯是用高亮度白色发光二极管发光源，光效高、耗电少，寿命长、易控制、免维护、安全环保；是新一代固体冷光源，光色柔和、艳丽、丰富多彩、低损耗、低能耗，绿色环保，适用于家庭，商场、银行、医院、宾馆、饭店及其他各种公共场所长时间照明。高效的照明产品节省能源同样能为"低碳"做出应有贡献。

发展低碳经济需要加强低碳技术创新，推动低碳技术成果应用和转化。以低能耗、低污染为基础的"低碳经济"，一个重要的支撑就是"低碳技术"。技术的创新是低碳经济发展的源泉和动力。据科技部社发司有关负责人介绍，低碳技术主要包括 4 个方面：①能效技术：改善燃油经济性、提高建筑能效、提高电厂能效；②减碳技术：天然气替代煤炭、风力发电、光伏发电、氢能、生物燃料、核聚变；③碳封存与碳捕获技术：地质封存、海洋封存、富氧燃烧捕集；④碳汇技术：森林管理、农业土地管理。提高建筑能效被作为低碳技术的重点方向，智能建筑的发展在技术方面可以为低碳建筑的发展提供很好的思路和基础。

二 国外智能与低碳建筑发展案例与模式

建筑的低碳发展根据采用技术的不同形成了三种实现路径：第一种是采用建筑节能技术提高能源在建筑中的使用效率，降低建筑能耗总量；第二种是利用可再生能源使用技术，改善能源结构，降低单位能耗碳排放，在总能耗不变的情况下降低碳排放总量；第三种是通过碳捕捉和储存技术或者碳汇的方式，将已经排放到大气中的碳重新吸收封存，抵消建筑自身由于使用能源造成的碳排放。不是采用了上述单一实现模式，而是多种实现路径的混合。

目前，国内外已出现不少示范性低碳建筑，大都脱胎于低能耗建筑。通过这些低碳甚至零碳建筑展示的低碳建筑理念和技术预示着城市建筑未来发展的方向，给城市的可持续化发展带来了希望。

（一）英国贝丁顿零能社区

英国贝丁顿零能社区（Beddington Zero Energy Development）是零能耗建筑。贝丁顿社区在2000—2002年间共建设了99栋住宅和1405平方米的办公空间。建筑本身还采用了许多节能措施，包括太阳能被动式设计，窗户采用三层玻璃，外墙保温性能极佳。所有的雨水都被收集再利用。建筑材料全部来自35英里以内的产地，以减少运输能耗。社区还设置专门垃圾回收站以回收利用垃圾。经测试，建筑采暖能耗降低88%，热水使用量降低57%，人均日用电3度，仅为英国平均水平的1/4。建筑能耗都来自于可再生能源，其中太阳能光电提供11%的份额，其余能源由燃烧木屑的区域式热电联产提供。但是因为资金问题，该热电联产装置目前并未投入使用。

（二）森林碳汇——莱坡多零碳中心

莱坡多中心位于美国威斯康星州，是第一座经美国绿色建筑委员会认证的零碳建筑，并获得LEED白金最高分。该建筑仅1100平方米，采用各种节能措施后，每平方米耗能约50度电，因其太阳能发电量约每平方米51度电，所以是零能耗建筑。另外，该中心每年运行产生的二氧化碳排放13.42吨，太阳能发电抵消碳排放6.24吨，加上该中心所处地的14万平方米的森林固碳达8.75吨，所以二氧化碳净排放为负1.57吨，所以也是零碳建筑。但依靠所在地的大面积森林来抵消碳排放，对于我国大多数城市的建筑来说都不适宜。

图 16—3 阿尔多—莱坡多中心

（三）可再生能源实验性技术利用——宁波诺丁汉大学零碳楼

宁波诺丁汉大学的零碳教学楼于 2008 年 9 月落成。东西北三面全部采用双层立面墙体，外层全部为隔热玻璃。除了采用很多节能技术外，该楼主要利用太阳能吸收制冷、制热装置以节省大量电能。另外，该楼还利用土壤调节进入室内空气的温度，夏天冷却空气，冬天加热空气。由于采用大量的实验性节能技术，其建造成本每平方米高达 2.7 万元，并且大面积的太阳能光电板全部安装在建筑以外的空地之上，占用大量用地。因此虽然该楼节省不少能源，但其达成零碳的方式难以广泛复制。

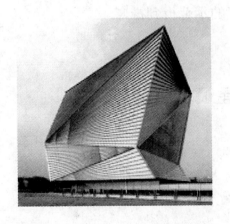 

图 16—4 宁波诺丁汉大学零碳教学楼   **图 16—5 三星绿色建筑中关村展示中心**

从这些国内外低碳建筑的知名案例可以看出，低碳建筑发展目前正处于百花齐放的阶段，并在探索中逐渐走向成熟。但是要实现建筑的低碳发展，不能仅凭几个示范项目来实现。而由于低碳技术和建筑设计理念大多仍处于尝试和摸索阶段，达到绝对意义上的零碳排放需要增加巨额的成本，而且大多数并不具备大面积推广的条件。因此，低碳建筑的发展不应盲目追求建筑绝对水平的低碳排放甚至是零碳排放，应该在实现经济发展和提高人民生活水平的基础上，减缓碳排放增长的速度，进而实现碳排放的降低。推行低碳建筑应当根据城市化和经济发展阶段，考虑城市的实际地理环境、资源禀赋等条件，为城市设立合理切实可行的低碳建筑发展目标，从深度和广度上切实推动低碳建筑的发展。

（四）私人住宅建设模式：比尔·盖茨

超级富豪耗巨资企图将自己的住宅打造成自己随心所欲的地盘，表达了对个人舒适生活和个性张扬的追求，而智能建筑的发展概念正好迎合了这样的思想。世界首富比尔·盖茨早已将信息化、智能化管理在其豪宅中加以应用，访客只需设置一次喜欢欣赏的音乐风格，就可以在经过的不同区域随时聆听美好的乐曲。这只是智能家居很微小的一个细节，算是管中窥豹。这些私人住宅早已实现了智能住宅的部分目标，一定程度上代表着智能住宅的发展方向，但毕竟是作为个例而存在，并不能作为智能建筑的示范得到推广。

三 国际低碳智能建筑发展趋势

（一）低碳建筑

在低碳建筑之前，绿色建筑概念一直是节能环保的代名词。一些国家和地区已经针对绿色建筑推出了一系列比较成熟的评价体系。

从国际层面来讲，美国 LEED 绿色建筑标准是国际最为流行的绿色建筑认证体系。由美国绿色建筑协会（United States Green Building Council，简称 US-GBC）建立并推行的《绿色建筑评估体系》（Leadership in Energy & Environmental Design Building Rating System），国际上简称 LEEDTM，是目前在世界各国的各类建筑环保评估、绿色建筑评估以及建筑可持续性评估标准中被认为是最完善、最有影响力的评估标准。我国申请 LEED 认证的建筑项目在 2010 年初已经达到 300 多个，并有不断上升趋势。美国 LEED 的指标设立更多地考虑了可持续发展的要求，与全球的可持续发展的目标一致。LEED 评价体系中包含的以环境可持续发展为目标的选址规划、场地设计和交通规划等内容一直是世界各国编制绿色建筑评价体系参考的标准。

英国绿色建筑标准 BREEAM（Building Research Establishment Environmental Assessment Method）是由英国建筑研究中心（Building Research Establishment，BRE）在 1990 年制定的世界上第一套绿色建筑评价体系，它的创建思想被其他国家的评价体系所广泛借鉴。BREEAM 基于对环境问题的科学理解建立了绿色建筑的衡量标准和评价指标，将建筑对全球、地区、室内和管理问题作为体系构建的出发点。

目前，国际上在节能建筑领域的趋势是研究低能耗建筑和零能耗建筑。许多国家已经对其做出了明确的定义并推荐或者强制执行（见表 16—1）。所谓零能耗建筑，并非指建筑运行不消耗外部能源，而是指建筑的可再生能源系统所产生能源总量在一年之内足以抵消所消耗的外部能源，即正负抵消为零的"净零能耗建筑"。

表 16—1　　　　　　　　部分国家对低能耗建筑的定义

国别	低能耗建筑标准定义
澳大利亚	低能耗建筑：每平方米年取暖能耗低于 60—40 千瓦时。 被动房：使用面积或采暖面积每平方米年能耗低于 15 千瓦时。
比利时	低能耗建筑：住宅能耗比标准水平低 40%，办公建筑和学校建筑比标准水平低 30%。 极低能耗建筑：住宅能耗比标准水平低 60%，办公建筑和学校建筑比标准水平低 45%。
捷克	低能耗建筑：每平方米年能耗在 51—97 千瓦时。 极低能耗建筑：每平方米年能耗低于 51 千瓦时。 被动房：每平方米年能耗低于 15 千瓦时。

国别	低能耗建筑标准定义
丹麦	低能耗建筑1：建筑能耗比新建建筑要求最低能耗低50%。 低能耗建筑2：建筑能耗比新建建筑要求最低能耗低25%。
芬兰	低能耗建筑：能耗比标准建筑水平低40%。
法国	对于新建公寓：包括空调通风、热水和照明系统在内的总能耗每平方米年一次能源能耗低于50千瓦时。 对于其他类型新建建筑：包括空调通风、热水和照明系统在内的总能耗每平方米年一次能源能耗比现行建筑标准低50%。 对于翻新建筑：2009年的要求是每平方米年一次能源能耗不超过80千瓦时。
德国	居住低能耗建筑：每平方米年一次能源能耗60千瓦时。 被动房：每平方米年采暖能耗低于15千瓦时，总能耗低于120千瓦时。

"净零能耗"建筑（Net Zero Energy Buildings）和"净零碳排放"建筑成为大势所趋，列入发达国家建筑节能长期发展目标。美国甚至提出要在2030年使新建建筑达到零能耗建筑水平。欧盟已于2009年宣布，计划到2019年欧盟新建建筑本地产生的能源至少与其用能一样多，并要求各成员国提出2015年和2020年实现零能耗的既有建筑总量目标。德国、英国、法国等已经发布相关的计划，例如，到2020年德国新建建筑不用化石燃料，法国新建建筑成为净产能者，到2016年英国新建建筑用能（包括采暖、照明和家用电器）实现零碳排放（见表16—2）。

表16—2　　　　　　　　部分发达国家净零能耗和净零碳排放建筑规划

国别	新建建筑目标内容	住宅	公共建筑
美国	零能源账单：卖出能源的经济收入平衡购入能源花费。	2020	2025
美国加州	净零能源消耗。	2020	2030
美国马萨诸塞州	净零能源消耗。	2030	2030
欧盟	产能大于等于用能。	2020	2020
英国	净零碳排放：CO_2排放为零，含采暖、照明和家用/办公电器。	2016	2019
德国	零化石燃料消耗：不消耗化石燃料。	2020	2020
荷兰	能源中性（Energy Neutral）：产能和用能持平。	2020	2020
法国	正能源（E+）：产能大于用能。	2020	2020
匈牙利	净零碳排放：大投资的建筑从2012年实现零排放，其他建筑在2020年实现零排放。	2020	2020

（二）智能建筑

智能建筑发展史，是一个从监控到管理的发展过程，也是楼宇设备监控的演变史。早期的超高层大楼一般设备非常多，诸如空调系统、给排水系统、变配电系统、保安系统、消防系统、停车场系统等各种专业系统同时共存。操作和控制这些系统，仅靠中央临近室很难实现。20 世纪 80 年代，微电脑技术的崛起再加上信号传输技术的进步，基本上实现了所有设备都可以显示于大楼内的中央监控室，并且较容易进行操作和管理，从而提高了效率。1984 年，美国康涅狄格州的哈特福市将一幢旧金融大厦进行了改造，建成了称为 City Place 的大厦，从此诞生了世界公认的第一座智能大厦。它是时代发展和国际竞争的产物。为了适应信息时代的要求，各高科技公司纷纷建成或改建具有高科技装备的高科技大楼（ Hi-Tech Building），如美国国家安全局和五角大楼等；同时，高科技公司为了增强自身的应变能力，对办公或研究环境进行了创新和改进。日本引进智能大楼的概念。陆续建成了野村证券大厦、安田大厦、KDD 通信大厦、NEC 总公司大楼、ARK 森大楼、本田青山大楼。日本是对智能建筑进行全面的综合研究并提出有关理论和进行实践的最具代表性的国家之一。1995 年底日本还成立了国家智能建筑专业委员会。据有关估测，美国的智能大厦已超万幢，日本和泰国新建大厦中的 60% 为智能大厦。1995 年以后美国也宣称要大幅度增加智能大厦的比例。中国的第一座智能大厦被认为是北京的发展大厦。此后，相继建成了一批准智能大厦如深圳的地王大厦、北京西客站等，上海证券大厦的智能建筑的全部弱电工程由美国一家工程公司承包。总之，进入 20 世纪 90 年代以后，智能大厦蓬勃发展，继美、日之后，法国、瑞典、英国等欧洲国家以及中国香港、新加坡等地的智能大厦如雨后春笋般出现。

目前，欧洲的智能建筑技术走在了世界前列。国际上智能建筑发展有两个大的趋势：一是调动一切技术构造手段达到低能耗、减少污染、并可持续发展的目标。第二，在深入研究室内热功环境和人体工程学的基础上，依据人体对环境生理、心理的反应，创造健康舒适而高效的室内环境。

墨尔本市的新建会议中心可以容纳五千人一起开会，这也是南半球最大的一个会议设施，而其实在节能分级上是属于 LEED 标准的六星级的节能建筑物。加拿大作为寒冷的北方大国，主张提高能源效率，20 世纪 90 年代因为提高了 8% 的能源效率节省开支 57 亿加元。加拿大以地热能、太阳能为主要智能能源，采用采暖、通风及空调系统、辐射采暖和制冷系统、空间采暖和热水共用系统、变频装置、能源回收通风换气设备等智能系统使所有系统都可能做到有效节能。

参考文献

［1］*European National Strategies to Move Towards Very Low Energy Buildings*，2008 年 3 月，Kirsten Engelund Thomsen and Kim B. Wittchen.

［2］联合国第四次气候变化报告（*IPCC 4th assessment report*），2007 年。

［3］通向低碳经济之路——全球温室气体减排成本曲线，2009 年 12 月，Tomas Nauclér and Per-Anders Enkvist.

［4］国家发改委能源研究所：《中国 2050 年低碳发展之路：能源需求暨碳排放情景分析》，科学出版社 2009 年版，第 142 页。

Investigation of the Model and Trend of Low-carbon and Intelligent Building Development at Home and Aboard

Yuan Lu　Liang Benfan

Abstract：To help social and economic make the transition to a low carbon development, intelligent building, which offers a higher efficient human development pattern is needed. Development of intelligent buildings also provides good technical basics for low-carbon building. This paper describes the situation in which international community is in urgent need of intelligent building and low-carbon building, and summarizes the low-carbon & smart cases at home and abroad. Then further discussion about progress of international low carbon building and intelligent building is introduced.

Key Words：low carbon building；intelligent building；model；development trend

第十七章

境外农业低碳发展模式与经验借鉴

陈梦玫

摘　要：气候变化以及温室气体排放问题已经成为国际社会关注的热点。农业作为巨大的温室气体排放源，有着很强的减排潜力。本文主要介绍发达国家农业低碳发展模式，为中国农业低碳发展提供一些经验以供借鉴。

关键词：农业　低碳　国际经验

一　低碳农业发展背景

低碳农业是三低经济：低能耗、低污染、低排放。低碳农业经济是节约型经济：尽可能节约各种资源的消耗，尽可能减少人力、物力、财力的投入；低碳农业经济是效益型经济：以最少的物质投入，获取全社会最大的产出收益；低碳农业经济是安全型经济：采取多种措施，将农业产前、产中、产后全过程中可能对社会带来的不良影响降到最低限度。发展低碳农业经济是应对全球气候变化、减少温室气体排放的紧迫要求。

世界农业的发展历程可以划分为传统农业、工业化农业和后工业化农业三个阶段。传统农业阶段集中解决丰衣足食问题，以社会效益为核心；工业化农业阶段以发财致富为优先目标，以经济效益为核心；后工业化农业阶段十分重视蓝天碧水和食物安全，以生态效益为核心。低碳农业是后工业化农业阶段的基本内容，是工业化农业发展的必然结果。

联合国粮农组织指出：目前，耕地释放出大量的温室气体，超过全球人为温室气体排放总量的 30%，相当于 150 亿吨的二氧化碳。绿色和平组织针对主要几个由农业引起的间接排放源，如粮食的加工、包装、运输和销售，存储、加工和销售粮食所盖的房子，处理农业和食品行业所产生的废弃物等进行了估算，若折合成二氧化碳的话，排放量占全球总排放的 17%—32%。由国务院发展研究中心产经部、国家发改委能源所、清华大学核能与新能源技术研究院于 2009 年 9 月联合发布的《2050 中国能源和碳排放报告》中称，农村沼气生态系统可以减少有机肥处理过程中的甲烷排放。在 2010—2050 年间，沼气替代生物质能和煤炭可使二氧化碳年排放减少 307.77 万—4592.8 万吨，二氧化硫年排放减少 13.11 万—98.87 万吨；另外，退耕还林还草、秸秆还田等保护性耕作的生态农业方式，能极大地增加我国的碳储量，改善生态环境，减缓气候变化的影响。联合国粮农组织估计，低碳农业系统可以抵消掉 80% 的因农业导致的全球温室气体排放量。无须生产工业化肥每年可为世界节省 1% 的石油能源，不再把这些化肥用在土地上还能降低 30% 的农业排放。由此可见，发展低碳农业是工业化农业向后工业化农业过渡的必然趋势。

二　境外农业低碳发展探索

发达国家和地区最早形成以机械化和化肥使用为代表的现代农业，现代农业对于生态环境的不利影响也最先在发达国家出现，因此，发达国家和地区也较早地对农业低碳化发展进行了探索和实践。发达国家和地区非常重视保护农业生态环境和实现农业资源的高效利用，主要依靠科技手段和工业提供的装备，如节水灌溉（喷、滴灌等）设备，精量播种机械，精量施药机械，提高肥料利用率的技术与装备，少污染、高效低毒农药施药技术与装备，农业保护性耕作（少耕，免耕）机械，秸秆综合利用装备，有机肥、缓释肥等施肥机械等。通过学习国内外不同技术、经营管理措施及系统性方法与策略，制定针对性对策能有效减少农业温室气体的排放，达成减量目的。

（一）美国低碳农业

美国是农业大国，现代农业发展起步较早，从而农业环境方面的问题暴露得也较早。从 20 世纪 80 年代中期开始，美国重视农业资源和环境保护，在不到 30 年的时间里，针对具体问题设立项目、采取措施，陆续实施了多个重要项目，涵盖植被和湿地恢复、利用中的土地资源管理以及农牧业用地等多个方面。同时，美国农业现代化、规模化发展程度较高，机械使用广泛。在推行低碳农业的过程中，美国农业机械化节能减排对我国农业低碳化发展也有一定的借鉴作用。

1. 美国农业资源和环境保护措施

（1）退（休）耕还草还林项目（Conservation Reserve Program）

退（休）耕还草还林项目由 1985 年农场法案授权设立，1986 年开始实施。参加项目的农场主自愿退（休）耕，联邦政府提供退（休）耕补偿；如果退耕农场主在退耕地上种草种树，联邦政府再分担 50% 的种植成本。项目周期为 10—15 年（以 10 年居多）。期满后农场主可以再次申请以这些地块参加项目，也可以恢复对这些地块的耕种，但重新耕种时必须遵守生产规范化条款的规定。

启动时，该项目范围为 1 亿英亩高度易侵蚀耕地（土壤侵蚀指数大于 8）。1990 年农场法案把联邦政府的几个重点生态环境保护区和州重点水质保护区等划入项目范围，使之扩大到 2.5 亿英亩；项目目标从减少水土流失扩大到包括净化水质在内的其他生态环境效益，选择项目用地的指标也从单一的土壤易侵蚀程度更改为一套环境效益指标体系。这套环境效益指标体系综合考察候选地块在保护和改善野生动物栖息地方面、改善水质和空气质量方面、减少水土流失方面、通过恢复和保护植被从而提供永久性生态环境效益方面的作用以及项目成本。

（2）湿地恢复项目（Wetland Reserve Program）

湿地恢复项目由1990年农场法案授权设立，目的是把已开垦为耕地的湿地、正在耕种的湿地和经常遭受洪灾侵害的低洼耕地或牧草地恢复为湿地。项目初期对恢复工程的人工干预很少，主要是用直线型堤防和水坝把项目面积围起来，期望在一段时间以后，湿地自动恢复功能。1996年以后，政府加大了行动力度，把堤防和水坝改修成蜿蜒曲折形状，通过工程措施改变项目范围内的地表形态和水文条件，帮助其恢复自然，以适应各类水禽生存的需要，最大限度地发挥其生态效益。目前，有关部门和参与者正在进一步努力，使项目区地表形态和水文条件多样化，以便于两栖动物、爬行动物和鸟类的生存，增加项目区的生物多样性。

湿地恢复项目中，联邦政府通过三种方式与农牧场主合作。一是政府出资购买项目土地资源的永久使用权（开发权），并支付100%的湿地恢复成本；二是政府出资购买项目土地30年的资源使用权（开发权），并支付75%的湿地恢复成本；三是农牧场主可以继续在项目土地上从事农业生产，但要至少花10年时间恢复湿地，政府分担其75%的湿地恢复成本。在前两项选择的情况下，农牧场主仍然拥有其对项目土地的所有权和非开发性使用权，可以从事垂钓和狩猎等娱乐性营利活动，也可以将湿地出租或转让，但任何活动和行为都以不改变湿地形态、不影响湿地功能为原则。

（3）环境保护激励项目（Environmental Quality Incentives Program）

环境保护激励项目由1996年农场法案授权设立，它的基本目标是为农牧场主提供信息、技术和资金支持，帮助其在保持原有生产的同时，改善环境质量，以达到各级政府对环境质量的要求。

希望参加环境保护激励项目的农牧场主，制订项目申请，申请中指明项目的位置、针对的问题、解决方案和所需要的成本。政府部门综合考虑所有申请所涉及问题的严重程度、项目生态环境效益的广泛性和长期性、与各级政府资源和环境保护规章制度的相关程度以及措施的成本—效益分析等因素决定接受哪些申请。

对于申请被接受的农牧场主，政府以两种方式提供资助：成本分担和激励性补贴。成本分担方法适用于工程设施建设和植被建设，成本分担的份额一般为50%，最高达到75%。激励性补贴用于鼓励农牧场主加强各类管理性措施，这些措施在没有补贴的情况下可能不会被采用。因而，激励性补贴的额度是根据估计，以达到激励其采取这些措施为限。2005年，成本分担资金占项目总支出的82%，激励性补贴占18%。

1996年农场法案规定，规模在1000头牲畜以上饲养场的废物处理工程设施建设，不属于政府资助范畴。2002年农场法案取消了这项限制，而且，2002年和2008年农场法案都要求项目60%的资金支出用于解决饲养业造成的水土资源污染问题。在2005年的项目资金中，保护水土资源（包括质量和数量）的支出占项目总支出的73%，合同数占当年合同总数的70%。

2. 美国农业生产节能减排

近些年，农业领域已经逐步成为美国节能减排非常重要的方面。进入21世纪以来，能源价格不断上涨，联邦政府开始越来越关注节能减排。2002年，《能源法》正式通过农业节能条款，标志着农业生产领域进入能源控制范围。《农业法》在联邦法案中，四年重审一次，2002年以前，《能源法》从来不涉及农业领域，而目前，美国农业法案在节能标准、新技术使用等方面都补充了大量条款。

美国农业部下设农业推广机构，在每个生产区都会派出一位代表，用来指导和促进农业生产。美国设有专门的节能技术非政府研究机构——节能经济理事会，已成立30多年。在节能方面主要研究机械、建筑和农业领域。随着农业节能减排需求的不断加大，节能经济理事会逐步进入农业生产领域，开始负责培训农业部驻各地代表，并同农业部、专业合作社、大学、农业推广机构建立关系，联合推广节能高效的农业生产技术。随着农业节能减排领域和影响的不断扩大，美国目前每年也都会召开许多关于农业节能方面的会议，从而改善农业生产方式提出的新需求，2010 年会议的主题是关于奶制品、饲料、奶牛保护方面的节能减排。

据节能经济理事会最新的研究成果表明，农业生产中非常重要的一个节能领域是水资源的合理使用。水资源成为越来越重要的资源，通过卫星图像分析、使用土壤含水量测试仪加上先进的天气预报系统，可以有效节约农业用水 40%—60%，这些技术在美国西部已经使用了 25 年，现在美国全国都开始推广使用，并正进行更深层次的研究。在过去的十年中，玉米生产已经不仅仅是用于食用，而有相当的比重是作为能源原材料。玉米开始作为能源原材料使用后，玉米的价格逐年提高，尽管有很多耕地不是很适合种植玉米，农民也照样开始大量种植玉米。玉米种植需要消耗大量的水、化肥和其他能源。所以，如何配置玉米食用量与能源原材料之间比例是个现实的矛盾，平衡农业生产和能源供应已经成为新的重大研究课题。

另外，提高农产品质量和降低能耗，已经成为美国农业生产方式改革的重大问题。节能的措施主要体现在柴油和化学药剂的使用。生产方式的转变在节能减排中作用是最重要的，如使用免耕技术，进行复合作业，能够有效减少拖拉机进地次数，节省农业用油，降低农机排放量。在除草环节，使用高效的除草剂，不但能有效减少拖拉机除草次数，还能降低化学药剂的使用量，避免造成能源浪费，所以说农业生产目前更多的工作是要引进新的生产技术，改变原有生产方式，从而实现节能减排。

（二）日本美多丽（MIDORI）低碳农业

日本是一个多山、多岛屿国家，人均耕地少且自然条件差，因此有着十分珍惜土地和精细利用水土资源的历史传统。日本都市型现代农业发展过程中采用的"美多丽"（MIDORI）模式，对于保证粮食供应、保护农业生态环境、自然与历史景观保护，以及传统文化的传承等方面都有比较好的优势。

1. 美多丽模式的背景及内涵

早在20世纪40年代末，日本学者冈田茂吉（Mokichi Okada）针对当时开始出现的过度依靠化肥增产的苗头，就提出了要充分发挥土壤自身固有的巨大力量，实行自然农法（Nature Farming），避免化肥不必要的施用可能引起的土地退化和再生能力削弱。在现代农业发展过程中，他们科学总结了大量施用化肥、农药、除草剂等造成的环境污染和土地退化的教训后，自然农法的思想逐渐被接受。冈田茂吉的继承者在20世纪80年代初就建立了全国性的民间自然农法网络组织，从而为日本生态农业发展奠定了基础。同时，农民对农业基层组织——土地改良区（LID）寄予厚望，希望它能开展一些活动来克服农业与农村发展中面临的问题与困难，进一步重振日趋衰退的农业。在这种背景下，为了应对上述农业面临的挑战，日本国家与省级土地改良联合会于2001年共同发起"振兴21世纪土地改良区的运动"，为了使农民广泛参与，土地改良区广泛寻求一个别名以符合它本身的含义与未来发展的趋势，这个名字最后被确定为"MIDORI"。

"MIDORI"音译为"美多丽"，可意译为"水土宜居家园"。其日文原义为：Mi（Mizu），水，如农业用水；Do（Tsuti），土壤、土地和农用地；Ri（Sato），农村的区域与空间以及农户与非农户的居住地；"MIDORI"在日语中也意味着"绿色"。此外，它还具有"自然"与"减少对环境的影响"的意思。这一运动就是想达到以下目的：一是创建与新时期相符的体制，通过它使当地的居民和组织机构能够在管理土地改良的设施和该区域内的社会财富上通力合作；二是使公众意识到土地改良区是管理当地资源的组织，同时也是区域发展的中心；三是赢得公众对于农业多功能性的重要性的理解。当前，日本约有900个土地改良区通过与当地居民、政府机构和当地其他组织联合开展各种各样的活动参与到这一运动中来。

2. 美多丽模式的结构与功能

受中华传统农耕文化的影响，日本也是一个具有浓厚"农本思想"传统的民族，在工业化和城市化高度发达的今天，仍然认识到农业具有社会、经济和生态环境等多重功能，除提供人们必不可少的粮食需求外，还具有水土保持、生态环境维护、自然与历史景观保护以及传统文化的传承等功能。

日本美多丽（MIDORI）的内涵就是在人口老龄化、农业萎缩、土壤污染和土地退化等挑战下，建立新的理念与发展模式，达到治山养水，水土资源精细利用，农业可持续发展，拥有干净的空气、洁净的水和风景如画的家园，保持农村的多重整体功能。"美多丽"的内部结构特点是：以农户为单元，以水土资源精细利用为基础，以发展特色农业、设施农业、观光农业等现代生态农业为主体，以水利化、机械化和社会化服务体系等物化劳动，替代大部分人力劳动，促进城乡一体化发展，保持农村活力和农业可持续发展。其外部因素则是以国家和省级土地改良联合会为组织支撑，以社会研究机构、农业院校提供科技支撑。

3. 美多丽模式的优势与特点

（1）水土资源的精细利用和管理

日本非常重视水利设施建设，历史上，农民在河流上修建溢流坝（Diversiondams），进行引水灌溉。为了克服拦河坝的不足，灌溉水塘（Irrigationponds）逐渐出现。迄今为止，这类灌溉水塘共有30万处，遍布全国各地，其中，水面面积在2hm以上的有65000多个。由于灌溉水塘的重要性，近年来，日本政府还鼓励城市居民通过参加各种活动来保护和有效使用这些水塘灌溉设施。例如，一方面，使水塘为城市居民提供有价值的广阔的水域空间，净化生活环境；另一方面，城市居民也可开展卫生活动保护好水塘的干净清洁。

日本水资源利用多以工程项目形式进行建设与管理。例如，使福冈与佐贺受益的筑后川下游用水工程，就是针对那里旱季缺水和排水不良状况而设计的。为此，对已有的灌溉设施实行合并与调整、归并，与集流无效分散于各地的小溪、水源获取体系的改进以及改善水体的排泄，从而使水资源得到充分合理利用。日本还注重污水处理工程与水的重复利用，1999年大城市污水处理达97%，中小城市接近60%，农村地区在22%左右。农村污水处理设施发展较快，按污水处理设施与人口的比例，从1994年接近10%提高到1999年达22%，再到2004年接近45%，2010年接近60%。对琵琶湖的治理，主要采取加强生态环境污染治理研究与教育、截污和在湖泊附近植树造林方法来进行。

对于实施的灌溉与排水设施建设费用，国家也给予大量补贴。通过日本政府投资与国家政策扶持，日本农村地区水利灌溉设施更为普遍，河流上游多建有壅水坝或拦河闸，并有处理泥沙的装置，为合理的计划与控制农户和农业用水奠定了基础。在日本农村地区，喷灌较为普及，水利灌溉设施很完善，使水土与环境朝着和谐的方向发展。

（2）生态观光农业的兴起与发展

日本通过 MIDORI 生态农业模式建设，造就了农村美丽如画的风景，当地农村可结合历史古迹、传说与名人故事等，形成生态旅游风景点，带动观光旅游业的发展。例如，奈良的著名历史文化遗迹石舞台古镇（Ishibutai Burial Mound），Ishibutai 英文字面意思是"Stonestage"，指石头建筑起的舞台，是专门用来命名这一类古墓的。它坐落在明日香村振兴公社，由30多块巨石组成，总重达2300吨，那里据说是日本最大的石墓之一，很有名，几乎成为该区的象征。同时，它通过特色生态农业生产出各种不同颜色的大米，令闻风而至的游客争相购买。现在，该古镇已成为著名的生态旅游农业观光区。参观者从中可体验到农村与农业区的多功能建设，水利灌溉、生态建设与旅游发展相结合，更可体会到天人合一、人与自然环境相融合的特点。

（三）新加坡低碳农业

新加坡作为一个城市国家，素有"花园城市"的美称，其农业是典型的都市农业。那里土地与水资源非常有限，几乎没有农村，农业在三大产业中所占比重极低（不到1%），所需食品的90%，均需从国外进口。2002年，新加坡农业用地仅有807公顷，农场263个（有些小农场仅数公顷），占全部国土面积的1.18%。新加坡人根据土地面积少的特点，在种植业结构上，大力发展果树、蔬菜、花卉等经济作物；在产业类型上，以高产值出口性农产品如种植热带兰花、饲养观赏用的热带鱼等为主；在粮食结构上，主要限于鱼类、蔬菜和蛋类的生产，蔬菜仅有 5% 自产，绝大部分从马来西亚、中国、印尼和澳大利亚进口。

新加坡都市农业的特点如下：

（1）发展现代化集约的农业科技园，努力提高食品自给率

新加坡都市农业主要是现代集约的农业科技园，其发展以追求高科技和高产值为目标。农业科技园计划的提出始于 80 年代中期，目的是为了推动高新技术农业的发展，推广农业科技成果，并开展国际农业技术咨询服务。农业科技园的基本建设由国家投资，然后通过招标方式租给商人或公司经营，租期为 10 年。

目前，新加坡建有 6 个农业科技园。这些科技园共占地 15 万平方米，每个园内都有不同性质的作业，如养鸡场、胡姬花园（出口多种胡姬花）、鱼场（出口观赏鱼）、牛羊场、蘑菇园、豆芽农场和菜园等，每个小农场平均占地 2000 平方米左右。这些农场应用最新、最适用的技术，以取得比常规农业系统更高的产量。这些新技术包括自动化、工厂化，通过集约选育达到遗传性状改良以及病业柱制、饲料的基本分析及选择和水处理再循环系统等。现在，新加坡资助创建的这些具观赏休闲和出口创汇功能的高科技农业园区，已经形成完整的都市农业体系，并取得了良好的经济和社会效益，为提高食物的自给程度作出了重要贡献。如新加坡著名的热带花卉——胡姬花（兰花）以及新加坡的国花——卓锦万代兰、观赏用的热带鱼等，年出口值达 6000 万—7000 万美元；又如成春农场引进的意大利设备——自动化高科技环境控制鸡舍，由电脑操纵控制，既节省人力，又提高了对土地的利用和产量，还能解决农场释放异味、鸡粪污染环境的问题，可不影响周围居民的生活环境。目前该农场的鸡蛋供应量占本地鸡蛋市场的 10%。

（2）兴建科学技术公园，促进生产力发展

在现代化集约的农业科技园的基础上，新加坡大力兴建科学技术公园。目前，新加坡科学技术公园兴办十几年，已成为工业研究和开发活动推广普及的中心，是世界十大科技公园之一。公园内兴建大型集约农场，采用最新的适用技术，已取得比常规农业更高的产量和收益，动物学家、微生物专家、遗传专

家、昆虫专家、农业专家和蚕桑学家在内的科技专业人员都参与了公园的组建和管理。目前，肯特岗科技园已经成为新加坡基础科学和高新技术发展的重要孵化器，在园区内陆续建立起食品技术中心、技术示范中心、分子生物细胞研究所等一大批从事基础科学研究和高新技术开发的专业研发机构，有力地促进了科技生产力的发展。

新加坡利用科学技术公园的研究成果，大力发展高科技农业。①发展无菌鸡蛋产业。计划在 10 年内使鸡蛋自给率从目前的 30% 提高到 80%，并提高该行业的科技含量。②发展水耕农业新技术。积极引进台湾的水耕法农业新技术。蔬菜水根栽培有两大好处：一是不用打农药，没有污染，可降低人患癌病的概率；二是经济效益高，每年可生产蔬菜十多季，每平方米畦板一年所生产的蔬菜可收 75 新元。③发展高科技水产场。目前新加坡使用浅水养殖法的樟宜鱼养殖研究处成立于 1968 年，每年生产鲜鱼 3000 吨。后耗资 3000 万新元在圣约翰岛的西南部新建一个水产养殖中心，内设有孵化室、室内养鱼池、营养与喂养料配制研究室、鱼儿健康研究室、海水环境测验室及一些辅助设施等。④细胞移植法培育花卉。新加坡将生物技术应用于花卉生产，如成怀宝花场将细胞移植法应用于胡姬花的生产，新加坡已成为世界第二大剪枝胡姬出口国。⑤食用菌生产工厂化。如万年春生物技术有限公司，利用当地资源采用空调调节温差，工厂化大批量生产香菇，常年供应市场。

（3）建设都市型科技观光农业，推动经济社会发展

由于新加坡基本没有农业，所以主要是在城内小区和郊区建立小型的农、林、牧生产基地。这些基地既为城市提供了部分时鲜农产品，又取得了非常可观的观光收入。在新加坡兴建的 6 个农业科技园，我们不但可观赏到一些农作物种植场景，而且还可观赏到一些观赏鱼、珍稀动物、名优花卉和果树。所有这些，正吸引着大量的来自世界各地的游客。

（四）中国台湾农业

近年来，台湾低碳农业发展的政策目标是永续农业经营、维护生态平衡。

总体策略是：建置农业气候灾害发生潜势评估系统，推动农业温室气体排放减量；加强植林减碳；开展耐逆境作物品种和生物能源作物选育与推广；发展安全农业、休闲农业等低碳型现代农业，保障民众食品安全，塑造乡村生态风情，促进农业永续发展。

1. 台湾地区农业节能减碳策略

（1）种植业

为减少农田的甲烷和氧化亚氮排放量，台湾农政部门先后推动"水旱田利用调整方案"和"水旱田利用调整后续计划"，办理规划性休耕及稻田轮休；推动粗放果园废园造林或转作，蔬菜部分分期休耕、转作绿肥；近年来为提高粮食作物、有机作物、绿肥作物和能源作物生产，推动"活化休耕农田措施"。为培育土壤永续生产力，提高碳汇，台湾近年来积极推广土壤诊断技术和合理化施肥，奖励施用优质有机肥料，推广缓效性肥料、生物肥料；鼓励利用农畜废弃物制作堆肥，循环利用农业废弃物；控制土壤（水田及旱田）含水量，推广旱作节水灌溉；加强灌溉水质管理维护。在提高作物抗性方面，开展耐、抗旱品种和高氮素利用效率作物品种的选育。在农残治理方面，严格控制化学农药用量，推广生物农药和物理、生物防治；宣导严禁残留农作物焚烧，辅导正确残留农作物处理或加工利用技术。在生物质替代能源发展方面，推动"能源作物产销体系计划"，鼓励农民利用休耕农地种植能源作物，打造"绿色油田"。

（2）畜牧业

畜牧业是台湾农业的主要产业，畜牧业排放的温室气体主要是甲烷气体。台湾畜牧业的减碳策略主要有：①推动畜牧场减废与资源再利用工作，办理畜牧场节能减碳示范推广计划，辅导农民团体或产销班设立农牧废弃物处理中心。②调整畜牧产业结构，以内销为主，兼顾环保及生产；鼓励饲养规模小、去污设施和管理落后的畜牧场离牧转业。③加强畜牧业污染防治和畜牧业有机废弃物再利用，提高畜牧场污染防治设施化，执行污染减量并加强监测与查核；改进废水处理设施，推广畜牧场废水回收；辅导禽畜粪等固体废弃物回收利用制作堆肥，辅导业者调整饲料配方以降低碳、氮的排放；研发除臭技术及采用水帘式畜禽舍或设置抽风设备等方式。④鼓励在畜牧场内广植林木绿化带，落实环境绿化美化。

（3）渔业

渔业节能减碳的主要目标是保护海洋生态，提高渔船节能减排效率。台湾渔业部门的主要做法有：①设置养殖渔业生产区，辅导纯海水养殖发展，促进产业发展与水土环境之和谐；进行各类型循环水养殖设施研究和推广工作。②减少作业渔船数，奖励减船休渔。③辅导养殖渔业合理使用水土资源，降低淡水养殖渔产量比例，减少抽用地下水。④推动渔船废气排放限量措施与加强渔船废气排放稽查管制。⑤建立责任渔业，调整沿近海渔业产业结构，让产业规模与渔捞能力相符；建构渔业资源永续利用管理机制，兼顾产业经济效益与海洋生态保育。⑥办理渔村景观改善、引导渔业经营朝休闲、体验、教育、服务形态发展；推动海岸新生，活化渔港机能，促进渔港多元利用。

2. 台湾低碳型现代农业发展策略

农业是最重要的民生基础产业，也是因应全球气候变迁最关键的绿色产业。台湾农业已从过去60年代的"三农"（农业、农村、农民）转型为90年代的"三生"（生产、生活、生态），农业的角色由过去供应粮食，变为兼顾食物安全、乡村发展、生态保育、节能减碳等多种功能，农业正朝着多元化方向发展。台湾农政部门基于"健康、效率、永续经营"的施政理念，于2009年5月提出了"推动精致农业方案"，其发展愿景是：以安全农业打造健康无毒岛，以休闲农业打造乐活休闲岛。

（1）安全农业

安全农业就是提供洁净的生产环境，推广合理的生产方法，在无污染的农业环境下，达到生产与生态的和谐关系，建构作物健康管理模式，建立农产品安全管理体系，实现从农场到餐桌的验证安全把关，让民众可以吃到健康安全的农产品，又同时为后代留下美好的生态环境。安全农业少用或不用化肥农药，倡导绿色生产，提高土壤固碳能力，是低碳农业经济的重要表现形式。近年来，台湾稳步推进安全农业发展，推动的主要项目有：吉园圃安全蔬果、CAS 优良农产品、产销履历和有机农业。台湾安全农业最大的特色是致力于推动农产品产销安全履历制度，建置"农产品安全追溯资讯网"，消费者可通过网站查询产销履历农产品产前、产中、产后的具体信息。截至 2009 年底，已累计建立 1694 家包括农、渔、畜等 132 种产品。

（2）休闲农业

休闲农业是台湾近年来发展起来的农业与服务业相结合的一种新型农业经营模式。休闲农业是利用田园景观、自然环境、生态资源，结合农林渔牧生产、农业经营活动、农村文化及农家生活，提供人们以观光休闲、增进对农村的体验为目的的农业经营活动，具有教育、经济、游憩、医疗、文化和环保功能。休闲农业的建设严格按照生态农业（以生物防治、有机质肥料为主，在标准范围内严格控制化肥、农药用量）或有机农业（不使用农药、化学肥料）的要求，其区域产出的产品为无公害的安全、营养保健食品。休闲农业系统内生物具有多样性，绿色植物丰富，生态环境优美，林木覆盖率远高于一般农业区。因此休闲农业也是低碳农业的一种重要模式。

台湾的休闲农业起始于观光农园。20 世纪 70 年代，观光农园开始在台湾出现。1982 年，台湾地区农政部门制定"发展观光农业示范计划"，开展观光农园的辅导。1989—1994 年，台湾农政单位成立"发展休闲农业策划咨询小组"，1992 年 12 月公布实施休闲农业的相关法规，加强宣传，着手培训休闲农业的经营人才。1994—1999 年，台湾休闲农业快速发展，为此台湾农政部门修订了休闲农业区设置管理办法，规定了休闲农业区的一些基本条件。目前，台湾休闲农业进入了全面发展期，根据 2004 年台湾休闲农业学会统计，全台休闲农场产业规模为 1102 家，2009 年已超过 3000 家。2008 年台湾休闲农业年产值达 74 亿元新台币，游客人数 959 万人次，森林生态旅游事业年产值 33 亿元，游客人数 480 万人次，休闲渔业年参访 220 万人次以上。台湾预计 2009—2012 年休闲农林渔业吸引游客 3000 万人次以上，产值倍增至 199 亿元新台币。

三 国际农业低碳发展借鉴

（一）美国对中国农业低碳发展的启示

美国农业发展由最初的只重视农业产值，到关注农业自然生态环境的保护，直到最近对于农业低碳化发展的探索和实践，其发展历程为我国农业的健康发展提供了不少宝贵的经验和教训。

首先，在对于农业自然生态环境的保护方面，美国农业保护项目为中国农业发展提供了以下启示：

（1）扩大资源和环境保护项目的覆盖面。美国农业资源和环境保护政策体系从针对高度易侵蚀耕地的退（休）耕还草还林项目开始，逐渐增加项目和措施的多样性，以适用不同资源和环境问题以及不同类型（特点）农场的需要。

（2）使用经济激励手段。美国在农业资源和环境管理的过程中，不仅政府立项帮助农场主解决资源和环境问题，以达到各级政府对环境质量的要求，而且，在解决问题的过程中，广泛使用了经济手段。其中，政府与农场主共同承担项目成本的好处有三：一是激励农场主参加项目，二是节约政府的项目成本，三是促使农场主承担项目责任。

其次，在农用机械节能减排方面，美国也对我国农业机械化发展提供了很好的案例。

（1）加大农机节能减排政策和资金扶持力度。政府制定有效的节能激励政策，在财税政策上，大力向节能改造、节能设备研制和应用以及节能奖励等方面倾斜，建立有效的节能激励机制。增加对建设节能型农业机械化的引导性投入和公益性投入。加大对节能农业机械科研开发和农机企业技术创新的投入力度，鼓励、支持、引导农民和农机专业服务组织投资高效、节能农业机械，构建多渠道、多元化投入机制。加大与农机科研、高校、推广、企业部门的合作，进行联合攻关，大力开展节能和资源综合利用机械化技术研究开发与试验示范，为深化农业机械节能工作提供技术及装备支撑。同时，注重加快农业机械化节能减排实用技术的推广应用步伐，扩大应用范围和规模。

（2）推进农业机械节能。逐步更新淘汰部分老旧农业机械，改善现有农业机械结构，促进升级换代，降低能耗。通过实施农机购置财政补贴政策，大力扶持发展高性能、高技术含量的新型机具，逐步淘汰能耗高、技术含量低的老旧机型。提高农业机械生产性能，推广节能型柴油机、燃油添加剂等节能技术产品。依法对超标准的农业机械限期进行调修和改造，超标严重的，禁止生产、销售和使用。加强农具配套，开发推广复式、联合作业机具，改进传统作业方式，减少作业环节和次数，降低单位农产品生产能源消耗水平。

（3）提高现有农业机械的使用与管理水平。积极引导农民购买使用高效、低耗农业机械。做好机务管理工作，加强对农机维修保养工作的管理与技术指导，减少机具"三漏"，确保机具以良好的技术状态投入生产作业。提高农机作业的组织化程度，鼓励规模化生产，提高机具使用效率和社会化服务水平。充分挖掘现有农机装备资源的作业潜力，提高拖拉机与配套农具的配套比。指导农户科学使用与管理农业机械，提高操作技术水平，减少故障发生，减少田块行走空行程时间，合理配置作业机具，提高班次作业效率，降低农业机械单位作业面积能耗。

（二）日本美多丽低碳农业模式借鉴

我国在长期的农业生产过程中也形成了具有自己发展特色的农业生产模式。但是由于过度追求经济的迅速发展，许多对自然生态系统有严重损害的行为，比如大量使用农药、化肥、薄膜等，在农业中相当常见，不仅对生态环境造成巨大的破坏，同时农产品的安全也受到威胁。因此，适当借鉴日本"美多丽"的理念和模式对于中国农业的健康发展具有深远意义。

首先，发展农业的多功能性。农业不仅能够为人类提供粮食等生产生活资料，还具有一定的生态涵养功能。一些农作物能够吸收土壤中的重金属物质，降低土壤重金属含量，分解地区土壤污染。一些农作物的根系有着很强的固氮作用，能够很好地将空气中的氮氧化物转化为肥料，使土壤变得肥沃。同时，还可以发展休闲农业和旅游农业等，将地区的农业文化、农业特色较好地保留下来。日本"美多丽"模式中就较好地注意到农业的多功能性，在增加农业经济产出的同时，注重发挥农业的社会效应。

其次，农业精细化运作。中国大部分地区耕地量不足，资源较为紧张。在这种情况下，欧美模式中的规模化养殖就不是非常适合，而应该学习资源禀赋较为类似的日本，采用精细化生产运作方式。日本"美多丽"模式率先在"水土精细化利用"上做文章，使破碎的耕地得到集中规划，变成整齐的、平整的格状田块，不仅可以腾出更多数量的耕地资源，还可以提高现有的耕地资源的质量与农业生产潜力。由于在实施这些工程的时候，需要大量资金，国家可出台相关政策以项目的形式支持这些工程的实施，参照日本的做法并结合我国实情，拟定国家、地方与农民负担一定比例的费用。

（三）新加坡都市低碳农业对于中国的借鉴

新加坡虽然是在几乎没有农业的背景下发展都市农业，但其在利用都市农业来保障食物供应、增加农民收入、改善城市生态、提供观光旅游等方面，具有较大的借鉴意义。

（1）结合实际，适应城市发展水平，采取不同的都市农业模式。如对于城市化水平高、经济发展快速的地区可以发展如观光农业、生态农业、休闲农业、体验农业等；对于一般地区则可以以生物农业、创汇农业、设施农业、精品农业为主，提升都市农业的经济功能；而在一些传统的产粮区，则可以通过现代农业技术和新物种的应用，大幅提高农业生产的产量和质量。

（2）为都市农业发展提供良好的外部环境。一是政策支持。政府要加快推进各项制度改革，建立和完善一套适合都市农业发展的政策体制，为都市农业的发展提供良好的政策环境。二是金融支持。政府一方面要加大对支农资金的支持力度，另一方面还要积极引导社会、企业、个人对都市农业进行投资，扩大资金的来源。三是法律支持。政府应尽快制定和完善与都市农业发展相联系的法律法规，为都市农业的健康发展撑起一项有力的保护伞。

（四）台湾低碳农业发展对大陆的借鉴

近年来，我国大陆农业"三品"（无公害农产品、绿色食品和有机农产品）发展迅速，其中绿色食品、有机农产品保持着每年 20%—30% 的增速，无公害农产品、绿色食品种植业产地面积分别占全国耕地总面积的 20% 和 7.2%，其中绿色食品和有机农产品的面积比例高于台湾的同类产品，这主要是大陆具有地域辽阔、传统农业基础好、劳动力资源丰富、发展成本较低的比较优势，但是大陆农业"三品"在快速发展的同时，仍存在着监管认证、生产者信用和消费者认同等诸多问题，未来应坚持"数量与质量并重，认证与监管并举"的发展方针，不盲目追求发展速度和规模，而要更加注重速度、质量、效益、信誉的协调发展。尤其要借鉴台湾推动农产品安全产销履历制度的政策、机制和技术，建立大陆农业"三品"产销的可追溯系统，在试点的基础上逐步推广，稳步推进低碳型的绿色安全农业发展。

台湾地区休闲农业开发比较早，现已形成比较成熟的模式，技术、资金、经营都比较到位，已成为台湾农业经济转型的重要举措，但资源有限，市场狭小；大陆休闲农业起步较晚，水平较低，人才、设施、经营理念和管理水平都有待提升，但具有农业资源丰富、农耕文化深厚、市场需求旺盛、政府积极扶持的优势，两岸休闲农业具有很强的互补性。未来大陆观光休闲农业发展要吸取台湾地区的成功经验和理念，加强双方的交流与合作，在发展过程中尤其要加强农业自然生态环境的保护，稳步推进低碳型的现代休闲农业发展。

International Development Model and Experience of Agricultural Low-carbon Development

Chen Mengmei

Abstract：The problem of climate change and greenhouse gas emissions has become the focus of attention of the international community. Agriculture as a huge source of greenhouse gas emissions, has a strong potential for emission reduction. This paper describes the developed countries' agricultural low-carbon development model, and hopes to give some experience for the agricultural low-carbon development in China.

Key Words: agriculture; low-carbon; international experience

第十八章

国内外工业低碳发展转型模式与借鉴

储诚山　梁本凡

摘　要： 工业是非常重要的产业部门，为社会发展提供了强大的物质财富和技术装备。但同时，工业也消耗了大量能源和资源，是造成环境污染的重要因素。实现工业向低碳发展转型，可以降低化石能源消耗，化解能源和资源制约瓶颈，增强城市综合竞争力，促进经济社会可持续发展。本文通过国内外不同城市工业低碳发展转型模式分析，为我国工业低碳转型提供经验和借鉴。

关键词： 工业转型　低碳发展　模式

一　前言

工业在任何国家都是一个非常重要的产业部门，工业为社会发展提供了强大的物质财富和技术装备，为人类文明进步做出了重要贡献。工业消耗了大量能源和资源，同时是造成环境污染的重要因素。

首先，工业是最大的能源消费部门。在发达国家，工业领域能耗约占全社会总能耗的1/3。在我国，随着工业化和城市进程推进，基础设施建设和各种产业发展迅猛，人们生活水平快速提高，诸多因素推动我国能源消费大幅增长。而在我国总能耗中，工业能耗占有绝对比重。根据对 2005—2010 年《中国能源统计年鉴》相关数据加以分析，结果表明我国工业终端能源消费占全社会总能耗比重 65% 以上。同时，工业行业用电量占全社会总用电量比重达 70% 以上。

其次，工业是最大的污染物排放部门。工业行业对化石能源消费过程以及工业生产过程，将产生大量的温室气体排放和污染物排放，如石灰、水泥生产过程产生的二氧化碳排放；火电厂排放的二氧化硫、烟尘和氮氧化物；有色金属生产、加工过程产生的有毒重金属成分等。根据国家环保部 2010 年 2 月发布的《第一次全国污染源普查公报》（以 2007 年为基准）中的数据，工业行业各类污染物排放在全国总排放中占有重要比重。其中，工业部门二氧化硫占全社会总排放的 91.37%，氮氧化物占全社会总排放的 66.11%，而这些污染物正是造成生态环境恶化的主要原因。

工业领域节能减排以及工业转型，对于降低化石能源消耗，化解能源、资源瓶颈，增强城市竞争力，应对气候变化以及促进经济社会可持续发展都具有重要意义。

工业过度发展产生的一系列问题，使得工业低碳转型成为需要和必然。目前，国内外一些城市已结合自身特点和优势，采取各具特色的工业转型模式，而这些模式对于促进我国城市工业低碳转型具有重大借鉴意义。

二 国外经典模式

（一）芝加哥碳排放交易运作模式

作为全球第一个也是北美地区唯一一个自愿性参与温室气体减排量交易并对减排量承担法律约束力的先驱组织，芝加哥气候交易所（以下简称 CCX）于 2003 年成立，并于同年 12 月 12 日起开始温室气体排放许可和抵消项目的电子交易，成为世界上第一个包括《京都议定书》规定的所有温室气体在内的排放注册、减排和贸易体系。

CCX 拥有一套由会员设计和治理并自愿遵守的交易规则，交易所的任何会员必须自愿并从法律上联合承诺减少温室气体排放。这些会员可以通过内部减排、购买许可或者购买满足特定标准的减排项目产生的信用额度来履行承诺。CCX 通过建立减排量指标交易平台，以市场机制保证企业实现节能减排量指标，达到企业和企业、企业和国家间的多赢。

这种市场化减排模式，可以实现资源最优配置，从而保证以最低的成本和便捷的方式完成减排和低碳发展，促进工业能效提高和新能源产业发展。

（二）曼彻斯特服务业发展模式

英国是世界工业革命的起源地，其工业化和城市化水平在一定时期内领先于全球其他国家。与此同时，它也率先面临着工业化后的一系列经济、社会和环境问题。曼彻斯特作为英国北部重镇，其城市产业转型路径对发展中国家发展低碳经济，进行产业转型都具有重要借鉴意义。

曼彻斯特在英国工业发展史上曾占据重要地位。19 世纪，曼彻斯特成为英国重要的棉毛纺织和纺织机械制造业中心。随着工业化发展，曼彻斯特逐步发展成多种工业相结合的重要工业城市，其中纺织、机床、通用机械、电机、食品加工、化工尤为突出。在 20 世纪 60 代初，制造业在曼彻斯特经济中所占比重仍高达 70% 左右，工业的迅速和高度发展给曼彻斯特带来不少"副产品"，其中包括严重的环境污染和能源消耗。

随着工业经济发展带来的一系列矛盾，曼彻斯特工业型经济逐步向服务型经济转型，直接表现为从偏重制造业向产业结构进一步合理化演变。到 90 年代初，制造业在曼彻斯特经济中所占比重急剧下降至 20% 左右，同时服务业就业人口在总就业人口中比例迅速上升为 84%，而制造业就业人口占比则急剧下降至 11%。近十几年来，曼彻斯特经济转型仍在加速。其中，金融、教育、旅游等行业就业人数增长尤其迅猛。如 2007 年，金融服务业从业人员数量迅速增至6.82万人，比1997年增加近一半。尤其引人注目的是，曼彻斯特在创意产业和文化产业方面发展迅速。现在，曼彻斯特已成为英国中部和西北地区的创意产业集散地，拥有多个高等教育、文化和媒体创作机构和体育品牌，进一步推动了当地经济发展。而根据曼彻斯特政府部门的计划，曼彻斯特今后将在改善交通、节约能源、发展绿色城市、环境改造和应对气候变化方面加大力度，使城市更加适应当代经济发展趋势。

曼彻斯特服务业的崛起和发展，为制造业顺利转型和城市可持续奠定了基础，同时提供越来越多的就业机会，使曼彻斯特逐渐成为英国西北地区商务、金融、保险和运输中心。曼彻斯特的产业转型，使其城市经济得到了极大发展，同时也有利于曼彻斯特形成全新的知识型经济体系。这些经验和做法，对于促进我国重工业型城市的产业转型和升级都具有极大借鉴意义。

（三）伯明翰和波士顿低碳产业拉动模式

所谓低碳产业，是指相对能源密集型产业而言，能够以相对较少的温室气体排放实现经济产出的行业，多指知识密集型和技术密集型产业。国际上部分城市的低碳转型，采用低碳产业拉动的方式，即城市发展以某种或某类低碳产业发展为核心，逐步弱化其他行业的发展，最终形成产业结构相对较单一的低碳发展模式。低碳产业拉动模式典型的案例如伯明翰和波士顿，前者以文化产业和创意产业为发展核心，后者选择发展低碳高科技产业，均通过构建知识型城市实现低碳发展。

三　国内主要模式

（一）武进低碳生态示范区模式

武进高新技术产业开发区围绕建成集低碳制造业集聚区、低碳现代服务业集聚区、低碳示范应用集聚区等"三位一体"的国家级低碳生态示范区的总体目标,以低碳产业发展为重点,以低碳研发机构和研发人员为支撑,以低碳社区建设为载体,以低碳环境营造为保障,通过新能源、新技术、新工艺应用,大力营造具有低碳经济理念的生产与生活方式,把武进高新区加快建设成为全省领先、全国一流、国际知名的低碳工业园区。为此,从以下方面着手相关工作:

加快发展低碳制造业。重点发展半导体照明产业、风电装备产业、光伏产业、新能源汽车及动力电池产业、节能环保型建材及设备产业和智能电网装备产业。

加快企业节能工程建设。加大对企业实施清洁生产扶持力度,重点企业在3年内全部完成清洁生产审核;加快淘汰落后生产设备和落后生产工艺,激发企业节能技改积极性和主动性。

加快培育低碳服务业。重点培育发展低碳研发、孵化、检测、金融服务等低碳服务业,建设低碳产业研发孵化中心、低碳国际留学生创业园、LED现代服务集聚区、信息产业园、工业设计园、低碳信息中心、总部经济园七大服务业集聚区。

加快应用可再生能源。从源头上杜绝能源浪费,提高能源利用效率;推广太阳能,在12层以下新建建筑安装太阳能光热利用设备;在路灯、景观照明、公交站台等市政照明建设与改造方面,推广太阳能光伏技术应用;探索使用地热能,开发利用浅表地层地热资源。

此外,还将加快构建低碳交通,加快打造低碳建筑,加快营造资源节约型、环境友好型的宜业、宜居环境建设,倡导低碳生活方式,培养低碳生活习惯。

通过低碳示范区建设,武进县逐步实现产业低碳化转型发展。

(二) 包头风电新能源产业模式

包头市大力开发绿色、环保能源,积极引进国内外风力发电设备制造厂商，发展包头市风力发电设备制造业，做大做强包头市机械制造产业。为此，引进了金风科技、华锐风电、国水投等 12 家国内风电设备制造企业，形成了风电主机、塔筒、叶片、齿箱等完备的风电设备制造体系。"十二五"期间，包头市风电设备力争达到 400 万千瓦。

同时，包头市利用风力资源优势大力发展风力发电。按照"建设大基地、融入大电网"的原则，包头市围绕打造 200 万千瓦风电动力城的目标，重点对风电进行规模化、集群化开发建设，扩大风电产业规模。目前，包头市规划建设的风场有巴音风场、白云鄂博风场、百灵庙风场、召河风场等 10 个风电场，规划面积 3446 平方公里，总装机容量 1210 万千瓦。"十二五"期间，包头市将继续加快达茂、固阳、白云大型风电场建设，推广使用大型风电设备，扩大装机上网规模，提高发电效率，建设自治区重要的风电基地。

通过发展以风电为代表的新能源产业，促进包头市产业低碳发展和转型。

（三）保定和德州新能源装备制造业模式

1. 保定

保定地处京、津、石三角腹地，市中心北距北京 140 公里，东距天津 145 公里，西南距河北省会石家庄 125 公里。保定市域面积 2.21 万平方公里，人口近 1100 万，是河北省人口第一大市。保定市是"国家太阳能综合应用科技示范城市"和第一个"国家可再生能源产业化基地"，也是世界自然基金会确定的中国低碳城市发展项目首批试点城市。

保定有着雄厚的新能源产业基础、能源设备制造业基础。保定市借鉴美国加州"硅谷"的发展模式，提出了建设"中国电谷"这一概念，并以新能源及能源设备制造产业为核心，全力打造"中国电谷"，进一步完善太阳能光伏发电、风力发电、高效节电、新型储能、输变电和电力自动化等六大产业体系，培育壮大具有一定规模的低碳产业集群。通过"中国电谷"这一重点工程建设，力争经过 10 年左右的努力，建设太阳能光伏发电、风电、高效节电、新型储能、电力电子器件、输变电和电力自动化等产业园区，建成年销售收入

1000 亿元以上，具有世界影响力的国际化新能源及能源设备制造基地。

通过新能源产业发展，保定探索建立一个低排放、低污染、低消耗、生态化的经济增长方案，走循环、节约、可持续低碳城市发展之路。

2. 德州

德州市以加快新能源产业发展为今后尤其是"十二五"期间全市新兴产业转型升级的重要着力点和突破口。

太阳能利用领域。围绕太阳能光热、光伏两大产业，依托皇明、亿家能、中立、腾龙、晶威特、宇影等骨干企业，延伸产业链，加快推广成熟适用光热产品，大力研发光伏技术产品，实现光热、光伏产业协调发展。在太阳能热利用方面，以大型化、集成化、智能化为发展方向，重点发展热管型集热器、平板型集热器、内置金属流道玻璃真空集热管、真空管太阳能热水器等产品。到2015 年，全市太阳能热水器产量达到 800 万台（套），集热面积 1600 万平方米。着力在太阳能高温发电、太阳能海水淡化设备、太阳能环保干燥设备等高端技术开发上取得突破，加快开发建设太阳能中高温热发电示范项目。在太阳能光伏产业方面，鼓励自主研发高效单（多）晶硅生产、应用及配套产品生产技术，重点发展单（多）晶硅切片、太阳能电池片、非晶硅薄膜太阳能电池、建筑用太阳能电池组件、光伏发电控制系统、太阳能空调、太阳能灯具、石英坩埚等。建设一批太阳能地面电站、光电建筑一体化和景观照明示范工程。到 2015 年，全市光伏晶硅电池及非晶硅薄膜太阳能电池产量达到 500 兆瓦以上。

风能利用领域。依托通裕、世纪威能、中南等企业，积极引进先进的风电设备制造技术，提升风电主轴、塔筒、叶片、齿轮箱等配套产品生产能力，重点发展 1.5 兆瓦级及以上大容量风电机组及配套风力发电机、机械传动、运行控制、变频器等高端产品，不断提升风电制造业水平，尽快实现风电整机的本地化制造。到 2015 年，全市 1.5 兆瓦级及以上风电整机配套生产能力达到 750台（套）。

新能源汽车领域。鼓励和支持齐鲁客车、富路车业、福兴电动汽车等企业进行纯电动、混合动力汽车关键技术研发和创新，加速汽车传统技术的更新改造，加大新能源汽车应用与示范推广扶持力度，培育一批整车和配套产业的自主化品牌，逐步形成技术优势、品牌优势和市场优势。到 2015 年，全市新能源汽车生产能力达到 2 万辆。

通过新能源产业发展，推动节能减排，进而促进德州市经济发展方式转变和产业结构优化升级。

（四）武汉智慧产业引领模式

武汉作为我国 863 计划总体规划中智慧城市建设的首批试点城市之一，将利用 10 年时间，进行复杂大型系统综合集成、技术和业务融合、多专业多学科综合研发，为武汉社会发展打造智慧大脑。智慧城市提供的智慧型服务包括城市管理与服务、城市产业经济服务、城市社会民生服务、基础设施服务、资源环境管理与服务五大领域的智慧应用体系。以此加快提升武汉城市综合竞争力，推动新一轮科技创新，为武汉市民创造更美好的城市生活。

为此，武汉以未来科技城为核心，发展智慧产业引领经济发展和转型。武汉未来科技城位于武汉市东部、东湖国家自主创新示范区内，坐落在东湖国家风景旅游区、九峰国家森林公园及风光秀丽的梁子后湖之间，总面积 66.8 平方公里。武汉未来科技城科研和产业方向定位为覆盖光电子信息、生物医药、能源环保、高端装备制造和现代服务业五大主导产业领域，重点发展光电子信息、能源环保和现代装备制造业，集中推动新材料、物联网、新能源、文化创意等产业的集聚发展。将未来科技城打造成世界知名的科技新城、全球高端人才聚集地、我国战略性新兴产业策源地，带动中部崛起的创新引擎。到 2020 年，武汉未来科技城计划实现企业收入 3000 亿元，规模以上企业 500 家，创业型企业 2000 家；引进和培养 2000 个高水平科技创新创业团队，科技工作人员总数超过 10 万人；园区内国内外知名企业达到 200 家，科研院所达到 200 家；培养 50 家世界级水平的研发机构，研发 50 项具有世界水平的原创性成果，开发和转化 50 项重大应用性研究成果；培育出 1—2 个对经济社会发展和人民生活方式产生重大影响的新兴高科技产业。

（五）成都低碳城市引领工业转型模式

2009 年 12 月 25 日成都市政府第 56 次常务会议审议通过《成都市建设低碳城市工作方案》，并于 2010 年 1 月 14 日正式生效实施。方案提出，要发展低碳经济、强化低碳管理、倡导低碳生活，探索一条符合成都实际的低碳城市建设发展之路，到"十二五"末，非化石能源消费占全市能源总消费比重达到 30% 以上；森林覆盖率提高到 38% 以上；"十二五"万元 GDP 二氧化碳排放量降至 1.15 吨以下（2010 年的万元 GDP 二氧化碳排放量为 1.4 吨），确保在中西部地区处于领先水平。为此，方案提出以下重点任务：

（1）促进结构调整，发展低碳经济。大力发展低碳排放产业，建设新能源产业基地，推进再生能源利用，抓好秸秆发电项目和加强技术创新。

（2）强化节能减排，减少碳消耗。强化工业企业节能减排，推进能源审计一条龙服务，推进建筑节能，强化交通运输节能减排，强化公共机构节能，加大节能照明产品推广力度、完善节能监管体系，积极推行合同能源管理。

（3）树立低碳理念，建设低碳社会。加大低碳理念宣传力度，举办中国低碳经济发展（成都）论坛，推进城市低碳化建设，推进植树造林活动和倡导低碳生活。

（4）开展试验示范，带动低碳发展。设立低碳示范区（市）县，建设零碳农业产业示范园区，建设零碳旅游产业示范园区，实施绿色照明工程，申报可再生能源建筑应用示范城市，开展"免费自行车"行动。

（5）创新体制机制，促进低碳城市建设。完善成都市能源消耗统计监测体系，加快实施成都市单位 GDP 能耗，流域污染物排放考核奖惩办法，落实公益林补偿办法，建立西南环境交易所。

四 总结与借鉴

工业低碳转型与一个城市的资源禀赋、产业定位、产业基础、经济发展阶段以及决策者理念等因素相关，为此形成了不同的产业转型模式。中国各个城市具有自身特殊性，但国内外已有城市的产业转型模式，尤其是发达国家转型模式，对实现我国城市的工业转型和可持续发展都具有重要借鉴意义。

通过国内外低碳产业发展模式分析，可以将这些城市或地区的产业低碳转型发展归纳为：

（1）结构性转型。即在国民经济三次产业结构中，提高第三产业在经济结构中的比重，相应降低第二产业结构比重。同时，在工业部门内部对不同行业门类进行优化调整，降低高能耗、高排放重工业比重，提高低能耗、高附加值产业比重。

（2）淘汰落后产能和工艺设备，上大压小，对已有产业进行升级改造。

（3）加快新兴产业发展，重点发展高端设备制造、新能源、节能环保、电动汽车、新医药、新材料、生物育种和信息产业为主的战略性新兴产业。

（4）发展低碳产业园区，以园区带动产业低碳转型和发展。

（5）发展、扩大可再生能源使用比重。

（6）进行能源和碳排放交易，积极推行合同能源管理，利用市场机制进行节能减排，激励产业转型和升级。

针对这些产业转型模式，特定城市可根据自身特点，选择合适的工业转型道路，以实现经济社会低碳发展。

参考文献

［1］范羽佳：《曼彻斯特经验对工业化中期绍兴城市产业转型的战略意义》，《绍兴文理学院学报》2008 年第 2 期，第 58—60 页。

［2］中国城市科学研究会：《中国低碳生态城市发展战略》，中国城市出

版社 2009 年版。

［3］陈洪波、储诚山：《新余市节能减排财政政策综合示范城市——产业低碳化实施方案》2010 年 11 月。

［4］《德州市人民政府关于加快新能源产业发展的意见》，德州市人民政府 2010 年 11 月。

［5］刘文玲、王灿：《低碳城市发展需走"中国特色"》，《中国城市经济》2011 年第 8 期，第 18—19 页。

［6］《内蒙古打造"两百万千瓦风电动力城"》，《稀土信息》2010 年第 1 期。

［7］《成都市低碳经济发展与"十二五"环境保护规划新思路》，成都社会科学在线：http：//www. cdss. gov. cn/yanjiu/ZZJJ/5608. htm。

［8］《为我国 863 计划总体规划中智慧城市建设的首批试点城市》，中国日报网：http：//www. chinadaily. com. cn/hqsj/shbt/2011 – 10 – 26/content_4179588. html。

Study on the Models of Industrial Transformation to Low-carbon Development through Domestic and Foreign Countries

Chu Chengshan　Liang Benfan

Abstract：Industry is very important since it supplies powerful materials and equipments for the human being. At the same times, industry consumes too many energies and resources, and becomes the main factors for environmental pollution. Industrial transformation to low carbon development can reduce fossil energy consumption, dissolve the bottleneck of energy and resource supplies, strengthen the urban comprehensive competitiveness, and promote the sustainable development for economic society. The paper has a thorough analysis on the models of industrial transformation to low carbon development at Home and Abroad, which will give experiences or references to industrial transformation of China.

Key Words：industrial transformation；low carbon development；models

数据集

2009 年中国低碳发展前十名城市

The Top Ten Cities of Low-carbon Development in 110 Selected Chinese Cities in 2009

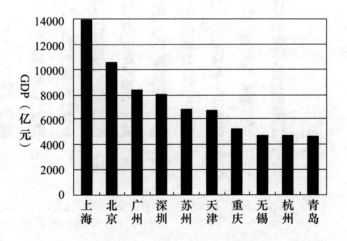

图 A1—1　GDP 前十名城市（2005 年不变价）

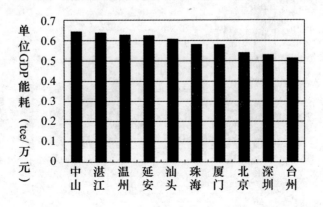

图 A1—2　单位 GDP 能耗前十名城市（逆）

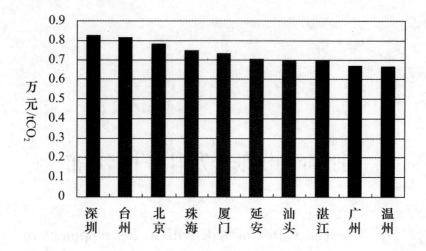

图 A1—3　CO₂ 生产力水平前十名城市

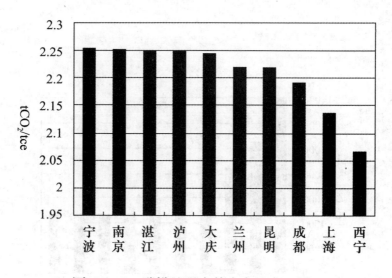

图 A1—4　碳排放强度前十名城市（逆）

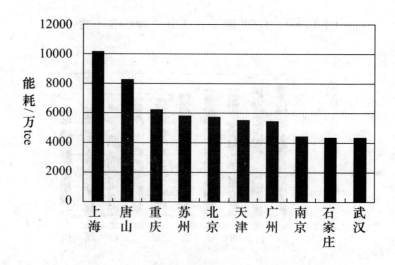

图 A1—5　能源消费总量前十名城市（逆）

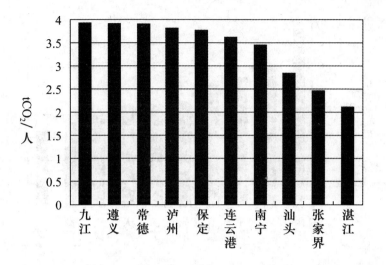

图 A1—6　人均 CO$_2$ 排放量前十名城市（逆）

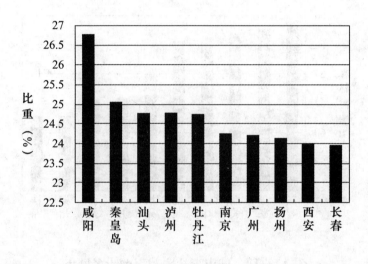

图 A1—7　居民低碳消费前十名城市

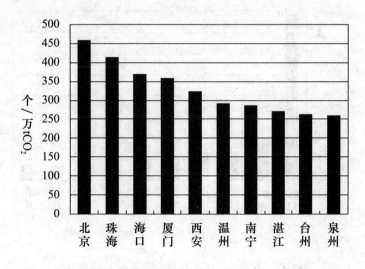

图 A1—8　碳排放就业岗位贡献前十名城市

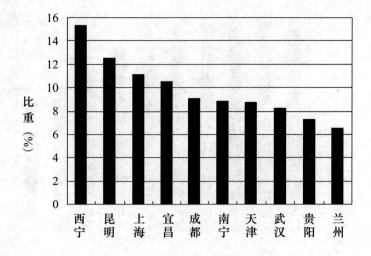

图 A1—9　非化石能源前十名城市

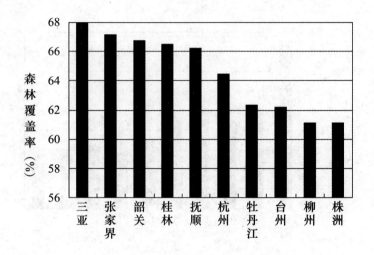

图 A1—10　城市森林覆盖率前十名城市

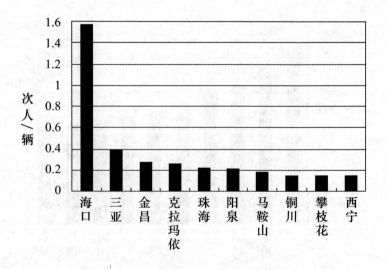

图 A1—11　公共电汽车交通前十名城市

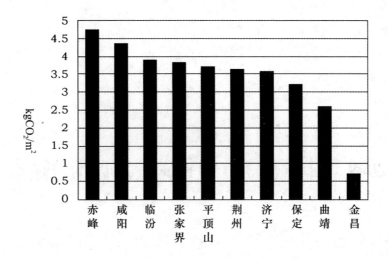

图 A1—12 居住建筑面积能耗前十名城市（逆）

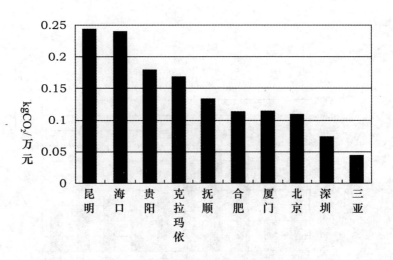

图 A1—13 水污染排放强度前十名城市（逆）

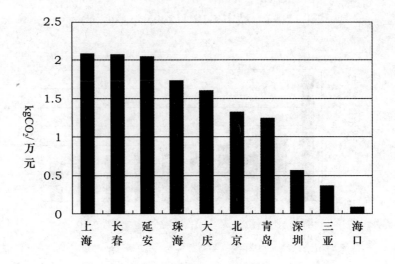

图 A1—14 大气污染排放强度前十名城市（逆）

2009 年中国前 110 强低碳发展后十位城市

The Bottom Ten Cities of Low Carbon Development in
110 Selected Chinese Cities in 2009

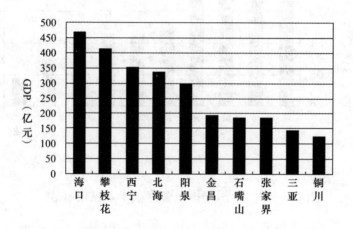

图 A2—1　城市 GDP（2005 年不变价）

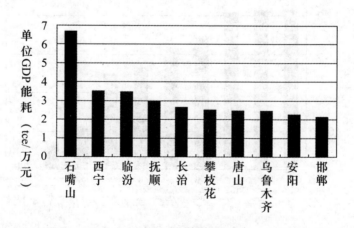

图 A2—2　城市单位 GDP 能耗（逆）

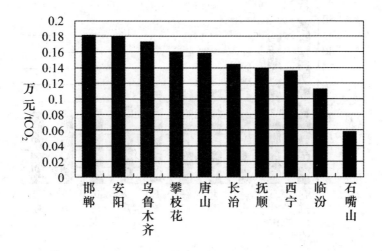

图 A2—3 城市 CO₂ 生产力水平

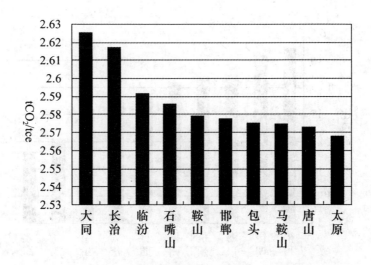

图 A2—4 城市能耗的碳排放强度（逆指标）

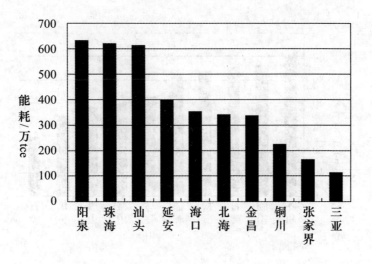

图 A2—5 城市能源消费总量（逆指标）

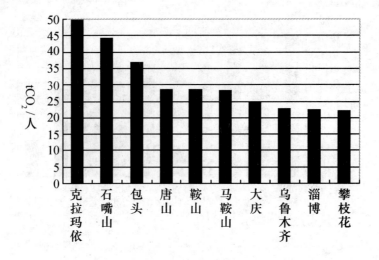

图 A2—6 城市人均 CO_2 排放量（逆指标）

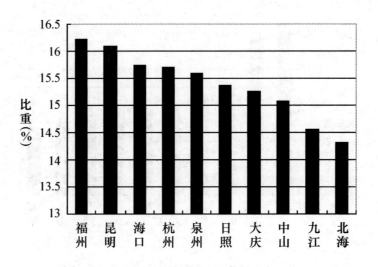

图 A2—7 城市居民低碳消费系数

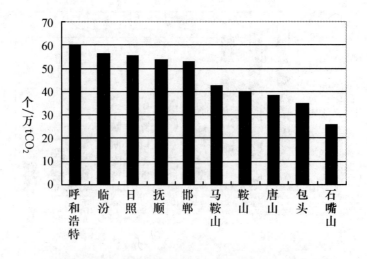

图 A2—8 城市单位碳排放就业岗位贡献数

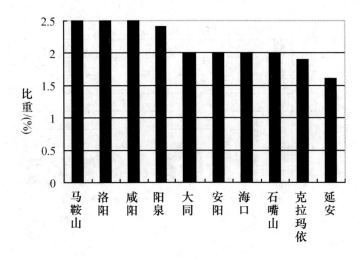

图 A2—9　城市非化石能源消耗比重

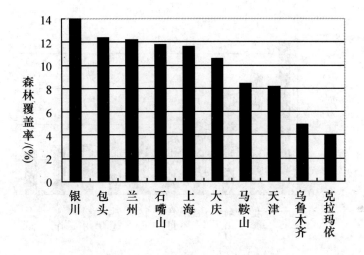

图 A2—10　城市森林覆盖率

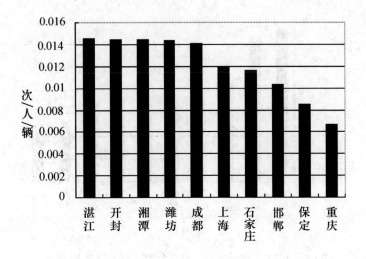

图 A2—11　城市每辆公共电汽车人均乘坐次数

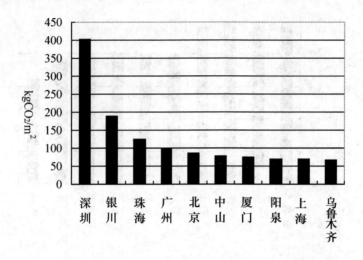

图 A2—12　城市单位居住面积能耗水平（逆指标）

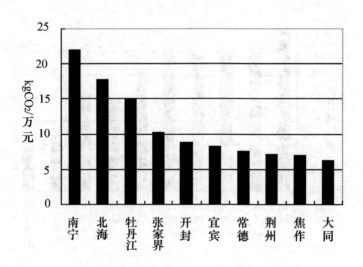

图 A2—13　城市水污染物排放强度（逆指标）

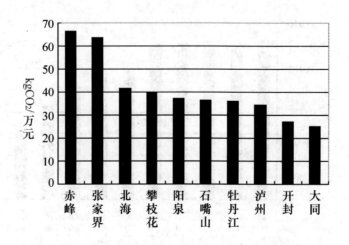

图 A2—14　城市大气污染物排放强度（逆指标）

三

2009 年中国 110 城市低碳发展数据汇总

Appendix 3　The Data of Low Carbon Development Indicatiors

of 110 Selected Cities in 2009

表 A3—1　　　　　2009 年中国 110 城市低碳发展数据汇总

指标内容	经济		社会		资源		设施		环境	
	低碳生产指标	低碳消费指标	低碳人口指标	低碳就业指标	清洁能源指标	森林碳汇指标	低碳交通指标	低碳建筑指标	水体环境指标	大气环境指标
城市名称	单位二氧化碳排放的GDP产出（万元/吨）（不变价）	居民低碳消费支出比重（%）	人均碳排放水平（吨/人）	单位碳排放就业岗位数（岗位/吨）	非化石能源占一次能源比重（%）	森林覆盖率（%）	每辆公共电、汽车人均乘坐次数（次/人/辆）	单位居住建筑面积能耗（吨/平方米）	单位工业总产值的COD排放（吨/万元）	单位工业总产值的SO₂排放（吨/万元）
北京	0.78	22.60	7.72	0.045 699	3.00	23.00	0.018 298	85.58	0.000 18	0.001 326
天津	0.52	20.36	10.39	0.015 810	8.71	8.14	0.015 217	40.62	0.000 351	0.00 259
石家庄	0.26	21.98	11.06	0.007 639	5.00	25.70	0.011 568	7.21	0.003 151	0.009 103
唐山	0.16	21.95	28.56	0.003 837	3.50	28.70	0.0 214	11.03	0.001 572	0.007 479

续表

城市名称	经济		社会		资源		设施		环境	
	低碳生产指标	低碳消费指标	低碳人口指标	低碳就业指标	清洁能源指标	森林碳汇指标	低碳交通指标	低碳建筑指标	水体环境指标	大气环境指标
秦皇岛	0.33	25.05	7.94	0.012114	3.72	41.98	0.047775	14.08	0.001366	0.007339
邯郸	0.18	21.42	11.73	0.005267	3.50	18.00	0.010365	5.91	0.000595	0.008722
保定	0.39	20.78	3.77	0.016253	4.50	19.27	0.008466	3.20	0.003009	0.008881
太原	0.21	20.36	17.25	0.013295	3.00	15.00	0.050179	51.41	0.000344	0.006327
大同	0.22	21.45	7.09	0.018578	2.00	19.50	0.048985	16.43	0.006288	0.025201
阳泉	0.19	20.68	11.93	0.014515	2.40	23.10	0.202661	69.64	0.000242	0.037276
长治	0.14	16.25	12.95	0.008417	2.50	26.90	0.045591	5.72	0.000844	0.008272
临汾	0.11	17.73	14.99	0.005628	3.00	31.40	0.026017	3.86	0.001162	0.009572
呼和浩特	0.26	22.76	19.40	0.006013	4.50	29.90	0.093505	21.00	0.000484	0.014472
包头	0.18	20.46	36.76	0.003481	3.30	12.40	0.076944	22.63	0.000415	0.017481
赤峰	0.24	18.98	6.53	0.010646	3.70	32.56	0.037187	4.72	0.00193	0.066551
沈阳	0.40	20.54	13.20	0.011129	4.20	24.00	0.031997	29.10	0.00045	0.004193
大连	0.46	19.65	14.59	0.011016	4.00	41.50	0.034986	25.99	0.000471	0.003484
鞍山	0.23	18.52	28.53	0.003958	3.30	46.40	0.044151	12.93	0.000638	0.010237
抚顺	0.14	21.68	22.11	0.005382	4.70	66.20	0.122955	39.17	0.000133	0.002582
长春	0.62	23.94	5.89	0.020000	5.00	15.20	0.019757	18.75	0.00098	0.002066

续表

城市名称	经济		社会		资源		设施		环境	
	低碳生产指标	低碳消费指标	低碳人口指标	低碳就业指标	清洁能源指标	森林碳汇指标	低碳交通指标	低碳建筑指标	水体环境指标	大气环境指标
吉林	0.25	18.99	10.80	0.007 054	4.50	55.00	0.052 292	36.92	0.003 37	0.005 614
哈尔滨	0.33	23.69	9.25	0.015 698	4.70	44.80	0.021 675	19.86	0.001 191	0.004 456
齐齐哈尔	0.27	20.78	4.49	0.016 227	4.20	17.37	0.000 159	10.60	0.002 988	0.012 826
大庆	0.34	15.26	24.48	0.007 718	3.00	10.60	0.030 879	14.36	0.000 264	0.001 606
牡丹江	0.32	24.75	5.77	0.015 57	4.00	62.30	0.072 576	6.10	0.014 87	0.035 852
上海	0.64	19.73	11.24	0.017 845	11.10	11.60	0.011 955	68.72	0.000 253	0.002 085
南京	0.40	24.25	12.94	0.011 786	4.00	25.00	0.027 347	50.49	0.000 63	0.003 033
无锡	0.53	21.27	14.12	0.007 936	3.00	26.20	0.02446	25.69	0.000 71	0.002 492
徐州	0.34	19.46	7.00	0.010 096	4.00	28.70	0.015 503	6.81	0.001 234	0.008 17
常州	0.45	20.46	10.81	0.007 747	3.00	20.00	0.039 676	27.28	0.001 56	0.003 643
苏州	0.48	19.91	15.10	0.008 427	3.50	22.00	0.026 654	23.09	0.000 783	0.003 221
南通	0.58	22.61	6.16	0.014 129	4.20	20.00	0.016 465	7.44	0.001 798	0.005 421
连云港	0.48	21.31	3.60	0.020 794	4.30	19.70	0.043 732	5.58	0.000 81	0.006 302
扬州	0.58	24.13	6.09	0.014 119	3.70	16.00	0.027 939	9.38	0.001 386	0.007 016
杭州	0.58	15.69	11.78	0.025 378	4.20	64.44	0.026 126	37.92	0.003 387	0.003 641
宁波	0.54	19.80	12.32	0.018 83	3.50	50.20	0.025 102	25.72	0.000 467	0.003 06
温州	0.66	18.56	4.76	0.029 026	3.70	60.03	0.017 559	15.37	0.002 965	0.006 963

城市名称	经济		社会		资源		设施		环境	
	低碳生产指标	低碳消费指标	低碳人口指标	低碳就业指标	清洁能源指标	森林碳汇指标	低碳交通指标	低碳建筑指标	水体环境指标	大气环境指标
嘉兴	0.48	19.40	8.70	0.020262	2.50	17.00	0.022944	8.65	0.001167	0.006806
湖州	0.44	20.55	8.73	0.015013	2.70	51.30	0.036137	11.98	0.001212	0.008788
绍兴	0.47	21.38	11.02	0.019648	3.90	54.03	0.028684	13.84	0.00221	0.003362
台州	0.81	21.32	4.22	0.02632	4.50	62.20	0.016763	9.98	0.000468	0.003819
合肥	0.43	18.30	7.44	0.016525	3.50	16.10	0.046679	29.39	0.000113	0.002482
芜湖	0.36	19.97	8.66	0.012217	2.50	21.23	0.073471	18.93	0.001721	0.005659
马鞍山	0.18	22.58	28.18	0.004242	2.50	8.44	0.1804	20.64	0.000771	0.007268
福州	0.61	16.22	5.78	0.024851	4.50	54.90	0.02923	29.87	0.000281	0.00638
厦门	0.73	18.74	8.94	0.035628	4.50	41.00	0.116268	75.29	0.000113	0.002247
泉州	0.53	15.59	6.72	0.025925	4.50	56.70	0.021493	5.42	0.001798	0.003606
南昌	0.46	18.48	8.07	0.017665	4.00	16.10	0.040798	20.06	0.003193	0.003423
九江	0.38	14.56	3.93	0.017278	4.50	50.00	0.0415	7.16	0.001275	0.01589
济南	0.40	20.18	11.96	0.015430	3.50	28.90	0.029148	24.89	0.000418	0.003931
青岛	0.54	16.30	10.03	0.014428	3.50	36.10	0.025039	42.14	0.00034	0.001241
淄博	0.24	18.73	22.34	0.006043	3.20	33.40	0.01623	21.14	0.001242	0.008217
枣庄	0.23	17.51	12.69	0.007377	3.20	32.00	0.016301	7.91	0.003415	0.017852
烟台	0.52	21.45	9.62	0.012680	3.20	39.00	0.028401	10.51	0.000459	0.003223

续表

城市名称	经济		社会		资源		设施		环境	
	低碳生产指标	低碳消费指标	低碳人口指标	低碳就业指标	清洁能源指标	森林碳汇指标	低碳交通指标	低碳建筑指标	水体环境指标	大气环境指标
潍坊	0.36	19.48	7.90	0.010 296	3.20	33.00	0.014 378	5.66	0.000 866	0.005 02
济宁	0.30	21.38	9.02	0.008 353	3.20	26.50	0.014 642	3.56	0.000 782	0.007 465
泰安	0.33	19.28	8.22	0.011 645	3.30	35.80	0.020 122	4.90	0.000 777	0.009 699
威海	0.53	17.49	13.33	0.010 426	3.20	39.20	0.058 223	8.45	0.000 428	0.006 855
日照	0.22	15.38	12.53	0.005 558	3.00	35.20	0.047 705	9.85	0.001 675	0.006 985
郑州	0.35	19.01	10.58	0.013 069	2.80	24.00	0.024 573	31.88	0.000 999	0.011 983
开封	0.36	17.64	3.96	0.016 867	3.40	19.00	0.014 424	7.56	0.008 842	0.02 71
洛阳	0.31	21.55	9.56	0.008 527	2.50	42.82	0.024 532	6.27	0.000 331	0.018 088
平顶山	0.21	20.90	9.21	0.010 231	3.30	24.98	0.0232	3.69	0.001 21	0.016 702
安阳	0.18	23.21	10.18	0.008 105	2.00	18.49	0.01921	8.28	0.004 654	0.011 01
焦作	0.21	22.20	13.79	0.007 134	3.20	22.00	0.033 327	8.47	0.006 97	0.012 558
武汉	0.40	18.06	10.77	0.017 939	8.20	26.48	0.027 448	41.12	0.000 797	0.004 189
宜昌	0.35	20.34	7.23	0.017 473	10.50	55.30	0.040 616	9.51	0.001 436	0.004 463
荆州	0.26	19.25	4.00	0.016 520	6.00	15.20	0.024 932	3.63	0.007 08	0.010 972
长沙	0.48	19.49	8.49	0.018 159	4.58	53.28	0.054 298	34.99	0.000 394	0.004 168
株洲	0.30	19.53	7.59	0.011 466	3.60	61.10	0.046 733	11.99	0.002 518	0.012 005
湘潭	0.23	20.17	9.16	0.009 709	3.80	45.89	0.014 404	5.24	0.003 846	0.012 822

城市名称	经济		社会		资源		设施		环境	
	低碳生产指标	低碳消费指标	低碳人口指标	低碳就业指标	清洁能源指标	森林碳汇指标	低碳交通指标	低碳建筑指标	水体环境指标	大气环境指标
岳阳	0.31	19.46	6.27	0.013 508	3.00	36.40	0.031 466	6.95	0.005 025	0.010 324
常德	0.43	16.50	3.90	0.014 377	3.80	44.80	0.034 699	4.85	0.007 531	0.013 814
张家界	0.45	17.28	2.46	0.018 916	3.00	67.16	0.078 9	3.82	0.010 272	0.063 728
广州	0.67	24.21	12.16	0.018 715	6.30	38.20	0.035 403	101.12	0.000 539	0.002 11
韶关	0.24	17.49	7.77	0.013 108	5.50	66.80	0.057 945	11.76	0.001 727	0.012 554
深圳	0.82	17.21	11.01	0.022 624	4.00	44.60	0.036 962	403.31	0.000 073	0.000 559
珠海	0.75	16.59	9.53	0.041 363	4.00	28.60	0.213 205	124.27	0.000 336	0.001 739
汕头	0.69	24.77	2.83	0.021 883	3.00	30.00	0.023 691	40.43	0.001 631	0.007 229
佛山	0.62	23.56	11.97	0.007 731	3.00	18.20	0.021 955	47.57	0.001 066	0.005 466
湛江	0.69	19.70	2.11	0.026 858	4.00	28.10	0.014 512	8.70	0.002 883	0.010 376
中山	0.65	15.07	8.81	0.012 032	5.00	18.50	0.077 836	76.41	0.001 08	0.004 23
南宁	0.53	23.66	3.45	0.028 522	8.83	42.15	0.032 195	18.75	0.022 024	0.017 895
柳州	0.23	16.42	10.77	0.008 852	6.00	61.12	—	14.59	0.003 527	0.004 976
桂林	0.40	18.57	4.62	0.013 795	4.20	66.50	0.058 733	7.98	0.002 419	0.018 285
北海	0.41	14.32	5.21	0.012 745	5.00	31.10	0.057 375	9.06	0.017 739	0.041 456
海口	0.56	15.74	4.49	0.036 839	2.00	38.38	1.567 69	28.97	0.000 239	0.000 075

续表

城市名称	经济		社会		资源		设施		环境	
	低碳生产指标	低碳消费指标	低碳人口指标	低碳就业指标	清洁能源指标	森林碳汇指标	低碳交通指标	低碳建筑指标	水体环境指标	大气环境指标
三亚	0.56	20.20	4.35	0.023 677	3.50	68.00	0.387 616	27.95	0.000 044	0.000 361
重庆	0.35	20.00	5.27	0.016 510	3.36	35.00	0.006 642	20.29	0.003 019	0.017 644
成都	0.54	20.19	5.72	0.022 366	9.10	36.80	0.014 108	40.78	0.002 298	0.005 152
攀枝花	0.16	16.52	22.23	0.006 663	4.50	58.97	0.151 815	15.18	0.002 121	0.039 459
泸州	0.30	24.77	3.81	0.016 147	6.00	46.80	0.043 922	7.23	0.006 186	0.034 42
绵阳	0.28	18.15	5.36	0.013 457	4.50	46.70	0.038 074	9.24	0.001 026	0.005 605
宜宾	0.31	19.23	4.56	0.016 679	5.50	40.21	0.079 754	6.38	0.008 279	0.017 477
贵阳	0.24	20.42	9.50	0.018 180	7.30	41.01	0.064 142	50.78	0.000 178	0.008 406
遵义	0.22	21.31	3.91	0.010 271	5.70	48.56	0.041 159	5.23	0.000 07	0.013 607
昆明	0.37	16.09	7.33	0.020 425	12.50	45.05	0.031 766	43.51	0.000 242	0.006 515
曲靖	0.23	17.58	5.35	0.010 235	4.20	36.20	0.025 243	2.57	0.000 872	0.018 069
西安	0.52	23.99	4.97	0.032 374	4.18	44.99	0.029 76	32.87	0.002 49	0.005 055
铜川	0.22	21.95	6.87	0.017 459	3.00	44.80	0.152 398	53.42	0.000 484	0.013 234
宝鸡	0.34	21.24	5.68	0.014 672	5.00	53.78	0.067 077	7.71	0.004 33	0.012 393
咸阳	0.35	26.78	4.25	0.017 937	2.50	26.00	0.036 612	4.35	0.003 558	0.017 836
延安	0.70	20.98	4.21	0.024 233	1.60	36.60	0.102 944	5.92	0.000 661	0.002 05

续表

城市名称	经济		社会		资源		设施		环境	
	低碳生产指标	低碳消费指标	低碳人口指标	低碳就业指标	清洁能源指标	森林碳汇指标	低碳交通指标	低碳建筑指标	水体环境指标	大气环境指标
兰州	0.24	21.31	11.03	0.013731	6.50	12.21	0.086222	35.46	0.00025	0.009625
金昌	0.23	21.73	17.72	0.008765	5.80	20.82	0.276822	0.70	0.001225	0.01977
西宁	0.14	18.13	11.79	0.010548	15.30	28.00	0.147966	29.15	0.005335	0.023488
银川	0.21	18.32	13.63	0.012788	5.00	14.00	0.086394	187.98	0.004366	0.007096
石嘴山	0.06	16.51	44.04	0.002569	2.00	11.80	0.020371	14.57	0.002996	0.036496
乌鲁木齐	0.17	18.25	22.66	0.008543	3.00	4.89	0.078232	67.51	0.001129	0.014064
克拉玛依	0.26	21.74	49.58	0.008039	1.90	4.00	0.254618	38.53	0.000167	0.005649

注：同一表格中下行数字，是上行数字的尾数。

如：| 0.008 |
| 543 |，是 0.008543。

四

2009 年中国 110 城市低碳发展数据排序

Appendix 4　The Order of 110 Selected Chinese Cities for the
Low-Carbon Development in 2009

表 A4—1　　　　　　　110 城市 GDP（2005 年不变价）

城市名称	排名	亿元	城市名称	排名	亿元
上海	1	13909.69	枣庄	57	1090.34
北京	2	10561.84	珠海	58	1063.75
广州	3	8412.65	岳阳	59	1057.33
深圳	4	8064.70	宜昌	60	1034.90
苏州	5	6739.57	常德	61	1023.15
天津	6	6619.61	湛江	62	1020.99
重庆	7	5230.28	汕头	63	1003.97
无锡	8	4672.86	湖州	64	1000.72
杭州	9	4668.53	焦作	65	999.63
青岛	10	4596.12	平顶山	66	966.40
佛山	11	4442.36	安阳	67	948.55
南京	12	4011.59	乌鲁木齐	68	944.29
成都	13	3999.72	柳州	69	937.53
大连	14	3942.99	桂林	70	901.76
武汉	15	3886.83	贵阳	71	894.62
宁波	16	3807.40	兰州	72	882.83
沈阳	17	3792.16	株洲	73	878.40

城市名称	排名	亿元	城市名称	排名	亿元
烟台	18	3538.87	连云港	74	776.45
唐山	19	3363.81	秦皇岛	75	772.64
济南	20	3187.30	日照	76	765.02
哈尔滨	21	3016.22	绵阳	77	750.98
石家庄	22	2828.57	咸阳	78	731.13
郑州	23	2805.55	曲靖	79	730.40
泉州	24	2783.04	芜湖	80	719.80
长春	25	2747.90	宝鸡	81	715.81
长沙	26	2671.13	九江	82	712.39
南通	27	2556.74	临汾	83	707.82
潍坊	28	2535.79	齐齐哈尔	84	695.38
淄博	29	2459.55	抚顺	85	687.12
温州	30	2457.54	锦州	86	686.37
福州	31	2435.91	赤峰	87	674.55
鞍山	32	2340.09	开封	88	668.18
大庆	33	2325.91	马鞍山	89	660.92
绍兴	34	2287.56	遵义	90	651.81
济宁	35	2187.35	延安	91	640.69
西安	36	2177.10	宜宾	92	635.44
常州	37	2172.73	湘潭	92	620.38
徐州	38	2072.51	本溪	94	620.33
台州	39	1983.45	荆州	95	616.48
威海	40	1976.49	长治	96	616.02
洛阳	41	1899.11	韶关	97	551.59
邯郸	42	1884.28	克拉玛依	98	509.88
嘉兴	43	1819.33	牡丹江	99	504.69
南昌	44	1743.92	泸州	100	494.39
包头	45	1738.17	大同	101	490.12
昆明	46	1695.60	银川	102	476.66
厦门	47	1644.51	海口	103	468.61
保定	48	1636.30	攀枝花	104	413.61
合肥	49	1628.37	西宁	105	353.89
扬州	50	1581.30	北海	106	337.68
泰安	51	1491.04	阳泉	107	297.01

续表

城市名称	排名	亿元	城市名称	排名	亿元
中山	52	1447.45	金昌	108	192.95
呼和浩特	53	1364.56	石嘴山	109	184.82
太原	54	1285.67	张家界	110	182.92
南宁	55	1283.75	三亚	111	142.02
吉林	56	1187.72	铜川	112	124.35

表 A4—2　　　　　　　　110 城市单位 GDP 能耗

城市名称	吨标准煤/万元	排名	城市名称	吨标准煤/万元	排名
台州	0.513	1	徐州	1.164	56
深圳	0.529	2	重庆	1.181	57
北京	0.541	3	宝鸡	1.186	58
厦门	0.579	4	泰安	1.200	59
珠海	0.581	5	昆明	1.223	60
汕头	0.608	6	宜昌	1.230	61
延安	0.626	7	秦皇岛	1.231	62
温州	0.630	8	哈尔滨	1.241	63
湛江	0.641	9	牡丹江	1.257	64
中山	0.646	10	洛阳	1.281	65
广州	0.651	11	岳阳	1.292	66
福州	0.655	12	济宁	1.300	67
长春	0.659	13	大庆	1.314	68
南通	0.692	14	株洲	1.315	69
佛山	0.694	15	宜宾	1.376	70
扬州	0.698	16	绵阳	1.476	71
杭州	0.700	17	齐齐哈尔	1.479	72
上海	0.727	18	泸州	1.488	73
海口	0.753	19	石家庄	1.537	74
无锡	0.754	20	呼和浩特	1.552	75
烟台	0.770	21	荆州	1.600	76
威海	0.770	22	赤峰	1.637	77
青岛	0.780	23	鞍山	1.664	78
三亚	0.780	24	吉林	1.678	79
泉州	0.795	25	淄博	1.680	80

城市名称	吨标准煤/万元	排名	城市名称	吨标准煤/万元	排名
嘉兴	0.817	26	枣庄	1.680	81
宁波	0.820	27	克拉玛依	1.690	82
西安	0.820	28	湘潭	1.718	83
南宁	0.821	29	曲靖	1.730	84
连云港	0.831	30	韶关	1.737	85
天津	0.836	31	金昌	1.741	86
成都	0.840	32	贵阳	1.742	87
长沙	0.846	33	柳州	1.756	88
南昌	0.855	34	大同	1.760	89
苏州	0.856	35	日照	1.780	90
绍兴	0.860	36	铜川	1.798	91
常州	0.886	37	太原	1.830	92
湖州	0.900	38	遵义	1.830	92
张家界	0.901	39	焦作	1.857	94
合肥	0.931	40	兰州	1.870	95
常德	0.937	41	平顶山	1.884	96
大连	0.947	42	银川	2.020	97
沈阳	0.999	43	包头	2.113	98
保定	1.006	44	阳泉	2.130	99
北海	1.006	45	马鞍山	2.136	100
济南	1.040	46	邯郸	2.144	101
九江	1.068	47	安阳	2.251	102
桂林	1.069	48	乌鲁木齐	2.438	103
芜湖	1.090	49	唐山	2.464	104
南京	1.105	50	攀枝花	2.499	105
开封	1.105	51	长治	2.650	106
潍坊	1.110	52	抚顺	2.930	107
武汉	1.110	53	临汾	3.450	108
郑州	1.115	54	西宁	3.556	109
咸阳	1.143	55	石嘴山	6.701	110

表 A4—3 　　　　　　　　　110 城市 CO_2 的生产力水平

城市名称	万元 GDP/吨 CO_2	排名	城市名称	万元 GDP/吨 CO_2	排名
深圳	0.8219	1	郑州	0.3527	56
台州	0.8121	2	咸阳	0.3525	57
北京	0.7793	3	重庆	0.3471	58
珠海	0.7482	4	徐州	0.3411	59
厦门	0.7297	5	宝鸡	0.3393	60
延安	0.7009	6	大庆	0.3391	61
汕头	0.6944	7	泰安	0.3310	62
湛江	0.6933	8	哈尔滨	0.3287	63
广州	0.6695	9	秦皇岛	0.3268	64
温州	0.6627	10	牡丹江	0.3230	65
中山	0.6525	11	宜宾	0.3125	66
上海	0.6440	12	洛阳	0.3093	67
佛山	0.6190	13	岳阳	0.3075	68
长春	0.6168	14	株洲	0.3022	69
福州	0.6133	15	济宁	0.3021	70
南通	0.5820	16	泸州	0.2989	71
杭州	0.5797	17	绵阳	0.2821	72
扬州	0.5777	18	齐齐哈尔	0.2712	73
三亚	0.5633	19	荆州	0.2633	74
海口	0.5551	20	克拉玛依	0.2614	75
成都	0.5434	21	呼和浩特	0.2597	76
宁波	0.5412	22	石家庄	0.2588	77
青岛	0.5393	23	吉林	0.2532	78
无锡	0.5341	24	淄博	0.2439	79
南宁	0.5301	25	兰州	0.2411	80
泉州	0.5267	26	韶关	0.2391	81
威海	0.5263	27	赤峰	0.2388	82
烟台	0.5228	28	贵阳	0.2372	83
西安	0.5196	29	柳州	0.2348	84
天津	0.5190	30	曲靖	0.2346	85
嘉兴	0.4850	31	枣庄	0.2345	86
连云港	0.4847	32	鞍山	0.2330	87
长沙	0.4830	33	湘潭	0.2294	88
苏州	0.4765	34	金昌	0.2288	89

城市名称	万元GDP/吨CO$_2$	排名	城市名称	万元GDP/吨CO$_2$	排名
绍兴	0.4744	35	日照	0.2214	90
南昌	0.4646	36	遵义	0.2206	91
大连	0.4623	37	铜川	0.2173	92
常州	0.4516	38	大同	0.2164	92
张家界	0.4499	39	太原	0.2128	94
湖州	0.4425	40	焦作	0.2118	95
合肥	0.4290	41	平顶山	0.2083	96
常德	0.4255	42	银川	0.2055	97
北海	0.4079	43	阳泉	0.1880	98
南京	0.4019	44	包头	0.1838	99
沈阳	0.4011	45	马鞍山	0.1818	100
济南	0.3990	46	邯郸	0.1809	101
桂林	0.3973	47	安阳	0.1786	102
武汉	0.3967	48	乌鲁木齐	0.1727	103
保定	0.3940	49	攀枝花	0.1590	104
九江	0.3783	50	唐山	0.1577	105
昆明	0.3686	51	长治	0.1442	106
芜湖	0.3616	52	抚顺	0.1396	107
潍坊	0.3586	53	西宁	0.1361	108
开封	0.3579	54	临汾	0.1118	109
宜昌	0.3539	55	石嘴山	0.0577	110

表 A4—4　　　　　　　　　110 城市能耗的碳排放强度

城市名称	吨CO$_2$/吨标准煤	排名	城市名称	吨CO$_2$/吨标准煤	排名
西宁	2.0662	1	张家界	2.4667	56
上海	2.1358	2	威海	2.4674	57
成都	2.1906	3	九江	2.4753	58
昆明	2.2184	4	遵义	2.4760	59
兰州	2.2185	5	扬州	2.4800	60
大庆	2.2441	6	呼和浩特	2.4810	61
泸州	2.2486	7	咸阳	2.4817	62
湛江	2.2500	8	连云港	2.4827	63
南京	2.2525	9	南通	2.4829	64

城市名称	吨 CO_2/吨标准煤	排名	城市名称	吨 CO_2/吨标准煤	排名
宁波	2.2532	10	无锡	2.4836	65
克拉玛依	2.2636	11	烟台	2.4841	66
武汉	2.2707	12	宝鸡	2.4849	67
三亚	2.2761	13	秦皇岛	2.4857	68
延安	2.2790	14	安阳	2.4871	69
大连	2.2850	15	福州	2.4893	70
广州	2.2942	16	齐齐哈尔	2.4925	71
南宁	2.2968	17	沈阳	2.4950	72
宜昌	2.2975	18	阳泉	2.4970	73
深圳	2.3000	19	常州	2.5000	74
珠海	2.3005	20	合肥	2.5040	75
天津	2.3048	21	常德	2.5081	76
宜宾	2.3252	22	金昌	2.5093	77
佛山	2.3278	23	湖州	2.5108	78
西安	2.3470	24	潍坊	2.5124	79
吉林	2.3544	25	石家庄	2.5143	80
桂林	2.3547	26	攀枝花	2.5164	81
厦门	2.3668	27	株洲	2.5165	82
汕头	2.3686	28	岳阳	2.5167	83
北京	2.3719	29	南昌	2.5176	84
中山	2.3724	30	泰安	2.5179	85
荆州	2.3738	31	徐州	2.5195	86
乌鲁木齐	2.3741	32	保定	2.5229	87
青岛	2.3773	33	嘉兴	2.5238	88
泉州	2.3883	34	洛阳	2.5240	89
海口	2.3925	35	开封	2.5285	90
温州	2.3952	36	芜湖	2.5373	91
台州	2.4004	37	湘潭	2.5377	92
绵阳	2.4014	38	日照	2.5380	92
韶关	2.4078	39	枣庄	2.5383	94
银川	2.4089	40	焦作	2.5426	95
济南	2.4100	41	郑州	2.5429	96
贵阳	2.4202	42	济宁	2.5467	97
柳州	2.4255	43	平顶山	2.5479	98

城市名称	吨 CO_2/吨标准煤	排名	城市名称	吨 CO_2/吨标准煤	排名
北海	2.4365	44	赤峰	2.5588	99
重庆	2.4392	45	铜川	2.5593	100
淄博	2.4403	46	太原	2.5680	101
抚顺	2.4449	47	唐山	2.5731	102
长沙	2.4474	48	马鞍山	2.5744	103
绍兴	2.4499	49	包头	2.5753	104
哈尔滨	2.4516	50	邯郸	2.5776	105
苏州	2.4527	51	鞍山	2.5791	106
长春	2.4597	52	石嘴山	2.5862	107
牡丹江	2.4625	53	临汾	2.5919	108
杭州	2.4642	54	长治	2.6172	109
曲靖	2.4643	55	大同	2.6252	110

表 A4—5　　　　　　　　　**110 城市能源消费总量**

城市名称	排名	万吨标准煤	城市名称	排名	万吨标准煤
三亚	1	110.777	长治	56	1632.442
张家界	2	164.814	柳州	57	1645.973
铜川	3	223.582	保定	58	1646.116
金昌	4	336.015	兰州	59	1650.890
北海	5	339.751	南通	60	1769.267
海口	6	352.864	西安	61	1785.220
延安	7	401.070	泰安	62	1789.246
汕头	8	610.413	长春	63	1811.221
珠海	9	618.039	平顶山	64	1820.701
阳泉	10	632.639	枣庄	65	1831.765
牡丹江	11	634.501	焦作	66	1856.310
连云港	12	645.228	常州	67	1924.413
湛江	13	654.453	绍兴	68	1968.220
泸州	14	735.645	吉林	69	1992.500
开封	15	738.338	抚顺	70	2013.255
九江	16	760.831	昆明	71	2073.717
芜湖	17	784.581	呼和浩特	72	2117.655
咸阳	18	835.686	安阳	73	2135.178

续表

城市名称	排名	万吨标准煤	城市名称	排名	万吨标准煤
宝鸡	19	848.947	泉州	74	2212.516
克拉玛依	20	861.690	长沙	75	2259.777
大同	21	862.612	乌鲁木齐	76	2302.557
宜宾	22	874.363	太原	77	2352.785
湖州	23	900.652	徐州	78	2411.845
中山	24	935.051	洛阳	79	2432.756
秦皇岛	25	951.118	临汾	80	2441.994
厦门	26	952.173	烟台	81	2724.929
韶关	27	958.107	潍坊	82	2814.726
常德	28	958.691	济宁	83	2843.550
银川	29	962.855	大庆	84	3056.716
桂林	30	963.906	佛山	85	3082.994
荆州	31	986.361	宁波	86	3122.068
台州	32	1017.512	郑州	87	3128.183
齐齐哈尔	33	1028.535	杭州	88	3267.974
攀枝花	34	1033.612	济南	89	3314.787
南宁	35	1054.366	成都	90	3359.768
湘潭	36	1065.810	无锡	91	3522.842
扬州	37	1103.804	青岛	92	3584.973
赤峰	38	1103.901	包头	92	3671.894
绵阳	39	1108.444	大连	94	3733.084
株洲	40	1155.095	哈尔滨	95	3742.824
遵义	41	1193.065	沈阳	96	3789.548
石嘴山	42	1238.484	鞍山	97	3893.627
西宁	43	1258.582	邯郸	98	4039.888
曲靖	44	1263.588	淄博	99	4132.042
宜昌	45	1272.923	深圳	100	4266.227
日照	46	1361.741	武汉	101	4314.382
岳阳	47	1366.071	石家庄	102	4347.519
马鞍山	48	1411.898	南京	103	4431.889
嘉兴	49	1486.395	广州	104	5476.635
南昌	50	1491.050	天津	105	5533.990
合肥	51	1516.011	北京	106	5713.953
威海	52	1521.901	苏州	107	5766.778

城市名称	排名	万吨标准煤	城市名称	排名	万吨标准煤
温州	53	1548.250	重庆	108	6176.956
贵阳	54	1558.187	唐山	109	8288.421
福州	55	1595.523	上海	110	10112.348

表 A4—6   **110 城市人均 CO_2 排放量**

城市名称	吨 CO_2/人	排名	城市名称	吨 CO_2/人	排名
湛江	2.11	1	济宁	9.02	56
张家界	2.46	2	湘潭	9.16	57
汕头	2.83	3	平顶山	9.21	58
南宁	3.45	4	哈尔滨	9.25	59
连云港	3.60	5	贵阳	9.50	60
保定	3.77	6	珠海	9.53	61
泸州	3.81	7	洛阳	9.56	62
常德	3.90	8	烟台	9.62	63
遵义	3.91	9	青岛	10.03	64
九江	3.93	10	安阳	10.18	65
开封	3.96	11	天津	10.39	66
荆州	4.00	12	郑州	10.58	67
延安	4.21	13	武汉	10.77	68
台州	4.22	14	柳州	10.77	69
咸阳	4.25	15	吉林	10.80	70
三亚	4.35	16	常州	10.81	71
齐齐哈尔	4.49	17	深圳	11.01	72
海口	4.49	18	绍兴	11.02	73
宜宾	4.56	19	兰州	11.03	74
桂林	4.62	20	石家庄	11.06	75
温州	4.76	21	上海	11.24	76
西安	4.97	22	邯郸	11.73	77
北海	5.21	23	杭州	11.78	78
重庆	5.27	24	西宁	11.79	79
曲靖	5.35	25	阳泉	11.93	80
绵阳	5.36	26	济南	11.96	81
宝鸡	5.68	27	佛山	11.97	82

续表

城市名称	吨 CO_2/人	排名	城市名称	吨 CO_2/人	排名
成都	5.72	28	广州	12.16	83
牡丹江	5.77	29	宁波	12.32	84
福州	5.78	30	日照	12.53	85
长春	5.89	31	枣庄	12.69	86
扬州	6.09	32	南京	12.94	87
南通	6.16	33	长治	12.95	88
岳阳	6.27	34	沈阳	13.20	89
赤峰	6.53	35	威海	13.33	90
泉州	6.72	36	银川	13.63	91
铜川	6.87	37	焦作	13.79	92
徐州	7.00	38	无锡	14.12	92
大同	7.09	39	大连	14.59	94
宜昌	7.23	40	临汾	14.99	95
昆明	7.33	41	苏州	15.10	96
合肥	7.44	42	太原	17.25	97
株洲	7.59	43	金昌	17.72	98
北京	7.72	44	呼和浩特	19.40	99
韶关	7.77	45	抚顺	22.11	100
潍坊	7.90	46	攀枝花	22.23	101
秦皇岛	7.94	47	淄博	22.34	102
南昌	8.07	48	乌鲁木齐	22.66	103
泰安	8.22	49	大庆	24.48	104
长沙	8.49	50	马鞍山	28.18	105
芜湖	8.66	51	鞍山	28.53	106
嘉兴	8.70	52	唐山	28.56	107
湖州	8.73	53	包头	36.76	108
中山	8.81	54	石嘴山	44.04	109
厦门	8.94	55	克拉玛依	49.58	110

表 A4—7   110 城市居民低碳消费系数（居民低碳消费支出比重）

城市名称	%	排名	城市名称	%	排名
咸阳	26.78	1	芜湖	19.97	56
秦皇岛	25.05	2	苏州	19.91	57

城市名称	%	排名	城市名称	%	排名
汕头	24.77	3	宁波	19.8	58
泸州	24.77	4	上海	19.73	59
牡丹江	24.75	5	湛江	19.7	60
南京	24.25	6	大连	19.65	61
广州	24.21	7	株洲	19.53	62
扬州	24.13	8	长沙	19.49	63
西安	23.99	9	潍坊	19.48	64
长春	23.94	10	岳阳	19.46	65
哈尔滨	23.69	11	徐州	19.46	66
南宁	23.66	12	嘉兴	19.4	67
佛山	23.56	13	泰安	19.28	68
安阳	23.21	14	荆州	19.25	69
呼和浩特	22.76	15	宜宾	19.23	70
南通	22.61	16	郑州	19.01	71
北京	22.6	17	吉林	18.99	72
马鞍山	22.58	18	赤峰	18.98	73
焦作	22.2	19	厦门	18.74	74
石家庄	21.98	20	淄博	18.73	75
铜川	21.95	21	桂林	18.57	76
唐山	21.95	22	温州	18.56	77
克拉玛依	21.74	23	鞍山	18.52	78
金昌	21.73	24	南昌	18.48	79
抚顺	21.68	25	银川	18.32	80
洛阳	21.55	26	合肥	18.3	81
大同	21.45	27	乌鲁木齐	18.25	82
烟台	21.45	28	绵阳	18.15	83
邯郸	21.42	29	西宁	18.13	84
济宁	21.38	30	武汉	18.06	85
绍兴	21.38	31	临汾	17.73	86
台州	21.32	32	开封	17.64	87
连云港	21.31	33	曲靖	17.58	88
遵义	21.31	34	枣庄	17.51	89
兰州	21.31	35	韶关	17.49	90
无锡	21.27	36	威海	17.49	91

续表

城市名称	%	排名	城市名称	%	排名
宝鸡	21.24	37	张家界	17.28	92
延安	20.98	38	深圳	17.21	92
平顶山	20.9	39	珠海	16.59	94
保定	20.78	40	攀枝花	16.52	95
齐齐哈尔	20.78	41	石嘴山	16.51	96
阳泉	20.68	42	常德	16.5	97
湖州	20.55	43	柳州	16.42	98
沈阳	20.54	44	青岛	16.3	99
常州	20.46	45	长治	16.25	100
包头	20.46	46	福州	16.22	101
贵阳	20.42	47	昆明	16.09	102
天津	20.36	48	海口	15.74	103
太原	20.36	49	杭州	15.69	104
宜昌	20.34	50	泉州	15.59	105
三亚	20.2	51	日照	15.38	106
成都	20.19	52	大庆	15.26	107
济南	20.18	53	中山	15.07	108
湘潭	20.17	54	九江	14.56	109
重庆	20.00	55	北海	14.32	110

表 A4—8　　　　　　　110 城市单位碳排放就业岗位贡献数

城市名称	（个岗位/吨 CO_2）	排名	城市名称	（个岗位/吨 CO_2）	排名
北京	0.04570	1	兰州	0.01373	56
珠海	0.04136	2	岳阳	0.01351	57
海口	0.03684	3	绵阳	0.01346	58
厦门	0.03563	4	太原	0.01330	59
西安	0.03237	5	韶关	0.01311	60
温州	0.02903	6	郑州	0.01307	61
南宁	0.02852	7	银川	0.01279	62
湛江	0.02686	8	北海	0.01275	63
台州	0.02630	9	烟台	0.01268	64
泉州	0.02593	10	芜湖	0.01222	65
杭州	0.02538	11	秦皇岛	0.01211	66

城市名称	（个岗位/吨 CO_2）	排名	城市名称	（个岗位/吨 CO_2）	排名
福州	0.02485	12	中山	0.01203	67
延安	0.02423	13	南京	0.01179	68
三亚	0.02368	14	泰安	0.01165	69
深圳	0.02262	15	株洲	0.01147	70
成都	0.02237	16	沈阳	0.01113	71
汕头	0.02188	17	大连	0.01102	72
连云港	0.02079	18	赤峰	0.01065	73
昆明	0.02043	19	西宁	0.01055	74
嘉兴	0.02026	20	威海	0.01043	75
长春	0.02000	21	潍坊	0.01030	76
绍兴	0.01965	22	遵义	0.01027	77
张家界	0.01892	23	曲靖	0.01024	78
宁波	0.01880	24	平顶山	0.01023	79
广州	0.01872	25	徐州	0.01010	80
大同	0.01858	26	湘潭	0.00971	81
贵阳	0.01818	27	柳州	0.00885	82
长沙	0.01816	28	金昌	0.00877	83
武汉	0.01794	29	乌鲁木齐	0.00854	84
咸阳	0.01794	30	洛阳	0.00853	85
上海	0.01785	31	苏州	0.00843	86
南昌	0.01767	32	长治	0.00842	87
宜昌	0.01747	33	济宁	0.00835	88
铜川	0.01746	34	安阳	0.00811	89
九江	0.01728	35	克拉玛依	0.00804	90
开封	0.01687	36	无锡	0.00794	91
宜宾	0.01668	37	常州	0.00775	92
合肥	0.01653	38	佛山	0.00773	92
荆州	0.01652	39	大庆	0.00772	94
重庆	0.01651	40	石家庄	0.00764	95
保定	0.01625	41	枣庄	0.00738	96
齐齐哈尔	0.01623	42	焦作	0.00713	97
泸州	0.01615	43	吉林	0.00705	98
天津	0.01581	44	攀枝花	0.00666	99
哈尔滨	0.01570	45	淄博	0.00604	100

城市名称	（个岗位/吨 CO_2）	排名	城市名称	（个岗位/吨 CO_2）	排名
牡丹江	0.01551	46	呼和浩特	0.00601	101
济南	0.01543	47	临汾	0.00563	102
湖州	0.01501	48	日照	0.00556	103
宝鸡	0.01467	49	抚顺	0.00538	104
阳泉	0.01452	50	邯郸	0.00527	105
青岛	0.01443	51	马鞍山	0.00424	106
常德	0.01438	52	鞍山	0.00396	107
南通	0.01413	53	唐山	0.00384	108
扬州	0.01412	54	包头	0.00348	109
桂林	0.01380	55	石嘴山	0.00257	110

表 A4—9　　　　　　　　　　**110 城市非化石能源消耗比重**

城市名称	%	排名	城市名称	%	排名
西宁	15.30	1	常德	3.80	56
昆明	12.50	2	秦皇岛	3.72	57
上海	11.10	3	温州	3.70	58
宜昌	10.50	4	赤峰	3.70	59
成都	9.10	5	扬州	3.70	60
南宁	8.83	6	株洲	3.60	61
天津	8.71	7	三亚	3.50	62
武汉	8.20	8	宁波	3.50	63
贵阳	7.30	9	青岛	3.50	64
兰州	6.50	10	济南	3.50	65
广州	6.30	11	唐山	3.50	66
柳州	6.00	12	苏州	3.50	67
泸州	6.00	13	邯郸	3.50	68
荆州	6.00	14	合肥	3.50	69
金昌	5.80	15	开封	3.40	70
遵义	5.70	16	重庆	3.36	71
韶关	5.50	17	鞍山	3.30	72
宜宾	5.50	18	泰安	3.30	73
宝鸡	5.00	19	平顶山	3.30	74
北海	5.00	20	包头	3.30	75

城市名称	%	排名	城市名称	%	排名
石家庄	5.00	21	威海	3.20	76
中山	5.00	22	烟台	3.20	77
长春	5.00	23	淄博	3.20	78
银川	5.00	24	潍坊	3.20	79
抚顺	4.70	25	枣庄	3.20	80
哈尔滨	4.70	26	济宁	3.20	81
长沙	4.58	27	焦作	3.20	82
台州	4.50	28	张家界	3.00	83
攀枝花	4.50	29	铜川	3.00	84
泉州	4.50	30	岳阳	3.00	85
吉林	4.50	31	日照	3.00	86
福州	4.50	32	临汾	3.00	87
九江	4.50	33	汕头	3.00	88
绵阳	4.50	34	无锡	3.00	89
厦门	4.50	35	北京	3.00	90
呼和浩特	4.50	36	常州	3.00	91
保定	4.50	37	佛山	3.00	92
连云港	4.30	38	太原	3.00	92
桂林	4.20	39	大庆	3.00	94
杭州	4.20	40	乌鲁木齐	3.00	95
曲靖	4.20	41	郑州	2.80	96
沈阳	4.20	42	湖州	2.70	97
南通	4.20	43	洛阳	2.50	98
齐齐哈尔	4.20	44	长治	2.50	99
西安	4.18	45	咸阳	2.50	100
牡丹江	4.00	46	芜湖	2.50	101
深圳	4.00	47	嘉兴	2.50	102
大连	4.00	48	马鞍山	2.50	103
徐州	4.00	49	阳泉	2.40	104
珠海	4.00	50	海口	2.00	105
湛江	4.00	51	大同	2.00	106
南京	4.00	52	安阳	2.00	107
南昌	4.00	53	石嘴山	2.00	108
绍兴	3.90	54	克拉玛依	1.90	109
湘潭	3.80	55	延安	1.60	110

表 A4—10　　　　　　　　　　110 城市森林覆盖率

城市名称	%	排名	城市名称	%	排名
三亚	68.00	1	枣庄	32.00	56
张家界	67.16	2	临汾	31.40	57
韶关	66.80	3	北海	31.10	58
桂林	66.50	4	汕头	30.00	59
抚顺	66.20	5	呼和浩特	29.90	60
杭州	64.44	6	济南	28.90	61
牡丹江	62.30	7	徐州	28.70	62
台州	62.20	8	唐山	28.70	63
柳州	61.12	9	珠海	28.60	64
株洲	61.10	10	湛江	28.10	65
温州	60.03	11	西宁	28.00	66
攀枝花	58.97	12	长治	26.90	67
泉州	56.70	13	济宁	26.50	68
宜昌	55.30	14	武汉	26.48	69
吉林	55.00	15	无锡	26.20	70
福州	54.90	16	咸阳	26.00	71
绍兴	54.03	17	石家庄	25.70	72
宝鸡	53.78	18	南京	25.00	73
长沙	53.28	19	平顶山	24.98	74
湖州	51.30	20	沈阳	24.00	75
宁波	50.20	21	郑州	24.00	76
九江	50.00	22	阳泉	23.10	77
遵义	48.56	23	北京	23.00	78
泸州	46.80	24	苏州	22.00	79
绵阳	46.70	25	焦作	22.00	80
鞍山	46.40	26	芜湖	21.23	81
湘潭	45.89	27	金昌	20.82	82
昆明	45.05	28	南通	20.00	83
西安	44.99	29	常州	20.00	84
哈尔滨	44.80	30	连云港	19.70	85
常德	44.80	31	大同	19.50	86
铜川	44.80	32	保定	19.27	87
深圳	44.60	33	开封	19.00	88
洛阳	42.82	34	中山	18.50	89

续表

城市名称	%	排名	城市名称	%	排名
南宁	42.15	35	安阳	18.49	90
秦皇岛	41.98	36	佛山	18.20	91
大连	41.50	37	邯郸	18.00	92
贵阳	41.01	38	齐齐哈尔	17.37	92
厦门	41.00	39	嘉兴	17.00	94
宜宾	40.21	40	南昌	16.10	95
威海	39.20	41	合肥	16.10	96
烟台	39.00	42	扬州	16.00	97
海口	38.38	43	荆州	15.20	98
广州	38.20	44	长春	15.20	99
成都	36.80	45	太原	15.00	100
延安	36.60	46	银川	14.00	101
岳阳	36.40	47	包头	12.40	102
曲靖	36.20	48	兰州	12.21	103
青岛	36.10	49	石嘴山	11.80	104
泰安	35.80	50	上海	11.60	105
日照	35.20	51	大庆	10.60	106
重庆	35.00	52	马鞍山	8.44	107
淄博	33.40	53	天津	8.14	108
潍坊	33.00	54	乌鲁木齐	4.89	109
赤峰	32.56	55	克拉玛依	4.00	110

表 A4—11　　　　110 城市每辆公共电汽车人均乘坐次数

城市名称	次/人/辆	排名	城市名称	次/人/辆	排名
海口	1.56769	1	南宁	0.03220	56
三亚	0.38762	2	沈阳	0.03200	57
金昌	0.27682	3	昆明	0.03177	58
克拉玛依	0.25462	4	岳阳	0.03147	59
珠海	0.21321	5	大庆	0.03088	60
阳泉	0.20266	6	西安	0.02976	61
马鞍山	0.18040	7	福州	0.02923	62
铜川	0.15240	8	济南	0.02915	63
攀枝花	0.15182	9	绍兴	0.02868	64

续表

城市名称	次/人/辆	排名	城市名称	次/人/辆	排名
西宁	0.14797	10	烟台	0.02840	65
抚顺	0.12296	11	扬州	0.02794	66
厦门	0.11627	12	武汉	0.02745	67
延安	0.10294	13	南京	0.02735	68
呼和浩特	0.09351	14	苏州	0.02665	69
银川	0.08639	15	杭州	0.02613	70
兰州	0.08622	16	临汾	0.02602	71
宜宾	0.07975	17	曲靖	0.02524	72
乌鲁木齐	0.07823	18	宁波	0.02510	73
张家界	0.07809	19	青岛	0.02504	74
中山	0.07784	20	荆州	0.02493	75
包头	0.07694	21	郑州	0.02457	76
芜湖	0.07347	22	洛阳	0.02453	77
牡丹江	0.07258	23	无锡	0.02446	78
宝鸡	0.06708	24	汕头	0.02369	79
贵阳	0.06414	25	平顶山	0.02320	80
桂林	0.05873	26	嘉兴	0.02294	81
威海	0.05822	27	佛山	0.02196	82
韶关	0.05795	28	哈尔滨	0.02168	83
北海	0.05738	29	泉州	0.02149	84
长沙	0.05430	30	唐山	0.02140	85
吉林	0.05229	31	石嘴山	0.02037	86
太原	0.05018	32	泰安	0.02012	87
大同	0.04899	33	长春	0.01976	88
秦皇岛	0.04778	34	安阳	0.01921	89
日照	0.04771	35	北京	0.01830	90
株洲	0.04673	36	温州	0.01756	91
合肥	0.04668	37	台州	0.01676	92
长治	0.04559	38	南通	0.01647	92
鞍山	0.04415	39	枣庄	0.01630	94
泸州	0.04392	40	淄博	0.01623	95
连云港	0.04373	41	徐州	0.01550	96
九江	0.04150	42	天津	0.01522	97
遵义	0.04116	43	济宁	0.01464	98
南昌	0.04080	44	湛江	0.01451	99

城市名称	次/人/辆	排名	城市名称	次/人/辆	排名
宜昌	0.04062	45	开封	0.01442	100
常州	0.03968	46	湘潭	0.01440	101
绵阳	0.03807	47	潍坊	0.01438	102
赤峰	0.03719	48	成都	0.01411	103
深圳	0.03696	49	上海	0.01196	104
咸阳	0.03661	50	石家庄	0.01157	105
湖州	0.03614	51	邯郸	0.01037	106
广州	0.03540	52	保定	0.00847	107
大连	0.03499	53	重庆	0.00664	108
常德	0.03470	54	齐齐哈尔	0.00016	109
焦作	0.03333	55			

表 A4—12　　　　110 个城市单位居住面积能耗水平（吨/平方米）

城市名称	排名	绝对值	相对值
金昌	1	0.70	1
曲靖	2	2.57	0.995339
保定	3	3.20	0.993768
济宁	4	3.56	0.992887
荆州	5	3.63	0.99272
平顶山	6	3.69	0.992558
张家界	7	3.82	0.992252
临汾	8	3.86	0.992134
咸阳	9	4.35	0.990913
赤峰	10	4.72	0.989994
常德	11	4.85	0.989694
泰安	12	4.90	0.989561
遵义	13	5.23	0.988742
湘潭	14	5.24	0.988718
泉州	15	5.42	0.988255
连云港	16	5.58	0.987869
潍坊	17	5.66	0.987678
长治	18	5.72	0.987511
邯郸	19	5.91	0.987051

城市名称	排名	绝对值	相对值
延安	20	5.92	0.987035
牡丹江	21	6.10	0.986581
洛阳	22	6.27	0.986161
宜宾	23	6.38	0.985895
徐州	24	6.81	0.984803
岳阳	25	6.95	0.984479
九江	26	7.16	0.983938
石家庄	27	7.21	0.983811
泸州	28	7.23	0.983764
南通	29	7.44	0.983248
开封	30	7.56	0.982944
宝鸡	31	7.71	0.982586
枣庄	32	7.91	0.982077
桂林	33	7.98	0.981915
安阳	34	8.28	0.981168
威海	35	8.45	0.980737
焦作	36	8.47	0.980681
嘉兴	37	8.65	0.980237
湛江	38	8.70	0.980128
北海	39	9.06	0.979233
绵阳	40	9.24	0.978774
扬州	41	9.38	0.978423
宜昌	42	9.51	0.978097
日照	43	9.85	0.977267
台州	44	9.98	0.976951
烟台	45	10.51	0.975628
齐齐哈尔	46	10.60	0.975395
唐山	47	11.03	0.974344
韶关	48	11.76	0.972524
湖州	49	11.98	0.971975
株洲	50	11.99	0.971954
鞍山	51	12.93	0.969617
绍兴	52	13.84	0.96735
秦皇岛	53	14.08	0.966758

城市名称	排名	绝对值	相对值
大庆	54	14.36	0.96607
石嘴山	55	14.57	0.965539
柳州	56	14.59	0.96548
攀枝花	57	15.18	0.964037
温州	58	15.37	0.963543
大同	59	16.43	0.960924
南宁	60	18.75	0.95517
长春	61	18.75	0.955161
芜湖	62	18.93	0.954706
哈尔滨	63	19.86	0.952397
南昌	64	20.06	0.951912
重庆	65	20.29	0.95134
马鞍山	66	20.64	0.950455
呼和浩特	67	21.00	0.949572
淄博	68	21.14	0.949233
包头	69	22.63	0.94553
苏州	70	23.09	0.944385
济南	71	24.89	0.939901
无锡	72	25.69	0.937925
宁波	73	25.72	0.937858
大连	74	25.99	0.937165
常州	75	27.28	0.933983
三亚	76	27.95	0.932315
海口	77	28.97	0.929763
沈阳	78	29.10	0.929444
西宁	79	29.15	0.929328
合肥	80	29.39	0.928736
福州	81	29.87	0.927529
郑州	82	31.88	0.922554
西安	83	32.87	0.920093
长沙	84	34.99	0.914819
兰州	85	35.46	0.913661

续表

城市名称	排名	绝对值	相对值
吉林	86	36.92	0.910034
杭州	87	37.92	0.90755
克拉玛依	88	38.53	0.906023
抚顺	89	39.17	0.904452
汕头	90	40.43	0.901323
天津	91	40.62	0.90084
成都	92	40.78	0.900438
武汉	93	41.12	0.899586
青岛	94	42.14	0.89707
昆明	95	43.51	0.893655
佛山	96	47.57	0.88358
南京	97	50.49	0.876322
贵阳	98	50.78	0.875595
太原	99	51.41	0.874042
铜川	100	53.42	0.869041
乌鲁木齐	101	67.51	0.834057
上海	102	68.72	0.831047
阳泉	103	69.64	0.828766
厦门	104	75.29	0.814737
中山	105	76.41	0.811956
北京	106	85.58	0.789173
广州	107	101.12	0.750575
珠海	108	124.27	0.693087
银川	109	187.98	0.534824
深圳	110	403.31	0

表 A4—13   110 个城市水污染物排放强度（吨/万元）

城市名称	排名	绝对值	相对值
三亚	1	0.000044	1
深圳	2	0.000073	0.998681
北京	3	0.000108	0.997088
合肥	4	0.000113	0.996861
厦门	5	0.000113	0.996861

续表

城市名称	排名	绝对值	相对值
抚顺	6	0.000133	0.995951
克拉玛依	7	0.000167	0.994404
贵阳	8	0.000178	0.993904
海口	9	0.000239	0.991128
阳泉	10	0.000242	0.990992
昆明	11	0.000242	0.990992
兰州	12	0.00025	0.990628
上海	13	0.000253	0.990491
大庆	14	0.000264	0.989991
福州	15	0.000281	0.989217
青岛	16	0.000304	0.988171
洛阳	17	0.000331	0.986943
珠海	18	0.000336	0.986715
太原	19	0.000344	0.986351
天津	20	0.000351	0.986033
长沙	21	0.000394	0.984076
沈阳	22	0.000405	0.983576
包头	23	0.000415	0.983121
济南	24	0.000418	0.982985
威海	25	0.000428	0.98253
烟台	26	0.000459	0.981119
宁波	27	0.000467	0.980755
台州	28	0.000468	0.98071
大连	29	0.000471	0.980573
呼和浩特	30	0.000484	0.979982
铜川	31	0.000484	0.979982
广州	32	0.000539	0.97748
邯郸	33	0.000595	0.974932
南京	34	0.000603	0.974568
鞍山	35	0.000638	0.972975
延安	36	0.000661	0.971929
遵义	37	0.0007	0.970155
无锡	38	0.00071	0.9697
马鞍山	39	0.000771	0.966924

城市名称	排名	绝对值	相对值
泰安	40	0.000777	0.966652
济宁	41	0.000782	0.966424
苏州	42	0.000783	0.966379
武汉	43	0.000797	0.965742
连云港	44	0.000801	0.96556
长治	45	0.000844	0.963603
潍坊	46	0.000866	0.962602
曲靖	47	0.000872	0.962329
长春	48	0.00098	0.957416
郑州	49	0.000999	0.956551
中山	50	0.001008	0.956142
绵阳	51	0.001026	0.955323
佛山	52	0.001066	0.953503
乌鲁木齐	53	0.001129	0.950637
临汾	54	0.001162	0.949136
嘉兴	55	0.001167	0.948908
哈尔滨	56	0.001191	0.947816
平顶山	57	0.00121	0.946952
湖州	58	0.001212	0.946861
金昌	59	0.001225	0.946269
徐州	60	0.001234	0.94586
淄博	61	0.001242	0.945496
九江	62	0.001275	0.943995
秦皇岛	63	0.001366	0.939854
扬州	64	0.001386	0.938944
宜昌	65	0.001436	0.93667
常州	66	0.00156	0.931028
唐山	67	0.001572	0.930482
汕头	68	0.001631	0.927798
日照	69	0.001675	0.925796
芜湖	70	0.001721	0.923703
韶关	71	0.001727	0.92343
南通	72	0.001798	0.9202
泉州	73	0.001798	0.9202
赤峰	74	0.00193	0.914195

城市名称	排名	绝对值	相对值
攀枝花	75	0.002121	0.905505
绍兴	76	0.002201	0.901865
成都	77	0.002298	0.897452
桂林	78	0.002419	0.891947
西安	79	0.00249	0.888717
株洲	80	0.002518	0.887443
湛江	81	0.002883	0.870837
温州	82	0.002965	0.867106
齐齐哈尔	83	0.002988	0.86606
石嘴山	84	0.002996	0.865696
保定	85	0.003009	0.865105
重庆	86	0.003019	0.86465
石家庄	87	0.003151	0.858644
南昌	88	0.003193	0.856733
吉林	89	0.00337	0.848681
杭州	90	0.003387	0.847907
枣庄	91	0.003415	0.846633
柳州	92	0.003527	0.841538
咸阳	93	0.003558	0.840127
湘潭	94	0.003846	0.827025
宝鸡	95	0.00433	0.805005
银川	96	0.004366	0.803367
安阳	97	0.004654	0.790264
岳阳	98	0.005025	0.773385
西宁	99	0.005335	0.759281
泸州	100	0.006186	0.720564
大同	101	0.006288	0.715924
焦作	102	0.006907	0.687762
荆州	103	0.00708	0.679891
常德	104	0.007531	0.659372
宜宾	105	0.008279	0.625341
开封	106	0.008842	0.599727
张家界	107	0.010272	0.534668
牡丹江	108	0.01487	0.325478
北海	109	0.017739	0.19495
南宁	110	0.022024	0

表 A4—14　　　　　前 110 个城市大气污染物排放强度（吨/万元）

城市名称	排名	绝对值	相对值
海口	1	0.000075	1
三亚	2	0.000361	0.995698
深圳	3	0.000559	0.992719
青岛	4	0.001241	0.98246
北京	5	0.001326	0.981181
大庆	6	0.001606	0.976969
珠海	7	0.001739	0.974968
延安	8	0.00205	0.97029
长春	9	0.002066	0.970049
上海	10	0.002085	0.969764
广州	11	0.00211	0.969387
厦门	12	0.002247	0.967327
合肥	13	0.002482	0.963791
无锡	14	0.002492	0.963641
抚顺	15	0.002582	0.962287
天津	16	0.00259	0.962167
南京	17	0.003033	0.955503
宁波	18	0.00306	0.955097
苏州	19	0.003221	0.952675
烟台	20	0.003223	0.952645
绍兴	21	0.003362	0.950554
南昌	22	0.003423	0.949636
大连	23	0.003484	0.948718
泉州	24	0.003606	0.946883
杭州	25	0.003641	0.946357
常州	26	0.003643	0.946326
台州	27	0.003819	0.943679
济南	28	0.003931	0.941994
长沙	29	0.004168	0.938429
武汉	30	0.004189	0.938113
沈阳	31	0.004193	0.938053
中山	32	0.00423	0.937496
哈尔滨	33	0.004456	0.934097
宜昌	34	0.004463	0.933991

城市名称	排名	绝对值	相对值
柳州	35	0.004976	0.926274
潍坊	36	0.00502	0.925612
西安	37	0.005055	0.925086
成都	38	0.005152	0.923627
南通	39	0.005421	0.91958
佛山	40	0.005466	0.918903
绵阳	41	0.005605	0.916812
吉林	42	0.005614	0.916677
克拉玛依	43	0.005649	0.91615
芜湖	44	0.005659	0.916
连云港	45	0.006302	0.906327
太原	46	0.006327	0.905951
福州	47	0.00638	0.905154
昆明	48	0.006515	0.903123
嘉兴	49	0.006806	0.898745
威海	50	0.006855	0.898008
温州	51	0.006963	0.896384
日照	52	0.006985	0.896053
扬州	53	0.007016	0.895586
银川	54	0.007096	0.894383
汕头	55	0.007229	0.892382
马鞍山	56	0.007268	0.891796
秦皇岛	57	0.007339	0.890727
济宁	58	0.007465	0.888832
唐山	59	0.007479	0.888621
徐州	60	0.00817	0.878227
淄博	61	0.008217	0.87752
长治	62	0.008272	0.876692
贵阳	63	0.008406	0.874677
邯郸	64	0.008722	0.869923
湖州	65	0.008788	0.86893
保定	66	0.008881	0.867531
石家庄	67	0.009103	0.864192
临汾	68	0.009572	0.857136

城市名称	排名	绝对值	相对值
兰州	69	0.009625	0.856339
泰安	70	0.009699	0.855226
鞍山	71	0.010237	0.847133
岳阳	72	0.010324	0.845824
湛江	73	0.010376	0.845042
荆州	74	0.010972	0.836076
安阳	75	0.01101	0.835505
郑州	76	0.011983	0.820868
株洲	77	0.012005	0.820537
宝鸡	78	0.012393	0.8147
韶关	79	0.012554	0.812278
焦作	80	0.012558	0.812218
湘潭	81	0.012822	0.808247
齐齐哈尔	82	0.012826	0.808186
铜川	83	0.013234	0.802049
遵义	84	0.013607	0.796438
常德	85	0.013814	0.793324
乌鲁木齐	86	0.014064	0.789563
呼和浩特	87	0.014472	0.783426
九江	88	0.01589	0.762095
平顶山	89	0.016702	0.74988
宜宾	90	0.017477	0.738221
包头	91	0.017481	0.738161
重庆	92	0.017644	0.735709
咸阳	93	0.017836	0.732821
枣庄	94	0.017852	0.73258
南宁	95	0.017895	0.731933
曲靖	96	0.018069	0.729316
洛阳	97	0.018088	0.72903
桂林	98	0.018285	0.726067
金昌	99	0.01977	0.703728
西宁	100	0.023488	0.647798
大同	101	0.025201	0.622029
开封	102	0.0271	0.593462

续表

城市名称	排名	绝对值	相对值
泸州	103	0.03442	0.483347
牡丹江	104	0.035852	0.461806
石嘴山	105	0.036496	0.452118
阳泉	106	0.037276	0.440384
攀枝花	107	0.039459	0.407546
北海	108	0.041456	0.377505
张家界	109	0.063728	0.042466
赤峰	110	0.066551	0

五

2008 年中国 110 城市低碳发展指标数据

Appendix 5 The Data of Low Carbon Development Indicators in 110 Selected Chinese Cities in 2008

表 A5—1 　　　　　110 城市 GDP（2005 年不变价）

城市名称	亿元	城市名称	亿元	城市名称	亿元	城市名称	亿元
北京	9592.95	徐州	1826.00	泰安	1312.53	桂林	791.02
天津	5682.07	常州	1950.39	威海	1752.21	北海	291.11
石家庄	2545.97	苏州	6071.69	日照	670.49	海口	422.93
唐山	3022.29	南通	2242.76	郑州	2504.95	三亚	121.18
秦皇岛	702.40	连云港	684.10	开封	591.31	重庆	4552.03
邯郸	1694.49	扬州	1393.22	洛阳	1710.91	成都	3487.12
保定	1474.14	杭州	4244.12	平顶山	859.02	攀枝花	371.95
太原	1253.09	宁波	3505.89	安阳	862.32	泸州	429.15
大同	479.10	温州	2265.01	焦作	890.93	绵阳	656.45
阳泉	277.32	嘉兴	1664.53	武汉	3418.50	宜宾	553.04
长治	560.01	湖州	922.33	宜昌	899.13	贵阳	789.60
临汾	679.29	绍兴	2092.92	荆州	543.15	遵义	578.87
呼和浩特	1177.36	台州	1793.36	长沙	2328.80	昆明	1503.19
包头	1448.48	合肥	1388.21	株洲	769.18	曲靖	646.94
赤峰	578.52	芜湖	623.74	湘潭	545.63	西安	1901.40
沈阳	3323.54	马鞍山	589.58	岳阳	927.48	铜川	107.94
大连	3428.69	福州	2155.68	常德	912.71	宝鸡	622.44

续表

城市名称	亿元	城市名称	亿元	城市名称	亿元	城市名称	亿元
鞍山	1974.76	厦门	1522.70	张家界	160.88	咸阳	640.22
抚顺	604.86	泉州	2473.81	广州	7544.98	延安	571.02
长春	2389.48	南昌	1541.93	韶关	500.99	兰州	796.78
吉林	1015.14	九江	626.00	深圳	7285.19	金昌	168.96
哈尔滨	2669.22	济南	2840.73	珠海	997.89	西宁	312.35
齐齐哈尔	610.52	青岛	4096.36	汕头	906.93	银川	421.82
大庆	1920.66	淄博	2172.75	佛山	3913.97	石嘴山	163.27
牡丹江	442.71	枣庄	968.33	湛江	923.14	乌鲁木齐	862.37
上海	12855.54	烟台	3117.95	中山	1313.47	克拉玛依	516.07
南京	3597.84	潍坊	2246.05	南宁	1116.30		
无锡	4190.91	济宁	1940.86	柳州	806.13		

表 A5—2　　　　　　　　　110 城市单位 GDP 能耗

城市名称	吨标准煤/万元	城市名称	吨标准煤/万元	城市名称	吨标准煤/万元	城市名称	吨标准煤/万元
北京	0.662	徐州	1.227	泰安	1.281	桂林	1.096
天津	0.947	常州	0.934	威海	0.812	北海	1.021
石家庄	1.622	苏州	0.906	日照	1.342	海口	0.779
唐山	2.600	南通	0.730	郑州	1.187	三亚	0.801
秦皇岛	1.299	连云港	0.833	开封	1.117	重庆	1.267
邯郸	2.262	扬州	0.739	洛阳	1.364	成都	0.905
保定	1.060	杭州	0.750	平顶山	2.009	攀枝花	3.299
太原	2.230	宁波	0.840	安阳	2.419	泸州	1.596
大同	2.100	温州	0.650	焦作	1.991	绵阳	1.591
阳泉	2.340	嘉兴	0.860	武汉	1.190	宜宾	1.364
长治	2.930	湖州	1.020	宜昌	1.160	贵阳	1.820
临汾	3.760	绍兴	0.900	荆州	1.690	遵义	1.900
呼和浩特	1.677	台州	0.560	长沙	0.886	昆明	1.282
包头	2.387	合肥	0.980	株洲	1.390	曲靖	1.833
赤峰	1.821	芜湖	1.400	湘潭	1.816	西安	0.873
沈阳	1.046	马鞍山	2.249	岳阳	1.371	铜川	1.930
大连	1.031	福州	0.676	常德	0.997	宝鸡	1.253
鞍山	1.757	厦门	0.600	张家界	0.947	咸阳	1.207
抚顺	3.084	泉州	0.814	广州	0.680	延安	0.642

续表

城市名称	吨标准煤/万元	城市名称	吨标准煤/万元	城市名称	吨标准煤/万元	城市名称	吨标准煤/万元
长春	0.698	南昌	0.906	韶关	1.819	兰州	1.987
吉林	1.815	九江	1.068	深圳	0.544	金昌	1.806
哈尔滨	1.316	济南	1.101	珠海	0.603	西宁	3.705
齐齐哈尔	1.594	青岛	0.821	汕头	0.632	银川	2.154
大庆	1.382	淄博	1.791	佛山	0.802	石嘴山	7.206
牡丹江	1.335	枣庄	1.785	湛江	0.659	乌鲁木齐	2.503
上海	0.801	烟台	0.815	中山	0.673	克拉玛依	1.770
南京	1.178	潍坊	1.187	南宁	0.838		
无锡	0.799	济宁	1.380	柳州	1.951		

表 A5—3　　　　　　　　　　**110 城市 CO_2 的生产力水平**

城市名称	万元/吨 CO_2	城市名称	万元/吨 CO_2	城市名称	万元/吨 CO_2	城市名称	万元/吨 CO_2
北京	0.630	徐州	0.321	泰安	0.307	桂林	0.385
天津	0.456	常州	0.425	威海	0.494	北海	0.401
石家庄	0.242	苏州	0.446	日照	0.292	海口	0.532
唐山	0.148	南通	0.542	郑州	0.329	三亚	0.544
秦皇岛	0.307	连云港	0.481	开封	0.352	重庆	0.320
邯郸	0.170	扬州	0.543	洛阳	0.287	成都	0.504
保定	0.370	杭州	0.538	平顶山	0.194	攀枝花	0.119
太原	0.173	宁波	0.522	安阳	0.165	泸州	0.272
大同	0.179	温州	0.633	焦作	0.197	绵阳	0.259
阳泉	0.170	嘉兴	0.456	武汉	0.366	宜宾	0.313
长治	0.130	湖州	0.388	宜昌	0.370	贵阳	0.225
临汾	0.102	绍兴	0.451	荆州	0.248	遵义	0.209
呼和浩特	0.239	台州	0.736	长沙	0.457	昆明	0.347
包头	0.162	合肥	0.404	株洲	0.284	曲靖	0.221
赤峰	0.213	芜湖	0.279	湘潭	0.216	西安	0.485
沈阳	0.381	马鞍山	0.171	岳阳	0.288	铜川	0.202
大连	0.419	福州	0.594	常德	0.397	宝鸡	0.320
鞍山	0.219	厦门	0.698	张家界	0.424	咸阳	0.332
抚顺	0.131	泉州	0.509	广州	0.635	延安	0.677
长春	0.575	南昌	0.437	韶关	0.227	兰州	0.225
吉林	0.232	九江	0.374	深圳	0.795	金昌	0.219

城市名称	万元/吨 CO_2	城市名称	万元/吨 CO_2	城市名称	万元/吨 CO_2	城市名称	万元/吨 CO_2
哈尔滨	0.307	济南	0.373	珠海	0.714	西宁	0.129
齐齐哈尔	0.251	青岛	0.507	汕头	0.665	银川	0.191
大庆	0.319	淄博	0.228	佛山	0.533	石嘴山	0.053
牡丹江	0.302	枣庄	0.219	湛江	0.678	乌鲁木齐	0.165
上海	0.582	烟台	0.491	中山	0.623	克拉玛依	0.248
南京	0.372	潍坊	0.334	南宁	0.512		
无锡	0.500	济宁	0.282	柳州	0.210		

表 A5—4　　　　　　　　　　110 城市能耗的碳排放强度

城市名称	吨 CO_2/吨标准煤	城市名称	吨 CO_2/吨标准煤	城市名称	吨 CO_2/吨标准煤	城市名称	吨 CO_2/吨标准煤
北京	2.399	徐州	2.541	泰安	2.539	桂林	2.370
天津	2.316	常州	2.518	威海	2.493	北海	2.444
石家庄	2.544	苏州	2.473	日照	2.549	海口	2.412
唐山	2.598	南通	2.527	郑州	2.562	三亚	2.295
秦皇岛	2.507	连云港	2.498	开封	2.541	重庆	2.468
邯郸	2.603	扬州	2.491	洛阳	2.552	成都	2.193
保定	2.551	杭州	2.478	平顶山	2.569	攀枝花	2.538
太原	2.593	宁波	2.280	安阳	2.503	泸州	2.305
大同	2.657	温州	2.430	焦作	2.554	绵阳	2.426
阳泉	2.512	嘉兴	2.549	武汉	2.296	宜宾	2.345
长治	2.627	湖州	2.529	宜昌	2.328	贵阳	2.447
临汾	2.609	绍兴	2.465	荆州	2.385	遵义	2.518
呼和浩特	2.498	台州	2.426	长沙	2.469	昆明	2.249
包头	2.591	合肥	2.523	株洲	2.531	曲靖	2.474
赤峰	2.576	芜湖	2.559	湘潭	2.549	西安	2.364
沈阳	2.511	马鞍山	2.605	岳阳	2.533	铜川	2.570
大连	2.317	福州	2.492	常德	2.526	宝鸡	2.497
鞍山	2.595	厦门	2.389	张家界	2.493	咸阳	2.499
抚顺	2.477	泉州	2.413	广州	2.317	延安	2.300
长春	2.495	南昌	2.529	韶关	2.427	兰州	2.234
吉林	2.372	九江	2.501	深圳	2.311	金昌	2.530
哈尔滨	2.477	济南	2.434	珠海	2.323	西宁	2.092
齐齐哈尔	2.505	青岛	2.404	汕头	2.380	银川	2.430
大庆	2.271	淄博	2.451	佛山	2.339	石嘴山	2.614
牡丹江	2.481	枣庄	2.554	湛江	2.240	乌鲁木齐	2.417

城市名称	吨 CO_2／吨标准煤	城市名称	吨 CO_2／吨标准煤	城市名称	吨 CO_2／吨标准煤	城市名称	吨 CO_2／吨标准煤
上海	2.147	烟台	2.500	中山	2.384	克拉玛依	2.278
南京	2.280	潍坊	2.522	南宁	2.329		
无锡	2.503	济宁	2.566	柳州	2.437		

表 A5—5　　　　　　　　　110 城市能源消费总量

城市名称	万吨标准煤	城市名称	万吨标准煤	城市名称	万吨标准煤	城市名称	万吨标准煤
北京	6350.53	徐州	2240.50	泰安	1681.64	桂林	867.21
天津	5380.92	常州	1821.66	威海	1423.55	北海	297.35
石家庄	4129.57	苏州	5500.95	日照	900.04	海口	329.47
唐山	7857.95	南通	1637.21	郑州	2973.38	三亚	97.06
秦皇岛	912.42	连云港	569.85	开封	660.49	重庆	5767.42
邯郸	3832.94	扬州	1029.59	洛阳	2333.68	成都	3155.84
保定	1562.59	杭州	3183.09	平顶山	1725.78	攀枝花	1227.07
太原	2794.40	宁波	2944.95	安阳	2085.94	泸州	684.93
大同	1006.11	温州	1472.26	焦作	1773.85	绵阳	1044.41
阳泉	648.94	嘉兴	1431.50	武汉	4068.01	宜宾	754.34
长治	1640.84	湖州	940.77	宜昌	1042.99	贵阳	1437.07
临汾	2554.15	绍兴	1883.63	荆州	917.92	遵义	1099.85
呼和浩特	1974.68	台州	1004.28	长沙	2063.32	昆明	1927.09
包头	3457.16	合肥	1360.44	株洲	1069.16	曲靖	1185.85
赤峰	1053.44	芜湖	873.24	湘潭	990.86	西安	1659.92
沈阳	3477.75	马鞍山	1325.79	岳阳	1271.58	铜川	208.33
大连	3534.33	福州	1457.24	常德	909.97	宝鸡	779.92
鞍山	3469.65	厦门	913.62	张家界	152.36	咸阳	772.75
抚顺	1865.51	泉州	2013.68	广州	5130.59	延安	366.60
长春	1666.64	南昌	1396.55	韶关	911.30	兰州	1583.03
吉林	1842.91	九江	668.77	深圳	3963.14	金昌	305.19
哈尔滨	3513.23	济南	3128.26	珠海	601.73	西宁	1157.13
齐齐哈尔	973.10	青岛	3363.55	汕头	573.18	银川	908.44
大庆	2654.15	淄博	3891.72	佛山	3139.00	石嘴山	1176.42
牡丹江	590.98	枣庄	1728.82	湛江	608.35	乌鲁木齐	2158.32
上海	10297.29	烟台	2539.45	中山	883.97	克拉玛依	913.17
南京	4238.25	潍坊	2664.96	南宁	935.55		
无锡	3348.54	济宁	2678.72	柳州	1572.54		

表 A5—6　　　　　　　　　110 城市人均 CO_2 排放量

城市名称	吨/人	城市名称	吨/人	城市名称	吨/人	城市名称	吨/人
北京	8.99	徐州	6.55	泰安	7.83	桂林	3.58
天津	10.60	常州	10.41	威海	12.65	北海	4.61
石家庄	10.67	苏州	11.52	日照	8.06	海口	4.33
唐山	27.47	南通	5.09	郑州	10.25	三亚	3.94
秦皇岛	7.74	连云港	2.88	开封	3.58	重庆	5.01
邯郸	10.75	扬州	5.24	洛阳	9.28	成都	5.45
保定	3.49	杭州	8.44	平顶山	8.85	攀枝花	28.01
太原	20.88	宁波	9.34	安阳	10.01	泸州	3.67
大同	8.41	温州	3.94	焦作	12.54	绵阳	4.69
阳泉	12.35	嘉兴	6.51	武汉	10.43	宜宾	3.33
长治	13.13	湖州	8.30	宜昌	6.01	贵阳	8.93
临汾	15.87	绍兴	9.15	荆州	3.39	遵义	3.68
呼和浩特	18.46	台州	3.51	长沙	7.74	昆明	6.95
包头	35.38	合肥	6.47	株洲	7.29	曲靖	5.07
赤峰	6.24	芜湖	9.03	湘潭	8.59	西安	4.69
沈阳	11.26	马鞍山	26.02	岳阳	5.91	铜川	6.38
大连	13.36	福州	5.32	常德	3.72	宝鸡	5.18
鞍山	24.28	厦门	8.77	张家界	2.32	咸阳	13.04
抚顺	20.52	泉州	6.24	广州	11.68	延安	3.93
长春	5.38	南昌	7.65	韶关	6.47	兰州	10.35
吉林	9.90	九江	3.52	深圳	10.45	金昌	15.87
哈尔滨	8.64	济南	11.49	珠海	9.44	西宁	11.11
齐齐哈尔	4.28	青岛	9.56	汕头	2.69	银川	12.58
大庆	21.75	淄博	21.17	佛山	12.33	石嘴山	41.31
牡丹江	5.23	枣庄	12.05	湛江	1.97	乌鲁木齐	19.11
上海	11.71	烟台	9.04	中山	8.39	克拉玛依	41.63
南京	12.73	潍坊	7.56	南宁	3.11		
无锡	13.73	济宁	8.63	柳州	10.33		

表 A5—7　　　　　　　　　110 城市居民低碳消费系数

城市	%	城市	%	城市	%	城市	%
北京	29.76	徐州	17.45	泰安	19.69	桂林	17.03
天津	21.08	常州	22.07	威海	18.32	北海	11.47
石家庄	21.86	苏州	20.12	日照	18.62	海口	16.79
唐山	22.03	南通	26.66	郑州	20.16	三亚	18.13
秦皇岛	25.13	连云港	20.34	开封	16.28	重庆	20.04
邯郸	17.80	扬州	24.60	洛阳	22.56	成都	17.96
保定	21.22	杭州	17.43	平顶山	20.47	攀枝花	16.38
太原	24.03	宁波	19.85	安阳	23.22	泸州	24.75
大同	22.02	温州	20.65	焦作	18.91	绵阳	6.57
阳泉	21.66	嘉兴	13.39	武汉	17.69	宜宾	7.77
长治	17.76	湖州	19.87	宜昌	18.60	贵阳	17.75
临汾	15.63	绍兴	23.28	荆州	19.53	遵义	19.27
呼和浩特	23.15	台州	21.06	长沙	20.19	昆明	16.49
包头	22.31	合肥	18.43	株洲	22.48	曲靖	16.32
赤峰	19.62	芜湖	20.19	湘潭	19.99	西安	23.57
沈阳	18.86	马鞍山	21.19	岳阳	20.94	铜川	19.45
大连	18.12	福州	16.26	常德	15.80	宝鸡	21.35
鞍山	21.22	厦门	15.77	张家界	19.65	咸阳	26.14
抚顺	21.21	泉州	15.43	广州	22.80	延安	21.36
长春	22.46	南昌	19.06	韶关	24.48	兰州	21.09
吉林	28.06	九江	13.10	深圳	17.10	金昌	25.63
哈尔滨	21.36	济南	21.28	珠海	24.69	西宁	18.57
齐齐哈尔	20.33	青岛	17.34	汕头	24.79	银川	18.52
大庆	19.44	淄博	26.21	佛山	24.71	石嘴山	15.17
牡丹江	25.53	枣庄	19.01	湛江	18.80	乌鲁木齐	18.93
上海	18.71	烟台	19.67	中山	15.63	克拉玛依	20.61
南京	24.50	潍坊	21.36	南宁	17.61		
无锡	20.14	济宁	19.72	柳州	15.80		

表 A5—8　　　　　　　　　110 城市单位碳排放就业岗位贡献数

城市	个岗位/万吨	城市	个岗位/万吨	城市	个岗位/万吨	城市	个岗位/万吨
北京	365.8	徐州	107.6	泰安	117.9	桂林	149.4
天津	160.8	常州	79.6	威海	106.5	北海	138.7
石家庄	81.5	苏州	90.1	日照	82.0	海口	364.2
唐山	38.0	南通	146.2	郑州	131.3	三亚	257.6
秦皇岛	123.3	连云港	233.2	开封	162.9	重庆	165.6
邯郸	56.9	扬州	143.8	洛阳	87.9	成都	223.0
保定	163.9	杭州	220.1	平顶山	108.1	攀枝花	56.9
太原	110.9	宁波	161.0	安阳	82.6	泸州	160.2
大同	174.9	温州	287.0	焦作	74.3	绵阳	131.3
阳泉	132.6	嘉兴	201.3	武汉	192.6	宜宾	179.2
长治	82.2	湖州	130.0	宜昌	155.5	贵阳	193.4
临汾	54.1	绍兴	168.9	荆州	168.2	遵义	109.1
呼和浩特	62.7	台州	224.1	长沙	164.1	昆明	224.0
包头	37.1	合肥	142.4	株洲	115.7	曲靖	100.5
赤峰	117.2	芜湖	107.1	湘潭	113.6	西安	321.4
沈阳	117.8	马鞍山	44.1	岳阳	123.1	铜川	169.9
大连	114.2	福州	262.3	常德	140.7	宝鸡	157.4
鞍山	55.4	厦门	382.5	张家界	194.3	咸阳	187.5
抚顺	63.2	泉州	254.5	广州	205.0	延安	258.8
长春	233.3	南昌	181.1	韶关	135.1	兰州	146.1
吉林	77.4	九江	195.7	深圳	219.3	金昌	97.3
哈尔滨	170.3	济南	158.2	珠海	416.2	西宁	92.7
齐齐哈尔	181.7	青岛	160.0	汕头	229.4	银川	130.3
大庆	90.6	淄博	59.9	佛山	77.1	石嘴山	25.7
牡丹江	174.0	枣庄	77.9	湛江	297.5	乌鲁木齐	89.9
上海	168.4	烟台	138.1	中山	125.3	克拉玛依	79.2
南京	110.9	潍坊	103.8	南宁	327.6		
无锡	77.2	济宁	88.9	柳州	90.9		

表 A5—9　　　　　　　　　110 城市非化石能源消耗比重

城市	%	城市	%	城市	%	城市	%
北京	4.00	徐州	3.50	泰安	2.00	桂林	2.15
天津	4.71	常州	2.60	威海	2.20	北海	5.50
石家庄	4.00	苏州	3.20	日照	4.00	海口	1.50
唐山	3.00	南通	2.90	郑州	2.30	三亚	4.70
秦皇岛	3.00	连云港	8.00	开封	3.20	重庆	11.73
邯郸	3.00	扬州	3.60	洛阳	2.00	成都	16.20
保定	3.70	杭州	8.10	平顶山	4.60	攀枝花	4.40
太原	3.00	宁波	1.30	安阳	1.80	泸州	3.50
大同	1.50	温州	3.50	焦作	7.50	绵阳	4.00
阳泉	3.00	嘉兴	2.00	武汉	16.90	宜宾	5.00
长治	2.50	湖州	2.30	宜昌	20.36	贵阳	9.00
临汾	2.50	绍兴	3.70	荆州	6.00	遵义	4.70
呼和浩特	5.00	台州	4.00	长沙	4.28	昆明	19.00
包头	4.00	合肥	4.00	株洲	3.40	曲靖	4.00
赤峰	5.00	芜湖	3.00	湘潭	3.80	西安	3.60
沈阳	4.60	马鞍山	2.00	岳阳	3.00	铜川	2.80
大连	2.98	福州	4.90	常德	3.60	宝鸡	4.90
鞍山	8.00	厦门	8.00	张家界	2.70	咸阳	0.70
抚顺	10.00	泉州	4.00	广州	13.00	延安	1.40
长春	10.00	南昌	5.60	韶关	9.00	兰州	6.00
吉林	4.00	九江	3.40	深圳	4.50	金昌	5.60
哈尔滨	5.00	济南	4.00	珠海	8.00	西宁	20.00
齐齐哈尔	5.00	青岛	4.00	汕头	3.00	银川	4.50
大庆	1.70	淄博	2.50	佛山	5.00	石嘴山	1.50
牡丹江	4.70	枣庄	2.00	湛江	6.50	乌鲁木齐	0.40
上海	11.10	烟台	4.00	中山	10.00	克拉玛依	1.70
南京	3.80	潍坊	4.00	南宁	18.00		
无锡	2.50	济宁	3.00	柳州	8.00		

表 A5—10　　　　　　　　110 城市森林覆盖率

城市名称	%	城市名称	%	城市名称	%	城市名称	%
北京	21.50	徐州	27.70	泰安	34.40	桂林	58.00
天津	8.30	常州	20.00	威海	38.20	北海	28.89
石家庄	26.92	苏州	20.30	日照	34.20	海口	37.00
唐山	24.35	南通	16.80	郑州	23.30	三亚	64.40
秦皇岛	41.98	连云港	18.05	开封	15.60	重庆	34.00
邯郸	11.60	扬州	17.60	洛阳	32.82	成都	36.80
保定	20.00	杭州	64.35	平顶山	23.00	攀枝花	58.97
太原	15.00	宁波	50.50	安阳	15.00	泸州	38.40
大同	8.00	温州	59.60	焦作	13.50	绵阳	45.70
阳泉	25.25	嘉兴	16.80	武汉	25.12	宜宾	39.01
长治	26.90	湖州	50.90	宜昌	55.30	贵阳	39.93
临汾	29.50	绍兴	54.03	荆州	15.00	遵义	40.00
呼和浩特	20.00	台州	62.20	长沙	52.25	昆明	45.00
包头	10.00	合肥	15.80	株洲	60.63	曲靖	36.20
赤峰	24.00	芜湖	20.00	湘潭	45.01	西安	44.99
沈阳	24.00	马鞍山	8.30	岳阳	36.00	铜川	43.90
大连	41.50	福州	54.90	常德	43.80	宝鸡	50.00
鞍山	46.40	厦门	43.00	张家界	67.50	咸阳	23.50
抚顺	66.20	泉州	58.70	广州	38.30	延安	37.00
长春	15.00	南昌	16.10	韶关	66.10	兰州	12.21
吉林	54.00	九江	52.00	深圳	45.00	金昌	20.82
哈尔滨	44.60	济南	27.80	珠海	30.00	西宁	27.00
齐齐哈尔	13.37	青岛	35.37	汕头	30.00	银川	12.00
大庆	10.40	淄博	32.40	佛山	18.00	石嘴山	11.00
牡丹江	62.30	枣庄	31.00	湛江	27.70	乌鲁木齐	2.94
上海	11.60	烟台	38.00	中山	17.00	克拉玛依	2.50
南京	23.00	潍坊	30.60	南宁	42.15		
无锡	22.00	济宁	26.00	柳州	55.00		

表 A5—11　　　　　　　110 城市每辆公共电汽车人均乘坐次数

城市名称	次/万人/辆	城市名称	次/万人/辆	城市名称	次/万人/辆	城市名称	次/万人/辆
北京	152	徐州	328	泰安	700	桂林	1288
天津	157	常州	695	威海	908	北海	1931
石家庄	354	苏州	473	日照	919	海口	23735
唐山	309	南通	472	郑州	374	三亚	1536
秦皇岛	1189	连云港	981	开封	851	重庆	126
邯郸	316	扬州	623	洛阳	875	成都	518
保定	546	杭州	348	平顶山	412	攀枝花	2362
太原	666	宁波	748	安阳	810	泸州	1279
大同	1208	温州	318	焦作	1215	绵阳	1548
阳泉	3002	嘉兴	708	武汉	377	宜宾	2469
长治	1530	湖州	606	宜昌	705	贵阳	948
临汾	758	绍兴	543	荆州	950	遵义	1202
呼和浩特	1067	台州	242	长沙	836	昆明	439
包头	793	合肥	1030	株洲	1098	曲靖	930
赤峰	1155	芜湖	1373	湘潭	809	西安	637
沈阳	364	马鞍山	2870	岳阳	797	铜川	1700
大连	497	福州	531	常德	820	宝鸡	2305
鞍山	941	厦门	2039	张家界	2184	咸阳	1807
抚顺	1920	泉州	382	广州	364	延安	8283
长春	500	南昌	529	韶关	1492	兰州	1281
吉林	967	九江	807	深圳	802	金昌	2873
哈尔滨	395	济南	420	珠海	2329	西宁	2681
齐齐哈尔	297	青岛	378	汕头	393	银川	1514
大庆	663	淄博	356	佛山	141	石嘴山	1858
牡丹江	981	枣庄	483	湛江	359	乌鲁木齐	1128
上海	96	烟台	539	中山	1374	克拉玛依	2917
南京	667	潍坊	562	南宁	725		
无锡	237	济宁	480	柳州	1280		

表 A5—12　　　　　　　110 城市单位居住面积能耗水平（标准煤）

城市名称	千克/平方米	城市名称	千克/平方米	城市名称	千克/平方米	城市名称	千克/平方米
北京	8.731	徐州	1.163	泰安	1.306	桂林	1.697
天津	3.811	常州	4.434	威海	2.152	北海	3.039
石家庄	2.420	苏州	2.620	日照	3.131	海口	3.901
唐山	3.493	南通	1.591	郑州	4.606	三亚	6.896
秦皇岛	3.987	连云港	1.567	开封	4.709	重庆	4.631
邯郸	1.092	扬州	1.925	洛阳	1.697	成都	8.495
保定	1.270	杭州	6.548	平顶山	0.715	攀枝花	6.959
太原	3.756	宁波	6.843	安阳	3.004	泸州	2.752
大同	3.520	温州	2.556	焦作	3.784	绵阳	3.007
阳泉	10.417	嘉兴	1.692	武汉	5.141	宜宾	2.120
长治	1.149	湖州	1.641	宜昌	2.318	贵阳	11.560
临汾	4.732	绍兴	1.623	荆州	2.503	遵义	2.012
呼和浩特	3.560	台州	0.826	长沙	5.027	昆明	9.121
包头	5.733	合肥	8.113	株洲	2.686	曲靖	0.000
赤峰	0.779	芜湖	5.011	湘潭	2.377	西安	6.499
沈阳	4.566	马鞍山	3.202	岳阳	1.579	铜川	4.180
大连	7.514	福州	3.762	常德	1.586	宝鸡	2.881
鞍山	3.058	厦门	8.935	张家界	0.458	咸阳	1.706
抚顺	10.243	泉州	0.922	广州	8.770	延安	2.327
长春	3.467	南昌	2.382	韶关	3.825	兰州	4.034
吉林	2.738	九江	2.252	深圳	23.085	金昌	0.000
哈尔滨	2.687	济南	4.905	珠海	5.366	西宁	4.923
齐齐哈尔	2.770	青岛	3.791	汕头	5.811	银川	11.732
大庆	4.913	淄博	7.404	佛山	5.863	石嘴山	3.129
牡丹江	1.531	枣庄	2.774	湛江	2.732	乌鲁木齐	10.914
上海	7.307	烟台	1.959	中山	12.435	克拉玛依	7.307
南京	4.978	潍坊	1.506	南宁	4.531		
无锡	5.153	济宁	1.251	柳州	3.459		

表 A5—13 110 城市工业废水 COD 排放强度

城市名称	千克 COD/万元	城市名称	千克 COD/万元	城市名称	千克 COD/万元	城市名称	千克 COD/万元
北京	0.125	徐州	1.262	泰安	0.713	桂林	2.177
天津	0.418	常州	1.828	威海	0.460	北海	23.153
石家庄	3.642	苏州	1.013	日照	1.707	海口	0.275
唐山	1.817	南通	1.884	郑州	1.141	三亚	0.123
秦皇岛	1.123	连云港	0.800	开封	12.284	重庆	3.258
邯郸	0.806	扬州	1.801	洛阳	0.423	成都	3.728
保定	3.025	杭州	3.125	平顶山	1.361	攀枝花	1.147
太原	0.290	宁波	0.419	安阳	4.608	泸州	7.869
大同	6.089	温州	3.422	焦作	6.734	绵阳	0.941
阳泉	0.302	嘉兴	1.260	武汉	0.876	宜宾	6.801
长治	0.940	湖州	1.329	宜昌	1.565	贵阳	0.272
临汾	1.059	绍兴	2.260	荆州	10.151	遵义	0.725
呼和浩特	0.843	台州	0.550	长沙	0.503	昆明	0.317
包头	0.410	合肥	0.308	株洲	2.867	曲靖	0.813
赤峰	2.491	芜湖	1.711	湘潭	5.273	西安	3.236
沈阳	0.295	马鞍山	0.668	岳阳	5.692	铜川	0.534
大连	0.403	福州	0.502	常德	12.052	宝鸡	4.211
鞍山	0.511	厦门	0.146	张家界	6.081	咸阳	3.704
抚顺	0.452	泉州	2.335	广州	0.445	延安	1.446
长春	0.841	南昌	3.221	韶关	1.567	兰州	0.306
吉林	2.303	九江	1.180	深圳	0.147	金昌	1.582
哈尔滨	1.223	济南	0.352	珠海	0.364	西宁	3.556
齐齐哈尔	4.110	青岛	0.277	汕头	1.577	银川	3.803
大庆	0.449	淄博	1.100	佛山	0.999	石嘴山	3.341
牡丹江	10.058	枣庄	3.614	湛江	2.180	乌鲁木齐	1.048
上海	0.204	烟台	0.656	中山	1.128	克拉玛依	0.181
南京	0.613	潍坊	0.864	南宁	22.612		
无锡	0.787	济宁	0.661	柳州	4.699		

表 A5—14　　　　　　110 城市工业废气 SO_2 物排放强度

城市名称	千克SO_2/万元	城市名称	千克SO_2/万元	城市名称	千克SO_2/万元	城市名称	千克SO_2/万元
北京	1.466	徐州	13.110	泰安	11.469	桂林	13.518
天津	3.148	常州	4.279	威海	8.665	北海	59.800
石家庄	11.671	苏州	4.012	日照	6.479	海口	0.150
唐山	7.784	南通	6.674	郑州	14.450	三亚	0.280
秦皇岛	8.627	连云港	8.069	开封	14.647	重庆	20.188
邯郸	11.075	扬州	8.664	洛阳	22.411	成都	6.374
保定	9.179	杭州	3.207	平顶山	16.353	攀枝花	21.753
太原	6.145	宁波	3.442	安阳	11.792	泸州	26.133
大同	22.119	温州	6.675	焦作	15.839	绵阳	6.603
阳泉	46.119	嘉兴	8.624	武汉	4.240	宜宾	20.002
长治	10.869	湖州	8.507	宜昌	4.937	贵阳	11.108
临汾	9.121	绍兴	3.689	荆州	14.901	遵义	24.057
呼和浩特	15.102	台州	6.334	长沙	6.128	昆明	7.124
包头	15.392	合肥	2.906	株洲	12.985	曲靖	13.526
赤峰	86.530	芜湖	7.186	湘潭	15.627	西安	7.433
沈阳	2.977	马鞍山	5.815	岳阳	11.887	铜川	14.661
大连	4.246	福州	7.805	常德	15.378	宝鸡	12.715
鞍山	8.118	厦门	2.207	张家界	35.072	咸阳	21.820
抚顺	6.491	泉州	4.854	广州	2.314	延安	3.868
长春	2.478	南昌	3.849	韶关	14.582	兰州	9.977
吉林	4.727	九江	19.178	深圳	1.095	金昌	20.657
哈尔滨	3.999	济南	4.119	珠海	1.867	西宁	19.339
齐齐哈尔	15.094	青岛	2.403	汕头	9.954	银川	4.806
大庆	1.827	淄博	8.726	佛山	6.064	石嘴山	49.860
牡丹江	27.838	枣庄	20.886	湛江	7.494	乌鲁木齐	16.468
上海	2.195	烟台	4.851	中山	5.164	克拉玛依	3.109
南京	3.258	潍坊	5.437	南宁	17.258		
无锡	2.618	济宁	8.259	柳州	5.653		

六

2008 年 110 城市低碳发展排位比较

The Order of 110 Selected Chinese Cities for

Low-Carbon Development in 2008

表 A6—1　　　　　　　　110 城市 GDP 总量（2005 年不变价）排位

城市名称	排名	亿元	相对值	城市名称	排名	亿元	相对值
上海	1	12855.54	1.000	吉林	56	1015.14	0.071
北京	2	9592.95	0.744	珠海	57	997.89	0.070
广州	3	7544.98	0.583	枣庄	58	968.33	0.067
深圳	4	7285.19	0.563	岳阳	59	927.48	0.064
苏州	5	6071.69	0.468	湛江	60	923.14	0.064
天津	6	5682.06	0.437	湖州	61	922.33	0.064
重庆	7	4552.02	0.349	常德	62	912.71	0.063
杭州	8	4244.12	0.324	汕头	63	906.93	0.063
无锡	9	4190.91	0.320	宜昌	64	899.13	0.062
青岛	10	4096.36	0.313	焦作	65	890.93	0.061
佛山	11	3913.97	0.299	乌鲁木齐	66	862.37	0.059
南京	12	3597.84	0.274	安阳	67	862.31	0.059
宁波	13	3505.89	0.267	平顶山	68	859.02	0.059
成都	14	3487.12	0.265	柳州	69	806.13	0.055
大连	15	3428.69	0.260	兰州	70	796.78	0.054
武汉	16	3418.50	0.260	桂林	71	791.02	0.054
沈阳	17	3323.54	0.252	贵阳	72	789.60	0.053

城市名称	排名	亿元	相对值	城市名称	排名	亿元	相对值
烟台	18	3117.95	0.236	株洲	73	769.18	0.052
唐山	19	3022.29	0.229	秦皇岛	74	702.40	0.047
济南	20	2840.73	0.214	连云港	75	684.09	0.045
哈尔滨	21	2669.22	0.201	临汾	76	679.29	0.045
石家庄	22	2545.97	0.191	日照	77	670.48	0.044
郑州	23	2504.95	0.188	绵阳	78	656.45	0.043
泉州	24	2473.81	0.186	曲靖	79	646.94	0.042
长春	25	2389.48	0.179	咸阳	80	640.22	0.042
长沙	26	2328.80	0.174	九江	81	626.00	0.041
温州	27	2265.01	0.169	芜湖	82	623.74	0.040
潍坊	28	2246.05	0.168	宝鸡	83	622.44	0.040
南通	29	2242.76	0.167	齐齐哈尔	84	610.52	0.039
淄博	30	2172.75	0.162	抚顺	85	604.86	0.039
福州	31	2155.67	0.161	开封	86	591.31	0.038
绍兴	32	2092.92	0.156	马鞍山	87	589.58	0.038
鞍山	33	1974.76	0.146	遵义	88	578.87	0.037
常州	34	1950.39	0.145	赤峰	89	578.52	0.037
济宁	35	1940.86	0.144	延安	90	571.02	0.036
大庆	36	1920.66	0.142	长治	91	560.01	0.035
西安	37	1901.40	0.141	宜宾	92	553.04	0.035
徐州	38	1826.00	0.135	湘潭	93	545.63	0.034
台州	39	1793.36	0.132	荆州	94	543.15	0.034
威海	40	1752.21	0.129	克拉玛依	95	516.07	0.032
洛阳	41	1710.91	0.126	韶关	96	500.99	0.031
邯郸	42	1694.49	0.124	大同	97	479.10	0.029
嘉兴	43	1664.53	0.122	牡丹江	98	442.71	0.026
南昌	44	1541.93	0.112	泸州	99	429.15	0.025
厦门	45	1522.70	0.111	海口	100	422.93	0.025
昆明	46	1503.19	0.109	银川	101	421.82	0.025
保定	47	1474.14	0.107	攀枝花	102	371.95	0.021
包头	48	1448.48	0.105	西宁	103	312.34	0.016
扬州	49	1393.22	0.101	北海	104	291.11	0.014
合肥	50	1388.21	0.100	阳泉	105	277.32	0.013
中山	51	1313.47	0.095	金昌	106	168.96	0.005
泰安	52	1312.53	0.094	石嘴山	107	163.27	0.004
太原	53	1253.09	0.090	张家界	108	160.88	0.004
呼和浩特	54	1177.36	0.084	三亚	109	121.18	0.001
南宁	55	1116.30	0.079	铜川	110	107.94	0.000

表 A6—2　　　　　　　　　110 城市单位 GDP 能耗排位

城市名称	排名	吨标准煤/万元	相对值	城市名称	排名	吨标准煤/万元	相对值
深圳	1	0.544	1.000	徐州	56	1.227	0.897
台州	2	0.560	0.998	宝鸡	57	1.253	0.894
厦门	3	0.600	0.992	重庆	58	1.267	0.891
珠海	4	0.603	0.991	泰安	59	1.281	0.889
汕头	5	0.632	0.987	昆明	60	1.282	0.889
延安	6	0.642	0.985	秦皇岛	61	1.299	0.887
温州	7	0.650	0.984	哈尔滨	62	1.316	0.884
湛江	8	0.659	0.983	牡丹江	63	1.335	0.881
北京	9	0.662	0.982	日照	64	1.342	0.880
中山	10	0.673	0.981	洛阳	65	1.364	0.877
福州	11	0.676	0.980	宜宾	65	1.364	0.877
广州	12	0.680	0.980	岳阳	67	1.371	0.876
长春	13	0.697	0.977	济宁	68	1.380	0.874
南通	14	0.730	0.972	大庆	69	1.382	0.874
扬州	15	0.739	0.971	株洲	70	1.390	0.873
杭州	16	0.750	0.969	芜湖	71	1.400	0.872
海口	17	0.779	0.965	绵阳	72	1.591	0.843
无锡	18	0.799	0.962	齐齐哈尔	73	1.594	0.842
上海	19	0.801	0.961	泸州	74	1.596	0.842
三亚	19	0.801	0.961	石家庄	75	1.622	0.838
佛山	21	0.802	0.961	呼和浩特	76	1.677	0.830
威海	22	0.812	0.960	荆州	77	1.690	0.828
泉州	23	0.814	0.959	鞍山	78	1.757	0.818
烟台	23	0.814	0.959	克拉玛依	79	1.769	0.816
青岛	25	0.821	0.958	枣庄	80	1.785	0.814
连云港	26	0.833	0.957	淄博	81	1.791	0.813
南宁	27	0.838	0.956	金昌	82	1.806	0.811
宁波	28	0.840	0.956	吉林	83	1.815	0.809
嘉兴	29	0.860	0.953	湘潭	84	1.816	0.809
西安	30	0.873	0.951	韶关	85	1.819	0.809
长沙	31	0.886	0.949	贵阳	86	1.820	0.808
绍兴	32	0.900	0.947	赤峰	87	1.821	0.808
成都	33	0.905	0.946	曲靖	88	1.833	0.807
南昌	34	0.906	0.946	遵义	89	1.900	0.796

城市名称	排名	吨标准煤/万元	相对值	城市名称	排名	吨标准煤/万元	相对值
苏州	34	0.906	0.946	铜川	90	1.930	0.792
常州	36	0.934	0.941	柳州	91	1.951	0.789
天津	37	0.947	0.940	兰州	92	1.987	0.783
张家界	37	0.947	0.940	焦作	93	1.991	0.783
合肥	39	0.980	0.935	平顶山	94	2.009	0.780
常德	40	0.997	0.932	大同	95	2.100	0.766
湖州	41	1.020	0.929	银川	96	2.154	0.758
北海	42	1.021	0.928	太原	97	2.230	0.747
大连	43	1.031	0.927	马鞍山	98	2.249	0.744
沈阳	44	1.046	0.925	邯郸	99	2.262	0.742
保定	45	1.060	0.923	阳泉	100	2.340	0.730
九江	46	1.068	0.921	包头	101	2.387	0.723
桂林	47	1.096	0.917	安阳	102	2.419	0.719
济南	48	1.101	0.916	乌鲁木齐	103	2.503	0.706
开封	49	1.117	0.914	唐山	104	2.600	0.691
宜昌	50	1.160	0.908	长治	105	2.930	0.642
南京	51	1.178	0.905	抚顺	106	3.084	0.619
潍坊	52	1.187	0.904	攀枝花	107	3.299	0.586
郑州	52	1.187	0.903	西宁	108	3.705	0.526
武汉	54	1.190	0.903	临汾	109	3.760	0.517
咸阳	55	1.207	0.900	石嘴山	110	7.206	0.000

表 A6—3   **110 城市 CO_2 生产力水平排位**

城市名称	排名	万元/吨 CO_2	相对值	城市名称	排名	万元/吨 CO_2	相对值
深圳	1	0.795	1.000	郑州	56	0.329	0.371
台州	2	0.736	0.920	徐州	57	0.321	0.361
珠海	3	0.714	0.890	重庆	58	0.320	0.359
厦门	4	0.698	0.868	宝鸡	58	0.320	0.359
湛江	5	0.677	0.841	大庆	60	0.319	0.358
延安	5	0.677	0.841	宜宾	61	0.313	0.350
汕头	7	0.665	0.824	泰安	62	0.307	0.343
广州	8	0.635	0.784	秦皇岛	62	0.307	0.342
温州	9	0.633	0.781	哈尔滨	62	0.307	0.342

续表

城市名称	排名	万元/吨 CO_2	相对值	城市名称	排名	万元/吨 CO_2	相对值
北京	10	0.630	0.777	牡丹江	65	0.302	0.335
中山	11	0.623	0.768	日照	66	0.292	0.322
福州	12	0.594	0.728	岳阳	67	0.288	0.316
上海	13	0.581	0.712	洛阳	68	0.287	0.316
长春	14	0.575	0.703	株洲	69	0.284	0.311
三亚	15	0.544	0.661	济宁	70	0.282	0.309
扬州	16	0.543	0.660	芜湖	71	0.279	0.305
南通	17	0.542	0.659	泸州	72	0.272	0.295
杭州	18	0.538	0.654	绵阳	73	0.259	0.277
佛山	19	0.533	0.647	齐齐哈尔	74	0.251	0.266
海口	20	0.532	0.646	荆州	75	0.248	0.263
宁波	21	0.522	0.632	克拉玛依	75	0.248	0.263
南宁	22	0.512	0.619	石家庄	77	0.242	0.255
泉州	23	0.509	0.614	呼和浩特	78	0.239	0.250
青岛	24	0.507	0.611	吉林	79	0.232	0.241
成都	25	0.504	0.607	淄博	80	0.228	0.235
无锡	26	0.500	0.602	韶关	81	0.227	0.234
威海	27	0.494	0.594	兰州	82	0.225	0.231
烟台	28	0.491	0.590	贵阳	82	0.225	0.231
西安	29	0.485	0.581	曲靖	84	0.221	0.226
连云港	30	0.481	0.576	鞍山	85	0.219	0.224
长沙	31	0.457	0.544	枣庄	85	0.219	0.224
嘉兴	32	0.456	0.543	金昌	85	0.219	0.224
天津	32	0.456	0.543	湘潭	88	0.216	0.220
绍兴	34	0.451	0.536	赤峰	89	0.213	0.216
苏州	35	0.446	0.530	柳州	90	0.210	0.212
南昌	36	0.437	0.517	遵义	91	0.209	0.210
常州	37	0.425	0.501	铜川	92	0.202	0.200
张家界	38	0.424	0.499	焦作	93	0.197	0.193
大连	39	0.419	0.493	平顶山	94	0.194	0.190
合肥	40	0.404	0.473	银川	95	0.191	0.186
北海	41	0.401	0.468	大同	96	0.179	0.170
常德	42	0.397	0.463	太原	97	0.173	0.161
湖州	43	0.388	0.451	马鞍山	98	0.171	0.158

城市名称	排名	万元/吨 CO_2	相对值	城市名称	排名	万元/吨 CO_2	相对值
桂林	44	0.385	0.447	阳泉	99	0.170	0.158
沈阳	45	0.381	0.441	邯郸	99	0.170	0.157
九江	46	0.374	0.433	乌鲁木齐	101	0.165	0.151
济南	47	0.373	0.431	安阳	101	0.165	0.151
南京	48	0.372	0.430	包头	103	0.162	0.146
宜昌	49	0.370	0.427	唐山	104	0.148	0.128
保定	49	0.370	0.427	抚顺	105	0.131	0.105
武汉	51	0.366	0.421	长治	106	0.130	0.103
开封	52	0.352	0.403	西宁	107	0.129	0.102
昆明	53	0.347	0.396	攀枝花	108	0.119	0.089
潍坊	54	0.334	0.379	临汾	109	0.102	0.066
咸阳	55	0.332	0.375	石嘴山	110	0.053	0.000

表 A6—4　　　　　　　　110 城市能耗的碳排放强度排位

城市名称	排名	吨 CO_2/吨标准煤	相对值	城市名称	排名	吨 CO_2/吨标准煤	相对值
西宁	1	2.092	1.000	福州	56	2.492	0.291
上海	2	2.147	0.902	张家界	57	2.493	0.290
成都	3	2.193	0.820	威海	57	2.493	0.290
兰州	4	2.234	0.749	长春	59	2.495	0.287
湛江	5	2.240	0.738	宝鸡	60	2.497	0.283
昆明	6	2.249	0.722	呼和浩特	61	2.498	0.281
大庆	7	2.271	0.682	连云港	61	2.498	0.281
克拉玛依	8	2.278	0.670	咸阳	63	2.499	0.279
宁波	9	2.280	0.667	烟台	63	2.499	0.278
南京	9	2.280	0.667	九江	65	2.501	0.276
三亚	11	2.295	0.639	安阳	66	2.503	0.273
武汉	12	2.296	0.638	无锡	66	2.503	0.272
延安	13	2.300	0.631	齐齐哈尔	68	2.504	0.269
泸州	14	2.305	0.622	秦皇岛	69	2.507	0.265
深圳	15	2.311	0.612	沈阳	70	2.511	0.257
天津	16	2.316	0.603	阳泉	71	2.512	0.257
大连	17	2.317	0.602	遵义	72	2.517	0.246
广州	17	2.317	0.601	常州	73	2.518	0.246

城市名称	排名	吨 CO_2/吨标准煤	相对值	城市名称	排名	吨 CO_2/吨标准煤	相对值
珠海	19	2.323	0.591	潍坊	74	2.522	0.238
宜昌	20	2.328	0.582	合肥	75	2.523	0.236
南宁	21	2.329	0.580	常德	76	2.526	0.232
佛山	22	2.339	0.562	南通	77	2.527	0.229
宜宾	23	2.345	0.553	南昌	78	2.529	0.227
西安	24	2.364	0.519	湖州	78	2.529	0.226
桂林	25	2.370	0.507	金昌	80	2.530	0.225
吉林	26	2.372	0.504	株洲	81	2.531	0.223
汕头	27	2.380	0.490	岳阳	82	2.533	0.218
中山	28	2.383	0.484	攀枝花	83	2.538	0.210
荆州	29	2.385	0.482	泰安	84	2.539	0.208
厦门	30	2.389	0.473	徐州	85	2.541	0.205
北京	31	2.399	0.456	开封	85	2.541	0.204
青岛	32	2.404	0.447	石家庄	87	2.544	0.200
海口	33	2.412	0.434	嘉兴	88	2.549	0.191
泉州	34	2.413	0.431	湘潭	88	2.549	0.191
乌鲁木齐	35	2.417	0.424	日照	88	2.549	0.190
台州	36	2.426	0.409	保定	91	2.551	0.187
绵阳	36	2.426	0.408	洛阳	92	2.552	0.185
韶关	38	2.427	0.406	枣庄	93	2.554	0.182
温州	39	2.430	0.402	焦作	93	2.554	0.181
银川	39	2.430	0.402	芜湖	95	2.559	0.173
济南	41	2.433	0.395	郑州	96	2.562	0.167
柳州	42	2.437	0.390	济宁	97	2.566	0.161
北海	43	2.444	0.376	平顶山	98	2.568	0.156
贵阳	44	2.447	0.371	铜川	99	2.570	0.153
淄博	45	2.451	0.365	赤峰	100	2.576	0.144
绍兴	46	2.465	0.339	包头	101	2.591	0.116
重庆	47	2.468	0.334	太原	102	2.593	0.112
长沙	48	2.469	0.332	鞍山	103	2.595	0.110
苏州	49	2.473	0.325	唐山	104	2.598	0.103
曲靖	50	2.474	0.323	邯郸	105	2.603	0.095
抚顺	51	2.477	0.318	马鞍山	106	2.605	0.091
哈尔滨	51	2.477	0.318	临汾	107	2.609	0.084
杭州	53	2.478	0.317	石嘴山	108	2.614	0.076
牡丹江	54	2.481	0.312	长治	109	2.627	0.052
扬州	55	2.491	0.294	大同	110	2.657	0.000

表 A6—5   110 城市能源消费总量排位

城市名称	排名	万吨标准煤	相对值	城市名称	排名	万吨标准煤	相对值
三亚	1	97.064	1.000	保定	56	1562.591	0.856
张家界	2	152.356	0.995	柳州	57	1572.535	0.855
铜川	3	208.330	0.989	兰州	58	1583.031	0.854
北海	4	297.349	0.980	南通	59	1637.213	0.849
金昌	5	305.190	0.980	长治	60	1640.842	0.849
海口	6	329.466	0.977	西安	61	1659.918	0.847
延安	7	366.596	0.974	长春	62	1666.640	0.846
连云港	8	569.851	0.954	泰安	63	1681.642	0.845
汕头	9	573.178	0.953	平顶山	64	1725.779	0.840
牡丹江	10	590.978	0.952	枣庄	65	1728.815	0.840
珠海	11	601.728	0.951	焦作	66	1773.850	0.836
湛江	12	608.346	0.950	常州	67	1821.660	0.831
阳泉	13	648.938	0.946	吉林	68	1842.910	0.829
开封	14	660.492	0.945	抚顺	69	1865.507	0.827
九江	15	668.770	0.944	绍兴	70	1883.630	0.825
泸州	16	684.930	0.942	昆明	71	1927.089	0.821
宜宾	17	754.341	0.936	呼和浩特	72	1974.681	0.816
咸阳	18	772.748	0.934	泉州	73	2013.683	0.812
宝鸡	19	779.918	0.933	长沙	74	2063.315	0.807
桂林	20	867.212	0.924	安阳	75	2085.940	0.805
芜湖	21	873.240	0.924	乌鲁木齐	76	2158.323	0.798
中山	22	883.968	0.923	徐州	77	2240.504	0.790
日照	23	900.042	0.921	洛阳	78	2333.678	0.781
银川	24	908.440	0.920	烟台	79	2539.447	0.761
常德	25	909.973	0.920	临汾	80	2554.146	0.759
韶关	26	911.296	0.920	大庆	81	2654.154	0.749
秦皇岛	27	912.416	0.920	潍坊	82	2664.958	0.748
克拉玛依	28	913.169	0.920	济宁	83	2678.720	0.747
厦门	29	913.618	0.920	太原	84	2794.400	0.736
荆州	30	917.924	0.920	宁波	85	2944.951	0.721
南宁	31	935.551	0.918	郑州	86	2973.377	0.718
湖州	32	940.773	0.917	济南	87	3128.257	0.703
齐齐哈尔	33	973.103	0.914	佛山	88	3139.003	0.702
湘潭	34	990.859	0.912	成都	89	3155.842	0.700

城市名称	排名	万吨标准煤	相对值	城市名称	排名	万吨标准煤	相对值
台州	35	1004.281	0.911	杭州	90	3183.092	0.697
大同	36	1006.112	0.911	无锡	91	3348.535	0.681
扬州	37	1029.587	0.909	青岛	92	3363.554	0.680
宜昌	38	1042.989	0.907	包头	93	3457.160	0.671
绵阳	39	1044.412	0.907	鞍山	94	3469.652	0.669
赤峰	40	1053.436	0.906	沈阳	95	3477.750	0.669
株洲	41	1069.155	0.905	哈尔滨	96	3513.226	0.665
遵义	42	1099.850	0.902	大连	97	3534.326	0.663
西宁	43	1157.125	0.896	邯郸	98	3832.943	0.634
石嘴山	44	1176.416	0.894	淄博	99	3891.717	0.628
曲靖	45	1185.845	0.893	深圳	100	3963.141	0.621
攀枝花	46	1227.069	0.889	武汉	101	4068.011	0.611
岳阳	47	1271.579	0.885	石家庄	102	4129.566	0.605
马鞍山	48	1325.788	0.880	南京	103	4238.252	0.594
合肥	49	1360.444	0.876	广州	104	5130.585	0.507
南昌	50	1396.554	0.873	天津	105	5380.915	0.482
威海	51	1423.547	0.870	苏州	106	5500.948	0.470
嘉兴	52	1431.497	0.869	重庆	107	5767.415	0.444
贵阳	53	1437.070	0.869	北京	108	6350.531	0.387
福州	54	1457.236	0.867	唐山	109	7857.950	0.239
温州	55	1472.259	0.865	上海	110	10297.288	0.000

表 A6—6　　　　　　　　　110 城市人均 CO_2 排放量排位

城市名称	排名	吨/人	相对值	城市名称	排名	吨/人	相对值
湛江	1	1.974	1.000	哈尔滨	56	8.641	0.832
张家界	2	2.317	0.991	厦门	57	8.766	0.829
汕头	3	2.693	0.982	平顶山	58	8.846	0.827
连云港	4	2.878	0.977	贵阳	59	8.928	0.825
南宁	5	3.106	0.971	北京	60	8.989	0.823
宜宾	6	3.332	0.966	芜湖	61	9.034	0.822
荆州	7	3.390	0.964	烟台	62	9.043	0.822
保定	8	3.491	0.962	绍兴	63	9.149	0.819
台州	9	3.511	0.961	洛阳	64	9.276	0.816

城市名称	排名	吨/人	相对值	城市名称	排名	吨/人	相对值
九江	10	3.517	0.961	宁波	65	9.337	0.814
开封	11	3.576	0.960	珠海	66	9.437	0.812
桂林	12	3.584	0.959	青岛	67	9.562	0.809
泸州	13	3.668	0.957	吉林	68	9.903	0.800
遵义	14	3.684	0.957	安阳	69	10.012	0.797
常德	15	3.716	0.956	郑州	70	10.245	0.791
延安	16	3.932	0.951	柳州	71	10.333	0.789
温州	17	3.937	0.950	兰州	72	10.349	0.789
三亚	18	3.943	0.950	常州	73	10.407	0.787
齐齐哈尔	19	4.282	0.942	武汉	74	10.426	0.787
海口	20	4.330	0.941	深圳	75	10.446	0.786
北海	21	4.608	0.934	天津	76	10.598	0.783
西安	22	4.685	0.932	石家庄	77	10.668	0.781
绵阳	23	4.687	0.932	邯郸	78	10.750	0.779
重庆	24	5.014	0.923	西宁	79	11.113	0.770
曲靖	25	5.074	0.922	沈阳	80	11.255	0.766
南通	26	5.087	0.921	济南	81	11.487	0.760
宝鸡	27	5.176	0.919	苏州	82	11.520	0.759
牡丹江	28	5.234	0.918	广州	83	11.675	0.755
扬州	29	5.241	0.918	上海	84	11.707	0.755
福州	30	5.318	0.916	枣庄	85	12.045	0.746
长春	31	5.384	0.914	佛山	86	12.334	0.739
成都	32	5.448	0.912	阳泉	87	12.351	0.738
岳阳	33	5.907	0.901	焦作	88	12.542	0.733
宜昌	34	6.011	0.898	银川	89	12.583	0.732
赤峰	35	6.236	0.893	威海	90	12.647	0.731
泉州	36	6.238	0.892	南京	91	12.732	0.729
铜川	37	6.380	0.889	咸阳	92	13.038	0.721
合肥	38	6.465	0.887	长治	93	13.131	0.719
韶关	39	6.467	0.887	大连	94	13.357	0.713
嘉兴	40	6.505	0.886	无锡	95	13.725	0.704
徐州	41	6.550	0.885	金昌	96	15.872	0.650
昆明	42	6.946	0.875	临汾	97	15.874	0.649
株洲	43	7.294	0.866	呼和浩特	98	18.459	0.584

城市名称	排名	吨/人	相对值	城市名称	排名	吨/人	相对值
潍坊	44	7.557	0.859	乌鲁木齐	99	19.109	0.568
南昌	45	7.652	0.857	抚顺	100	20.519	0.532
秦皇岛	46	7.735	0.855	太原	101	20.876	0.523
长沙	46	7.735	0.855	淄博	102	21.170	0.516
泰安	48	7.826	0.852	大庆	103	21.746	0.501
日照	49	8.063	0.846	鞍山	104	24.275	0.438
湖州	50	8.300	0.840	马鞍山	105	26.018	0.394
中山	51	8.391	0.838	唐山	106	27.470	0.357
大同	52	8.409	0.838	攀枝花	107	28.014	0.343
杭州	53	8.442	0.837	包头	108	35.377	0.158
湘潭	54	8.591	0.833	石嘴山	109	41.311	0.008
济宁	55	8.626	0.832	克拉玛依	110	41.628	0.000

表 A6—7　　　　　　　　　110 城市居民低碳消费系数排位

城市名称	排名	%	相对值	城市名称	排名	%	相对值
北京	1	29.759	1.000	湖州	56	19.869	0.574
吉林	2	28.058	0.927	宁波	57	19.849	0.573
南通	3	26.662	0.866	济宁	58	19.718	0.567
淄博	4	26.206	0.847	泰安	59	19.687	0.566
咸阳	5	26.136	0.844	烟台	60	19.671	0.565
金昌	6	25.628	0.822	张家界	61	19.650	0.564
牡丹江	7	25.525	0.817	赤峰	62	19.624	0.563
秦皇岛	8	25.133	0.801	荆州	63	19.534	0.559
汕头	9	24.789	0.786	铜川	64	19.450	0.555
泸州	10	24.750	0.784	大庆	65	19.442	0.555
佛山	11	24.713	0.782	遵义	66	19.267	0.548
珠海	12	24.687	0.781	南昌	67	19.057	0.539
扬州	13	24.600	0.778	枣庄	68	19.015	0.537
南京	14	24.500	0.773	乌鲁木齐	69	18.930	0.533
韶关	15	24.484	0.773	焦作	70	18.912	0.532
太原	16	24.030	0.753	沈阳	71	18.862	0.530
西安	17	23.575	0.733	湛江	72	18.800	0.527
绍兴	18	23.281	0.721	上海	73	18.713	0.524

城市名称	排名	%	相对值	城市名称	排名	%	相对值
安阳	19	23.222	0.718	日照	74	18.619	0.520
呼和浩特	20	23.150	0.715	宜昌	75	18.599	0.519
广州	21	22.800	0.700	西宁	76	18.570	0.517
洛阳	22	22.564	0.690	银川	77	18.523	0.515
株洲	23	22.480	0.686	合肥	78	18.429	0.511
长春	24	22.462	0.685	威海	79	18.324	0.507
包头	25	22.311	0.679	三亚	80	18.129	0.499
常州	26	22.074	0.669	大连	81	18.116	0.498
唐山	27	22.028	0.667	成都	82	17.964	0.491
大同	28	22.022	0.666	邯郸	83	17.799	0.484
石家庄	29	21.865	0.660	长治	84	17.764	0.483
阳泉	30	21.657	0.651	贵阳	85	17.748	0.482
哈尔滨	31	21.359	0.638	武汉	86	17.688	0.479
潍坊	32	21.356	0.638	南宁	87	17.610	0.476
延安	33	21.355	0.638	徐州	88	17.451	0.469
宝鸡	34	21.349	0.637	杭州	89	17.432	0.468
济南	35	21.284	0.635	青岛	90	17.344	0.465
保定	36	21.218	0.632	深圳	91	17.100	0.454
鞍山	37	21.215	0.632	桂林	92	17.033	0.451
抚顺	38	21.208	0.631	海口	93	16.791	0.441
马鞍山	39	21.190	0.630	昆明	94	16.490	0.428
兰州	40	21.087	0.626	攀枝花	95	16.380	0.423
天津	41	21.085	0.626	曲靖	96	16.318	0.420
台州	42	21.064	0.625	开封	97	16.279	0.419
岳阳	43	20.937	0.620	福州	98	16.257	0.418
温州	44	20.646	0.607	柳州	99	15.802	0.398
克拉玛依	45	20.606	0.605	常德	100	15.801	0.398
平顶山	46	20.472	0.600	厦门	101	15.772	0.397
连云港	47	20.340	0.594	临汾	102	15.634	0.391
齐齐哈尔	48	20.328	0.593	中山	103	15.633	0.391
芜湖	49	20.187	0.587	泉州	104	15.428	0.382
长沙	49	20.187	0.587	石嘴山	105	15.169	0.371
郑州	51	20.156	0.586	嘉兴	106	13.394	0.294
无锡	52	20.143	0.585	九江	107	13.100	0.282
苏州	53	20.116	0.584	北海	108	11.473	0.211
重庆	54	20.042	0.581	宜宾	109	7.773	0.052
湘潭	55	19.995	0.579	绵阳	110	6.569	0.000

表 A6—8　　　　　　　110 城市单位碳排放就业岗位贡献数排位

城市名称	排名	岗位/吨 CO_2	相对值	城市名称	排名	岗位/吨 CO_2	相对值
珠海	1	0.042	1.000	烟台	56	0.014	0.288
厦门	2	0.038	0.914	韶关	57	0.014	0.280
北京	3	0.037	0.871	阳泉	58	0.013	0.274
海口	4	0.036	0.867	绵阳	59	0.013	0.270
南宁	5	0.033	0.773	郑州	60	0.013	0.270
西安	6	0.032	0.757	银川	61	0.013	0.268
湛江	7	0.030	0.696	湖州	62	0.013	0.267
温州	8	0.029	0.669	中山	63	0.013	0.255
福州	9	0.026	0.606	秦皇岛	64	0.012	0.250
延安	10	0.026	0.597	岳阳	65	0.012	0.249
三亚	11	0.026	0.594	泰安	66	0.012	0.236
泉州	12	0.025	0.586	沈阳	67	0.012	0.236
长春	13	0.023	0.532	赤峰	68	0.012	0.234
连云港	14	0.023	0.531	株洲	69	0.012	0.230
汕头	15	0.023	0.522	大连	70	0.011	0.227
台州	16	0.022	0.508	湘潭	71	0.011	0.225
昆明	17	0.022	0.508	太原	72	0.011	0.218
成都	18	0.022	0.505	南京	73	0.011	0.218
杭州	19	0.022	0.498	遵义	74	0.011	0.213
深圳	20	0.022	0.496	平顶山	75	0.011	0.211
广州	21	0.021	0.459	徐州	76	0.011	0.210
嘉兴	22	0.020	0.450	芜湖	77	0.011	0.208
九江	23	0.020	0.435	威海	78	0.011	0.207
张家界	24	0.019	0.432	潍坊	79	0.010	0.200
贵阳	25	0.019	0.429	曲靖	80	0.010	0.192
武汉	26	0.019	0.427	金昌	81	0.010	0.183
咸阳	27	0.019	0.414	西宁	82	0.009	0.172
齐齐哈尔	28	0.018	0.399	柳州	83	0.009	0.167
南昌	29	0.018	0.398	大庆	84	0.009	0.166
宜宾	30	0.018	0.393	苏州	85	0.009	0.165
大同	31	0.017	0.382	乌鲁木齐	86	0.009	0.164
牡丹江	32	0.017	0.380	济宁	87	0.009	0.162
哈尔滨	33	0.017	0.370	洛阳	88	0.009	0.159
铜川	34	0.017	0.369	安阳	89	0.008	0.146

城市名称	排名	岗位/吨 CO_2	相对值	城市名称	排名	岗位/吨 CO_2	相对值
绍兴	35	0.017	0.367	长治	90	0.008	0.145
上海	36	0.017	0.365	日照	91	0.008	0.144
荆州	37	0.017	0.365	石家庄	92	0.008	0.143
重庆	38	0.017	0.358	常州	93	0.008	0.138
长沙	39	0.016	0.354	克拉玛依	94	0.008	0.137
保定	40	0.016	0.354	枣庄	95	0.008	0.134
开封	41	0.016	0.351	吉林	96	0.008	0.132
宁波	42	0.016	0.346	无锡	97	0.008	0.132
天津	43	0.016	0.346	佛山	98	0.008	0.132
泸州	44	0.016	0.344	焦作	99	0.007	0.124
青岛	45	0.016	0.344	抚顺	100	0.006	0.096
济南	46	0.016	0.339	呼和浩特	101	0.006	0.095
宝鸡	47	0.016	0.337	淄博	102	0.006	0.087
宜昌	48	0.016	0.332	邯郸	103	0.006	0.080
桂林	49	0.015	0.317	攀枝花	104	0.006	0.080
南通	50	0.015	0.308	鞍山	105	0.006	0.076
兰州	51	0.015	0.308	临汾	106	0.005	0.073
扬州	52	0.014	0.302	马鞍山	107	0.004	0.047
合肥	53	0.014	0.299	唐山	108	0.004	0.031
常德	54	0.014	0.295	包头	109	0.004	0.029
北海	55	0.014	0.289	石嘴山	110	0.003	0.000

表 A6—9　　　　　110 城市非化石能源消耗比重排位

城市名称	排名	%	相对值	城市名称	排名	%	相对值
宜昌	1	20.36	1.000	吉林	56	4.00	0.180
西宁	2	20.00	0.982	包头	57	4.00	0.180
昆明	3	19.00	0.932	石家庄	58	4.00	0.180
南宁	4	18.00	0.882	北京	59	4.00	0.180
武汉	5	16.90	0.827	湘潭	60	3.80	0.170
成都	6	16.20	0.792	南京	61	3.80	0.170
广州	7	13.00	0.631	绍兴	62	3.70	0.165
重庆	8	11.73	0.568	保定	63	3.70	0.165
上海	9	11.10	0.536	西安	64	3.60	0.160

续表

城市名称	排名	%	相对值	城市名称	排名	%	相对值
中山	10	10.00	0.481	常德	65	3.60	0.160
长春	11	10.00	0.481	扬州	66	3.60	0.160
抚顺	12	10.00	0.481	泸州	67	3.50	0.155
贵阳	13	9.00	0.431	温州	68	3.50	0.155
韶关	14	9.00	0.431	徐州	69	3.50	0.155
杭州	15	8.10	0.386	株洲	70	3.40	0.150
柳州	16	8.00	0.381	九江	71	3.40	0.150
珠海	17	8.00	0.381	开封	72	3.20	0.140
厦门	18	8.00	0.381	苏州	73	3.20	0.140
连云港	19	8.00	0.381	汕头	74	3.00	0.130
鞍山	20	8.00	0.381	岳阳	75	3.00	0.130
焦作	21	7.50	0.356	济宁	76	3.00	0.130
湛江	22	6.50	0.306	芜湖	77	3.00	0.130
兰州	23	6.00	0.281	阳泉	78	3.00	0.130
荆州	24	6.00	0.281	太原	79	3.00	0.130
金昌	25	5.60	0.261	邯郸	80	3.00	0.130
南昌	26	5.60	0.261	秦皇岛	81	3.00	0.130
北海	27	5.50	0.256	唐山	82	3.00	0.130
宜宾	28	5.00	0.230	大连	83	2.98	0.129
佛山	29	5.00	0.230	南通	84	2.90	0.125
齐齐哈尔	30	5.00	0.230	铜川	85	2.80	0.120
哈尔滨	31	5.00	0.230	张家界	86	2.70	0.115
赤峰	32	5.00	0.230	常州	87	2.60	0.110
呼和浩特	33	5.00	0.230	淄博	88	2.50	0.105
宝鸡	34	4.90	0.225	无锡	89	2.50	0.105
福州	35	4.90	0.225	临汾	90	2.50	0.105
天津	36	4.71	0.216	长治	91	2.50	0.105
遵义	37	4.70	0.215	郑州	92	2.30	0.095
三亚	38	4.70	0.215	湖州	93	2.30	0.095
牡丹江	39	4.70	0.215	威海	94	2.20	0.090
平顶山	40	4.60	0.210	桂林	95	2.15	0.088
沈阳	41	4.60	0.210	洛阳	96	2.00	0.080
银川	42	4.50	0.205	泰安	97	2.00	0.080
深圳	43	4.50	0.205	枣庄	98	2.00	0.080

城市名称	排名	%	相对值	城市名称	排名	%	相对值
攀枝花	44	4.40	0.200	马鞍山	99	2.00	0.080
长沙	45	4.28	0.194	嘉兴	100	2.00	0.080
曲靖	46	4.00	0.180	安阳	101	1.80	0.070
绵阳	47	4.00	0.180	克拉玛依	102	1.70	0.065
日照	48	4.00	0.180	大庆	103	1.70	0.065
潍坊	49	4.00	0.180	石嘴山	104	1.50	0.055
烟台	50	4.00	0.180	海口	105	1.50	0.055
青岛	51	4.00	0.180	大同	106	1.50	0.055
济南	52	4.00	0.180	延安	107	1.40	0.050
泉州	53	4.00	0.180	宁波	108	1.30	0.045
合肥	54	4.00	0.180	咸阳	109	0.70	0.015
台州	55	4.00	0.180	乌鲁木齐	110	0.40	0.000

表 A6—10　　　　　　　　　110 城市森林覆盖率排位

城市名称	排名	%	相对值	城市名称	排名	%	相对值
张家界	1	67.5	1.000	汕头	56	30.0	0.423
抚顺	2	66.2	0.980	珠海	57	30.0	0.423
韶关	3	66.1	0.978	临汾	58	29.5	0.415
三亚	4	64.4	0.952	北海	59	28.9	0.406
杭州	5	64.4	0.952	济南	60	27.8	0.389
牡丹江	6	62.3	0.920	湛江	61	27.7	0.388
台州	7	62.2	0.918	徐州	62	27.7	0.388
株洲	8	60.6	0.894	西宁	63	27.0	0.377
温州	9	59.6	0.878	石家庄	64	26.9	0.376
攀枝花	10	59.0	0.869	长治	65	26.9	0.375
泉州	11	58.7	0.865	济宁	66	26.0	0.362
桂林	12	58.0	0.854	阳泉	67	25.3	0.350
宜昌	13	55.3	0.812	武汉	68	25.1	0.348
柳州	14	55.0	0.808	唐山	69	24.4	0.336
福州	15	54.9	0.806	沈阳	70	24.0	0.331
绍兴	16	54.0	0.793	赤峰	71	24.0	0.331
吉林	17	54.0	0.792	咸阳	72	23.5	0.323
长沙	18	52.3	0.765	郑州	73	23.3	0.320

城市名称	排名	%	相对值	城市名称	排名	%	相对值
九江	19	52.0	0.762	平顶山	74	23.0	0.315
湖州	20	50.9	0.745	南京	75	23.0	0.315
宁波	21	50.5	0.738	无锡	76	22.0	0.300
宝鸡	22	50.0	0.731	北京	77	21.5	0.292
鞍山	23	46.4	0.675	金昌	78	20.8	0.282
绵阳	24	45.7	0.665	苏州	79	20.3	0.274
湘潭	25	45.0	0.654	芜湖	80	20.0	0.269
昆明	26	45.0	0.654	常州	81	20.0	0.269
深圳	27	45.0	0.654	呼和浩特	82	20.0	0.269
西安	28	45.0	0.654	保定	83	20.0	0.269
哈尔滨	29	44.6	0.648	连云港	84	18.1	0.239
铜川	30	43.9	0.637	佛山	85	18.0	0.238
常德	31	43.8	0.635	扬州	86	17.6	0.232
厦门	32	43.0	0.623	中山	87	17.0	0.223
南宁	33	42.2	0.610	嘉兴	88	16.8	0.220
秦皇岛	34	42.0	0.607	南通	89	16.8	0.220
大连	35	41.5	0.600	南昌	90	16.1	0.209
遵义	36	40.0	0.577	合肥	91	15.8	0.205
贵阳	37	39.9	0.576	开封	92	15.6	0.202
宜宾	38	39.0	0.562	荆州	93	15.0	0.192
泸州	39	38.4	0.552	安阳	94	15.0	0.192
广州	40	38.3	0.551	长春	95	15.0	0.192
威海	41	38.2	0.549	太原	96	15.0	0.192
烟台	42	38.0	0.546	焦作	97	13.5	0.169
延安	43	37.0	0.531	齐齐哈尔	98	13.4	0.167
海口	44	37.0	0.531	兰州	99	12.2	0.149
成都	45	36.8	0.528	银川	100	12.0	0.146
曲靖	46	36.2	0.518	上海	101	11.6	0.140
岳阳	47	36.0	0.515	邯郸	102	11.6	0.140
青岛	48	35.4	0.506	石嘴山	103	11.0	0.131
泰安	49	34.4	0.491	大庆	104	10.4	0.122
日照	50	34.2	0.488	包头	105	10.0	0.115
重庆	51	34.0	0.485	马鞍山	106	8.3	0.089
洛阳	52	32.8	0.466	天津	107	8.3	0.089
淄博	53	32.4	0.460	大同	108	8.0	0.085
枣庄	54	31.0	0.438	乌鲁木齐	109	2.9	0.007
潍坊	55	30.6	0.432	克拉玛依	110	2.5	0.000

表 A6—11　　　　110 城市每辆公共电汽车人均乘坐次数排位

城市名称	排名	次/人/辆	相对值	城市名称	排名	次/人/辆	相对值
海口	1	2.373	1.000	岳阳	56	0.080	0.030
延安	2	0.828	0.346	包头	57	0.079	0.029
阳泉	3	0.300	0.123	临汾	58	0.076	0.028
克拉玛依	4	0.292	0.119	宁波	59	0.075	0.028
金昌	5	0.287	0.117	南宁	60	0.072	0.027
马鞍山	6	0.287	0.117	嘉兴	61	0.071	0.026
西宁	7	0.268	0.109	宜昌	62	0.071	0.026
宜宾	8	0.247	0.100	泰安	63	0.070	0.026
攀枝花	9	0.236	0.096	常州	64	0.070	0.025
珠海	10	0.233	0.094	南京	65	0.067	0.024
宝鸡	11	0.231	0.093	太原	66	0.067	0.024
张家界	12	0.218	0.088	大庆	67	0.066	0.024
厦门	13	0.204	0.082	西安	68	0.064	0.023
北海	14	0.193	0.078	扬州	69	0.062	0.022
抚顺	15	0.192	0.077	湖州	70	0.061	0.022
石嘴山	16	0.186	0.075	潍坊	71	0.056	0.020
咸阳	17	0.181	0.072	保定	72	0.055	0.019
铜川	18	0.170	0.068	绍兴	73	0.054	0.019
绵阳	19	0.155	0.061	烟台	74	0.054	0.019
三亚	20	0.154	0.061	福州	75	0.053	0.018
长治	21	0.153	0.061	南昌	76	0.053	0.018
银川	22	0.151	0.060	成都	77	0.052	0.018
韶关	23	0.149	0.059	长春	78	0.050	0.017
中山	24	0.137	0.054	大连	79	0.050	0.017
芜湖	25	0.137	0.054	枣庄	80	0.048	0.016
桂林	26	0.129	0.050	济宁	81	0.048	0.016
兰州	27	0.128	0.050	苏州	82	0.047	0.016
柳州	28	0.128	0.050	南通	83	0.047	0.016
泸州	29	0.128	0.050	昆明	84	0.044	0.014
焦作	30	0.122	0.047	济南	85	0.042	0.014
大同	31	0.121	0.047	平顶山	86	0.041	0.013
遵义	32	0.120	0.047	哈尔滨	87	0.040	0.013
秦皇岛	33	0.119	0.046	汕头	88	0.039	0.013
赤峰	34	0.115	0.045	泉州	89	0.038	0.012

续表

城市名称	排名	次/人/辆	相对值	城市名称	排名	次/人/辆	相对值
乌鲁木齐	35	0.113	0.044	青岛	90	0.038	0.012
株洲	36	0.110	0.042	武汉	91	0.038	0.012
呼和浩特	37	0.107	0.041	郑州	92	0.037	0.012
合肥	38	0.103	0.040	沈阳	93	0.036	0.011
连云港	39	0.098	0.037	广州	94	0.036	0.011
牡丹江	40	0.098	0.037	湛江	95	0.036	0.011
吉林	41	0.097	0.037	淄博	96	0.036	0.011
荆州	42	0.095	0.036	石家庄	97	0.035	0.011
贵阳	43	0.095	0.036	杭州	98	0.035	0.011
鞍山	44	0.094	0.036	徐州	99	0.033	0.010
曲靖	45	0.093	0.035	温州	100	0.032	0.009
日照	46	0.092	0.035	邯郸	101	0.032	0.009
威海	47	0.091	0.034	唐山	102	0.031	0.009
洛阳	48	0.087	0.033	齐齐哈尔	103	0.030	0.008
开封	49	0.085	0.032	台州	104	0.024	0.006
长沙	50	0.084	0.031	无锡	105	0.024	0.006
常德	51	0.082	0.031	天津	106	0.016	0.003
安阳	52	0.081	0.030	北京	107	0.015	0.002
湘潭	53	0.081	0.030	佛山	108	0.014	0.002
九江	54	0.081	0.030	重庆	109	0.013	0.001
深圳	55	0.080	0.030	上海	110	0.010	0.000

表 A6—12　　110 城市单位居住面积能耗水平排位（标准煤）

城市名称	排名	千克/平方米	相对值	城市名称	排名	千克/平方米	相对值
张家界	1	0.458	1.000	唐山	55	3.493	0.866
平顶山	2	0.715	0.989	大同	56	3.520	0.865
赤峰	3	0.779	0.986	呼和浩特	57	3.560	0.863
台州	4	0.826	0.984	太原	58	3.756	0.854
泉州	5	0.922	0.979	福州	59	3.762	0.854
邯郸	6	1.092	0.972	焦作	60	3.784	0.853
长治	7	1.149	0.969	青岛	61	3.791	0.853
徐州	8	1.163	0.969	天津	62	3.811	0.852
济宁	9	1.251	0.965	韶关	63	3.825	0.851

城市名称	排名	千克/平方米	相对值	城市名称	排名	千克/平方米	相对值
保定	10	1.270	0.964	海口	64	3.901	0.848
泰安	11	1.306	0.963	秦皇岛	65	3.987	0.844
潍坊	12	1.506	0.954	兰州	66	4.034	0.842
牡丹江	13	1.531	0.953	铜川	67	4.180	0.835
连云港	14	1.567	0.951	常州	68	4.434	0.824
岳阳	15	1.579	0.950	南宁	69	4.531	0.820
常德	16	1.586	0.950	沈阳	70	4.566	0.818
南通	17	1.591	0.950	郑州	71	4.606	0.817
绍兴	18	1.623	0.949	重庆	72	4.631	0.816
湖州	19	1.641	0.948	开封	73	4.709	0.812
嘉兴	20	1.692	0.945	临汾	74	4.732	0.811
桂林	21	1.697	0.945	济南	75	4.905	0.803
洛阳	22	1.697	0.945	大庆	76	4.913	0.803
咸阳	23	1.706	0.945	西宁	77	4.923	0.803
扬州	24	1.925	0.935	南京	78	4.978	0.800
烟台	25	1.959	0.934	芜湖	79	5.011	0.799
遵义	26	2.012	0.931	长沙	80	5.027	0.798
宜宾	27	2.120	0.927	武汉	81	5.141	0.793
威海	28	2.152	0.925	无锡	82	5.153	0.793
九江	29	2.252	0.921	珠海	83	5.366	0.783
宜昌	30	2.318	0.918	包头	84	5.733	0.767
延安	31	2.327	0.917	汕头	85	5.811	0.763
湘潭	32	2.377	0.915	佛山	86	5.863	0.761
南昌	33	2.382	0.915	西安	87	6.499	0.733
石家庄	34	2.420	0.913	杭州	88	6.548	0.731
荆州	35	2.503	0.910	宁波	89	6.843	0.718
温州	36	2.556	0.907	三亚	90	6.896	0.715
苏州	37	2.620	0.904	攀枝花	91	6.959	0.713
株洲	38	2.686	0.902	克拉玛依	92	7.307	0.697
哈尔滨	39	2.687	0.901	上海	93	7.307	0.697
湛江	40	2.732	0.899	淄博	94	7.404	0.693
吉林	41	2.738	0.899	大连	95	7.514	0.688
泸州	42	2.752	0.899	合肥	96	8.113	0.662
齐齐哈尔	43	2.770	0.898	成都	97	8.495	0.645

续表

城市名称	排名	千克/平方米	相对值	城市名称	排名	千克/平方米	相对值
枣庄	44	2.774	0.898	北京	98	8.731	0.634
宝鸡	45	2.881	0.893	广州	99	8.770	0.633
安阳	46	3.004	0.887	厦门	100	8.935	0.625
绵阳	47	3.007	0.887	昆明	101	9.121	0.617
北海	48	3.039	0.886	抚顺	102	10.243	0.568
鞍山	49	3.058	0.885	阳泉	103	10.417	0.560
石嘴山	50	3.129	0.882	乌鲁木齐	104	10.914	0.538
日照	51	3.131	0.882	贵阳	105	11.560	0.509
马鞍山	52	3.202	0.879	银川	106	11.732	0.502
柳州	53	3.459	0.867	中山	107	12.435	0.471
长春	54	3.467	0.867	深圳	108	23.085	0.000

表 A6—13　　　　　　　　110 城市工业废水 COD 排放强度排位

城市名称	排名	吨/万元	相对值	城市名称	排名	吨/万元	相对值
三亚	1	0.000	1.000	攀枝花	56	0.001	0.956
北京	2	0.000	1.000	九江	57	0.001	0.954
厦门	3	0.000	0.999	哈尔滨	58	0.001	0.952
深圳	4	0.000	0.999	嘉兴	59	0.001	0.951
克拉玛依	5	0.000	0.997	徐州	60	0.001	0.951
上海	6	0.000	0.996	湖州	61	0.001	0.948
贵阳	7	0.000	0.994	平顶山	62	0.001	0.946
海口	8	0.000	0.993	延安	63	0.001	0.943
青岛	9	0.000	0.993	宜昌	64	0.002	0.937
太原	10	0.000	0.993	韶关	65	0.002	0.937
沈阳	11	0.000	0.993	汕头	66	0.002	0.937
阳泉	12	0.000	0.992	金昌	67	0.002	0.937
兰州	13	0.000	0.992	日照	68	0.002	0.931
合肥	14	0.000	0.992	芜湖	69	0.002	0.931
昆明	15	0.000	0.992	扬州	70	0.002	0.927
济南	16	0.000	0.990	唐山	71	0.002	0.926
珠海	17	0.000	0.990	常州	72	0.002	0.926
大连	18	0.000	0.988	南通	73	0.002	0.924
包头	19	0.000	0.988	桂林	74	0.002	0.911

城市名称	排名	吨/万元	相对值	城市名称	排名	吨/万元	相对值
天津	20	0.000	0.987	湛江	75	0.002	0.911
宁波	21	0.000	0.987	绍兴	76	0.002	0.907
洛阳	22	0.000	0.987	吉林	77	0.002	0.905
广州	23	0.000	0.986	泉州	78	0.002	0.904
大庆	24	0.000	0.986	赤峰	79	0.002	0.897
抚顺	25	0.000	0.986	株洲	80	0.003	0.881
威海	26	0.000	0.985	保定	81	0.003	0.874
福州	27	0.001	0.984	杭州	82	0.003	0.870
长沙	28	0.001	0.983	南昌	83	0.003	0.865
鞍山	29	0.001	0.983	西安	84	0.003	0.865
铜川	30	0.001	0.982	重庆	85	0.003	0.864
台州	31	0.001	0.981	石嘴山	86	0.003	0.860
南京	32	0.001	0.979	温州	87	0.003	0.857
烟台	33	0.001	0.977	西宁	88	0.004	0.851
济宁	34	0.001	0.977	枣庄	89	0.004	0.848
马鞍山	35	0.001	0.976	石家庄	90	0.004	0.847
泰安	36	0.001	0.974	咸阳	91	0.004	0.845
遵义	37	0.001	0.974	成都	92	0.004	0.843
无锡	38	0.001	0.971	银川	93	0.004	0.840
连云港	39	0.001	0.971	齐齐哈尔	94	0.004	0.827
邯郸	40	0.001	0.970	宝鸡	95	0.004	0.822
曲靖	41	0.001	0.970	安阳	96	0.005	0.805
长春	42	0.001	0.969	柳州	97	0.005	0.801
呼和浩特	43	0.001	0.969	湘潭	98	0.005	0.776
潍坊	44	0.001	0.968	岳阳	99	0.006	0.758
武汉	45	0.001	0.967	张家界	100	0.006	0.741
长治	46	0.001	0.965	大同	101	0.006	0.741
绵阳	47	0.001	0.964	焦作	102	0.007	0.713
佛山	48	0.001	0.962	宜宾	103	0.007	0.710
苏州	49	0.001	0.961	泸州	104	0.008	0.664
乌鲁木齐	50	0.001	0.960	牡丹江	105	0.010	0.569
临汾	51	0.001	0.959	荆州	106	0.010	0.565
淄博	52	0.001	0.958	常德	107	0.012	0.482
秦皇岛	53	0.001	0.957	开封	108	0.012	0.472
中山	54	0.001	0.956	南宁	109	0.023	0.023
郑州	55	0.001	0.956	北海	110	0.023	0.000

表 A6—14　　　　　　　110 城市工业废气 SO₂ 排放强度排位

城市名称	排名	吨/万元	相对值	城市名称	排名	吨/万元	相对值
海口	1	0.000	1.000	济宁	56	0.008	0.906
三亚	2	0.000	0.998	湖州	57	0.009	0.903
深圳	3	0.001	0.989	嘉兴	58	0.009	0.902
北京	4	0.001	0.985	秦皇岛	59	0.009	0.902
大庆	5	0.002	0.981	扬州	60	0.009	0.901
珠海	6	0.002	0.980	威海	61	0.009	0.901
上海	7	0.002	0.976	淄博	62	0.009	0.901
厦门	8	0.002	0.976	临汾	63	0.009	0.896
广州	9	0.002	0.975	保定	64	0.009	0.895
青岛	10	0.002	0.974	汕头	65	0.010	0.887
长春	11	0.002	0.973	兰州	66	0.010	0.886
无锡	12	0.003	0.971	长治	67	0.011	0.876
合肥	13	0.003	0.968	邯郸	68	0.011	0.874
沈阳	14	0.003	0.967	贵阳	69	0.011	0.873
克拉玛依	15	0.003	0.966	泰安	70	0.011	0.869
天津	16	0.003	0.965	石家庄	71	0.012	0.867
杭州	17	0.003	0.965	安阳	72	0.012	0.865
南京	18	0.003	0.964	岳阳	73	0.012	0.864
宁波	19	0.003	0.962	宝鸡	74	0.013	0.855
绍兴	20	0.004	0.959	株洲	75	0.013	0.851
南昌	21	0.004	0.957	徐州	76	0.013	0.850
延安	22	0.004	0.957	桂林	77	0.014	0.845
哈尔滨	23	0.004	0.955	曲靖	78	0.014	0.845
苏州	24	0.004	0.955	郑州	79	0.014	0.834
济南	25	0.004	0.954	韶关	80	0.015	0.833
武汉	26	0.004	0.953	开封	81	0.015	0.832
大连	27	0.004	0.953	铜川	82	0.015	0.832
常州	28	0.004	0.952	荆州	83	0.015	0.829
吉林	29	0.005	0.947	齐齐哈尔	84	0.015	0.827
银川	30	0.005	0.946	呼和浩特	85	0.015	0.827
烟台	31	0.005	0.946	常德	86	0.015	0.824
泉州	32	0.005	0.946	包头	87	0.015	0.824
宜昌	33	0.005	0.945	湘潭	88	0.016	0.821
中山	34	0.005	0.942	焦作	89	0.016	0.818

城市名称	排名	吨/万元	相对值	城市名称	排名	吨/万元	相对值
潍坊	35	0.005	0.939	平顶山	90	0.016	0.812
柳州	36	0.006	0.936	乌鲁木齐	91	0.016	0.811
马鞍山	37	0.006	0.934	南宁	92	0.017	0.802
佛山	38	0.006	0.932	九江	93	0.019	0.780
长沙	39	0.006	0.931	西宁	94	0.019	0.778
太原	40	0.006	0.931	宜宾	95	0.020	0.770
台州	41	0.006	0.928	重庆	96	0.020	0.768
成都	42	0.006	0.928	金昌	97	0.021	0.763
日照	43	0.006	0.927	枣庄	98	0.021	0.760
抚顺	44	0.006	0.927	攀枝花	99	0.022	0.750
绵阳	45	0.007	0.925	咸阳	100	0.022	0.749
南通	46	0.007	0.924	大同	101	0.022	0.746
温州	47	0.007	0.924	洛阳	102	0.022	0.742
昆明	48	0.007	0.919	遵义	103	0.024	0.723
芜湖	49	0.007	0.919	泸州	104	0.026	0.699
西安	50	0.007	0.916	牡丹江	105	0.028	0.679
湛江	51	0.007	0.915	张家界	106	0.035	0.596
唐山	52	0.008	0.912	阳泉	107	0.046	0.468
福州	53	0.008	0.911	石嘴山	108	0.050	0.425
连云港	54	0.008	0.908	北海	109	0.060	0.309
鞍山	55	0.008	0.908	赤峰	110	0.087	0.000

大事记

中国城市低碳发展大事记*

（2011—2012 年）

  2011 年 1 月 1 日 财政部、税务总局联合下发的《关于促进节能服务产业发展增值税、营业税和企业所得税政策问题的通知》正式开始执行，对节能产业加大了扶植力度。

  2011 年 1 月 19 日 发改委出台《循环经济发展规划编制指南》（以下简称《指南》），以促进《循环经济促进法》的贯彻落实，促进循环经济尽快形成较大规模。《指南》要求各地谋划本地循环经济发展的总体布局，大力推动循环型农业发展；优化产业结构，打造循环经济产业链，大力培育和促进循环经济新兴产业发展；构建包括第三产业在内的社会循环经济体系；相关地区建设资源回收利用网络体系，强化废弃物的资源化利用；加强宣传教育，推广绿色消费模式；高度重视循环经济技术、低碳技术的研发和应用。

  2011 年 2 月 1 日 环境保护部出台《"十二五"环保科普工作实施方案》。根据这一实施方案，"十二五"期间环保科普工作将作为提高公民环境科学素质，加强环保能力建设的一项基础性、长期性工作。

  2011 年 2 月 5 日 国家发展和改革委员会和国家认证认可监督管理委员会日前组织召开"应对气候变化专项课题——我国低碳认证制度建立研究"启

---

  * 大事记系湖南工业大学包装设计艺术学院研究生喻礼、王奥整理、提供。

动会暨第一次工作会议,这标志着我国低碳认证制度的研究全面启动。这个项目旨在通过国际低碳认证制度对比研究,从我国国情和发展现状出发,分析我国低碳认证政策和技术需求,研究并建立我国低碳认证制度框架体系,并通过试点研究逐步加以完善,为相关部门制定我国低碳认证管理制度提供依据。

2011 年 2 月 19 日　环境保护部部长周生贤在近日召开的《重金属污染综合防治"十二五"规划》视频工作会议上说,《重金属污染综合防治"十二五"规划》已获国务院正式批复。环境保护部要求各级地方政府要将《规划》确定的目标、任务和项目纳入本地区经济社会发展规划,编制各重点区域的重金属污染防治规划。环境保护部将会同有关部门研究制定《规划》实施情况考核办法。

2011 年 3 月 2 日　《中国城市低碳发展(2011)》绿皮书发布会在京举行,该成果尝试从理论、实践、综合、前瞻等方面有所创新,编制整理了中国110 个地级以上城市能源与碳排放数据,考察分析了中国城市低碳发展面临的困难与问题,梳理总结了中国城市低碳规划的特点与框架体系,尝试构建了中国低碳城市与城市低碳发展的评价指标体系,揭示了中国低碳城市与城市低碳发展的基本途径与主要方向,提出了推进中国城市低碳发展的具体措施与建议。

2011 年 3 月 5 日　十一届全国人民代表大会第四次会议在人民大会堂举行开幕会,听取和审议国务院总理温家宝关于政府工作的报告。温家宝在报告中提出了"十二五"时期的主要目标和任务,指出要加快推进经济结构战略性调整。他强调,这是转变经济发展方式的主攻方向。要推动经济尽快走上内生增长、创新驱动的轨道。同时加强节能环保和生态建设,积极应对气候变化。

2011 年 3 月 10 日至 11 日　国务院机关事务管理局公共机构节能管理司在湖北武汉组织召开 2011 年公共机构节能联络员会议。会议贯彻落实党的十七届五中全会和十一届全国人大四次会议精神,总结 2010 年全国公共机构节能工作进展情况,部署今年的重点工作,研究讨论"十一五"公共机构节能考核评价方案,征求对修订《公共机构能源资源消耗统计制度》和《公共机构节能"十二五"规划》的意见和建议,并就推进公共机构节能工作进行了交流。

2011 年 3 月 21 日　国务院近日已批准《湘江流域重金属污染治理实施方案》，这是迄今为止全国第一个获国务院批准的重金属污染治理试点方案。

2011 年 3 月 24 日　清华大学、剑桥大学、麻省理工学院主办的"2011 低碳能源与应对气候变化国际会议"在北京召开。本次会议为"三校联盟"主办的第一次大型学术会议。清华大学—剑桥大学—麻省理工学院低碳能源大学联盟（简称"三校联盟"）成立于 2009 年 11 月，三所著名大学作为全球主要能源消耗和碳排放区域中科学和技术的引领单位，提出建立低碳能源大学联盟，通力合作建立一个平台，旨在为发展低碳经济和低碳社会，应对全球气候变化，提供先进能源技术和政策选择。

2011 年 3 月 28 日　工业和信息化部 28 日公布"十二五"期间和今年我国工业节能减排四大约束性指标。明确 2015 年我国单位工业增加值能耗、二氧化碳排放量和用水量分别要比"十一五"末降低 18%、18% 以上和 30%，工业固体废物综合利用率要提高到 72% 左右；明确今年这四项指标同比要分别降低 4%、4% 以上和 7% 左右以及提高 2.2 个百分点。

2011 年 3 月 28 日　"第七届国际绿色建筑与建筑节能大会暨新技术与产品博览会"召开，大会紧紧围绕"绿色建筑：让城市生活更低碳、更美好"的主题，向全世界展示了国内外绿色建筑与建筑节能领域的最新成果、发展趋势和成功案例以及建筑行业节能减排、低碳生态环保方面的最新技术与应用发展。

2011 年 3 月 30 日　环境保护部、国家发改委、工业和信息化部、监察部、司法部、住房和城乡建设部、工商管理总局、安全监管总局、电监会（以下简称国务院九部门）今日联合召开电视电话会议，安排部署 2011 年全国整治违法排污企业，保障群众健康环保专项行动。环保专项行动部际联席会议召集人、环境保护部部长周生贤委托环境保护部副部长张力军对 2011 年全国整治违法排污企业保障群众健康环保专项行动工作进了动员部署。

2011 年 4 月 6 日　为加快农村可再生能源开发利用步伐，优化农村能源结构，推进农村能源清洁化和现代化，改善农民生产生活条件，国家能源局、财政部和农业部出台《绿色能源示范县建设补助资金管理暂行办法》保障绿色能源示范县建设顺利进行。

2011 年 4 月 7 日　由中国气象局组织的"应对气候变化中国行——走进江西"启动仪式在南昌举行。记者了解到,从今年起,贵溪等 10 个县(市、区)正式开展低碳发展试点工作。这是江西省在全国率先推出的省级低碳发展试点县项目。

2011 年 4 月 8 日　环境保护部、商务部、国家发改委、海关总署、国家质检总局近日联合发布《固体废物进口管理办法》。环境保护部有关负责人表示,《办法》的实施将促进废物进口和利用,推动企业进一步提高环境保护意识和水平,规范我国固体废物进口管理工作,防止境外废物非法进境,维护我国环境安全。

2011 年 4 月 9 日　中国民用航空局出台《关于加快推进行业节能减排工作的指导意见》(以下简称《意见》),明确了全行业加快推进节能减排工作的指导思想、主要原则和工作目标,并对 2020 年前的民航节能减排工作进行了部署。《意见》是民航局在"十一五"期间下发的《民航行业节能减排规划》的基础上,根据国际国内形势变化和国务院工作部署、贯彻落实民航强国战略和行业"十二五"规划关于建设绿色民航要求的一部带有规划性质的指导意见,是未来一段时期内指导行业节能减排工作的纲领性文件。

2011 年 4 月 12 日　环保部要求,全面落实《重金属污染综合防治"十二五"规划》各项任务。并出台《2011 年全国污染防治工作要点》,《要点》强调,出重拳、用重典,确保《重金属污染综合防治"十二五"规划》开好局起好步。

2011 年 4 月 19 日　国务院下发《关于进一步加强城市生活垃圾处理工作意见的通知》(国发〔2011〕9 号文件)指出,由于城镇化快速发展,城市生活垃圾激增,垃圾处理能力相对不足,一些城市面临"垃圾围城"的困境。各地区、各有关部门要充分认识加强城市生活垃圾处理的重要性和紧迫性,全面落实各项政策措施,推进城市生活垃圾处理工作,构筑低碳社会。

2011 年 4 月 22 日　环境保护部、中宣部、中央文明办、教育部、共青团中央、全国妇联等六部门近日联合发布《全国环境宣传教育行动纲要（2011—2015年）》。这是六部门首次联合下发指导全国环境宣传教育工作的纲领性文件，对于增强全民环境意识，建立全民参与的社会行动体系，推进资源节约型、环境友好型社会建设，提高生态文明水平将发挥重要作用。

2011年4月28日　国家发改委为加强电力需求管理，做好有序用电工作，出台了《有序用电管理办法》并于5月1日起正式实施。

2011年6月9日　环保部近日印发《国家环境保护"十二五"科技发展规划》。该规划通过依托重大专项建立产业化平台、支持关键技术、装备和产品研发与环境服务业支撑技术研究等多项措施，加强战略性新兴环保产业的科技支撑。未来，环保部还将通过"水专项"及其他各类科技专项、科技计划的实施，大力开展环境保护先进技术、装备和产品的研发和推广，引导和培育战略性新兴环保产业的健康发展。

2011年6月22日　财政部、国家发改委印发了《关于开展节能减排财政政策综合示范工作的通知》，决定"十二五"期间，在部分城市开展节能减排财政政策综合示范，并选定了北京市、深圳市、重庆市、浙江省杭州市、湖南省长沙市、贵州省贵阳市、吉林省吉林市、江西省新余市8个城市作为首批示范城市，明确以地方政府为责任主体，以城市为平台，加大各项节能减排财政政策整合力度，加快体制机制创新，积极推进经济结构调整和发展方式转变，促进实现"十二五"节能减排目标。

2011年7月7日　由中国可再生能源行业协会、联合国工业发展组织、世界自然基金会等共同举办的"2011中国国际低碳产业博览会"在北京展览馆拉开帷幕。本届展会以"低碳"为主题，突出节能、低碳、减排、智能四大方面，旨在为展商及观众提供一个专业化、国际化的合作交流平台。

2011年7月14日　成都市经信委印发《成都市新能源产业"十二五"发展规划》，提出力争用五年时间将成都建设成为"西部第一、全国一流"的新能源产业基地。据了解，成都是"新能源产业国家高技术产业基地"、"成都（国家）新能源装备高新技术产业化基地"。去年，成都规划出30平方公里的新能源产业功能区，引导新能源产业集中、集约、集群发展。同年实现主营业务收入 286.75 亿元，比 2008 年增长 187%，初步形成以太阳能、核能、风能、动力及储能电池、智能电网为主的产业体系。

2011 年 7 月 19 日　国务院总理、节能减排工作领导小组组长温家宝主持召开的国家应对气候变化及节能减排工作领导小组会议，审议并原则同意《"十二五"节能减排综合性工作方案》，审核通过了六项节能减排措施：推进重点领域节能减排，进一步调整优化产业结构，实施节能减排重点工程，推广使用先进技术，加强节能减排管理，完善节能减排长效机制。

2011 年 7 月 19 日　国务院公布了《"十二五"节能减排综合性工作方案》（以下简称《方案》），明确工业、交通、建筑及生活四大领域"十二五"期间节能减排工作的总体部署，并要求下一阶段各地区、各部门抓紧落实《方案》具体要求。其中要求，建筑节能要合理改造已有建筑，大力发展绿色建筑、智能建筑，最大限度地节能、节地、节水、节材。

2011 年 7 月 20 日　财政部、环境保护部出台《湖泊生态环境保护试点管理办法》，目的是保护湖泊生态环境，建立优质生态湖泊保护机制，全国共有包括山东省"南四湖"在内的 8 个湖泊纳入环境生态保护试点。

2011 年 7 月 21 日　国务院办公厅发布《关于建立政府强制采购节能产品制度的通知》，提出政府带头采购节能产品。

2011 年 7 月 28 日　财政部和环境保护部联合下发文件《关于调整公布第八期环境标志产品政府采购清单的通知》（财库 [2011] 108 号），进一步规范了政府带头采购低碳产品的类型与种类。

2011 年 7 月 29 日　国务院发布《关于做好 2011 年公共机构节能工作的通知》。

2011 年 7 月 29 日　环境保护部和国家质量监督检验检疫总局联合发布了新修订的《火电厂大气污染物排放标准》，新标准将自 2012 年 1 月 1 日起实施。环境保护部新闻发言人陶德田表示新标准的实施将提高火电行业环保准入门槛，推动火电行业排放强度降低并减少污染物排放，加快转变火电行业发展方式和优化产业结构，促进电力工业可持续和健康发展。

2011 年 8 月 2 日　由环境保护部发布的《关于加强废旧金属回收熔炼企

业辐射安全监管的通知》。通知规定：①所有熔炼企业必须开展辐射监测，发现放射性污染时应立即报告当地环保部门。②各地环保部门对已查获的被污染金属应采取有效措施，及时督促拥有者就被污染金属进行回收，并妥善处理。③处理被查获的失控放射源或者被污染金属所产生的费用，由失控放射源或者被污染金属的原持有者或者供货方承担。④辐射监测数据表明所测金属的放射性辐射水平高于当地天然环境辐射本底水平时，应对其采用伽玛谱仪进行分析，确认是否被放射性污染。⑤对不同 Co—60 活度浓度的金属规定了相应的处理办法。⑥应贮存处置的被污染的金属，可送交所在地城市放射性废物库或其他有资质的单位进行暂存，使之衰变达到可循环再利用为止。

2011 年 8 月 11 日　由财政部、国家发改委发布《关于调整公布第十期节能产品政府采购清单的通知》。

主要内容：①第十期节能清单自发布之日起执行，在此之后开展的政府采购活动，应当执行第十期节能清单，不再执行此前公布的节能清单。②已经确定实施的政府集中采购协议供货产品涉及节能清单产品类别的，集中采购机构应当按照本期节能清单重新组织协议供货活动或进行调整。③政府采购工程项目应当严格执行节能产品政府优先采购和强制采购制度。④节能清单将于 2012 年 1 月再次调整并公布。⑤相关企业应当保证节能清单所列型号、系列的产品在本期节能清单有效期内稳定供货。

2011 年 8 月 12 日　财政部、住房和城乡建设部发布《关于加强太阳能光电建筑应用示范后续工作管理的通知》。主要内容：①2009 年批准的示范项目必须在 2011 年 9 月 30 日前完成竣工验收，2010 年批准的示范项目必须在 2011 年 12 月 31 日前完成竣工验收，2011 年批准的示范项目必须在 2012 年 8 月 30 日前完成竣工验收。②加快组织示范项目竣工验收，对已竣工项目申报方案执行、项目运行效果、系统能效监测情况以及财政资金使用情况等进行全面验收评估。

2011 年 8 月 12 日　财政部、国家林业局发布《关于开展西部地区生态文明示范工程试点意见通知》。主要内容：试点的主要任务包括加强生态建设和环境保护、加快转变经济发展方式、努力优化消费模式。

2011 年 8 月 17 日　国家发改委副主任解振华主持召开国务院节能减排工作领导小组联络员会议，传达贯彻国家应对气候变化及节能减排工作领导小组会议精神，研究讨论"十二五"节能减排综合性工作方案部门分工。环境保护部、教育部、科技部等 32 个相关部门参加会议。

2011 年 8 月 18 日　科技部等加强新能源汽车示范推广安全管理工作，出台《关于加强节能与新能源汽车示范推广安全管理工作的函》（国科办函高〔2011〕322 号）。

2011 年 8 月 26 日　中国低碳减排业界的第一个全国性组织——"全国工商联新能源商会低碳减排专业委员会"在京成立，来自国家发改委、外交部等国家部委气候变化主管部门的官员、低碳减排领域知名企业家、著名专家学者以及国内外各有关机构等百余人参加了成立大会。低碳减排专业委员会太茂盛源实业发展有限公司牵头，天津排放权交易所、北京环境交易所、第一气候、清华大学 CDM 中心等 30 余家机构共同发起成立，是一个由项目业主、项目咨询机构、碳信用额买家、审定机构、低碳投资机构、排放权交易所、低碳科研机构等组成的全国性非营利行业组织。

2011 年 10 月 19 日　低碳地球峰会在大连召开，大会从经济和科技角度，邀请 50 家国际低碳组织，近 50 个国家和地区的 100 位政府代表、企业领袖和知名专家领衔世界低碳经济论坛。组织 10 大低碳分论坛、200 场尖端科技专业研讨会、1000 家低碳领军企业展示及 5 个公众科普活动，将打造以科技为本、经济为纲、引领前沿、气势磅礴的低碳盛会，预计将有 50 余个国家和地区的代表参会。

2011 年 10 月 29 日　世界环保大会 WEC2011 中国国际气候变化论坛于 2011 年 10 月 29—30 日在北京召开，此次论坛主题为"绿色发展政策与行动"。由联合国工业发展组织（UNIDO）在中国发起，与国际节能环保协会（IEEPA）共同主办，并由世界有关国家驻华大使馆、中国知名学术机构清华大学低碳经济研究院等联办。

2011 年 11 月 9 日　国务院总理温家宝主持召开国务院常务会议讨论通过了《"十二五"控制温室气体排放工作方案》。会议明确了我国控制温室气体排放的总体要求和重点任务。会议要求，各地区、各部门要按照"十二五"规划纲要提出的到 2015 年单位国内生产总值二氧化碳排放比 2010 年下降 17%的目标要求，把积极应对气候变化作为经济社会发展的重大战略，作为加快转变经济发展方式、调整经济结构和推进新的产业革命的重大机遇，落实各项任务。

2011 年 11 月 14 日　为贯彻《中华人民共和国环境保护法》，防治污染，保障人体健康，环境保护部与国家质量监督检验检疫总局联合发布了《乘用车内空气质量评价指南》。该标准规定了车内空气中苯、甲苯、二甲苯、乙苯、苯乙烯、甲醛、乙醛、丙烯醛的浓度要求。该标准适用于评价乘用车内空气质量。该标准主要适用于销售的新生产汽车，使用中的车辆也可参照使用。该标准自 2012 年 3 月 1 日起实施。

2011 年 11 月 15 日　住房城乡建设部发布了《"十二五"城市绿色照明规划纲要》。该规划根据《中华人民共和国国民经济和社会发展第十二个五年规划纲要》、《"十二五"节能减排综合性工作方案》和住房城乡建设事业"十二五"规划的有关要求为推进全国城市绿色照明工作，提高城市照明节能管理水平，编制《"十二五"城市绿色照明规划纲要》。本纲要主要阐明城市绿色照明的指导思想、基本原则、发展目标和重点工作以及保障措施，是各地"十二五"期间实施城市绿色照明的依据。

2011 年 11 月 17 日　环境保护部科技标准司有关负责人今日表示被社会高度关注的《环境空气质量标准》今天起向全社会第二次公开征求意见。该意见稿的最大调整是将细颗粒物（PM2.5）、臭氧（8 小时浓度）纳入常规空气质量评价，并收紧了颗粒物（PM10）、氮氧化物等标准限值，新标准拟于 2016 年全面实施。我国首个环境空气质量标准《大气环境质量标准》自 1982 年制定并实施以来，先后进行过 3 次修订，2010 年底，环保部等完成了《环境空气质量标准》（征求意见稿）。

2011 年 11 月 22 日　国务院新闻办公室发布《中国应对气候变化的政策与行动（2011）》白皮书。白皮书指出中国将重点从加强法制建设和战略规划、加快经济结构调整、优化能源结构和发展清洁能源、继续实施节能重点工程、大力发展循环经济、扎实推进低碳试点、逐步建立碳排放交易市场、增加碳汇、提高适应气候变化能力、继续加强能力建设、全方位开展国际合作11个方面推进应对气候变化工作。

2011年12月9日　住建部在其官网公布《住房城乡建设部关于落实〈国务院关于印发"十二五"节能减排综合性工作方案的通知〉的实施方案》。该方案明确了"十二五"期间的建筑节能与减排目标。建筑节能目标方面，提出到"十二五"期末，建筑节能形成1.16亿吨标准煤节能能力；通过推动可再生能源与建筑一体化应用，形成常规能源替代能力3000万吨标准煤。建筑减排目标方面，指出"十二五"期末，将基本实现所有县和重点建制镇具备污水处理能力，全国新增污水日处理能力4200万吨，新建配套管网约16万公里，城市污水处理率达到85%，形成化学需氧量削减能力280万吨、氨氮削减能力30万吨；城市生活垃圾无害化处理率达到80%以上。

2011年12月19日　国家能源局组织编制的《国家能源科技"十二五"规划（2011—2015）》（以下简称《规划》）已于日前正式发布。这是国家能源局成立三年来发布的第一部规划，也是我国历史上第一部能源科技规划。据介绍，《规划》由国家能源局能源节约和科技装备司组织局内各专业司及能源领域200多名专家，历时两年半完成。规划提出建立重大技术研究、重大技术装备、重大示范工程及技术创新平台的"四位一体"国家能源科技创新体系。规划确定19个能源应用技术和工程示范重大专项及其技术路线图，规划了37项重大技术研究、24项重大技术装备、34项重大示范工程和36个技术创新平台。

2011年12月28日　在南非德班市召开的"《联合国气候变化框架公约（UNFCCC）》第17次缔约方大会（COP17）暨《京都议定书》第7次缔约方大会（CMP7）"开幕。

2012年1月31日　国家发改委会同中宣部、教育部、科技部等17个部门联合下发《"十二五"节能减排全民行动实施方案》，以指导组织开展家庭社区、青少年、企业、学校、军营、农村、政府机构、科技、科普和媒体十个节能减排专项行动。该方案将通过典型示范、专题活动、展览展示、岗位创建、合理化建议等多种形式，广泛动员全社会参与节能减排，倡导文明、节约、绿色、低碳的生产方式、消费模式和生活习惯。

2012年2月24日　为贯彻落实《工业转型升级规划（2011—2015年）》、《信息产业"十二五"发展规划》及《电子信息制造业"十二五"发展规划》，促进太阳能光伏产业可持续发展，工业和信息化部制定了《太阳能光伏产业"十二五"发展规划》。该规划主要内容包括发展回顾、面临形势、指导思想和发展目标、主要任务、发展重点、政策措施6部分，内容涉及光伏产业链各环节，包括材料、设备、电池、光伏电站、配套服务等。

2012年2月29日　环境保护部与国家质量监督检验检疫总局日前联合发布国家环境质量标准《环境空气质量标准》。按有关法律规定本标准具有强制执行的效力，自2016年1月1日起在全国实施。新标准增加了细颗粒物（PM2.5）和臭氧8小时浓度限值监测指标。这表明中国环境保护已经到了新阶段，不光是政府重视，民众环境意识也逐步提高。此外，新标准仍保留150微克/立方米为PM10的日均浓度限值。

2012年3月26日　工信部发布《2012年工业节能与综合利用工作要点》。《工作要点》包括，今年将强化重点用能企业节能管理，推进企业能效对标达标，推进用能设备淘汰改造，大力推行合同能源管理等新机制。《工作要点》提到，在2011年，将进一步淘汰落后产能，按照《国务院关于进一步加强淘汰落后产能工作的通知》要求，尽快对"十二五"淘汰落后产能任务进行分解下达，限制高耗能行业盲目扩张。

2012年3月27日　《深圳市绿色建筑促进办法（草案）》公布，深圳正在致力打造低碳生态城市，而未来深圳低碳发展的一个重点便是绿色建筑。该《草案》从绿色建材、绿色市政设施、绿色施工、绿色装修、绿色物业管理等多个方面对全市绿色建筑的建设做出了具体的规定，五大类建筑包括政府财政性资金投资的新建、改建、扩建建筑，社会投资的新建单体建筑面积5万平方米以上的大型公共建筑、新建建筑面积10万平方米以上的住宅小区，按有关协议或文件确定为国家、省和市绿色建筑示范区内的全部新建、改建、扩建建筑，新建、改建、扩建的保障性住房、学校、医院、文化体育旅游建筑，以及所有新增城市更新建筑。深圳将走绿色路线和设定绿色标准。

2012 年 3 月 28 日　北京市举办了碳排放权交易试点启动仪式，会议介绍了全国碳排放交易工作总体安排和对碳排放权交易试点地区的工作要求，并宣布成立北京市应对气候变化专家委员会、北京应对气候变化研究及人才培养基地、北京市碳排放权交易企业联盟、北京市碳排放权交易中介咨询及核证机构联盟、北京市绿色金融机构联盟。作为国家首批碳排放权交易试点，2013 年，北京将正式启动碳排放交易。目前北京已编制完成碳排放权交易试点实施方案，并经市政府批准。试点工作重在建立区域性碳排放权交易市场体系，推动温室气体减排工作，实现"十二五"单位地区生产总值二氧化碳排放下降目标。

2012 年 3 月 28 日　工信部印发《2012 年工业节能与综合利用工作要点》，工信部称，今年力争实现单位工业增加值能耗和二氧化碳排放量降低 5% 和 5% 以上，单位工业增加值用水量下降 7%，大宗工业固体废物综合利用率提高 2 个百分点，为实现"十二五"节能减排约束性目标、推进工业转型升级打下坚实基础。

2012 年 3 月 29 日　工业和信息化部今天印发的《2012 年工业节能与综合利用工作要点》要求今年力争实现单位工业增加值能耗和二氧化碳排放量降低 5% 及以上，单位工业增加值用水量下降 7%，大宗工业固体废物综合利用率提高 2%，为实现"十二五"节能减排约束性目标、推进工业转型升级打下坚实基础。

2012 年 3 月 29 日　环境保护部印发《关于加强环境空气质量监测能力建设的意见》，《意见》要求，到 2015 年建成国家环境空气质量监测网络。各地环保部门要积极协调同级财政部门，将环境空气质量监测能力建设和运行保障费用纳入各级公共财政预算。环保部还下发通知，要求各地申报中央财政主要污染物减排专项资金。意见提出，"十二五"期间，环境空气质量监测能力建设的总体目标是：整合国家大气背景监测网、农村监测网、酸沉降监测网、沙尘天气对大气环境影响监测网、温室气体试验监测等信息资源，增加监测指标，建立健全统一的质量管理体系和点位管理制度，完善空气质量评价技术方法与信息发布机制。

后　记

党的十八大报告把生态文明建设提高到前所未有的高度，以尊重和维护自然为前提，以人与人、人与自然、人与社会和谐共生为宗旨，通过低碳发展、绿色发展、循环发展、智慧发展，推动城市向低碳经济模式转变，实现永续发展。

2010年开始，中国社会科学院城市发展与环境研究所和湖南工业大学合作，成立了全球低碳城市联合研究中心，选择中国110个代表性城市，开展了城市低碳发展调查和研究工作，建立了中国110城市碳排放数据库以及中国城市低碳发展评价指标体系，从产出、消费、资源、社会、环境五个维度提出了推进中国城市低碳转型的具体措施和建议。

《中国城市智慧低碳发展报告》是美丽中国生态文明建设工程十分重要的基础性著作，是中国社会科学院城市发展与环境研究所、湖南工业大学、全球低碳城市联合研究中心推出的时代力作。总体框架和指导思想由潘家华研究员和王汉青教授敲定。主题篇由梁本凡研究员和周跃云教授执笔，由潘家华研究员和王汉青教授修改、补充并定稿。综合篇与专题篇各章分别由课题组成员提出写作大纲，集体讨论后分头各章作者执笔完成。案例篇各章由课题组成员结合自己在案例城市的研究实践，分头执笔完成。数据集中的指标计算由梁本凡研究员、朱守先博士等完成，数据收集与处理由中国社会科学院研究生院陈梦玫同学、北京邮电大学梁韬同学、中央美院李敏蕊同学等完成。大事记由湖南工业大学研究生喻理、王奥整理完成。梁本凡研究员和周跃云教授对全书进行总纂，张陶新研究员和姚迪辉协助统稿。

智慧低碳是人类城市发展的未来，是人类文明发展的新希望。我国原信息产业部部长吴基传同志欣然为本书作序，希望社会各界积极关注与推动中国低碳智慧城市的建设。本报告的出版得到了中国社会科学院创新工程的资助。在本书付梓与读者见面之际，我们要向课题组全体成员以及关心支持本项目研究工作的领导和各界人士表示衷心感谢！向中国社会科学出版社王茵表示诚挚谢意！

需要说明的是，在研究写作过程中，虽然课题组全体成员多次就一些重大理论和实践问题展开讨论，并尽可能吸收来自各方面的意见和建议，但是，由于各种主客观条件限制，本书难免存在瑕疵甚或错误，敬请海内外同人不吝指正。

梁本凡

2012 年 12 月 24 日